KB172380

Korean Mountains from the Humanities Perspective
by Choi, Won Suk

Published by Hangilsa Publishing Co., Ltd., Korea, 2014

사람의 산
우리 산의 인문학

지은이 · 최원석
펴낸이 · 김언호
펴낸곳 · (주)도서출판 한길사

등록 · 1976년 12월 24일 제74호
주소 · 413-120 경기도 파주시 광인사길 37
　　　www.hangilsa.co.kr
　　　http://hangilsa.tistory.com
　　　E-mail: hangilsa@hangilsa.co.kr
전화 · 031-955-2000~3　팩스 · 031-955-2005

CTP 출력 및 인쇄 · 예림인쇄　제본 · 중앙제책

제1판 제1쇄 2014년 7월 5일
제1판 제4쇄 2018년 4월 20일

값 22,000원
ISBN 978-89-356-6907-3 03980

사람의 산
우리 산의 인문학

최원석 지음

한길사

대한민국 지리산

중국 천산

일본 후지 산

스위스 융프라우 산

일러두기

1. 소장처나 저작권의 출처를 밝히지 않은 사진의 저작권은 저자에게 있다.
2. 본문의 이해를 돕기 위해 추가로 필요한 자료는 〈참고자료〉로 표시하고, 본문 607~616쪽에 모아 수록했다.
3. 이 책에 언급되는 수많은 문헌들은 위계가 다양하고 복잡해 통일하기 어려운 점이 있다.
   ▪ 지도류의 경우, 한 장으로 된 전도나 문헌에 부록으로 속한 지도는 「」로 표기했다. 책의 형태로 묶여 출간된 분첩·절첩식 지도나 화첩식 지도는 『』로 표기했다.
   ▪ 문헌의 경우, 문헌 전체를 아우르는 책의 형태로서의 저작은 『』, 책의 일부분인 하위 개념의 글은 「」로 표기했다. 단, 본문에서 그 자체가 독자적인 문헌으로서 언급되는 경우, 문집에 수록된 하위 개념이라 하더라도 『』로 표기했다.
4. 책 속에 등장하는 외국어의 표기는 외래어표기법을 따랐다. 예외로, 중국지명에 한해서는 한자 독음으로 표기했다.

앞산 산마루에 눈을 맞추며
책머리에

우리는 유난히 산을 좋아한다. 산을 찾는 사람들의 수도 엄청나게 많다. 산을 좋아하다보니 산에 대한 여행서나 등산 잡지가 꾸준히 출간되고 있다. 산의 동식물이나 자연자원 등을 소개한 글이나 산촌, 산악신앙 등의 역사문화 요소를 분야별로 연구한 것도 적지 않다. 그런데 아직 우리 산의 문화사를 인문학의 입장에서 종합적으로 쓴 책은 드문 듯하다.

근래 출판계에 인문학 바람이 분 것은 인간다운 삶을 지향하는 한국사회의 요청에 부응한 것이라고 본다. 이제 인문학은 고전의 영역을 넘어서 바다의 인문학, 길의 인문학, 강의 인문학, 숲의 인문학 등 다방면으로 해석의 지평을 넓히고 있다. 그렇다면 사람과 산의 관계에 대한 '산의 인문학'이라는 주제를 빼놓을 수는 없을 것이다.

우리에게 산은 무엇인가. 우리 겨레는 산의 정기를 타고나서 산기슭에 살다가 산으로 되돌아가는 삶의 여정을 살았다. 산과 함께 지내며 어우러져 살았다. 우리는 어딜 가나 산에 둘러싸여 있고, 우리 눈에는 늘 산이 들어 있다.

우리 산은 '사람의 산'이다. 수천 년 동안 사람들이 깃들여 살면서 산은 인간화되었다. 사람들이 오랫동안 산과 관계 맺는 과정에서 산의 역사,

산의 문화가 독특하게 빚어졌다. 그래서 자연의 산, 생태의 산보다는 역사의 산, 문화의 산이라는 이미지가 강하다. 산과 사람의 융화와 교섭은 오랫동안 국토의 전역에서 이루어졌다. 사람은 산을 닮고, 산은 사람을 닮아 한 몸이 되었다.

우리의 산은 '어머니 산'이다. 어머니로 상징화되고 인격화된 산이다. 서양과 달리 동아시아에서는 산을 어머니로 생각해왔다. 한국에는 곳곳마다 어머니 산 이름이 참 많다. 어머니인 산은 모든 생명을 품어준다. 사람들이 살 수 있는 터전을 마련해준다. 그래서 산은 생명의 모태이자 탯줄이었다. 산은 고향이자 어머니와도 같은 원형질의 그 무엇이었다.

우리 문화에서 산은 마스터키 같은 존재다. 역사, 지리, 생활사, 신앙, 건축, 미학 할 것 없이 어느 분야나 산의 그림자가 투영되지 않은 것이 없다. 이상향은 산속에 있었고 죽어 돌아가는 곳은 산소라고 불렀다. 서민들에게 가장 친숙하고 소중한 신은 산신이었다. 불교와 유교도 한반도에 들어와서는 산과 깊은 관계를 맺고 한국적 특징을 이루었다. 우리는 산의 나라이고 산의 문화였다. 사람과 산은 공생하고 공진화하는 관계를 지속적으로 유지했다.

인류의 문명사를 공간의 시선으로 보면 산에서 출발하여 들판과 강, 그리고 바다로 생활의 영역을 확장한 것이었다. 평지에서 일궈낸 인공적인 현대 도시문명은, 21세기에 들어 산지에서 지속 가능한 환경생태적 패러다임의 전환을 하고 있다. 오래된 미래로서 늘 거기에 있었던 산을, 인류는 다시 주목하여 방향을 돌리고 있는 것이다. 근래 UN 총회에서 '세계 산의 해'2002와 '세계 산림의 해'2011를 지정한 배경도 이런 글로벌한 인식의 공감대에서 발로된 것이었다.

이 책의 출간이 가능했던 것은 지난 7년간 한국연구재단의 인문한국HK 사업에 참여해 지리산권문화를 집중적으로 연구할 수 있었기 때문이다.

지리산을 늘 마음에 품고 공부한다는 자체만으로도 안도했고 기뻤다. 동고동락을 같이했던 지리산권문화연구단의 모든 분들과, 도와주신 여러 선생님들께 이 책으로나마 감사한 마음을 드린다. 그리고 정성스럽고도 고운 책을 만들어주신 김언호 사장님을 비롯한 한길사 가족들 특히 김지희, 이지은 님께도 고마운 마음을 전한다.

산을 연구하다보니 여러 사람들로부터 어느 산이 제일 좋으냐는 질문을 받곤 한다. 그때마다 나는 서슴없이 대답한다.

"저는 우리 집 앞산 뒷산이 제일 좋습니다."

특별할 것 없는 산이지만 언제나 볼 수 있고 청량한 산 내음과 맑은 새소리도 들려준다. 어머니와 같이 아내같이 고맙고 소중한 산이기 때문이다. 이 땅의 모든 산들이 언제나 그 자리에서 뭇 생명의 터전으로 길이 보전되기를 바란다.

이 책을 산을 사랑하고 아끼는 모든 사람들에게 헌정하며, 더불어 출간의 기쁨을 나누고 싶다.

2014년 봄, 저 멀리 지리산이 보이는 월아산 기슭에서
최원석

사람의 산
우리 산의 인문학

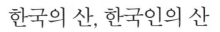

한국의 산, 한국인의 산

1

한국의 역사 속에서 산은 무엇이었는지,
한국인이 산과 관계 맺었던 전통 방식인
풍수를 통해 살펴보자.
산을 둘러싸고 전개되었던 삶터의
역사적 전개 과정을 살펴보았다.
한국의 산은 사람의 산이고,
한국인은 산을 닮은 사람들이다.
한국의 산악문화는 산과의
공존 관계에서 공진화했으며,
그 대표적인 문화적 소산이자
소통의 매개가 바로 풍수였다.

한국인에게 산이란 무엇인가

사람이 사는 곳엔 산이 있네

"우리에게 산은 무엇인가?" 이는 정해진 답을 요구하는 형식논리적 질문이 아니다. 산과 우리의 근본 관계를 통찰하고, 우리의 집단 무의식에서 차지하는 산의 의미와 가치, 산그늘과 같은 원형질을 밝혀내는 화두와도 같은 물음이다. 우리가 산에 대하여 가져야 하는 마음가짐과 태도, 윤리와 가치 등에 대한 대답을 요청하는 물음이다.

흔히 우리 국토의 70퍼센트가 산이라는 말을 한다. 이 말은 단순히 산이 국토에서 차지하는 면적의 비율만이 아니라, 우리 일상생활과 문화, 심지어 의식에서조차 산의 비중과 영향이 그만큼 깊고 크다는 뜻으로 해석할 수 있다.

우리네 삶의 터전은 산을 벗어나서는 이루어질 수 없었다. 산에서 시작하여 산의 맥과 산의 길을 따라 확산되면서 주거지를 이뤄나갔다. 나라의 수도나 지방도시, 마을 등 규모를 막론하고 대부분 산에 기대어 입지했고, 평지에 입지한 취락이라도 주위의 산과 밀접한 관계를 맺고 있었다. 산에 깃들여 삶터를 이루고, 산밭을 일궈 생명을 길러 먹으며, 산에서 흘러나오는 물을 마셨다. 새 생명이 태어나면 그 태를 산에 묻었고, 생이 다한 육신 또한 산에 묻었다.

탄생과 삶의 과정이 이럴진대 죽음으로 돌아가는 길 역시 산의 테두리를 벗어날 수 없었다. 죽어서 돌아가는 생명 회귀의 공간을 우리말에서 '산소'山所라는 일반명사로 부르는 까닭도, 산이 갖는 의미가 얼마나 중요한지를 단적으로 말해준다. 산의 정기를 받아서 태어나고, 산으로 돌아가는 순환의 과정이 바로 우리 삶의 공간적 궤적이었다.

> 왜 이렇게 자꾸 나는 산만 찾아 나서는 겔까
> 내 영원한 어머니
> 내가 죽으면 백골이 이런 양지짝에 묻힌다
> 외롭게 묻어라
> 꽃이 피는 때, 내 푸른 무덤엔
> 한 포기 하늘빛 도라지꽃이 피고
> 거기 하나 하얀 산나비가 날아라
> 한 마리 멧새도 와 울어라
> 달밤엔 두견! 두견도 와 울어라
> • 박두진의 「설악부」 중에서

한국 사람들의 눈에는 언제나 산이 담겨 있다. 고개 들면 어디서나 산이 보인다. 산은 언제나 일상적으로 우리 곁에 있다. 그만큼 공간적으로 산이 많다는 뜻이다. 한국인의 가슴속에는 나이가 들수록 산이 서린다. 산은 돌아가신 부모님이 계신 곳이고, 또 뒤를 이어 내가 가야 할 곳이기 때문이다. 그래서 한국 사람들의 삶에서 산은 공간적인 원형이다. 박목월 시인은, "언제나 우리 곁에 마주하고 있는" "누구의 얼굴보다 친한 그 산"이라고 읊었다. 산은 우리가 비롯하고 돌아가야 할 회귀처이기도 했다. 그런 산을 선산先山이라 일렀다.

건천은 고향

역에 내리자

눈길이 산으로 먼저 간다

아버님과

아우님이

잠드는 선산先山

거리에는

아는 집보다 모르는 집이 더 많고

간혹 낯익은 얼굴은

너무 늙었다.

우리 집 감나무는

몰라보게 컸고
친구의 손자가
할아버지의 심부름을 전한다
눈에 익은 것은
아버님이 거처하시던 방
아우님이 걸터앉던 마루
내일은
어머니를 모시고 성묘를 가야겠다
종일 눈길이
그쪽으로만 가는 산山
누구의 얼굴보다 친한 그 산에 구름
그 산을 적시는 구름 그림자
　• 박목월의 「산」

　한국의 산과 산의 문화를 이야기하면서 풍수를 빼놓을 수 없다. 산으로
겹겹이 에워싸인 지형조건과 자연환경은 산의 지리학으로서 풍수를 받
아들여 토착화시키는 배경이 되었고, 선조들은 풍수사상을 통해 금수강
산의 자연성과 미학을 가장 잘 설명하고 해석해낼 수 있었다. 풍수는 오
랜 역사의 과정을 거치며 산의 언어가 되어 우리의 삶과 문화에 깊숙이
뿌리내리고 있다.

　그래서 어느 지역이든 산 이름과 산의 설화에는 풍수가 관련되어 있다.
어느 마을에나 산에 대한 풍수 형국이 있고 주민들의 생활도 여기에 맞
춰 이뤄졌다. 나라의 수도나 고을, 마을에는 주산을 배정하여 축을 세우
고 주위로 좌청룡 우백호의 공간질서를 갖추었다. 삶터가 갖춰야 할 경관
요소 중에 산이 부족하면 만들어서까지 삶의 터전을 이상적으로 가꾸고

보완하기도 했다.

산을 중심으로 회돌이한 생활사의 공간 궤적에서, 산이 사람에게 역사적으로 어떤 영향을 미쳤으며, 어떠한 문화전통을 이루었고, 산의 의미와 가치는 무엇이었는지 살펴보자.

수도 입지의 필수요소, 산

전통적으로 수도의 입지를 선정하는 과정에서 산은 필수적으로 고려하는 요소였다. 고대의 신시神市에서부터 조선의 한양에 이르기까지 산과 관련된 국도國都 입지관이 전개되고 발전되는 역사적 모습을 살펴보기로 하자. 도읍지의 선정 관념은 『삼국유사』三國遺事의 「고조선」에 최초로 등장한다.

옛날에 환인의 아들 환웅이 있었는데 항상 천하에 뜻을 두고 인간 세상을 탐내거늘, 아버지가 아들의 뜻을 알고 삼위태백三危太伯을 내려다보니 과연 인간 세상을 널리 이롭게 할 만한 곳이었다. 이에 천부인 세 개를 주어서 환웅으로 하여금 인간 세상에 내려가 이를 다스리게 했다. 환웅은 무리 삼천 명을 거느리고 태백산 꼭대기─태백산은 지금의 묘향산─에 있는 신단수神壇樹 아래에 내려왔는데 이를 신시神市라고 불렀다.

　•『삼국유사』권1, 「기이2」, 〈고조선〉

위에서 주목되는 내용은 홍익인간을 가능케 해주는 장소로 태백산 정상의 신단수 아래가 지목되었다는 사실이다. 이것은 '산태백산·숲신단수·도시신시'라는 도읍의 원형적 구조를 암시하고 있다. 다음은 『삼국유사』

의 「가락국기」에 나오는 김해 금관가야의 수도 선정 사례이다.

> 수로왕 즉위 2년[43] 계묘 춘 정월에 왕이 이르기를, "내가 서울을 정하고자 한다" 하고, 이어 가궁의 남쪽 신답평新畓坪에 가서 사방으로 산악을 바라보고 좌우신하左右臣下를 돌아다보며 말하기를, "이 땅이 여뀌 잎 같이 협소하나, 빼어나고 기이하여 가히 16나한이 머물 땅도 될 만하거든 하물며 1에서 3을 이루고 3에서 7을 이루는 7성聖의 머물 땅에 적합함이랴. 강토를 개척하면 장차 좋을 것이다" 했다.
>
> • 『삼국유사』 권2, 「기이2」, 〈가락국기〉

위 기록에서도 산은 수도 입지 선정 과정에서 제1의 준거요, 가치로 자리매김되고 있다. 특히 수로왕은 사방으로 산악을 둘러보면서 산의 '빼어나고 기이한 지세'를 중시하는데, 이는 산에 의미를 부여하고 가치를 해석하려는 관념을 보여준다. 지세에 관해 "1에서 3을 이루고 3에서 7을 이룬다"며 숫자에 특별히 상서로운 의미를 부여하여 상수적象數的으로 해석하는 방식도 흥미롭다. 한편 비슷한 시기에 신라에는 다음과 같은 일이 있었다.

> (탈해는) 토함산에 올라 돌무지를 만들고 7일 동안 머무르면서 성안에 살 만한 곳이 있는지 바라보니, 마치 초승달같이 둥근 언덕이 있어 지세형세形勢가 오래 살 만한 곳이었다.
>
> • 『삼국유사』 권1, 「기이2」, 〈제4대 탈해왕〉

탈해가 정한 곳은 이후 신라의 왕궁이 들어선 현재 경주의 반월성 자리다. 위에서 주목되는 내용은 '초승달 같은 언덕 모양을 하고 있어서 오래

살 만한 지세형세'라는 탈해의 입지관이다. 앞에서 살핀 가야의 입지관과 비교한다면, 신라의 경우는 왕궁이 입지할 산세를 초승달과 같이 사물에 빗대어 파악하고 있다는 점이 독특하다. 초승달은 보름달이 될 가능태를 지니고 있는 길吉한 형상으로서, 이는 초기적 풍수 형국론形局論의 관념과도 유사한 사유방식이다.

후대의 역사서에서 가야와 신라를 제외한 고대인들이 어떻게 수도 입지를 정했는가에 관한 구체적 사실은 더 이상 찾기 어렵다. 역사를 건너뛰어 10세기 후고구려에 이르면 드디어 다음과 같은 기록이 나타난다.

> 신라 효공왕 7년903에 궁예가 국도를 옮기려고 철원, 평강에 가서 산수를 둘러보았다.
> • 『삼국사기』 권12, 「신라본기12」, 〈효공왕〉

> 궁예는…… 도참설을 믿어 갑자기 송악 도읍을 버리고 철원으로 돌아가 궁전을 지으니……
> • 『고려사』 권1, 「세가1」, 〈태조원년〉

이 기록을 통해 보면 10세기에는 풍수도참설이 나라의 수도 선정을 가늠할 만큼 영향력 있는 논리로 등장했음을 알 수 있다. 지리와 천시를 인간사의 길흉과 연계시키고, 한 나라 수도의 흥망은 지덕地德과 시운時運에 큰 영향을 받는다는 것이 풍수도참의 사상이다. 여기서 산의 의미는 풍수도참설에 근거해 새롭게 해석된다.

풍수도참설의 수도 입지 관념은 궁예에 이어 왕건에게도 절대적인 영향을 미친다. 왕건이 고려를 건국하고 개경을 수도로 정한 때는 개국 2년 919 정월이었다. 『고려사』高麗史에 "기묘 2년 봄 정월, 송악 남쪽에 수도를

정하여 궁궐을 건축했다"고 적고 있다. 왕건이 개경을 수도로 정한 이유
는 여러 가지가 있다. 그 가운데 하나가, 개성이 지닌 풍수지리상의 훌륭
한 조건과 함께 『도선답산가』道詵踏山歌에 나오는 "송악산이 진한과 마한
의 주主가 된다"는 도참설의 영향으로 보인다. 『고려사』에는 개성의 입지
와 관련된 좀더 구체적인 기록이 있다.

> 왕건이 선조인 강충태조 왕건의 4대조 때에 풍수에 능한 신라의 감간監干
> 팔원이라는 사람이 부소군왕경 개성부에 이르렀는데, 산의 형세가 좋은데
> 도 민둥산임을 보고 강충에게 말하기를, "만약 고을을 부소산의 남쪽으
> 로 옮기고 소나무를 심어 바위와 돌이 드러나지 않게 한다면, 삼한을 통
> 일할 자가 나오리라"고 했다. 이에 강충이 고을 사람들과 함께 산의 남쪽
> 에 옮겨 살면서 소나무를 온 산에 심고 송악군이라 했다.
> • 『고려사』, 「고려세계」

위의 고려시대 기록을 이전과 비교해보면 수도 입지에 대해 산과 관련
된 새로운 생각의 방식이 드러난다. 민둥산인 송악산에 소나무를 심어서
사람의 힘으로 보완한다는 내용, 바로 풍수를 비보裨補한다는 사유가 나
타나는 것이다. 『고려사』를 보면 왕조에서는 왕도의 주산主山인 송악의
보전에 힘썼을 뿐만 아니라, 송악산의 산기山氣를 배양하기 위해서 소나
무를 심고 가꾸는 일에 많은 노력을 기울였음을 알 수 있다.[1] 이렇게 왕
도를 위해 산천을 비보한다는 생각은 조선조에 이르러 더욱 다양해지고
발전되었으며, 도성 주위의 일정한 영역을 보호하는 금산禁山 제도로 법
제화되기도 했다.

조선시대에 이르자 산과 관련된 수도 한양의 입지 과정은 고려시대에
비해 훨씬 더 이론적으로 정교해지고 장소에 대한 이해도 실제적으로 심

『해동지도』(18세기 중엽)의 송도 부분에 표현된 개성의 주산 송악산(松岳山)(△)과
고려 궁궐터 만월대(滿月臺)(○). 도성은 산을 연결하여 축조되었다.

화되었다. 나라의 수도[國都]를 정하는 데에는 세 가지 조건에 맞아야 했
다. 첫째가 산천의 형세라는 풍수 조건이고, 두 번째는 교통 조건으로서
뱃길의 조운漕運과 육상 도로, 그리고 세 번째는 군사 조건으로 성곽을 축
조할 수 있는지 여부였다.[2]

도읍경관에서 산이 차지하는 비중을 보아도, 고려조에서는 주산主山인
송악산에 치중했던 데 비해, 조선조에서는 주산인 백악북악 이외에도 인
왕산, 낙산, 남산, 관악산 등 도읍지의 풍수명당이 갖추어야 할 산의 필요
조건과 형국을 전체적으로 고려했다. 뿐만 아니라 조선시대에는 궁궐의
건축에서도 산의 형세와 방위에 맞춘 관계적 배치방식을 취했다. 조선조
의 금산 제도와 같이 도성 주위의 산에 대한 관리정책도 공간적 범위와

삼각산(북한산)-북악-남산의 세로축과 인왕산-낙산의 가로축으로
사방의 산에 둘러싸인 한양의 입지(남산에서 바라본 서울 도성의 모습).

내용 면에서 한층 더 발전했다.

이러한 점은 조선의 한양에서 실행된 산에 대한 비보가 고려의 개성과
비교해볼 때 큰 차이를 보인다는 사실에서도 증명된다. 산에 대한 비보의
형태와 기능은 고려조에 비해 훨씬 다양해지고 체계화되었다. 고려조에
는 주산主山인 송악산의 비보에만 치중했으나, 조선조에는 주산에 이르
는 내맥과 주산에서 궁궐에 이르는 지맥까지 고려하는 식으로 발전했다.

이에 따라 비보형태도 패인 곳에 흙을 채우는 보토補土, 소나무 식수 등
여러 가지로 나타났다. 흥인지문東大門 근처에 인위적으로 조산造山을 지
어 한양의 수구水口가 허한 것을 방비하기도 했다. 더 나아가 조선은 금산
정책을 법제화하는 등 고려에 비해 도성 주변의 산에 대한 정책적인 운
영과 조직적인 관리가 체계화되었다.

이상에서 간략하게 살펴보았듯이 산은 수도의 입지에서 중심적인 요

백악(북악)을 등지고 남향으로 배치된 조선왕조의 정궁, 경복궁.
근정전 뒤의 북악산이 왕의 권위를 상징하는 듯 위엄 있고 우뚝한 모습으로 보인다.

소로 자리 잡고 있다. 전통적인 수도의 입지관은 산세에 대한 상수적象數
的 해석, 유물적類物的 해석, 풍수도참 및 비보적인 해석으로 발전해가고
있음도 알 수 있다.

지방 고을을 지키는 산, 진산

조선조의 고을邑治에는 대부분 진산鎭山이 있었다. 진산 관념은 본래 중
국에서 유래된 것이지만, 중국과는 달리 지방의 고을마다 진산을 배정하
여 지역마다 다양성을 지니고 있는 것은 한국적인 특색이라고 하겠다. 상
대적으로 중국의 진산은 우리와 달리 큰 도회에만 몇 개 한정되어 있다.
한국에서 전통적으로 고을의 진산은 행정중심지의 공간 구성과 배치와
도 밀접한 관계를 맺고 있었다.

진산은 산악숭배와 산악신앙에 뿌리를 둔 관념으로, 말 그대로 고을을 지켜주는 산을 말한다. 일반적으로 진산은 고을의 북쪽에 위치하고 있는 것이 많고, 이에 따라 고을 행정중심지는 남향하여 입지했다. 조선 중기의 관찬지리지인 『신증동국여지승람』^{新增東國輿地勝覽}에는 총 331개의 고을 가운데 255개 고을에 진산이 명기되어 있으며, 그 가운데 북쪽^{동북과 서} ^{북 포함}에 진산이 있는 고을은 약 56퍼센트에 해당하는 142곳에 이른다.[3]

고을의 입지 선정 과정에서 산이라는 지리적 요소는 어떤 의미를 지니고 있을까? 『신증동국여지승람』 「거제현」에는 거제고을의 입지 선정과 관련해 다음과 같은 기록이 있다.

> 주상전하께서…… 하명하시어, 음양을 살피고 샘물을 찾아보아서, 관아를 옛 관아 남쪽 10리쯤 되는 곳에다가 옮기도록 했다. 북쪽으로 큰 바다를 임했고 삼면은 산이 막혀서 높고 낮음과 찬 샘물 등, 모든 것이 영구한 터가 될 만했다.
> • 『신증동국여지승람』 권32, 「거제현」, 〈성곽〉

고을 터를 고르는 데 "음양을 살핀다"는 풍수 조건과 식수원, 그리고 산으로 둘러친 방위 여건을 고려하고 있다. 고을의 공간 배치도 진산과 관련되어 있었다. 뒤에 위치한 진산의 지맥이 내려와 머무는 자리에는, 고을의 중심공간으로서 왕권을 상징하는 객사^{客舍}와 고을의 수령이 거주하는 아사^{衙舍}, 공사를 처리하는 동헌^{東軒}이 자리 잡고 있었다. 진산은 조선 후기에 들어 풍수의 영향력이 커지게 되면서 풍수적인 주산^{主山}으로 기능하기도 한다.

산의 풍수 조건에 따라서 건물 배치가 조정되기도 했다. 경상남도 함안 고을은 자주 화재를 당하게 되자 남쪽에 있는 여항산^{艅航山, 해발 770미터이}

전라남도 낙안고을의 읍성과 진산, 금전산(金錢山, 668미터). 남문의 누각인 쌍청루(雙淸樓)가 보인다. 조선시대 옛 고을은 대체로 진산 아래에 입지하고 있다.

불의 성질을 품은 화산火山처럼 생겼기 때문이라고 여겼다. 이 일로 고을 남쪽을 향하고 있던 정문을 동향으로 변경한 적도 있다고 한다. 고을에서 읍성의 북문이나 후방문은 대부분 잘 사용치 않았다. 그 까닭은, 북문이 주산의 지맥이 흘러오는 통로가 되기 때문에 이를 손상시키지 않기 위함이었다.

고을이 입지한 곳에서 지형적으로 산이 부족하면 인위적으로 산을 만들어서 고을의 경관을 보완했다. 이를 조산이라 했다. 조산은 주로 지세나 수구의 허결함을 보충하여 지기가 빠져나가는 것을 막기 위해서 조성했다. 예컨대 순흥고을의 진산은 풍수 형국으로 비봉산飛鳳山이라, 봉황이 날아가는 것을 막고 고을 앞 수구부의 허술한 지세를 보완하기 위해 고을 남쪽 5리쯤석교리 삼포밭들에 산알봉을 만들었다.

조산의 미학. 경북 영주시 순흥면 순흥고읍(古邑)의 아래편 수구부에 위치한다.
흙둔덕 위에 소나무를 심었다. 진산인 비봉산의 알을 상징한다.

배산임수에 자리 잡은 마을

한국 전통마을 입지의 특성은 '배산임수'背山臨水라는 한마디로 요약된
다. 한국인은 오랜 옛날부터 산이라는 둥지에 삶터를 일구고 산의 생태환
경과 더불어 공존 공생하는 생활양식과 문화를 창출해왔다. 신경림 시인
이 읊었듯이, 마을 주민들에게 산은 마을 자락까지 슬며시 내려와 사람들
의 삶의 터전이 되는 사람의 산이다.

산이라 해서 다 크고 높은 것은 아니다
다 험하고 가파른 것은 아니다
어떤 산은 크고 높은 산 아래
시시덕거리며 웃으며 나지막이 엎드려 있고
또 어떤 산은 험하고 가파른 산자락에서
슬그머니 빠져 동네까지 내려와

부러운 듯 사람 사는 꼴을 구경하고 섰다
그리고는 높은 산을 오르는 사람들에게
순하디순한 길이 되어주기도 하고
남의 눈을 꺼리는 젊은 쌍에게 짐짓
따뜻한 사랑의 숨을 자리가 되어주기도 한다
그래서 낮은 산은 내 이웃이던
간난이네 안방 왕골자리처럼 때에 절고
그 누더기 이불처럼 지린내가 배지만
눈개비나무 찰피나무 모싯대 개쑥에 덮여
곤줄박이 개개비 휘파람새 노랫소리를
듣는 기쁨은 낮은 산만이 안다
사람들이 서로 미워서 잡아 죽일 듯
이빨을 갈고 손톱을 세우다가도
칡넝쿨처럼 머루넝쿨처럼 감기고 어우러지는
사람 사는 재미는 낮은 산만이 안다
사람이 다 크고 잘난 것만이 아니듯
다 외치며 우뚝 서 있는 것이 아니듯
산이라 해서 모두 크고 높은 것은 아니다
모두 흰 구름을 겨드랑이에 끼고
어깨로 바람 맞받아치며 사는 것은 아니다

• 신경림, 「산에 대하여」

예부터 이상적인 마을터를 정하기 위해서는 산을 잘 살펴야 했다. 조선 중기의 실학자 홍만선洪萬選, 1643~1715이 산림생활사를 기록한 『산림경제』山林經濟에서 "선비가 살 곳을 정할 때는 반드시 풍기風氣가 모이고 앞

산을 등지고 산기슭에 기대어 입지한 전통적인 산촌 마을의 모습(경남 거창군 북상면 월성리).
마을 앞으로는 맑은 내가 흐른다.

과 뒤가 안온한 터를 가려서 오래 도모할 곳을 구해야 할 것"이라고 말했
는데, 이렇게 풍기가 모이고 안온한 터는 산간 분지지형을 말한다. 홍만
선은 터를 정하는 방법을 여러 문헌에서 인용하여 참고했는데, 그 가운데
다음과 같은 구절이 눈에 띈다.

삶을 영위[治生]하기 위해서는 반드시 먼저 지리를 가려야 한다. 지리
는 물과 땅[水陸]이 아울러 통한 곳을 최고로 삼으니 뒤로는 산이고 앞
에는 물이 있으면 승지勝地가 된다. 그런데 (터는) 널찍하면서 오므라져
야[緊束] 한다. 널찍하면 재물의 이익[財利]이 생길 수 있고, 오므라지면
재물의 이익이 모일 수 있는 것이다.
　•『산림경제』권1, 「복거」

마을이 뒤로 산을 등지고 입지하면 실질적으로도 여러 가지 이익이 있다. 경제적인 측면에서 산지의 자원을 활용할 수 있으며 농경에도 유리하다. 마을 주위를 둘러싼 산지나 구릉지에서는 연료와 건축재뿐 아니라 다양한 식료를 얻기가 쉽다. 마을 앞을 흐르는 시냇물 주변에는 보통 범람의 위험이 적은 평지가 펼쳐져 있어 농사를 짓기에도 적당하다는 이점이 있다.

적절한 물의 공급이 성패를 좌우하는 벼농사의 경우에는, 조선시대까지만 해도 강변의 평야지대보다 산을 끼고 있는 계곡 주변이 훨씬 유리했다. 계곡물을 이용해 보洑나 소규모 저수지를 만들면 큰 힘을 들이지 않고도 벼농사를 지을 수 있었기 때문이다. 그래서 『택리지』擇里志를 쓴 이중환李重煥, 1690~1752도 계곡 가에서 사는 것溪居을 제일로 꼽았다. 계곡을 끼고 사는 주거는 평온한 아름다움과 깨끗한 경치가 있고 관개와 농경의 이익이 있다는 것이다.

산골짜기는 외적의 침략에 의한 난리나 사회적인 혼란을 피하기에도 적당한 곳이었다. 조선 중기 이후 심해진 당쟁과 사화를 계기로 사대부 계층에 은거하려는 분위기가 싹텄다. 임진왜란과 병자호란을 겪은 후에는 일반 민중들도 병란을 피하거나避兵·난세를 피할 수 있는 곳避世地을 본격적으로 탐색했다. 이러한 사회적 배경은 산골짜기로의 인구이동과 마을입지에 상당한 영향을 미쳤다.

산골짜기는 풍수적인 명당의 조건에도 적합한 곳이 많았다. 마을이 산을 등지고 골짜기에 입지하고 있어 바람을 갈무리藏風할 조건에도 유리했으며, 계곡물 가를 끼고 있으므로 물을 얻기 쉬운得水 조건을 갖출 수 있었다.

이중환은 『택리지』에서 살기 좋은 마을이 되기 위한 조건으로 지리 요인地理과 경제 요인生利, 그리고 사회 요인人心 다음으로 산수의 미학적 요인[山水]을 꼽았다. 여기서 지리는 풍수와 동의어로서 주거환경의 입지조건을 가리키고, 생리는 생업을 영위하면서 삶을 살아가기 위한 농경과 토지조건을 말한다. 그리고 인심은 사대부가 취락 공동체의 일원으로서 소통하며 살 수 있는 사회적 조건을 일컫는다. 산수는 유학자가 아름다운 자연을 보며 도덕 수양의 거울로 삼기 위해 반드시 필요한 조건이었다.

산의 지리학 풍수, 풍수의 눈으로 보는 산

생명의 기운은 산에 깃들고

산이 대부분인 한반도에 오랫동안 살아왔던 사람들은 산의 지리학인 풍수를 중국에서 받아들였다. 풍수는 자연환경의 질서와 이치를 생명의 원리로 사유하고 이해하는 동아시아의 독특한 자연학이자 환경학으로, 천여 년 동안이나 한국의 집자리와 조경, 공간배치와 구성, 건축 등에 널리 활용되었다.

풍수를 오늘날의 학문 분야로 자리매김하자면 전통적 생태학이요, 환경평가이론이라고 할 만하다. 다시 말해 자연을 큰 생명의 범주에서 취급하는 거시적 경관생태학이고, 자연환경을 구성하는 산과 물, 기후 조건과 방위 등을 종합적으로 평가하여 땅의 건강성 여부와 그것이 사람에게 적당한지를 살피는 환경평가이론인 것이다.

풍수는 말한다. '산'에 생명의 기운이 깃들고 '산의 맥'을 통하여 그 생명의 기운이 흐른다고. 뭇 생명은 산의 품 자락에 깃들이니 그래서 산은 생태계의 태반이다. 뭇 생명체는 산의 맥을 따라서 이동하니 산은 다름 아닌 생태계의 탯줄이다. 이처럼 풍수의 눈으로 한국인들의 산에 대한 인문적 사유를 살펴보면 놀랄 만한 직관과 지혜가 담겨 있음을 알게 된다.

옛 마을과 집 들은 마치 엄마의 탯자리같이 아늑하고 편안한 터둥지에

서울 강남구에 위치한 대모산(大母山, 292미터, 오른쪽)과 구룡산(九龍山, 306미터, 왼쪽).
산을 의인화·신성시하여 모성(대모산)과 용(구룡산)으로 인식했음을 알 수 있다.

자리 잡고 있으니 그것이 어찌 우연일 것인가. 태반이자 탯줄이 손상된
다면 그에 의지하여 잉태되어 있는 생명에 심각한 문제가 생길 것은 불
을 보듯 빤한 일이다. 그래서 선조들은 마을이 기대어 있는 뒷산을 신성
시하고 절대 훼손하지 못하게 산제당[山堂]이라는 상징적인 장치를 두었
다. 풍수의 눈을 통해 사람과 자연이 접속되어 있는 큰 생명의 본질을 깨
달았기 때문이다. 삶터 주위의 모든 산이 지켜져야 할 풍수적 이유가 여
기에 있다.

　한국인들은 자연을 다치지 않게 조심했다. 산을 자르면 피가 흐른다고
말할 정도로 땅을 살아 있는 몸과 같이 생각했다. 『대동여지도』大東輿地圖
를 만든 김정호金正浩, ?~1866는 "산등성이는 땅의 근육이고, 흐르는 강물
은 땅의 혈맥"이라고 했다. 산에 쇠말뚝을 꽂거나 바위를 깨거나 산을 자
르니 피가 흘렀다는 이야기는 전국 어디에나 남아 있다.

모악산(母岳山, 794미터, 전북 완주군과 김제시 경계).
어머니의 넓은 품처럼 대지에 넉넉하고 주름진 치맛자락을 펼치고 있는 모습이다.

땅은 어머니와 같은 것이며, 사람이 섬겨야 할 대상이었다. 『신증동국
여지승람』에는 '아미산, 모악산, 대모산, 모후산, 자모산, 모자산' 등 어미
산 계열의 여러 산 이름이 나타나는데, 산을 모성으로 인식해왔음을 잘
알 수 있다.

풍수에서 산은 물, 방위와 함께 가장 중요한 구성요소다. 따라서 산에
관한 논의는 매우 방대하고 상세한데, 풍수경전 가운데 산의 풍수적 가치
만을 평가하는 체계적인 저술이 있을 정도다. 전통적 풍수이론인 용혈사
수론龍穴砂水論 가운데 용론龍論과 사론砂論은 산에 대한 일종의 전통적 환
경평가이론이라고 할 수 있다.

풍수에서는 산을 용이라고 한다. 산의 능선이 이리저리로 몸을 휘돌리
고 구불거리는 모습이 마치 용의 몸뚱이를 닮았기 때문이다. 풍수경전인
『금낭경』錦囊經에도 "산세가 그쳐 머리를 든 형상이 되고, 앞에는 산골물

이 둘려 있고 뒤로는 산등성이가 중첩하여 있으니 용의 머리를 품고 있다"고 하여 산을 용에 빗댄 비유가 있다. 흥미롭게도 한국에는 '용' 자가 들어간 산 이름이 많기도 하다. 용과 관련된 산 이름의 종류만 수십 가지가 넘는다.

풍수에서는 왜 산을 중요하게 볼까? 산은 땅의 생명력의 표상으로서 땅이 건강한지 병들었는지를 몸짓으로 말해주기 때문이다. 즉 땅에 흐르는 생명의 기운[生氣]을 중요하게 생각하는 것인데, 그 생명의 기운은 생기가 충만한 산에 있다고 본다. 다시 말해 풍수에서 생명의 터전은 산과 떼려야 뗄 수 없는 관계에 있다.

산을 보고 땅의 건강성을 어떻게 판단할 수 있을까? 풀과 나무가 잘 자라고 생태계의 순환이 잘 이루어지는 산이 건강한 산이다. 산의 모양이 용트림하듯 힘이 넘치고, 생생한 기운이 가득한 산이 건강한 산이다.

산의 생명 에너지에 접속하기

한국 사람들은 산천이라는 큰 생명의 토양에 뿌리내린 식물성의 생활방식을 살았다. 옛말에 '인걸은 지령地靈'이라고 하여 사람은 땅의 정기를 타고나는 것으로 생각했다. 초등학교의 교가에는 어김없이 "○○산의 정기 받아"라는 내용이 들어 있다. 단군신화를 보아도 산에서 나서 산으로 돌아가는 산의 원형구조가 그대로 드러나 있다. 『삼국유사』에 따르면, 단군은 오랫동안 나라를 다스린 후에 아사달에 숨어 산신이 되었다고 한다. 이처럼 한민족의 삶은 산의 정기를 타고나 다시 산으로 돌아가는 것이었다.

풍수에서 터잡기는 산의 맥에 접속하는 것이 필수적이다. 풍수서 『탁옥부』琢玉斧에서 터를 잡을 때는 반드시 "산의 맥이 오는지를 살펴라"라

전통마을과 주산(경북 봉화 유곡리 닭실마을).
주산에서 생명의 기운이 생성되어 삶터로 이어진다.
주민들이 소중히 보전하여 산이 푸르고 건강하다.

고 한 것은 이를 가리킨다. 풍수경전에 '지리의 법은 접붙이는 법'이라고
도 했으니, 산줄기에 흐르는 원천적인 생명 에너지에 접속하는 이치를 일
러 표현한 것이다. 그래서 맥이 명당지로 이어지지 못하고 끊어진 산을
'단산'斷山이라 하여 매우 꺼렸다. 『청오경』靑烏經에 "끊어진 산에는 기가
없다"고 했으니 생명의 근원에 접속되지 못함을 지적한 표현이다.

그밖에도 풍수에서 꺼려하는 산으로는 '벌거숭이 산'童山, '맥이 머물
지 못하고 지나가버리는 산'過山, '기울어진 산'側山, '터가 너무 좁은
산'逼山, '돌투성이 산'石山, '홀로 우뚝한 산'獨山 등이 있다.

그렇다고 누구나 아무 산이건 차지할 수 있다는 생각을 하지는 않았다.
사회윤리의식이 풍수에 적용되었던 것이다. 마을 사람들은 마을에서 신
성하게 여기는 특정한 산주로 주산에 무덤을 쓰면 가뭄이 든다고 믿었다.
경북 예천의 금당실 오미봉은 신성한 산이라고 하여 동네 사람들이 숭앙

했다. 이 산에 무덤을 쓰면 큰 부자가 된다고 믿어 묘를 쓰려고 했으나, 그때마다 가뭄이 계속되어 모두들 두려워하고 신성시했다.

마을의 신성한 산은 주민들에게 정신적 원천이자 생태적인 가치를 지닌 상징체로서, 마을 공동체 구성원 모두가 소중하고 성스럽게 보전해야 한다는 인식이 반영되어 있다.

아프고 병든 땅을 건강하게 만드는 비보풍수

오늘날 풍수사상에서 배울 수 있는 또 하나의 중요한 관점은 자연에 대한 보전과 아울러 자연 보완 사상이다. 자연에 부족한 점이 있으면 사람의 힘을 보태어서 부족함을 보완했는데, 이러한 태도는 어머니인 자연에 대한 마땅한 도리이자 효도라는 생각에서 비롯되었다.

전통적으로 한국인들은 자연환경에 대해 결정론적이고 일방적인 관계로 설정하지 않고 상호작용하는 쌍방의 관계로 생각했다. 산과 사람 사이에 조화와 균형을 잡을 수 있는 문화적인 저울추를 갖추고 있었기 때문이다. 비보裨補는 현대 학문에서 경관생태학의 경관보완론과 유사한 측면이 있다.

마을 주민들이 비보를 위해 만든 산을 조산造山이라고 불렀다. 여러 마을에서 조산비보의 흔적이 숱하게 나타난다. 마을에 조산이 있다고 마을 이름이 조산리가 된 경우도 여럿 있다.

비보는 산에 대한 의미 부여와 환경의 보전뿐만 아니라 산의 생명성을 적극적으로 높이는 방법이다. 예컨대 산에 나무를 심어 산의 기운[山氣]을 북돋우거나, 개발에 의해 잘린 산의 지맥을 잇는 생태통로를 만들어주는 것도 비보라고 할 수 있다. 비보는 자연과 인간의 조화를 적극적으로 창출하고자 하며 더 나은 자연적 조건으로 개선하려는 노력이다.

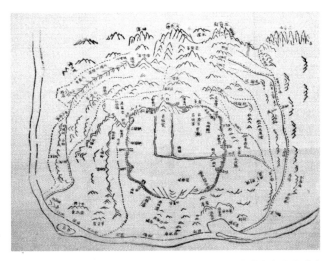

「사산금표도」(四山禁標圖)(1765). 한양 도성 주위 사방의 산에 대해 나무와 돌 채취를 금지한 금산(禁山)을 표현한 그림이다. 오늘날 그린벨트의 한국적인 원형이다.

조선시대 조정에서는 주산으로부터 궁궐에 이르는 산줄기[來脈]를 보전하기 위해 많은 노력을 기울였다. 조선시대 법전인 『경국대전』經國大典에 "경복궁과 창덕궁의 주산과, 내맥의 산등성이·산기슭은 경작을 금한다"고 법제화까지 했다. 한양의 도성에 이르는 산맥을 보토하거나 벌채·경작을 금한 사실도 『조선왕조실록』朝鮮王朝實錄에 여럿 보인다.

산줄기의 맥 가운데 중요한 곳은 관청에서 지속적으로 관리·감독했다. 삼각산의 보현봉에서 북악에 이르는 잘록한 맥이 그곳이다. 『신증동국여지승람』에 다음과 같은 기록이 있다. "만경봉이 동쪽으로 굽이돌아서 석가·보현·문수 등 여러 봉우리가 되었는데, 그중 보현봉이 도성의 주맥이기 때문에 총융청總戎廳에서 보토처補土處를 설치하고 주관하여 보축補築했다"고 기록되어 있다. 김정호의 『수선전도』首善全圖에는 이를 '보토소'補土所라고 표기했다.

묘지에서도 산의 풍수적 조건이 부족하면 조산하여 비보했다. 묘지의

『수선전도』의 '보토소'. 삼각산에서 북악산으로 이어지는
산줄기에 표기된 것으로 한양의 중요한 경관 요소로 여겨진 것을 짐작케 한다.
보토소는 현재 북악터널 위치로 추정된다.

풍수적 환경을 개선하는 이유는 조상이 안락하게 영면하기를 기원하는
효성스러운 마음이 깔려 있다. 한국 곳곳에는 매우 다양하고 많은 비보
사례가 있으며 경기도 이천시 장록동 앞들에는 연일 정씨의 선산을 비보
하기 위해서 조성한 북두칠성 모양의 조산도 있다.

　마을에서 산을 둘러싸고 일어난 풍수적 사건은 근래에도 종종 있었

다. 경남 진주시 대곡면 가정리 중촌마을에서는 1992년도부터 3년여 동안 28명의 젊은 사람이 아무런 이유 없이 연이어 사망하는 사고가 발생했다.

주민들은 이 같은 마을의 변고에 대한 합리적인 이유를 찾지 못하자, 마을 앞산이 풍수적으로 호랑이 형국의 산인데, 채석장 개발로 인하여 얼굴 부위가 깎여나가고 그 살기 띤 모양이 마을 정면에 비치기 때문이라고 해석하게 되었다. 산을 잘못 건드려 마을에 흉화가 생겼다고 판단한 것이다. 이러한 어려운 문제를 해결하기 위해 마을 주민들은 호랑이산의 살기를 막는 코끼리 석물상을 호랑이 형국과 마주하는 마을 앞에 세웠다. 그 뒤론 마을이 안정을 되찾았다고 한다.

산 이름에 담긴 의미

한국에는 산과 관련된 다수의 풍수 지명이 전해지고 있다. 산 이름에는 마을 주민들의 산에 대한 인식과 태도가 반영되어 있다. 산 이름은 주민들이 산을 어떤 태도로 인식하고 대했는지를 나타내주는 좋은 자료이다. 산 이름은 다양한 요인에 의해 형성되었고 변천했지만 그 과정에 미친 풍수의 영향도 매우 컸다.

산을 용, 말, 호랑이 등의 모양에 빗댄 지명도 다수 나타나는데 이는 산에 생명이 깃들었다고 보는 유기체적인 사유를 반영한다. 산의 생김새를 풍수적으로 설명하는 형국론은 널리 활용되었다. 그 배경에는 좋은 형국의 마을 터에 거주하면 그 지덕을 입어 좋은 결과가 있으리라는 풍수적 기대 심리가 깔려 있다.

좋은 형국의 산 이름은 대체로 부귀와 풍요와 장수를 상징하는 것들이었다. 예컨대 용·봉황·거북·학 형국은 존귀함을 상징하고, 소 형국은 풍요로움을, 매화 형국은 다산과 풍요를 상징했다. 산과 관련된 풍수적 형국 이름 가운데는 용과 관련된 지명이 가장 많다. 충남의 계룡산鷄龍山은 산 능선의 역동적인 모습이 마치 용트림하는 듯해 붙은 이름이다.

주위 산들과 관계를 지어 산 이름을 붙이는 경우도 생겼다. 예컨대 빗접산, 면경산, 비녀봉 등과 같이 '빗-거울-비녀'의 체계로 연관시켜 지형지세를 이해했다. 여러 산들의 형국 간 작용을 평형적 대립[對待]관계로 두고 긴장감과 생동감을 유지한 모습도 보인다. 예컨대 경기도 연천군 청산면 초성리 법수동 동쪽에 자리한 쥐산은 동북쪽에 있는 먹이인 노적봉을 바라보며 기회를 노리고 있는 형상을 취하고 있다. 이 쥐산이 거물래산 동쪽의 고양이산에게는 먹이가 되기 때문에, 고양이 산이 쥐산을 내려다보며 견제한다는 식이다. 어느 산 하나도 절대적으로 우세하지 않고 상대적인 평형관계를 유지하면서 전체적으로 존립하는 형국으로 주민들은 인식한 것이다.

주민들이 마을을 둘러싸고 있는 여러 산을 역동적인 평형관계로 이해하는 방식은, 경남 하동군 진교면 고이리 고내마을의 전설에도 잘 나타난다.[4] 마을 주위에 있는 다섯 군데의 산을 다섯 마리 짐승에 비유하여, 각각 호랑이, 개, 고양이, 쥐, 코끼리 모습으로 인식한다. 이들이 서로 견제하면서 공존의 관계를 유지할 때[五獸不動]는 마을이 평안하지만, 그 가운데 하나라도 훼손되거나 파괴되어 공생의 질서가 깨어지면 마을에 변괴가 생긴다는 것이다.

예컨대 고양이는 항상 쥐를 잡아먹으려 하지만 고양이와 앙숙인 개가 견제하고 있어서 공존 관계가 유지되는데, 만약 개가 없으면 고양이는 쥐를 잡아먹게 되니 전체적인 조화의 관계가 깨어진다는 것이다. 이러한 방식의 공간 인식은 마을 주위의 산지를 온전하게 지키고 보전하는 데에 이바지할 수 있었을 것이다.

그리고 산 이름의 상징 장치를 통해 형국의 기능을 인위적으로 보정^補整하기도 했다. 경기도 연천군 장남면 원당리에 있는 주마산의 형국은 등에 짐을 얹은 말이 동쪽으로 달려 나가는 형상이다. 원당리 주민들은 예부터 마을의 재운^{財運}이 이 산 때문에 외부로 흘러 나간다고 믿어 산 동쪽에 있는 조그만 봉우리를 '말뚝봉'이라 이름 지어 지기^{地氣}를 보호했다고 한다.

산의 맥을 끊으니 붉은 핏줄기가

산과 관련된 마을의 풍수설화는 일반적으로 아기장수형, 단맥형, 금기형 등 몇 가지로 분류할 수 있다. 풍수설화의 내용에 나타난 이야기구조를 분석해보면, 산은 사람에게 신비한 힘을 주는 것으로 이해되었다. 또한 살아 있는 유기체 또는 사물의 기능적인 시스템으로 다루어졌고, 다치기 쉬운 것으로 이해되었다.[5]

아기장수형 설화는 피지배자^{서민 또는 문중}와 지배자^{왕조} 간의 계급 갈등이 반영되어 있으며, 용마산의 기운을 타고 아기장수가 탄생한다는 풍수지리적인 계기를 구조로 지닌다.

양평군 용문면 삼성2리에는 말무덤이라고 있다. 원주 이씨 문중에 날개가 돋은 장사 어린애가 태어났는데 후환이 두려워 3일 만에 맷돌로 눌러 죽였다. 난데없이 용마가 내려와 이곳에 쓰러져 죽어서 묻었는데 이후 이곳을 말무더미라고 한다.

• 『향맥』 1집(양평문화원, 1988), 377쪽.

단맥형 설화는 명당을 이루는 지맥을 끊거나 차단한다는 이야기로, 대외적 갈등과 신분계급 간 혹은 빈부계층 간의 갈등이 주종을 이루며, 시기적으로는 임진왜란과 일제시기의 것이 많다.

임진왜란 때 일본군이 굴봉산경기도 용인시 남사면의 산허리를 끊자 거기에서 피가 흘렀는데 그 고개 이름을 피고개라고 한다.

•『용인의 마을의례』(한국역사민속학회, 2000), 56쪽.

풍류산경기도 양평군 청운면은 일제 때 일본인들이 와서 장수가 태어날 것을 염려해서 쇳물을 끓여 혈을 끊었다.

•『한국구비문학대계』1~3(한국정신문화연구원, 1982), 109쪽.

산의 마을생활사를 반영하고 있는 민간전승으로서 금기형 설화가 있다. 마을의 산지환경 보전을 위한 상징적·심리적인 장치이다. 마을에서 중요한 산主山에는 개인의 묘를 쓰지 못하게 하는 금기설화가 전국 어디서나 채록된다. 산에서 마을터에 이르는 주맥을 중시하여 당산 등의 성스러운 장소를 만들어 지맥의 안정적 보전을 꾀하는 것 역시 같은 맥락으로 해석할 수 있다. 산을 잘못하여 훼손하면 큰일이 생긴다는 일종의 신앙 같은 믿음도 널리 전승되었다. 산은 한국인에게 생존의 필수 조건이자 존재의 바탕으로서 반드시 보전해야 할 그 무엇이었다.

우리에게 산천은 무엇인가. 그것은 바로 우리의 현세 삶이 비롯하고 생성되며 완결되는 공간이다. 산은 겨레 정신의 원형질이요, 고유한 전통문화를 구워낸 가마였으며, 삶과 죽음으로 순환하는 생활의 근거이자 토대이고 1차적 생태환경이었다.

오늘날 우리는 산에 대한 인식의 전환기에 서 있다. 근대에 산은 경제적 가치로만 환산된 한갓 장애물이나 개발의 대상이었다. 21세기 오늘의

한국의 산, 한국인의 산. 산이 순하고 어질면서도 신령스럽다.
우리 산에 대한 심성이 잘 표현되었다.
최학윤, 「북한산 절경」

산은 생태환경적인 뭇 생명의 존재기반으로 그 패러다임이 바뀌고 있다.

산의 둥지에 삶터를 일구었던 선조들의 수천 년 삶과 문화가 그랬듯이, 금수강산에 살고 있는 지금의 우리가 해야 할 일은 산의 자연가치를 드높여서 산이 지닌 생태환경적인 큰 생명을 보전하고 보완하는 일뿐이다. 우리에게 산은 겨레의 생명을 잉태하고 있는 어머니의 태반이요 탯줄이기 때문이다.

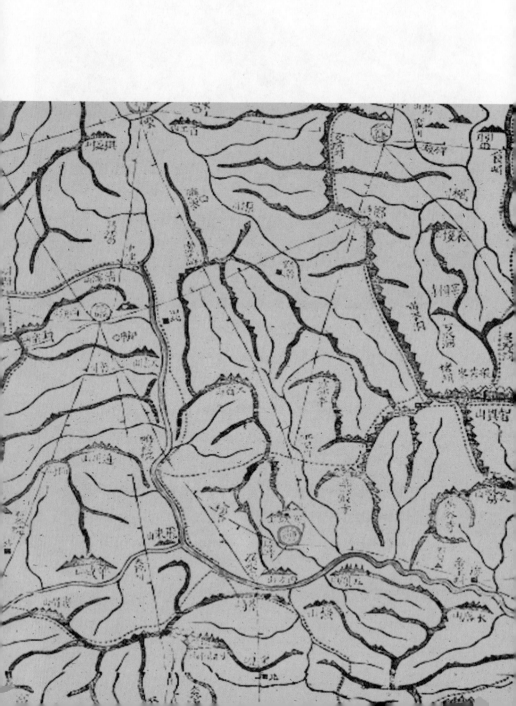

2

산의 인간화, 천산 · 용산 · 조산

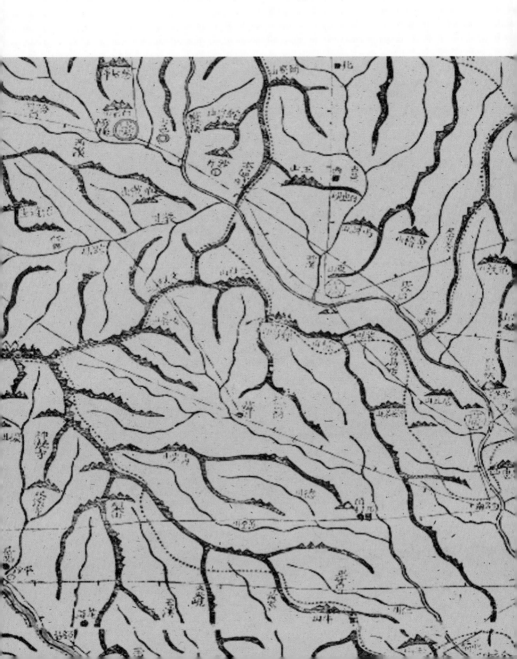

2

한국의 역사와 문화 속에서
산과의 관계를 들여다보자. 그 관계를
'산의 인간화'라는 큰 개념 틀로 정리했다.
한국인들이 역사적으로 산을 인간화한 방식과
코드는 무엇일까. 왜 한국에는
'백' 자 돌림의 백산 계열 산이름이 많고,
곳곳에 용산이 있으며, 골골의 전통마을마다
조산을 지었을까. 그 현상의 심층심리에 있는
원형적이고 집단무의식적인
공간의식을 조명해본다.

하늘이 산으로

하늘, 산이 되다

이상하게도 내가 사는 데서는
새벽녘이면 산들이
학처럼 날개를 쭉 펴고 날아와서는
종일토록 먹도 않고 말도 않고 엎댔다가는
틀만 남겨 놓고 먼 산 속으로 간다
• 김광섭의 「산」 중에서

산은 우리에게 무엇인가?

한국에서 산과 인간은 어떤 관계를 맺고 있을까?

"산은 베푼다. 기를 베풀고 퍼지게 하여 만물을 생성하게 한다"는 『설문해자』說文解字의 산에 대한 풀이는 동아시아의 산 관념을 잘 말해주고 있다. 만물을 생성하는 기는 산에서 발원하고 산의 맥을 통하여 흐르며, 바람을 타면 흩어지니 산으로 갈무리한다고 풍수는 보았다.

한국은 산의 나라다. 산에서 해가 뜨고 산으로 지며, 산에서 하천이 시작되고, 산에서 온갖 생물이 자라나므로 산은 생명의 원천이다. 한민족에게 산은 본원적인 그 무엇이다. 국토에서 산이 차지하는 비중이 70퍼센트가 넘으니 산이 경제적·문화적·역사적으로 차지하는 비중도 그에 비례하므로, 공간적인 인식이나 경관에 미친 영향도 컸다.

한국인은 전통적으로 산을 어떻게 생각하고 대해왔을까? 그 의미 맥락은 '하늘이 산으로' '천산에서 용산으로' '인간과 산의 조화'라는 세 과정으로 요약된다. 이를 관통하는 핵심적 키워드는 '산의 인간화'이다.

멀리 하늘에 이를 듯이 높고 신성한 산은 천산으로 경외하고, 그 맥을 받아 마을을 둘러싸고 물을 만난 산은 용산이라 하여 그 산룡의 맥을 따라 취락을 조성했으며, 수구가 허하면 조산으로 비보했다. 중국이 천산관과 용산관을 지녔다면, 한국은 산을 인간화함으로써 사람을 중심으로 하늘과 산이 어우러지는 상징적인 의미를 더했다.

신화 속에서 본 천산

단군신화를 천지인의 관점에서 보면, 하늘^{환인, 환웅}이 땅^{태백산} 웅녀: 곰산과 합하여 인간화^{단군}되는 것으로 해석할 수 있다. 이러한 '하늘이 산에 내려 사람으로 화하는'^{하늘→산→인간} 구조는 이후의 시조 신화에도 반복된다.

고구려의 해모수는 웅신산에, 신라의 혁거세는 양산에, 진한의 여섯 촌장은 표암봉·형산·이산·화산·명활산·금강산^{경주}에, 가야의 수로왕은 구지봉에 임했다. 이들은 두 가지 유형이 있다. 하늘에서 직접 산으로 인간이 내려온 경우와, 하늘이 산^땅이라는 매개^{이 유형은 주로 '알'이라는 상징으로 표현된다}를 통해 인간화하는 경우이다. 그 두 가지 사례를 『삼국유사』에서 보기로 하자.

옛날 진한 땅에 여섯 마을이 있었다. 첫째는 알천 양산촌인데…… 하늘에서 표암봉에 내려와 급량부 이씨^{李氏}의 조상이 되었다. 둘째는 돌산 고허촌이니…… 형산에 내려와 사량부 정씨^{鄭氏}의 조상이 되었다. 셋째는 무산 대수촌이니…… 이산에 내려와 점량부·모량부 손씨^{孫氏}의 고향이 되었다. 넷째는 취산 진지촌이니…… 화산에 내려와 본피부 최씨^{崔氏}의 조상이 되었다. 다섯째는 금산 가리촌이니…… 명활산에 내려와 한기부 배씨^{裵氏}의 조상이 되었다. 여섯째는 명활산 고야촌이니…… 금강산에 내려와 습비부 설씨^{薛氏}의 조상이 되었다.

• 『삼국유사』 권1, 「기이2」, 〈신라시조혁거세왕〉

금와는 태백산 남쪽 우발수에서 한 여자를 만났다. 여자가 말하기를 "저는 하백의 딸로 이름은 유화라고 합니다. 내가 여러 아우들과 노닐고 있을 때에, 남자 하나가 나타나 자기는 천제^{天帝}의 아들 해모수라고 하면서 저를 웅신산 밑 압록강 가에 있는 집으로 유인하여 남몰래 정을 통해 놓고 가더니 돌아오지 않았습니다. 부모는 중매도 없이 혼인한 것을 꾸짖으며 마침내 이곳으로 귀양을 보냈습니다"라고 했다. 금와는…… 그녀를 방에 가두어두었더니 햇빛이 방 속을 비췄다. 몸을 피하자 햇빛이 따라와 또 비추었다. 그로부터 태기가 있어 알 하나를 낳았다. ……한 아이가 껍질을 깨고 나왔다. ……그는 주몽이란 이름을 얻었다. ……고^高로써 성을 삼았다.

• 『삼국유사』 권1, 「기이1」, 〈고구려〉

고주몽신화에 나오는 웅신산의 웅^熊은 곰과 관련된 말로, 웅신산이란 곰뫼의 뜻이요 단군신화의 태백산에 해당한다는 해석이 있다.[1] 또한 가야의 수로왕신화는 하늘이 산으로 내려와 인간화하는 구조이다.

후한의 세조 광무제 건무 18년 임인 3월 계욕일에 그들이 살고 있는 북쪽 구지에서 이상한 기운이 일며 그 모습은 보이지 않는데 소리만 들려왔다.

"이곳에 누가 있는가?"

구간九干들이 대답했다.

"우리들이 여기 있습니다."

"내가 있는 이곳이 어디인가?"

"구지입니다." 또 말했다.

"하늘이 나에게 명령하기를 나라를 세우고 임금이 되라고 하므로 여기에 내려왔다. 너희들은 산꼭대기의 흙을 뿌리며 '거북아, 거북아, 머리를 내밀어라. 만약 내밀지 않으면 구워 먹겠다' 하고 노래를 부르고 뛰며 춤을 추어라. 그러면 곧 너희들은 대왕을 맞이하여 기뻐서 춤추게 될 것이다."

구간들은 이 말에 따라 마을 사람들과 함께 모두 기뻐하며 노래하고 춤추었다. 얼마 후 하늘을 우러러보니 한 줄기 자줏빛이 하늘로부터 드리워져 땅에 닿는 것이었다. 줄 끝을 찾아가보니 붉은 보자기에 금합이 싸여 있었다. 열어 보니 해처럼 둥근 황금빛 알 여섯 개가 있었다. 여러 사람들은 모두 놀라고 기뻐하여 다 함께 수없이 절을 했다. 그다음 날 여섯 개의 알은 아기가 되어 있었는데 용모가 매우 깨끗했으며 이내 평상 위에 앉았다. 그달 보름에 왕위에 올랐는데 세상에 처음 나타났다고 하여 이름을 수로라고 했다. 나라를 대가야라고 했으니 곧 여섯 가야 중의 하나이다. 나머지 다섯 사람도 각기 가서 다섯 가야국의 임금이 되었다.

• 『삼국유사』 권2, 「기이2」, 〈가락국기〉

구지봉(200미터, 경남 김해시 구산동). 거북이 머리 모양을 하여 구수봉(龜首峰)이라고도 불리었다. 사진 왼편으로 머리(볼록한 언덕)를 쑤욱 내민 모습이 거북이를 연상시킨다.

경남 김해시의 구지봉龜旨峯을 풍수적 형국으로 보면 거북 형국이다. 구지봉의 '구'龜자가 '거북 구'자라는 사실은 이를 잘 반영해준다. 구지봉을 구수봉龜首峰이라고도 했다. 모양을 보아도 왼쪽으로 목을 쭉 빼고 있는 거북의 형상임을 쉽게 알 수 있다. 『삼국유사』에는 「구지가」로 은유되어 나타난다. '거북아, 거북아'는 거북 형국을 지닌 땅을 실제 살아 있는 거북으로 빗대어 말한 표현일 것이다. 고대인들은 이렇게 하늘의 광명이 서린 산을 천산이라고 불렀다.

우주산 위에는 북극성이 빛나고

천산 관념은 보편적으로 나타난다. 아득히 먼 옛날부터 알타이 계통의

곤륜(쿤룬, 崑崙) 산맥의 서쪽 끝 봉우리 공격이산(궁커얼 산, 公格尔山).
중국의 신강위구르 자치구에 있다. 산이름은 원주민의 말뜻으로 '세계의 창'이라는 뜻이라고 한다.

사람들은 북반구에 널리 퍼져 이주하면서 천산의 이름을 짓고 불러왔다. 중국의 곤륜산이 대표적인 천산이며, 한국에는 백산 계열의 산들이 천산에 해당한다. 일본에는 가미나리 산カミナリ[雷山]이 있는데, 산 이름의 '뇌' 雷는 신이 내려왔다는 뜻이다.[2] 바빌론Babylon의 아랄루Aralu, 핀란드의 히밍비에르히Himinbjorg도 천산이라는 뜻의 산 이름이다. 수메루sumeru, 숨부르sumbur, 수므로sumur, 메루 산meru은 세계의 중심에 있으며, 그 산 위에는 북극성이 빛나고 있다고 여겼다. 수미산須彌山도 같은 이름이다.

중앙아시아 신화에, "땅은 바다로 둘러싸여 있다. 땅 중앙에는 3층 또는 7층으로 꼭대기가 평평한 네모난 수메루라는 큰 산이 있다. 그 산 위에는 하늘에 닿은 세계나무World Tree가 있다. 그 산을 중심으로 사방에 또 산이 있는데, 이것이 사방의 땅이다"라고 했다. 이란인들은 하라베레자이티Haraberezaiti 산이 대지의 중심에 있다고 여겼고, 팔레스타인의 타볼산Mount Tabor과 게리찜 산Mount Gerizim도 '땅의 배꼽'이라는 뜻이다.[3] 이러한 산을 엘리아데Mircea Eliade, 1907~86는 '우주산'Cosmic Mountain이라 불렀다. 인도 신화에서는 신들이 이 우주산을 잡고 원초의 대양을 휘젓자 여기에서 우주가 탄생했다고 한다. 칼미크의 신화에서도 신들이 수메루 산을 작대기 삼아 대양을 저어 해를 만들고, 달을 만들고, 별을 만들었다고 한다.[4]

곤륜산은 대표적인 천산이다. 『회남자』淮南子「지형훈」에서 말하는 "곤륜산은…… 태제太帝가 사는 곳으로…… 천지의 중심이다. ……약목若木은 건목의 서쪽에 있다"는 내용으로 알 수 있듯이 천산에는 천신이 오르내리고, 그곳에는 우주나무가 있다. 이러한 관념을 공간적으로 잘 나타내주는 고지도로 「천하도」天下圖가 있다. 「천하도」는 조선시대 지식인들의 상상적인 세계관을 표현한 추상적인 지도이다. 여기에는 곤륜산과 오악, 삼신산에 속하는 봉래, 방장산을 포함하여 39개의 산 이름이 나타나 있

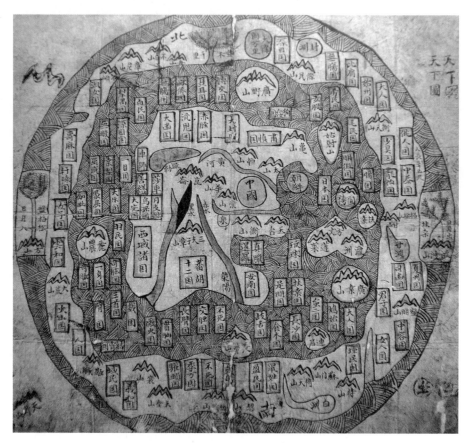

『감여도』(18세기, 서울역사박물관 소장). 『회남자』의 세계관이 반영된 '천하도'이다.
곤륜산을 비롯한 우주산들과(가운데) 우주나무(위와 좌우 끝)의 모습이 뚜렷하다.

고, 다섯 개의 하천황하·한수·적수·흑수·양수, 세 개의 큰 나무부상·천리반송·반
격송가 있다.[5]

한국에는 왜 백산이 많을까

우리나라 산은 천산백산 계열의 산이 많다는 점이 특징이다. 김정호는
『대동여지전도』大東輿地全圖에서 백두산을 다음과 같이 설명했다.

조선은 땅이 동방의 끝에 있어 해가 남달리 밝기 때문이다. 산경山經
에 말하기를 곤륜의 한 가닥이…… 백두산이 되니 이 산은 조선 산맥의
할아비祖이다.

• 『대동여지전도』

이수광李晬光, 1563~1628은 『지봉유설』芝峰類說에서, "곤륜이 반고의 머
리라면 백두산은 발에 해당한다"고 했다. 정약용丁若鏞, 1762~1836은 『아방
강역고』我邦疆域考에서 자주적 인식으로, "백산白山, 즉 백두산은 동북 뭇
산의 조종祖宗이자 동방의 곤륜산이다"[6]라고 말했다.

백두산은 불함산不咸山이라고도 불렀다. 불함이라는 말은 '밝은'을 음
차한 것으로 광명 또는 신명이라고도 하며, 불[火, 빛] 함[간: 임금]이라고 보
아 빛인 천신의 산으로 풀이하기도 한다.[7] 최남선崔南善, 1890~1957은 천산
이 백산이라고 했다. '백'자는 신명神明을 의미하는 고어 '붉'의 사음자寫
音字로서 이 명칭을 가진 산은 고신도古神道 시대에 신앙의 대상이 되던 산
악백운, 백화, 백악, 백마, 백록 등이다. 박朴, 발[八·鉢·伐·弗], 부루, 비로毘盧, 부
로夫老, 비래飛來, 풍류風流 등은 모두 '붉'을 차자借字한 것이다.[8]

백붉 계열의 산은 한붉산, 태백산, 장백산, 함백산, 대박산 등과 백산,

신성한 흰 빛을 내며 끝없이 펼쳐진 백산의 산군(山群).
강원도 태백시의 태백산(1567미터) 중턱에서 바라본 지맥들의 모습이다.

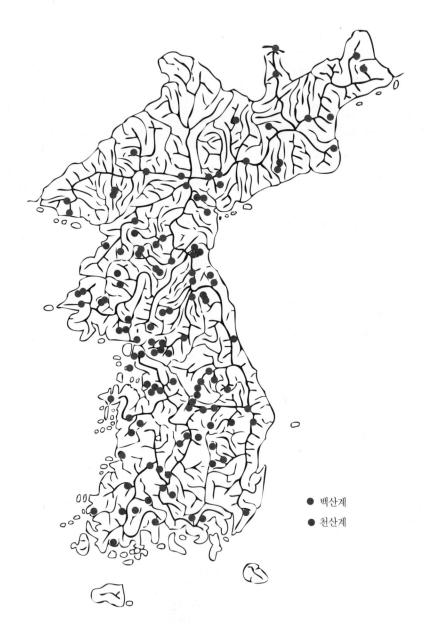

● 백산계
● 천산계

천산계 산의 분포도. 백두대간에 집중되어 있는 모습을 보인다.
『대동여지전도』 이미지를 바탕도로 하여 표시했다.

박산, 백운산, 백마산, 백록산, 비로산, 소백산 등이 있고, 천天 계열의 산
은 천평산, 천불산, 천보산, 천방산, 천백산, 천황산 등이 있다.[9]

한국에는 지역마다 천산이 존재한다는 점도 특징적이다. 『신증동국여
지승람』의 「산천」조에 나타난 천산백산 계열의 산을 보면 대체로 지역적
으로 고른 분포를 보이나 상대적으로 중부 이남보다 이북의 백두대간으
로 갈수록 많은 편이다.〈참고자료 1〉

한국은 온 나라가 다 제천했다. 마을마다 하늘이 땅에 구현되고, 하늘이
산과 일체가 된다고 생각했다. 그리하여 백산이라 부르고 숭앙했다. 상고
선민先民들은 이주할 때마다 최고의 주봉을 골라 이를 붉뫼[白山]라 부르
고 숭앙했을 뿐만 아니라 마을마다 작은 신산당산을 쌓고 하늘에 빌었다.
높은 산에 천신이 내려오듯이 조산에도 천신이 깃들인다고 보았다.[10]

고대로부터 한국문화에서 나타나는 숭산 관념은 유달랐다. 국가제사
만 보아도 백제는 산곡山谷의 신에게, 신라는 삼산·오악·대·중·소사, 고
려는 사악신四岳神, 조선은 오악·오진五鎭에게 제사했다. 전국의 명산을
호국신으로 봉했고, 거기에 고을마다 있는 진산과 마을의 주산까지 합하
면 거의 온 나라 산을 숭배했다 해도 과언이 아니다.

인간에게 다가온 신의 거주처, 신산

산은 신의 거주처라고 여겨졌다. 이름하여 신산神山이다. 신을 하늘의
신묘한 작용[妙用]으로 해석하면[11], 신산은 천산보다 하늘이 더 인간화된
산 개념이다.

단군신화에서 중요한 사실은 '천신이 인간화했다'는 것과 '아사달로
돌아와 산신이 되었다'는 점이다. 신라의 탈해왕도 죽어서 동악토함산의
신이 되었다고 했다.[12] 하늘이 산에 내려와 인간이 되고, 죽어 다시 산으

로 깃들여 삶터의 수호신이 되니, 전통적 관념에서 하늘과 산과 사람은 긴밀한 상관관계로 구조화되어 있는 것이다.

삼신할머니 또는 도교의 이상향, 삼신산

삼신산은 삼신이 있는 산이다. 한국은 삼신을 천신·지신·인신 또는 환인·환웅·단군이라고도 한다. 또한 산신山神, 산육産育을 담당하는 신, 민속에서는 인격화하여 삼신할머니라 부른다. 고대의 제의는 천신, 시조신, 지신에 대한 제사가 그 기본을 이루고 있다.[13] 『삼국유사』에는 신라의 내림奈林·혈례穴禮·골화骨火라는 세 산의 호국신인 삼신이 등장한다.

민초들에게 삼신산은 삼신할머니의 산이었다. 삼신산은 엄뫼[母山]로서 마을마다 있다고 여겼다.[14] 그 생기가 백두산에서 비롯하니 백두산은 삼신산의 머리이며, 백두의 맥은 금강·지리·한라 등 명산·명악으로 이어졌다. 이능화는 삼신산을 실존하는 산으로 보아, 백두산을 삼신산으로 추정했다.[15] 삼신산은 도교적 이상향인 봉래·영주·방장산이기도 하다. 중국의 영향으로 조선조 유학자들은 금강산을 봉래, 지리산을 방장, 한라산을 영주라고 했다.[16]

자연신앙의 관점에서 볼 때, 청동기시대 천신은 지상에 하강하여 인간으로 화하고, 고조선 말기에 이르러서는 천신에서 산신으로 분화한다.[17] 산신이 되어 깃들인다는 의미는 '하늘과 인간'의 관계가 '하늘과 산과 인간'의 관계로 변했음을 의미한다. 인간에게 산은 하늘을 융섭하는 몸이라는 중요한 의미를 지니게 된 것이다.

이러한 신과 산의 결합 과정은 역사적으로 신라의 불국토 사상과 오대산신앙, 미륵사상의 미륵산, 묘청의 팔성당에서 보이는 신체神體 산 관념 등 수많은 사실史實로 되풀이된다. 『고려사절요』高麗史節要에서는 팔성당에 대해 다음과 같이 적고 있다.[18]

태백산 천제단. 태백산 정상에 돌을 쌓아 만들었다.
하늘을 상징하여 둥근 원형의 모양을 하고 있다.

인종 9년[1131] 8월에 묘청의 주청에 따라 팔성당八聖堂을 지었다.

1일, 호국백두악 태백선인 실덕문수사리보살護國白頭岳太白仙人實德文
殊師利菩薩

2일, 용위악 육통존자 실덕석가불龍圍嶽六通尊者實德釋迦佛

3일, 월성악 천선 실덕대변천신月城嶽天仙實德大辨天神

4일, 구려평양 선인 실덕연등불駒麗平壤仙人實德燃燈佛

5일, 구려목멱 선인 실덕비파시불駒麗木覓仙人實德毗婆尸佛

6일, 송악 진주거사 실덕금강삭보살松嶽震主居士實德金剛索菩薩

7일, 증성악 신인 실덕륵차천왕甑城嶽神人實德勒叉天王

8일, 두악 천녀 실덕부동우바이頭嶽天女實德不動優凱夷

팔성당은 고려 인종 때 묘청?~1135의 주청으로 서경西京의 연기궁궐延基
宮闕인 임원궁林原宮 안에 설치한 사당이다. 고려의 팔성당은 산신·신선

불산-두타산(1353미터, 강원도 동해시)의 설경.
두타(頭陀)란 불도(佛道)를 수행하는 것을 일컫는 말로,
산스크리트어인 두타(dhuta)의 음역이다.
부처가 누워 있는 형상이라고도 한다.

과 불신佛神이 산으로 일체화되어, 한국문화에서 나타나는 산에 대한 융합된 신앙의 전형을 잘 보여주고 있다.

부처와 산이 한 몸으로, 불산

한국의 문화전통에서 나타나는 신산 관념의 또 다른 특징은 광범위하게 나타나는 불산佛山 관념이다. 전국 도처에 나타나는 불교와 관계된 산 이름만 보아도 얼마나 불교와 깊은 연관이 있는지를 잘 말해준다.

『신증동국여지승람』에는 불암산, 불견산, 불족산, 불타산, 불대산, 불정산, 불명산, 불모산, 불용산, 문수산, 보리산, 미타산, 나한산, 가섭산, 화엄산, 천불산, 도솔산, 조계산, 관음산, 반야산, 미륵산, 두타산 등 수많은 불산의 이름이 나타난다.『삼국유사』에도 다음과 같이 불산 이름의 유래를 적은 내용이 등장한다.

죽령 동쪽 100리쯤 되는 곳에 우뚝 솟은 높은 산이 있는데 진평왕 9년587에 문득…… 사방여래四方如來의 상이 새겨진 큰 돌이…… 하늘로부터 그 산마루에 떨어졌다. ……그 산을 사불산四佛山이라고 한다.

……경덕왕이 백률사에 거둥하는 도중에 산 아래에 이르렀더니 땅속에서 염불하는 소리가 들렸다. 사람을 시켜 그곳을 파 보게 했더니, 큰 돌이 나왔는데 사면에 사방불이 새겨져 있었다. 이를 연유로 산 이름을 굴불산掘佛山이라 한다.

• 『삼국유사』 권3, 「탑상4」, 〈사불산 · 굴불산 · 만불산〉

불산은 부처와 산이 일체화된 관념이다. 이러한 논지는『삼국유사』「대산오만진신」에 잘 나타나 있다. 여기에서는 부처와 산이 한 몸으로 융통하는 것뿐만 아니라 산이 지니고 있는 지기를 형상화한 관념까지 엿볼 수 있어 주목된다.

불교가 1, 2세기경부터 점차 중국에 들어오면서, 중국인의 산악숭배 현상에는 새로운 양상이 생겨났다. 이른바 산악을 불보살의 본래 모습인 본지本地 자체, 또는 중생 제도를 위해 모습을 드러내는 신령한 장소로 숭배하는 현상이 나타나게 된 것이다.[19] 그 대표적인 것이 문수의 오대산, 보현의 아미산, 관음의 보타산 등이다.

신라인은 자신들이 살고 있는 이 땅이 바로 '불국정토'라 생각했다. 강원도 양양의 낙산은 관음보살의 진신眞身이, 오대산은 문수보살이 머무는 곳으로 여겼다. 아래의 인용문을 보자.

옛날 의상법사가 처음 당나라에서 들어와 관음보살의 진신이 이 해변의 어느 굴속에 산다는 말을 듣고 이곳을 낙산이라고 이름했다. 이는 서역에 보타락가산이 있는 까닭이다. (낙산을) 소백화小白華라고도 했는데 백의대사白衣大士: 백의관음의 진신이 머물고 있는 곳이므로 이것을 빌려다가 이름을 지은 것이다.

의상은 재계한 지 7일 만에 좌구坐具를 새벽 일찍 물 위로 띄웠더니 용천팔부龍天八部의 시종들이 그를 굴속으로 안내했다. 공중을 향하여 참례하니 수정 염주 한 꾸러미를 내주었다. 의상이 받아 가지고 나오는데 동해의 용이 또한 여의보주 한 알을 바치니 의상이 받들고 나왔다. 다시 7일 동안 재계하고 나서 이에 관음의 참모습을 보았다. 관음이 말했다.

"좌상坐上의 산꼭대기에 한 쌍의 대나무가 솟아날 것이니, 그 땅에 불전을 마땅히 지어야 한다."

법사가 말을 듣고 굴에서 나오니 과연 대나무가 땅에서 솟아나왔다. 이에 금당을 짓고, 관음상을 만들어 모시니 그 둥근 얼굴과 고운 모습

의상이 관음보살의 진신을 친견한 현장, 낙산사 홍련암.
홍련암 법당 마루는 용이 드나든다는 관음굴과 통해 있다.

이 마치 천연적으로 생긴 것 같았다. 그리고 대나무는 즉시 없어졌으므
로 비로소 이곳이 관음의 진신이 머무는 곳임을 알고 그 절을 낙산사라
이름하고 법사는 자기가 받은 두 염주를 성전에 봉안하고 떠났다.

　•『삼국유사』권3, 「탑상4」, 〈낙산이대성관음 · 정취 · 조신〉

　오대산은 문수보살이 머무는 곳이다. 오대산을 진성眞聖, 즉 문수보
살이 살던 곳이라고 한 것은 자장법사에서 비롯했다. 자장법사는 정관
17년643에 강원도 오대산에 이르러 문수보살의 진신을 보려 했다. 그
러나 3일 동안이나 계속 날이 어둡고 그늘이 져서 보지 못하고 돌아갔
으나, 다시 원녕사에 가서 살면서 비로소 문수보살을 뵈었다. 보살이
법사에게 말했다.

"칡덩굴이 서려 있는 곳으로 가라."

법사가 그곳으로 갔는데 지금의 정암사가 그곳이다. ……그 후 정신
대왕淨神大王의 태자 보천, 효명 두 형제가…… 오대산에 참례하러 올라
가니…… 오대산의 동대만월산에 일만의 관음진신이, 남대기린산에 일만
지장이, 서대장령산에 무량수불을 머리로 한 일만 대세지보살이, 북대상
왕산에 석가불을 머리로 한 오백 대아라한이, 중대풍로산 또는 지로산에는
비로자나불을 머리로 한 일만 문수 등 오만의 진신이 나타나 있었다.
이어 문수보살이 36종의 형상으로 변하여 나타났다.

• 『삼국유사』 권3, 「탑상4」, 〈대산오만진신〉

『삼국유사』에는 문수보살이 드러낸 36종의 형상을 이렇게 적고 있다.
"매일 새벽이면 문수대성이 진여원지금의 상원사에 이르러 36종의 형상
으로 변하여 어느 때는 부처의 얼굴형으로 나타나기도 하고, 어느 때는
보배구슬형 또는 부처 눈 모양, 부처 손 모양, 보탑형으로, 혹은 만불두형
萬佛頭形으로, 또 어느 때는 만등형萬燈形으로, 혹은 금교형金橋形, 금북 모
양[金鼓形], 금종 모양, 신통형, 금누각형, 금륜형金輪形, 금강저형, 금항아
리형, 금비녀형으로도 되었다. 또는 오색광명형으로, 오색원광형이거나
길상초형으로, 푸른연꽃형, 금밭형, 은밭형, 부처의 발 모양, 뇌전형雷田形
으로도 되었다. 또는 여래가 솟아오르는 모양, 지신이 솟아나는 모양, 금
봉황형[金鳳形], 금까마귀형, 말이 사자를 낳는 모양, 닭이 봉황을 낳는 모
양, 소가 사자를 낳는 모양, 돼지가 노는 모양, 푸른 뱀 모양으로 나타나기
도 했다."[20]

위의 형상 중에 다수는 지기를 형상화한 풍수의 형국과 유사하다. 따라
서 문수의 형상과 오대산의 형기形氣가 상관적이며 상호 융통하는 일체
로 인식했음을 알 수 있다.

그밖에도 한국 불교사상사에 큰 영향을 준 『화엄경』의 「십지품」에는 10개의 보배산이 등장한다.〈참고자료 2〉「십지품」은 『십지경』으로 만들어져서, 고려와 조선에 걸쳐서 교종불교의 텍스트로서 널리 유통된 중요한 경전이었다. 여기에서는 보살이 이른 계행·지혜·신통 등의 10가지 단계의 경지를, 10개의 산이 각각 지니고 있는 자연·문화·인문적인 속성에 비유하여 설명한 것이다. 만물을 실은 보배창고로서, 온 생명을 살리는 산의 상징성은 대승불교에서 보살도의 자리와 한가지로 표현되었다. 이와 같은 불교적 산의 이미지는 한국불교문화사에서, 산에 대한 장소적 인식의 전개와 공간적 상호관계의 형성에 큰 영향을 미쳤다.

별이 아래로 비추니 산은 모양을 이루네, 사신사와 오성

풍수에서 산은 하늘과 연관시켜 이해한다. "별들이 아래로 비추니 산은 모양을 이룬다"[21]는 생각은 이를 잘 말해준다. 명당 주위 사방의 산인 청룡·백호·주작·현무는 수호성신星神으로 사신사四神砂라고 한다. 사신사는 고대 중국인의 천문사상의 영향으로, 후에 풍수의 사방 산세에 빙의憑依된 것으로 보인다.[22] 풍수의 초기 경전인 『금낭경』의 사신사 관념을 살펴보자.

> 왼편을 청룡이라 하고, 오른편을 백호라 하며, 앞을 주작이라 하고, 뒤를 현무라 한다. 현무는 머리를 드리우고, 주작은 날고 춤추며, 청룡이 꿈틀거리며 가고, 백호는 쭈그려 앉는다.
> •『금낭경』, 「통론편」

고대 사상에 상당 부분 풍토성이 반영되었다고 볼 때, 풍수의 사신사 관념은 중국인의 자연에 대한 인식에서 비롯되었을 것이다. 그러면 중국

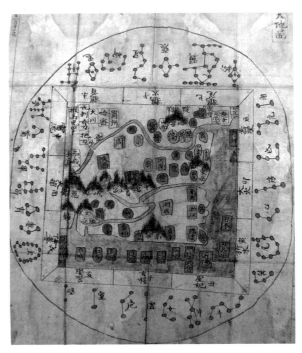

「천지도」(19세기, 역사박물관 소장)에 표현된 별자리와 주요 명산.
천문과 지리(산천)의 상관적 관념이 잘 표현된 지도이다.

인들은 왜 동쪽을 청룡으로, 서쪽을 백호로, 남쪽을 주작으로, 북쪽을 현
무로 보았을까? 그 이유를 중국의 풍토로 풀이해보자.

중국에서 동쪽은 바다로 모든 물이 흘러가는 방향이다. 산은 물을 만나
야 생기가 생긴다. 동쪽은 산과 물이 만나는 곳이다. 또한 동쪽은 해가 뜨
는 곳이다. 산수의 생기가 해의 양기를 받으니 동쪽은 만물을 살리는 기
운을 띌 것이다. 따라서 생동하는 용龍으로 생각될 만하며 그 색은 푸르
다[靑]. 중국의 서쪽은 거대한 산맥이 발원하는 내륙이다. 곤륜으로부터
발원하는 산맥의 정상은 만년설로 덮여 있으며, 거친 산이 발하는 강한
산의 기운은 호랑이[虎]로 대변될 수 있고 그 색은 희다[白]. 남쪽은 붉은
태양의 화기火氣가 비등한 곳이니 날아가는 새[雀]로 생각될 수 있고 색은

금문(金文)의 성(星). 금문은 중국 은·주(殷·周)시대의
청동기에 새겨진 글로, 고대인들의 인식이 상징적으로 반영되어 있다.
별(하늘)이 땅과 연결되어 있다는 고대의 관념을 읽을 수 있다.

붉은색[朱]이다. 북쪽 취락은 거북[玄武] 같은 형세의 산에 기대 있고, 북은
오행에서 수水로 생명의 모태이니 검은색[玄]이다.

풍수에서 또 다른 천산 관념이 투영되어 있는 오성적 사유를 살펴보자.
하늘은 일월성신日月星辰으로 채워져 있다. 오성은 금성[太白星]·목성[歲
星]·수성[辰星]·화성[熒惑星]·토성[鎮星]으로, 하늘에서는 상象을 이루고
땅에서는 형形을 이루어 오행이 된다고 했다. 풍수서인『청낭경』에 다음
과 같은 구절이 있다.

하늘에는 오성이 있고 땅에는 오행이 있다. 하늘에서는 별로 나뉘고
땅에서는 산천을 벌여놓았다. 기는 땅에 행하고, 모양은 하늘에 걸려
있기에 모양으로 미루어 그 기를 살핀다.
　•『청낭경』

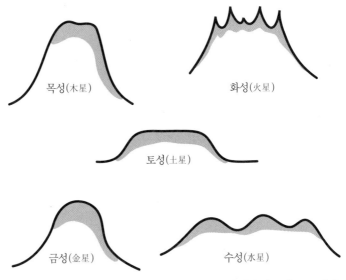

목성(木星)

화성(火星)

토성(土星)

금성(金星)

수성(水星)

풍수에서 오행론으로 분류한 다섯 가지 산 모양[山形]이다.
목은 새싹이 돋는 모양, 화는 불꽃이 타오르는 모양, 토는 단정한 탁자 모양,
금은 종을 엎어놓은 모양, 수는 물줄기가 흘러내리는 모양이다.

'성'星이란 글자를 중국의 금문金文으로 보면 참 재미있는 형상을 하고 있음을 알 수 있다. 해석해본다면, 전체는 하나의 기氣로 이루어져 있고, 아래는 토土가 산으로 이어져 하늘의 별로 연결되고 있는 모습이다.

풍수서에서 산을 어떻게 오성으로 보는지 살펴보자. 목木은 새싹이 올라 나뭇가지가 자라는 것과 같은 곧은 모양이고, 화火는 불타오르는 뾰족뾰족한 모양이다. 토土는 온후하고 진중한 네모진 모양이고, 금金은 두루 견고한 둥근 모양이다. 수水는 흘러 움직이는 굴곡하는 형상이다. 그러므로 산의 모양이 굴곡하면서 흐르는 것은 수성水星이고, 둥근 것은 금성金星이고, 네모난 것은 토성土星이고, 날카로운 것은 화성火星이며, 곧게 솟은 것은 목성木星이다.[23]

오성산五星山의 인식에 이르러 기와 형은 온전히 상응하게 되어 형기形氣로 산을 보게 되었다. 형은 형국과 형상을 이름이고, 기는 형상을 통하

여 그 기를 본다는 것이다.[24] 이러한 사실을 『청오경』은 이렇게 적시하
고 있다.

음양이 부합하고 천지가 서로 통하여 내기^{內氣}는 생을 싹트게 하고
외기^{外氣}는 형을 이루어 내외가 상승하니 풍수가 스스로 이루어진다.
　•『청오경』

천산에서 용산으로

천산에서 산룡으로: 산이 생명을 얻다

천산 관념에서는 산을 보되 하늘 위주였기 때문에 산에 대한 태도 역시 숭배로 나타났다. 그런데 농경사회로 진입하고 땅에 대한 인간의 의존도가 높아지면서 땅이 지닌 힘[地力]에 대한 신앙이 생겨났다. 지력신앙은 고려시대부터 본격화되었다. 고려의 태조는 산천에 매우 깊은 신앙을 가지고 있었다. 음양·풍수[地理]·도참[讖緯]·비기[秘錄] 등에 비상한 관심을 갖고 산천의 영묘한 힘에 의하여 국가가 안녕하고 왕조가 지속되기를 기원했다.[25]

아울러 산에 대한 관념과 태도도 변했다. 산에는 정중동靜中動의 조화와 무궁한 기운이 있다고 생각한 것이다. 그 산이 하천에 이르러 물을 만나니 용이란 이름을 빌려 용산이라 했다. 천산 관념이 용산 관념으로 변화되는 과정을 살펴보자.

"산은 지기地氣의 결집처이다."[26] "일기一氣가 모여 맺히니 산이 되었다."[27] "일월성신은 강한 기가 위로 오른 것이요, 산천초목은 부드러운 기가 아래로 내려 응결한 것이다."[28] 기는 변하여 형形이 되었고, 형은 생을 얻었다.

초기의 산룡관은 하늘 중심이었다. 용은 하늘의 정기로 생겨났다.[29] 그

시초는 동방의 수호 성신인 청룡 관념이다. 이것이 혈 주위의 사방 산인 사신사에 덧붙여졌다. "동방의 칠수七宿가 용형을 이루었다"[30)]거나 "동 방의 목성木星이 푸른 용靑龍을 이루었다"[31)]는 등의 표현이 이를 말해준 다. 이어 기와 형은 상응한다는 형기적形氣的 인식으로 발전했다. 여기서 우리가 주목해야 할 것이 있다. 이전의 하늘 위주의 산 관념에서 나아가, 산은 그 자체로서 내재한 기운이 있으며 천태만상의 조화造化를 지니면 서 인간에게 직접적으로 길흉을 주는 그 무엇[龍]으로 여겨, 산을 땅 위주 로 생각하는 큰 전환을 이룬다는 사실이다.

그러면 풍수에서는 왜 산을 용이라고 했을까? 명대의 풍수서인 『인자 수지』人子須知는 이렇게 말한다.

산의 모양은 천만 가지 형상이다. 크다가도 작고, 일어나다가도 엎드 리고, 거스르다가도 순하고, 숨다가도 나타나며, 산가지의 형체가 일정 하지 않고 조그마한 움직임도 다르니, 만물 가운데 용이 그러하여 용이 라 이름했다. 그 숨고 뛰고 나는 변화를 헤아릴 수 없음을 보아 (이름을) 취한 것이다.

• 『인자수지』 권1, 「범례」, 〈논룡맥혈사명의〉

초기 풍수경전에서는 용의 개념을 어떻게 표현했는지 살펴보자. 『청오 경』은 "참된 용[眞龍]이 머문 곳은 안에서 구할 것이요 밖에서 찾지 마라" "빛이 아래로 임하고 여러 물줄기가 한가지로 모여들어 참된 용이 머무 는 바이니 누가 그 현묘하고 미묘함을 알리오?"라고 했다. 『청오경』에서 는 용에 대한 인식이 두 군데 나타나 있고, 그 외는 모두 산으로 명칭하고 있다. 햇빛이 환하고 여러 하천을 끼고 있어 생명의 기운이 충만한 산을 용이라고 표현한 것이다.

용은 하늘의 기가 모여 생겨나고 비를 내리는 것으로 생각되었다.
풍수적 인식이 더해지면서 하천과 어우러진 산줄기를 용맥으로 여기는 인식이 발달했다.
용과 산이 대응된 것이다. 특히 청룡은 동방의 수호 성신으로 여겨지기도 한다.
작자미상, 「운룡도」

『금낭경』「산세편」에서는 산과 용을 구별한 구절이 눈에 띈다. "사세四勢의 산이 팔방八方의 용을 낳는다. 사세의 산으로 기가 운행하고 팔방의 용은 생生을 베푸니, 하나라도 마땅한 곳을 얻으면 길하고 경사로워 오래도록 귀하리라"고 하여 '사세의 산'과 '팔방의 용'을 구별한 대목이 있다. 그리고 "기는 용으로 모인다"고 말하고 있다. 이로 볼 때 『금낭경』에서, 산은 기가 운행하는 산줄기로서 용의 근원이고, 용은 산에서 나와 오행의 기를 베풀어 만물을 생동하게 하는 것으로 구별했다고 해석된다.

산 있으면 물 흐르고, 물 흐르는 사이 산 있네

산과 물은 떼려야 뗄 수 없는 관계이다. 산이 있으면 물이 흐르고, 물이 흐르는 사이에 산이 있다. 하나가 근본이 되어 만 갈래로 갈라진 것이 산이요, 만 갈래가 하나로 모이는 것이 수水이다. 조선 후기의 실학자 이익李瀷, 1681~1763은 이렇게 노래했다.

산이 물에 다다라 그치나 그 근원은 끝이 없고
물은 산으로부터 와서 흐름이 다함 없네
산과 물을 보고 또 보니 본시 묘한 합合이라
예와 오늘의 낳고 기름 어느 하나 공功 아니리오
　• 이익, 『성호사설』

산은 기가 갈무리된 모습이고, 물은 기가 운동하는 모습이다. 산을 타고 운행하는 기는 용으로 모이며, 용은 물에 임하면 머물러 생기를 베푼다. 『금낭경』에, "외기外氣는 내기內氣를 모이게 하고, 흐르는 물은 오는 용을 머물게 한다"고 나와 있다. 이에 대해서 『금낭경』의 주석에서는 다음과 같이 설명하고 있다.

외기外氣는 수水이다. 물을 얻어 둥글게 안아서 산 안의 기를 모이게 하고 흩어져 유실되지 않게 한다. 가로질러 흐르는 물로 뻗어 나온 산을 그 경계에서 가르니 생기가 그쳐 머무르는 바가 있다.

내기內氣는 오행의 생기로 땅속으로 두루 흘러 행하는 것이다. 물이 있어 밖에서 둥글게 돌아들면 오행의 생기는 머물러 모여서 흩어지지 않는다.

• 『금낭경』, 「귀혈편」

음양의 두 기운이 응결한 것이 산과 수이고 산수를 다시 음양이라 일컫는다. 『탁옥부』 「음양가」에 이렇게 씌어 있다.

수는 양에 속하고 산은 음에 속한다. 동적인 흐름과 정적인 솟음 두 가지로 살핀다. 양은 남편에 음은 아내에 비유할 수 있다. 남편이 베풀면 아내는 따르니 아내가 따르지 않으면 양육할 수가 없다. (산수도 이와 마찬가지니) 산이 수로 경계됨이 없이는 기가 머물지 않는다. 부부가 어우러져야 생명을 잉태함과 마찬가지로 산수가 교류하여야 진기眞氣가 모인다. 무릇 동動을 타고 정靜이 교호하니 근본이 된다. 음 중에 양이 있고 양 중에 음이 있으니, 이는 마치 산이 날아 올라갈 듯하면 수水도 같이 달아나버리는 것과 같다. 두 기운이 어울리지 않으면 땅은 이루어지지 않는다.

……산은 솟아올라 정적이니 음이고 아내이며, 수는 흘러 동적이니 양이고 남편이다. 부부가 어울려야 잉태됨과 마찬가지로 산수가 교호

交互하여야 땅이 맺어진다. 곽박은 말했다. "와서 쌓이고 그치어 모이니 음양이 조화롭다."

• 『탁옥부』, 「음양가」

요컨대 산수가 서로 보완해야 음양이 조화롭다는 것이다. 산과 수를 일체로 보되 산을 중심으로 본 개념이 '용맥'이다. 수는 용에 맥으로 융섭한다. '수는 용의 혈맥'인 것이다. 수는 땅의 혈기니, 근맥을 통해 흐르는 것과 같다. 사람으로 비유하자면 산은 사람의 형체와 같고 수는 사람의 혈맥과 같다. 수는 연결성을 그 속성으로 한다. 한의학에서 인체의 경락 맥세脈勢가 끊임없이 이어져야 사람이 생기를 골고루 공급받아 생명을 유지하고 건강을 지켜갈 수 있는 것과 마찬가지로 산의 맥세도 면면히 이어져야 한다. 김정호는 "산은 땅의 근육이요 산등성이는 땅의 뼈이며, 물은 땅의 피고, 하천은 땅의 혈맥"이라고 했다.[32]

『주역』에도 산과 못은 기를 통한다고 했다. "산과 못이 기운을 통한 연후에야 능히 변화할 수 있어 만물을 다 이루어놓는다."[33] 산의 빗물과 이슬은 물이 되어 산 아래의 연못을 채우고 연못의 물은 수증기가 되어 다시 빗물과 이슬로 산에 내려 온갖 초목을 키운다. 괘卦로는 함咸이다. 함은 감응의 괘이다. 천지가 감응하여 만물이 화생하는 괘이다.

산수가 조화하면 생기가 생긴다. 생기는 산용의 몸에서 맥을 이룬다. 용맥은 지맥이다. 기는 맥의 정精이요 맥은 기의 흐름이다. 용맥은 기장氣場을 지리와 지맥으로 표현한 것이다. 한의학에서 사람의 몸에 기가 흐르는 길을 경락이라고 하듯이, 풍수의 맥도 용의 생기가 지표면 부근에 흐르는 것으로, 인체의 경락과 땅의 용맥은 그런 점에서 매우 유사하다.[34]

한의학에서 병을 진단할 때 망기望氣하고 진맥한다. 이상이 있으면 혈맥을 찾아 침을 놓고 뜸을 떠서 병을 고친다. 산도 용맥을 보아 산천의 어느 부분이 허하고 결함이 있으면 보補하고, 지나칠 때 적당한 수준으로 사瀉하여 조정한다. 『인자수지』는 산의 맥을 살피는 일을 다음과 같이 말한다.

산을 맥으로 칭한 것은 어떠한 까닭인가. 사람 몸의 맥락은 기혈의 운행으로 말미암아 일신의 타고난 바가 달려 있다. 무릇 사람의 맥이 맑은 자는 귀하고 탁한 자는 천하며, 길한 자는 편안하고 흉한 자는 위태로우니, 지맥도 역시 그러하다. 훌륭한 의사는 사람의 맥을 살펴 그 사람이 편안한 상태인지, 위태로운 상태인지, 그리고 생명의 길고 짧음을 알고, 지리를 잘 아는 사람은 산의 맥을 살펴 그 길흉미덕을 아는 것이다.

　•『인자수지』, 「논룡맥혈사명의」

산에도 머리와 꼬리가 있고 눈과 귀가 있다면

앞에서 언급했듯 천산은 숭배의 대상이었다. 그런데 후대에 와서 사신사, 오성을 거치면서 산을 용으로 보게 되자 산 관념에 큰 변화와 발전이 생겼다. 산의 형상을 용의 몸[龍身]으로 보아 각 부분을 구별하게 되었다. 또한 산룡의 성격과 다양한 모양과 태도를 인식할 수 있게 되었다. 산맥을 용맥으로 보니 체계적 인식이 가능해져, 조산祖山에서 입수入首, 곧 산의 맥이 명당으로 들어오는 입구 머리 부분까지의 흐름을 살피게 되고, 용의 가지와 줄기를 구별하여 인식하게 되었으며, 지맥의 맑고 탁함을 알게 되었다. 그리하여 산이 인간에게 주는 의미도 달라졌다. 즉 이전과는 달리 산룡이 자체의 고유한 성격과 기운으로 인간의 길흉에 영향을 미친다고 생각하게 된 것이다.

산룡의 모양새는 어떻게 보아왔는지 살펴보자. 먼저 용신의 각 부분을 구별하고 있다. 용은 머리가 있고 몸이 있고 꼬리가 있다. 머리에는 뿔·이마·눈·코·귀·입이 있고, 몸에는 가슴·배·허리·배꼽·다리가 있으며 꼬리가 있다.『금낭경』에 "산세가 그쳐 머리를 든 형상이 되고, 앞에는 산골물이 둘려 있고 뒤로는 산등성이가 중첩하여 있으니 용의 머리가 갈무리되어 있다"면서, "(용의 형상에는) 귀·뿔·눈·코의 갖춤이 있다"고 했다. 이어 용의 뿔과 눈·귀·입술·배·배꼽·가슴과 겨드랑이·꼬리를 분별하고 장사지내는 데 각각의 길흉에 관해 논하고 있다.

강원도 오대산의 적멸보궁에 전해지는 용에 대한 흥미로운 이야기가 있다. 오대산 적멸보궁은 신라시대에 자장율사가 당나라에서 부처님 사리를 가져와 모신 곳으로, 해발고도 1000미터가 넘지만 맑은 샘물이 난다. 용트림을 하고 있는 오대산의 산세 가운데 적멸보궁의 위치는 용의 머리라 하고, 적멸보궁 옆의 맑은 물이 샘솟는 곳은 용의 눈에 해당하여 용안수龍眼水라는 이름을 가졌다. 용안수 옆에는 구멍 하나가 있는데 이것을 용의 콧구멍이라 한다. 낮에 이 구멍에 가랑잎을 하나 가득 채워놓고 다음 날 와 보면 하나도 없이 다 날아가버린다고 한다. 밤새 용의 숨결에 의해 그렇게 된다는 이야기다.

사람도 외모와 성품이 다양한 것처럼 용도 마찬가지이며 각각이 사람에게 주는 영향도 다르다고 여겼다. 그리하여 용맥의 흐름이 어떠한지를 살피는 일이 중요하게 되었다. 정기를 지닌 용이 있는 반면, 맥이 편벽되게 기울어진 용이 있고, 참과 거짓의 구별이 있고, 귀천도 있으며, 혈을 맺는 용과 맺지 못하는 용도 있다. 노소의 구별도 있다. 또한 살아 있는 용, 죽은 용, 기가 강한 용, 약한 용, 순한 용과 거역하는 용, 나아가는 용과 물러서는 용, 복스러운 용, 병든 용, 위협적인 용과 살기 띤 용 등 천태만상을 가진 것이 산이라고 생각했다. 이어 용은 나아가고 그침이 있으며, 가

지를 나누고 맥을 나눔이 있고, 앞뒤가 있다고 보았다.[35]

용의 모양새를 파악하게 되자 산의 형세에 따른 형국론이 전개되었다. 예를 들면, '물을 찾는 목마른 용'[渴龍尋水], '구슬을 물고 나는 용'[飛龍含珠], '산에 숨어 나는 용'[飛龍隱山], '물을 바라보는 나는 용'[飛龍望水], '누워 있는 용'[臥龍], '구슬을 다투는 아홉 마리의 용'[九龍爭珠], '휘돌아 조산을 바라보는 용'[回龍顧祖], '강으로 나온 푸른 용'[蒼龍出河], '가로지른 용'[橫龍], '하늘에 오르는 나는 용'[飛龍上天], '강을 건너는 누런 용'[黃龍渡江], '바다로 들어가는 나는 용'[飛龍入海], '하늘을 우러르는 나는 용'[飛龍仰天], '목이 말라 물을 먹는 용'[渴龍飮水形]의 형국 등이 그것이다.

변화무쌍한 산룡의 모습

용은 변화신이다. 산의 변화무쌍함도 용과 마찬가지라고 생각했다. 그러한 관념이 형국론으로 발전하니 이제는 단순한 용의 형태에서 용의 여러 가지 변형태로 다양해졌다. 우주 만물만상이 형상이 있기 때문에 외형으로 나타난 물체에는 그 형상에 상응한 기상과 기운이 내재해 있다고 보는 관념이 바로 형국론이다.[36]

풍수의 형국론에서는 산룡이 변형을 하여 뱀도 되고 지렁이도 되며, 말·호랑이·거북이·봉황도 된다. 심지어 선인仙人이나 옥녀玉女·장군 등으로 인격화되기도 하고, 배·거문고·빗 등 인조물이 되기도 한다. 그 초기적 관념의 일단을 『금낭경』에서 찾아보자.

세勢가 마치 용이 아래로 내려오는 듯······ 마치 용이 서리고, 난새가 경중거리는 것 같다. 마치 말이 달리는 것 같다. 세력이 마치 수만 마리의 말이 하늘로부터 아래로 내려오는 듯하며······ 소가 누워 있고, 말이

치달리며, 난새가 춤추고, 봉황이 날아오르며, 뱀이 구불구불 가는 듯
하다.

   •『금낭경』, 「취류편」

산룡이 이렇게 수많은 변형태를 가지는 것은 산 관념에만 한정된 것이
아니라 용이 지니는 변신의 속성과도 일정한 연관이 있다. 용의 형태에
대한 관념은 시대와 지역의 특성에 따라 변천되어왔다. 중국의 경우 전국
시대 말기에는 스키타이의 영향을 받아 네발 달린 동물로 표현되다가, 한
대부터는 날개 달린 모습으로 변화했고, 육조시대에는 불교의 영향으로
용에 화염이 나타난다.[37) 한국 또한 환경 요인, 즉 자연환경과 사회환경
이 용의 조형에 영향을 주어 한국적 특징을 형성했다.

우선 문헌에 나타나는 용 관념과 풍수 형국명 사이에 어떤 연관성을 찾
을 수 있는지 살펴보자. 용은 다양한 생물들의 속성을 한 몸에 지니고 있
다고 인식되었다. 즉 용의 머리는 낙타 머리와 같고, 뿔은 사슴, 눈은 토
끼, 귀는 소의 귀와 같으며 목은 뱀, 배는 이무기, 비늘은 잉어, 발톱은 매,
발바닥은 뱀과 같다. 등에는 81개의 비늘이 있고, 99개의 양수를 갖추었
으며, 그 소리는 구리 쟁반을 치는 것과 같고, 입가에는 수염이 있으며, 턱
밑에는 명주明珠가 달린다. 목 아래에는 비늘이 있고, 머리 위에는 박산博
山이 있는데 이를 척목尺木이라고도 한다. 용에게 이 척목이 없으면 하늘
에 오를 수 없다. 기운을 토하면 바람이 된다.[38)

조선 후기의 실학자 이규경李圭景, 1788~1856은『오주연문장전산고』五洲
衍文長箋散稿 「용변증설」에서 "용의 뿔은 사슴뿔과 흡사하고 머리는 소,
입은 당나귀, 눈은 두꺼비, 귀는 코끼리, 비늘은 물고기, 배는 뱀, 수염은
사람, 발은 봉황과 흡사하다"[39)고 했다. 또한 "용은 능히 어둡게도 밝게
도 할 수 있고, 아주 작거나 거대하게도, 짧거나 길게도 할 수 있다"[40)거

나 "(용은) 몸을 굴신하여 작고자 하면 번데기처럼 작을 수도 있고 크고자 하면 천하를 감출 수도 있다"[41]고도 한다. 또한 변신하여 말·양·개·닭·나방 또는 거북·물고기·뱀·지렁이 같은 동물이나 사람이 되기도 한다. 게다가 꽃이나 나무 같은 식물, 바위나 산 또는 하천, 나아가 별 같은 천체에까지 이른다는 광의적 견해도 있다.[42]

이상의 용 관념으로 볼 때, 용이 변형된 갖가지 모습들은 풍수 형국의 이름과 상당히 유사하다는 것을 알 수 있다. 한국의 민간풍수는 형국론이 두드러지며 이것은 한국 풍수의 한 특징이기도 하다. 이를 달리 말하면 한국의 산은 다양한 형국으로 표현될 수 있는 형태와 기운을 지녔다고 볼 수 있다. 그러면 용 관념이 지역적으로는 어떻게 달리 나타나는지를 살펴보자.

앞에서 용의 관념이 시대와 지역에 따라 각각의 특성을 지닌다고 했다. 고구려에서 생각한 용의 모습은 산악지대의 맹수나 조류의 형태와 유사하다는 연구 결과가 있다.[43] 이는 용산이 호랑이산이나 봉황산으로 변형되어 나타나는 것과 상관성이 있을 것이다. 즉 당시의 용 관념은 산의 형기形氣에 대한 원형적인 관념으로, 고구려의 산악 풍토는 하늘에 닿을 듯 높고 험준하기에 봉황이나 호랑이 등의 형상으로 상징되었다고 여겨진다.

하천의 물길에 침식되어 구불구불한 모습이 된 하천 주위의 산들은, 용이나 뱀, 지렁이 등 형태상 용과 비슷한 것으로 변형된다. 이것은 한국에서 서해안 평야지대의 산을 오성론으로 보아 대체로 수성水星의 산인 것과 관련될 수 있다. 수성은 뱀이 물살을 가르는 듯한 형세를 띤다. 물론 위의 분석들은 대체적인 경향성으로 본 것이고 국지적으로는 많은 예외가 있다.

그런데도 이렇게 산을 형국으로 인식하게 되는 과정은 산이 한층 인간에 가까워지고 구체적으로 파악되는 '인간화' 과정이라는 의의를 갖는다. 미지의 산룡에서 인간이 형태를 알 수 있고 가까이 접할 수 있는 대상으로 인식하게 된 것이다. 당연히 그에 맞추어 산에 대한 태도 역시 변했다. 지역적으로 수많은 예가 있으나 봉황 형국의 대표적인 사례를 들어보자.

영천의 지세는 봉황이 나는 형국이다. 사람들은 봉황이 날아가면 고을이 쇠망한다고 여겨, 봉황이 좋아하는 대를 남녘 산에 심어 이를 죽방산이라 이름 짓고, 군의 북방에는 벽오동을 심어 대동숲이라 하였으며, 대산리에는 대나무를 심어 대숲을 만들었다. 또 봉황은 까치소리를 들으면 잡으려고 날아가지 않는다고 하여 남쪽의 산을 까치산[鵲山]으로 이름했다.

• 강길부, 『향토와 지명』(정음사, 1985), 121~131쪽

지금까지 살펴본 일련의 흐름을 풍수사로 보면 땅의 기운을 느껴 풍수를 알고자 하는 기감론氣感論에서 산지형의 모양새로 풍수를 판단하는 형세론形勢論으로 변천되는 과정이다. 형세론으로 갈수록 형태에 집착하는 경향인 형국론이 나타난다. 용 관념의 변천을 풍수이론과 관련시켜 요약하면 다음과 같다.

용(맥) → 용신과 변형태 → 인조물화人造物化
기감론 → 형세론 → 형국론

이상의 과정을 요약해보자. 초기에는 천산또는 신산이 땅으로 나타난 청룡 관념이었으나 점차 산의 형세와 결부된 용이나, 사람과 친밀한 개념으

로 다양하게 변형되었다. 동시에 인간의 시선이 반영되거나 인격화한 이름으로 발전해나가는 '산의 인간화' 과정이었다.

한국에는 왜 용산이 많을까

하늘이 산으로 체화된 천산 관념은 차츰 주위의 산이 인간에게 길흉을 주는 대상으로 인식되면서 능동적인 용으로 관념화되었다. 이후 농경의 속성상 물이 중시되자 물을 산의 혈맥으로 보는 용맥 관념으로 발전했다. 농업 위주의 생활양식이 땅산수과 긴밀한 관념을 낳은 것이다.

삼국시대에는 농경의 발달로 천부지모天父地母 사상이 형성되고 지모 중심적인 농경의례가 정착된다.[44) 물이 중요하므로 물의 신인 용신龍神에 대한 기록도 보인다. 농경에는 많은 물이 필요하다. 경제적인 필요성으로 보아도 넉넉한 물을 두르고 있는 산이 좋았다.

삼국시대까지 나라의 건국 시조는 모두 천손天孫이었다. 그런데 고려시대에 와서는 산신과 용신의 후손이 되었다. 고려의 왕건은 백두산에서 부소산으로 내려와 성거산신이 된 작제건과 서해의 용녀 사이에서 태어났다고 신화화된다. 왕건 신화는 고려시대 자연신앙의 질서에서 천신보다는 산신과 용신이 중요한 기능을 갖고 있음을 말해준다.[45) 달리 말하면, 고려시대를 전후로 하여 산과 물의 중요성이 전보다 커지고 일체화되며 인간화되기 시작한다는 것을 상징한다. 때문에 『고려사』에서 왕건은 "내가 삼한 산천의 도움[陰佑]을 받아 대업왕업을 이루었다"[46)고 천명하는 것이다. 한국에서 풍수사상은 바로 이 시기에 본격화되었다. 풍수의 용맥 관념도 농업생산력과 함께 발전한 산 관념이다. 따라서 고려시대부터 본격적으로 용산 관념이 전개되었다고 본다.

중국의 용 사상이 유입되기 이전에도 한국의 고유한 용 관념이 있었

용산계 산의 분포도.
용산들은 『산경표』 상의 산줄기체계에서 13정맥의 해안가나 강가에 주로 위치하고 있다.
『대동여지전도』 이미지를 바탕도로 하여 표시했다.

다는 주장도 있다. 그 증거가 '미르, 미리' 등 한국 고유의 용어이다. 한국 용 관념의 특징은 농신農神으로서 비를 내려준다고 믿는 우신雨神 관념이다. 재앙을 멀리하고 복을 부르는 관념이 어느 나라보다 강력하며, 국가 수호 관념이나 미륵불 관념 등은 특이한 것으로 주목된다.[47] 물론 이 주장은 수신水神으로서의 용바다의 용 관념이 위주가 된 것이지만, 수룡水龍 관념 역시 산과 밀접한 관계에 있다. 『삼국유사』에 이러한 관념을 엿볼수 있는 대목이 있다.

> 문무왕은 동해의 큰 바위에 장사 지낼 것을 유언했다. ……해관海官이 아뢰기를, "동해에 작은 산이 있어 감은사를 향하여 떠오는 데 따라 오락가락합니다"라고 하자, 왕이 이상히 여겨…… 점치게 하니 가로되, "선왕께서 이제 바다용이 되어 삼한을 진호하십니다." ……그 산을 살피니 산세는 거북의 머리와 같고…….
>
> •『삼국유사』 권2, 「기이2」, 〈만파식적〉

이상의 논의를 근거로 할 때, 한국 고유의 미르 관념에 기초한 미르뫼가 중국 용 사상의 영향과 풍수의 유입으로 용산이 되었다고 추측할 수 있다. 비슷한 시기에 불교의 영향으로 미르뫼가 미륵산으로 변했고, 미륵의 용화삼회법설龍華三會法說과 결부시켜 용화산으로 바뀌었음을 알 수 있다. 미나산彌羅山, 미지산彌智山, 밀산蜜山 등은 미륵산의 다른 표기라고 할수 있다.[48]

『신증동국여지승람』 「산천」조에 나와 있는 용산의 이름을 통해 한국인의 산룡에 대한 인식의 단면을 보자.〈참고자료 3〉

용이 엎드려 있는 모습과 닮았다고 복룡산伏龍山, 누워 있는 모습이라고 와룡산臥龍山, 하늘에서 하강하는 모습 같다고 천룡산天龍山, 신비한 기운을 뿜고 있다고 서룡산^{瑞龍山}, 너그럽고 덕스럽다고 덕룡산^{德龍山}이라는 이름을 붙였다.

그 외에도 대룡산, 개룡산, 계룡산, 교룡산, 귀룡산, 기룡산, 반룡산, 사룡산, 수룡산, 운룡산, 청룡산, 필룡산, 회룡산, 홍룡산, 용강산, 용골산, 용귀산, 용두산, 용란산, 용문산, 용박산, 용발산, 용복산, 용비산, 용호산, 용화산, 용산, 용용산, 용수산^{龍帥山}, 용수산^{龍首山}, 용악산, 용안산, 용요산, 용자산, 용재산, 용주산, 용진산 등 수많은 용산이 있다.

용산의 지역별 분포를 보면, 경상도 19곳, 전라도 14곳, 충청도 12곳, 경기도 9곳, 강원도 7곳, 황해도 7곳, 평안도 17곳, 함경도 3곳으로 용산은 중부 이남에 많으며 산간지역보다는 하천을 옆에 끼고 있는 산이 대부분이고, 대간^{大幹}, 정간^{正幹}보다 정맥에 주로 분포하고 있다.

한국의 산경은 '맥' 개념이 특징을 이룬다. 이러한 점은 일본 풍수의 산관념과 큰 차이를 나타낸다. 일본의 풍수에는 맥의 개념이 없다. 일본에서 풍수를 전공하는 지리학자인 시부야 시즈아키^{澁谷鎭明}도 일본에서는 '기'와 '맥'의 개념으로 지형판단을 하는 형태의 풍수는 거의 볼 수가 없다고 한 바 있다.⁴⁹⁾ 맥의 의미는 백두산으로부터 이어져 있다는 연결성과 물과의 관련성에서 본 용맥적 개념이다. 맥 개념은 산이 근본에서부터 이어져 있는 맥세^{脈勢}라고 보게 하여 산 관념에 중요한 영향을 미쳤다. 마을의 산일지라도 멀리 백두산에서 맥을 잇고 있다고 여겼다. 그리하여 산을 체계로 보게 되고, 체계로 보니 줄기와 가지가 구별된 것이다.

도선^{道詵, 827~898}은 "우리나라는 백두산에서 일어나 지리산에서 마치니 그 세는 수^水를 근본으로 하고 목^木을 줄기로 하는 땅이다"라고 하여 한국의 대체적인 지세 구조를 '수근목간'^{水根木幹}이라고 했다. 이러한 인식은 이후 지리 인식이 심화되어나가면서 더욱 발전된다. 현존하는 가장 오래된 지도인 「혼일강리역대국도지도」¹⁴⁰²의 조선도에도 산줄기가 상세하게 표현되었고, 「조선방역지도」[1557]의 산줄기 표현은 현대 지도와도 다름이 없을 정도로 정교해 조상들이 산맥을 얼마나 중요하게 생각했는지 알 수 있다.

산맥에 대한 관심은 신경준申景濬, 1712~81에 이르러 정리되어 『산경표』山經表로 체계가 잡히니 1대간, 1정간, 13정맥이 그것이다.[50] 여기에서는 한국의 산맥을 큰 줄기 하나와 14개의 갈래진 줄기로 보고 14줄기 중에서 큰 강을 끼고 있는 것은 정맥이라 이름하고, 산줄기 위주로 형성되어 있는 것은 정간이라고 했다.

이렇게 줄기[幹] 개념으로 본 것은 풍수의 지간론枝幹論적 인식이 그 근거다. 『인자수지』에 따르면, "용의 가지와 줄기를 분변하는 것은 지리의 제일 관건이며, 간룡幹龍과 지룡枝龍은 용의 대소大小를 말하는 것으로 마치 나무의 줄기와 가지 같은 것이다. 그 의미는 용이 지닌 역량의 경중輕重을 아는 것"이라고 했다.

『산경표』에서 정간과 정맥을 구분하여 본 것은, 수水와의 관련성으로 볼 때 바른 안목이라고 판단된다. 정맥은 큰 강을 끼고 있음이 정간과 다른 점이다. 따라서 낙동강을 끼고 있는 산줄기는 낙남정맥이 올바른 명칭이고 강줄기가 없이 산줄기만 있는 경우 장백정간이 정확한 표현이다(판본에 따라서는 낙남정간, 장백정맥이라는 표기도 나타난다). 한국의 산줄기 체계는 김정호에 이르러 산세의 역량과 맥의 체계가 상세히 지도화되어 『대동여지도』로 완성된다.

천산·용산, 그리고 인간화

한국인의 원형적인 공간의식과 산

> 먼 산은
> 나이 많은 영감님 같다
> 그 뒤는 하늘이고
> 슬기로운 말씀하신다
>
> 뭔가 내게
> 속삭이는 것 같고
> 나를 자꾸 부르는 것 같다
>
> 먼 산은
> 할아버지 같기도 하고
> 돌아가신 분들 같기도 하고
> • 천상병의 「먼 산」 중에서

융Carl Gustav Jung, 1875~1961의 심리학 이론 중에 집단무의식collective unconsciousness이라는 개념이 있다. 사람의 심성에 보편적으로 지니고 있는 종족집단의 유전적 공통분모를 의미하는 용어이다. 이를 공간의식의 측면에서 보면 한 집단의 심성에 원형적인 공간의식이 내재해 있다고 볼 수 있다.

한국인의 원형적인 공간의식은 무엇일까? 그 구조는 어떻게 설명될 수 있을까? 공간의식은 공간을 반영한 것이고 이것이 다시 공간을 규정하는 관계에 있다. 우선 공간의식의 바탕이 되는 공간 그 자체부터 살펴보자.

우리에게 공간의 원형을 이루는 구성요소는 하늘과 산과 물이다, 또는 하늘과 산과 들이다. 이러한 삼극구조三極構造의 의미는 사뭇 중요하다. 우리의 원형공간은 하늘과 지평선을 이루며 끝없이 펼쳐진 들판도 아니고, 모래바람 부는 사막도 아니다. 하늘과 산과 물이 오밀조밀하게 어우러져있는 곳이다.

그러한 구성요소들은 산으로 이어져 있다. 산에서 해가 뜨고 산으로 지니 산은 하늘과 들을 이어주는 탯줄이요, 그 땅에 사는 인간을 감싸는 태반이다. 산으로 이어져 있다는 사실은 산이 하늘과 땅을 융화한다는 뜻을 내포한다. 융화한다는 말은 산이 하늘과 들(또는 물) 물과 조화롭게 균형을 이루며 안정되면서도 생기를 지닌다는 말이다. 하늘을 향해 불을 뿜는 화산, 만년설에 하늘이 보이지 않을 정도로 높이 솟은 설산, 살기를 띤 산, 나무 한 포기 없는 바위산, 홀로 우뚝 솟은 산. 이러한 산들은 하늘과 땅의 매개는 될지언정 하늘과 땅과 인간을 융화시켜주지는 못한다. 서양과 우리의 공간적 원형은 질적인 차이가 있다.

대부분의 경우 서양의 산은 인간을 압도하거나, 거꾸로 인간이 산을 정복했다. 그래서 서양의 공간 관계는 하늘에서 산을 거치지 않고 땅으로 바로 연결된다. 반면 우리는 하늘과 땅을 융화할 수 있는 산으로 이어져 마을로, 그리고 인간으로 맥을 이룬다. 그 맥이 조종산祖宗山에서부터 조산祖山이 되고 주산主山으로 이어져 마을에 도달하니, 산이 바로 천산이고 용산이었다.

산으로 이어진 맥은 중심에 이른다. 원형공간은 중심을 갖는다. 그 중심에는 어김없이 사람이 사는 집과 마을이 있다. 풍수의 구성요소가 산, 수, 방위이고 중심이 혈인 것과 상통한다. 서양의 중심은 산을 거치지 않고 하늘이 땅^{도시}으로 바로 연결되는 천상적이고 수직적인 센터로서, 십자가가 그 아이콘이다. 이에 반해 한국의 중심은 하늘이 산으로 연결되어 마을의 중심에 이르고, 마을의 중심에서 다시 들로 이어져서 물을 따라 휘돌아 나가는 원융상태의 중심성을 가지며, 삼태극 만다라가 그 상징이다.

심상^{心象}으로서의 만다라는 불교적 세계관에 기초한 만유^{萬有} 질서의 그림이지만, 한편으로는 인간이 의식 속에 지닌 원형적인 공간상의 상징으로도 해석될 수 있다. 이렇게 볼 때 서양의 십자가는 하늘로부터 수직적으로 땅에 이르고, 천상에서 중심을 이루고 있는 원형공간의 상징이다.

한편 한국의 삼태극 만다라는, 하늘이 산으로 이어져 중심인 마을^{사람}로 돌아들고, 중심에서 다시 들로 이어지고 물로 휘돌아 나가는 구조로서, 셋^{하늘, 산, 물}은 하나^{중심}로 수렴하고 하나는 다시 셋으로 확장하는[三而一, 一而三] 사람 중심의 천지인 상관성을 표현한다. 이는 풍토성이 반영된 것으로, 우리 국토의 대부분은 하늘과 산과 들^물이 삼분되어 있으며 그 중심에 마을이 있다. 삼태극의 중심을 풍수에서는 혈^穴이라고 한다.

엘리아데가 "도시의 창조는 우주의 창조를 되풀이하며 원형의 모방과 반복"이라고 했듯이, 서양은 도시 형태의 취락 자체로 코스모스^{Cosmos}를 재현하려고 했다. 반면 한국은 산과 맥이 원형공간의 중심으로 이어짐을 중시했다. 때문에 한국인에게는 중심[穴]으로 이어지는 맥을 찾아 깃들이는 취락입지의 선정이 중요했다.

당연히 진산에서 마을로 이어지는 용의 맥을 소중히 하여 그 입수처^{入首處}, 곧 주산으로부터 흘러온 용의 맥이 마을로 들어가는 입구를 성역화했고, 맥의 중심처인 혈을 중심으로 취락을 조성했다. 그리고 그 맥이 빠져나가지 않도록 조산하여 기를 갈무리했다. 허약하면 비보裨補했고, 균형이 깨질 정도로 지나침이 있으면 눌러 압승壓勝했다.

이제 천산에서부터 이어온 용의 맥을 받아 인간화하기 위해 공간에 반영된 자취를 살펴보자. 산과 관련된 입지선정과 경관조성, 지맥이 빠져나가지 않게 갈무리하기 위한 조산, 그리고 비보압승의 과정이 그 자취들이다.

마을의 주산은 수려, 단정, 청명하고 아담해야

백두산에서 발원한 용맥은 세력에 따라 수도, 고을, 마을의 국局을 만든다. 한국 사람들은 취락의 입지를 선정할 때 지리 요인을 매우 중요하게 따졌다. 그래서 이중환은 『택리지』에서 살 만한 곳[可居地]을 정함에 지리, 생리, 인심, 산수 가운데 지리가 가장 중요하다고 했다.

먼저 수구水口, 곧 국내局內의 명당수가 합쳐 밖으로 흘러 나가는 곳을 보라고 했다. 수는 산룡山龍에서 나오는 지기가 새어나가지 않게 여며주는 역할을 한다. 그러려면 수구가 잠겨야 한다. "수구가 엉성하고 텅 빈 곳이면 비록 만 이랑의 좋은 밭과 천 칸의 큰 집이 있다 하더라도 대를 이어 살지 못하고 망하고 만다"고 이중환은 강조했다.

이어 사람이 살 만한 땅으로 중요하게 보아야 할 점이 야세野勢이다. 야세는 "큰 들판 가운데 낮은 산이 둘려 있는 것을 산이라고 일컫지 아니하고, 이를 총칭하여 야野라고 한다"는 말에서 보듯 낮은 구릉에 둘러싸인 분지를 이르는 개념이다. "사람은 양기를 받아 사는데 하늘은 곧 양명한 빛이므로 들이 넓어야 그 빛을 받아 살기에 좋다"고 보았다.

이중환은 산형山形에 대해 "주위의 산이 너무 높고 누르는 듯하여, 해가 늦게 뜨고 일찍 지며 밤에 북두칠성이 보이지 않는 곳을 가장 꺼린다. 이런 곳은 음랭陰冷하여 사람을 병들게 하기 쉽기 때문이다. 주산으로는 수려, 단정, 청명하고 아담한 것이 좋다. 가장 꺼리는 것은 산의 내맥來脈이 약하고 둔하면서 생기가 없거나, 혹 산의 모양이 부서지고 비뚤어져서 길한 기운이 적은 곳이다. 조산朝山으로는, 산이 멀면 청수淸秀하고 가까우면 밝고 맑아 일견 사람을 환희케 하고 증오하는 모습이 없으면 길한 상이다"라고 했다.

그리고 마을터의 산줄기 전후좌우에 허虛하고 결缺함이 없어야 한다. 『금낭경』에 "기의 내쉬는 숨이 바람이 되어 능히 생기를 흩뜨릴 수 있으니 청룡과 백호가 혈을 호위하여 주산을 첩첩이 감싸야 한다. 왼쪽은 공허하고 오른쪽은 결함이 있으며 앞이 비어 있고 뒤가 잘리면, 생기가 회오리바람에 흩어지고 말 것이니……"[51]라고 했다.

입지가 이루어지면 그 터에서 삶을 영위할 사람들과 터는 조화를 이루어나가는 상호작용을 거친다. 산의 맥은 주산, 입수入首, 혈과 명당, 수구에 이르는 흐름을 가지는데, 취락의 경관은 용맥의 흐름에 맞추어 조성된다. 촌락 경관은 상당上堂·중당中堂·하당下堂의 구조를 지니는 상징적 공간위계로 구성된다. 그 가운데 중당은 진산의 맥이 머무는 곳, 곧 명당으로 마을의 중심공간이며, 하당은 수구와 대체로 일치한다.[52]

일반적으로 생기의 원천인 주산의 기운이 마을로 내려오는 입수처는 지맥의 주요 통로이기에 중요시되었다. 사람들은 이곳을 보전하기 위해 당堂을 세우고 성역화했다. 명당에는 취락의 가장 중심적인 기능이 들어서고, 용맥의 생기가 수구 근처에 이르는 지점에 장승, 솟대, 입석, 돌무더기 등을 조성하여 기를 갈무리했다. 허결한 부분에는 마을숲[洞藪]을 조성하고 조산했다. 이 과정은 사회·역사적인 상황에 따라 민속적인 색채를 띠기도 하고, 유교적인 옷을 입기도 했으며, 지역 특성에 따라 정도가 달리 나타나기도 했다.

산의 기운이 지나치면 누르고 약하면 보완하는 법

자연과 인간의 관계는 지역과 시간과 성격에 따라 정복, 동화, 귀속, 의존, 조화 등 여러 가지로 표현된다. 우리의 조상들은 그 가운데 주로 자연과 조화관계를 맺어왔다.[53] 산과의 관계 역시 마찬가지다. 한국의 산은 서양과 중국에 비해 인정스러운 동산이 많아 마치 사람처럼 상호 영향을 주고받으며 어우러졌다. 그래서 서양처럼 산을 대립적으로 보고 정복하거나 중국처럼 산에 압도되기보다는, 기운이 지나치면 적당히 누르고 약하면 돋우어 보완해서 함께 공존하려는 비보압승 관념을 가지게 되었다.

비보 관념은 중국 풍수의 초기 경전인『청오경』에 나타난다.

초목이 울창하고 무성하면 길한 기운이 서로 따르는데 내외표리內外表裏가 자연적으로 이루어지기도 하고, 인력으로 조성되기도 한다.
  •『청오경』

고려시대 이후 불력佛力 등 신비한 힘에 의하여 지덕地德을 비보하는 일이 많았다. 불력에 의한 비보의 예를『삼국유사』에서 찾아보자.

신라 제27대 선덕여왕 때 자장법사가 중국으로 유학하여 오대산에서 문수보살의 수법授法을 감응해 얻고 대화연못 옆을 지나가는데 문득 신인神人이 나타나 물었다.
"무엇하러 이곳에 오셨소?"
"보리를 구하려 합니다."
자장이 대답하자 신인은 그에게 절한 다음 또 묻는다.

마을에 비치는 화산(火山)을 진압하는 거북조형물. 봉우재 산을 바라보고 배치했다.
전북 진안군 진안읍 물곡리 종평마을에 있었다.

경남 김해 임호산(林虎山)을 진압한 흥부암(興府庵).
김해 주민들은 임호산을 호랑이가 김해고을을 보고 걸터앉은 형상으로 이해했다.
이 산의 흉한 모습을 누르기 위해 아가리에 해당하는 부위에 사찰을 설치했다.

"그대의 나라는 무슨 어려운 일이라도 있소?"

"우리나라는 북으로 말갈에 연하고 남으로는 왜국에 인접되었고, 고
구려와 백제 두 나라가 번갈아 국경을 범하는 등 이웃의 침입이 종횡으
로 심합니다. 이것이 백성들의 걱정입니다."

"지금 그대의 나라는 여자가 왕위에 있으니 덕은 있지만 위엄이 없
소. 그렇기 때문에 이웃 나라에서 침략을 도모하는 것이니 그대는 속히
고국으로 돌아가시오."

이에 자장이 물었다.

"그럼 고국에 돌아가서 이익되는 일을 어떻게 해야 합니까?"

"황룡사의 호법룡護法龍은 바로 나의 큰아들이오. 범왕의 명령을 받
고 그 절에 가서 보호하고 있으니 고국에 돌아가거든 절 안에 9층탑을
세우시오. 그러면 이웃 나라들은 항복할 것이고, 9한이 와서 조공하여
왕업이 길이 편안할 것이오."

말을 마치고 옥을 바친 후 이내 사라지더니 나타나지 않았다.

• 『삼국유사』 권3, 「탑상4」, 〈황룡사구층탑〉

불력에 의한 비보는, 마치 한의학에서 병이 들었을 때 혈맥을 찾아 침을 놓고 뜸을 떠서 병을 고치는 것과 같다. 산천에 병이 들었을 때 역시 적당한 곳을 찾아 사찰, 불상, 탑 등을 세우는 것이다. 역사적으로는 신라 말과 고려 초에 국가 왕업의 흥망이 지덕地德의 성쇠로 좌우된다고 보아 절이나 불상, 탑 또는 장생표를 세우는 방법으로 지맥을 보허補虛했다. 또한 고려시대에는 산천비보도감과 비보소를 둘 정도로 비보에 적극적이었다. 조선시대에 들어 풍수비보는 매우 흔하게 이루어졌다. 전통취락과 건축공간에서는 다양한 비보형태와 기능이 발견된다. 몇 가지 대표적인 사례를 보기로 하자.

초기에 비보라는 관념은 하늘과 땅과 사람을 유기적으로 이어주는 공간과 기능을 창출한다는 의미였다. 그래서 조산하여 더욱 하늘에 가까워지고자 했다. 엘리아데의 다음과 같은 해석도 참고가 된다.

"사람은 자신이 사는 영역을 하나의 소우주로 보아왔다. 소우주에는 하늘·땅·지하의 교통이 이루어지는 센터가 있는데, 그곳은 신산神山: Cosmic Mountain, 신수神樹: Cosmic Tree, 신주神柱: Cosmic Pillar, 신전神殿: Temple 등의 형태로 존재한다."

비보관념의 원형 구도는 「단군신화」에 나오는 '태백산정의 신단수'까지 거슬러 올라갈 수 있으며, '소도蘇塗의 대목大木'으로도 이어진다.

각 나라에는 각각 별읍別邑이 있어 이를 이름하여 소도라 하는데 큰 나무를 세워놓고 매달아……

• 『삼국지』, 「동이전」, 〈한〉

소도라는 말의 뜻에 대해서는 솟아오른 터촛터의 음역이라는 설이 있다. 그 근거는 소蘇가 산을 가리키는 경우가 있다는 데서 출발한다.『고려사』에 보면, 명종 4년에 "좌소左蘇 백악산, 우소右蘇 백마산, 북소北蘇 기달산에 연기궁궐조성관延基宮闕造成官을 두라"54)는 기록이 있다. 이는 소蘇가 산과 밀접한 관련이 있다는 것을 말해준다. 또 고대 지명에서 산山, 악岳, 봉峯, 영嶺은 소蘇와 발음이 가까운 술이述爾, 수니首泥, 수이首爾, 술述, 술戌, 취鷲: 수리 등의 글자로 표기하는 사례가 많이 나타나, 소蘇는 산 또는 산과 같이 솟아오른 장소를 의미하고 있는 말인 듯하다. 도堻는 터의 음차音借다.55) 따라서 소도의 대목이란 '솟아오른 터에 나무장대'로 해석할 수 있다.

낮은 땅에서는 산의 모형으로 돌무더기[累石壇]가 생기고, 하늘과 좀더 가까이 접근하게 만들려는 심리작용으로 통행할 때 돌을 주워 얹거나, 같은 심리에서 서낭목을 지정하여 신앙하는 측면으로 나타나기도 했다.56)

주민들이 만든 조산의 다양한 모습과 의미

고려시대에 와서는 농경문화의 발달과 함께 땅의 힘을 믿는 지력地力 신앙이 흥했다. 이에 하늘과 땅을 잇는 기존의 조산과 솟대의 관념은 풍수적으로 땅을 비보하는 기능과 복합되었다. 예컨대 솟대의 경우 장대 위의 '새'가 앞산의 강한 화기火氣를 누르는 역할을 하는 경우도 있었다.57) 솟대에 용이 오르기도 하고58), 지세가 배[行舟] 형국으로 인식되는 곳에서는 돛대로 의미가 바뀌었다.

배 모양의 행주형行舟形 마을은 우뚝 솟은 산, 높이 선 나무, 특정 바위나 선돌, 당간 솟대를 세워 돛대로 삼았다. 풍수 논리로 보면 행주 형국은 대체로 음인 수의 기운이 강하므로 양의 상징물인 돛대로 비보할 필요성

풍수 비보 기능을 하는 솟대. 경남 하동군 대성리 의신마을에 있다.
마을이 개울가에 입지하여 배의 형국으로 여겨졌다.
솟대는 배에 필요한 돛대 역할을 한다고 믿는다.

돌모산 당산(堂山). 전북 부안읍 내요리에 있다.
평야에 입지한 마을이다.
배의 형국에 짐대(돛대) 역할을 한다고 주민들은 믿는다.

풍수 비보 기능을 하는 마을장승. 경기도 연천군 궁평리에 있다.
마을에서 보이는 풀무산이 흉한 모습이어서 장승을 세워 마을의 안위를 지키려 한 것이다.

이 있다고 보았다. 행주형 지세의 솟대는 대체로 짐대로 불리는데, 짐대
는 사찰의 당간과 선박의 돛대를 뜻한다. 또한 배의 안정과 순항을 위해
서는 키, 돛대, 닻, 뱃머리, 배말뚝고리봉이 있어야 한다고 생각하여 지명
으로 비보하기도 했다.[59]

한편 솟터는 돌무더기나 입석 등의 조산, 가산으로 변해 지세의 특성에
맞게 비보의 기능을 했다. 즉 산간에서 하천 유역의 평야로 삶터를 확장
하고, 농업적 생산양식이 정착해나가면서 농경에 필요한 많은 물을 얻었
지만 바람을 갈무리할 조건은 부족했다. 대부분의 취락이 수구가 허결하
기에 수구막이가 필요했던 것이다. 이것이 용산의 단계에 해당하는 비보
의 의미다.

이러한 지력地力 관념은 다시 민간신앙과 복합된다. 그래서 솟터와 솟
대는 장승으로 얼굴을 갖게 되었고 형태도 기둥형, 비석형, 돌무더기형에
서 얼굴 있는 우상형으로 변했다.[60] 혹은 솟대를 인격화시켜 당산할머니

제주도의 돌하르방 조산. 서귀포시 성산읍 시흥리 해안가에 있다.
주민들은 '영등하르방'이라고 부른다. 음력 초하룻날 무렵에 영등바람이라는 큰바람이 불어
화재가 자주 나자 이를 방지하기 위해 조성한 것으로 보인다.
육지의 조산 문화와 제주도의 돌하르방 문화가 결합한 모습이다.

나 대장군 영감님, 거릿대장군님 등으로 불리기도 했고,[61] 민속의 다산
신앙과 결합하여 남근석이 되기도 했다. 제주도에서는 조산 관념과 돌하
르방 민속신앙이 결합한 모습도 나타난다.

　이상에서 알 수 있듯이 비보압승의 의미도 천산의 단계와 용맥의 단계
를 거쳐 인간화되면서 천지인이 복합된 의미로 발전해나갔음을 알 수 있
다. 솟터와 솟대는 시대가 흘러감에 따라 분리되기도 했으며, 북부 산간
지역처럼 퇴화하여 없어지는 경우도 있었다. 손진태가 1920~30년대에
평안도·황해도 지역을 조사한 바에 따르면, 이 지역 솟대의 특징은 정상
에 새가 없으며 촌락이 공동으로 세우는 솟대도 없다고 한다.[62] 대체로
중부 이남에서 오랫동안 존재하여 사회, 신앙, 경제, 지역성을 반영하면

제주도 해안가 마을의 입지조건에 맞추어 조산이 자리하고 있다.
제주시 한경면 용수리 마을의 조산은, 마을에서 볼 때 바다 쪽이 허하기도 하고
차귀도가 깨진 모습으로 흉하게 보여 조성된 것으로 보인다. 상부의 꼭지돌은 바다 쪽
차귀도를 향하고 있다. 지역 명칭으로 방사탑 또는 거오기라고도 한다.

서 변형되어 오늘날에 이르렀다.

솟대와 장승은 지역적으로 중부지방에서 남부지방으로 내려올수록 많
이 분포해 있다. 전남지방에 있는 것만 헤아려도 한강 이남 솟대의 36.4
퍼센트에 이르고, 영남과 호남 지방을 합치면 전국의 약 90퍼센트에 달
한다.[63] 이렇게 분포의 차이가 나는 연유를 풍수적으로 이해해보자. 『도
선비기』에 "산이 많음은 양이요 적음은 음이다"라고 했으며, "양의 모양
은 높고 음의 모양은 평평하니, 높은 산은 양이고 평지는 음이라"고 했
다.[64] 하안과 해안지역으로 갈수록 양인 산은 잦아들고 음인 평지는 넓
어지니 조산하여 지세적으로 보양補陽할 필요를 느낀 것이다.

세계 곳곳에 남은 조산문화

다른 나라에도 한국의 조산과 유사한 상징성을 지닌 경우가 있다. 알타이계 민족에게서 산은 본질적인 그 무엇이었다. 지리적인 이동으로 삶의 영역을 넓혀나가면서 산을 찾아 깃들였고 원초적 고향인 산천을 향해 단을 만들었다.

산이 없으면 산을 만들었다. 중앙아시아에서 메소포타미아, 이집트 또는 신대륙으로 간 알타이인은 평원에 조산을 세웠다. 먼 조상들로부터 면면히 자신들의 몸에 흐르고 있는 산의 기운을 상징물을 통해 종교적으로 잇고자 한 것이다. 한반도로 이주해 온 사람들은 고을마다 있는 산을 천산으로 삼아 제천했다. 자연적으로 된 산이 없는 곳에서는 상징물을 만들었다.

가장 오래된 본보기는 기원전 22세기 고대 메소포타미아에서 만들어진 지구라트Ziggurat다. 메소포타미아는 평지였기 때문에 신에게 접근하고 신이 좀더 쉽게 인간들에게 내려올 수 있도록 인공적인 산을 조성할 필요를 느꼈다. 그래서 모든 도시는 적어도 하나 이상의 높은 지구라트를 가졌다. 지구라트는 수메르-바빌로니아 스타일의 계단식 신전탑을 가리키는 명칭이다. '꼭대기' 또는 '산봉우리'를 뜻하며, 아시리아-바빌로니아 말에서 유래한다. 바빌로니아의 성전에 따르면 지구라트는 '하늘을 잇는 고리' 또는 '하늘의 산'The Mountain of God, The Hill of Heaven이라는 뜻이다.[65]

저지대인 이집트 나일 계곡에서는 인조산인 피라미드를 볼 수 있다. 태고로부터 생명의 발상지인 산은 이집트인에게는 잊을 수 없는 것이었다. 피라미드는 '올라가다'의 뜻이다. 바빌론의 거대한 피라미드는 '바벨의 탑'으로 유명하다. 북미의 '태양의 기둥'Sun pole과 중미 아즈텍인의 '태양의 신전'은 평평한 꼭대기를 가진 피라미드이다. 평평한 유카탄 반도에서는 마야 족들이 우슈멀Uxmal과 치첸이차Chichen Itza에 피라미드 사원을 세웠다. 멕시코 계곡에는 톨텍스Toltecs 족이 티오테와칸Teotihaucan에다 태양의 피라미드를 세웠다.

힌두왕조들은 돔, 탑과 같은 산의 상징들을 만들었다. 그중 남부중앙인도의 엘로라Ellora에 있는 힌두사원 카이라사Kailasa는 천연의 산을 깎아 만든 것이다. 200여 년에 걸쳐 만들어진 이 인조산은 시바 신의 낙원인 히말라야 카일라스 산을 상징한다.[66]

전통적인 산 관념이 갖는 의미

하늘과 산과 사람의 조화

지금까지 천산·용산·인간화의 맥락을 살펴보았다. 시간적으로는 천산, 용산, 인간화의 행로를 걸었고, 공간적으로는 천산의 머리인 백두산에서 백두대간으로 맥이 뻗어 백산 계열의 산으로 이어지고, 갈래진 정맥을 타고 온 산이 하천을 만나니 용산이 되었다. 그 용맥을 이어 삶터를 정하고 조성했으며, 조산假山으로 지맥을 갈무리하고 비보하면서 용맥을 인간화했다.

고대로부터 대대로 삶을 살아오면서 선인들이 지녀왔던 천지인 조화관의 맥은 하늘 위주에서, 땅 중심으로, 그리고 하늘과 땅과 인간의 조화로 이어져 음양의 치우침을 조율하고[調陰律陽] 음양을 올바르게 하는 정음정양正陰正陽에까지 이르렀다.[67] 일부一夫 김항金恒, 1826~98은 『정역』正易에서 "음을 누르고 양을 받드는 것이 선천先天 심법心法의 학學이라면, 음양을 조율하는 것은 후천後天 성리性理의 도道"라고 제시했다. 증산甑山 강일순姜一淳, 1871~1909은, "선천先天에는 하늘만 높이고 땅은 높이지 아니했으니 이는 지덕地德이 큰 것을 모름이라. 이 뒤에는 하늘과 땅을 일체로 받듦이 옳으리라"고 말했다.

한국은 간방艮方, 동북에 위치해 있다. 『주역』의 간괘艮卦는 산이다. 한국은 산이 많아 간艮이다. 「설괘전」에서는 "만물을 마치고 시작하는 것은 간艮보다 성한 것이 없다"고 했다. 진震 장남長男에서 출발한 역易이 간艮 소남少男에 이르러 막을 내리고, 그 자리에서 새 질서와 새 생명이 시작되는 마당이 열린다고도 해석했다.[68]

음양의 자리를 올바르게 하려는 정음정양의 이념은, 이 땅에서 이상향을 구현하려는 낙토사상과 더불어 한말의 사회경제 상황과 결부되어 생겨났다. 최창조는 한국의 풍수사를 서술하면서, 개벽사상의 기반이기도 했던 정통풍수는 19세기 이후 역사의 전면에서 사라지고, 도참사상과 습합하여 민족적 신흥종교 속으로 자취를 감춘다고 했다.[69]

정음정양의 궁극은 천지인의 조화다. "하늘은 오행의 벼리[綱]요, 땅은 오행의 바탕이며, 인간은 오행의 기氣"라는 수운水雲 최제우崔濟愚, 1824~64의 표현은, 인간 중심의 이념을 잘 나타내고 있다. 이런 관점에서 보자면 선천에는 하늘을 숭배하는 천산 관념에서 지력신앙을 반영한 용산 관념으로 반전했다. 후천은 하늘과 산과 인간이 조화로움을 이루어가는 과정이다.

동양 사람이 생각한 산, 서양 사람이 생각한 산

유럽 중세시대의 사상을 반영한 TO지도라는 것이 있다. 기독교적인 세계관에 입각한 TO지도는 중세 서구 사람들의 세계에 대한 지리 관념을 상징적으로 나타낸다. 그런데 이 지도와 동양적인 세계관을 잘 반영하고 있는 「천하도」를 비교하면 흥미로운 차이가 발견된다. 그 가운데 하나가 산과 나무가 있느냐 없느냐이다.

기독교적인 세계관에서 산은 장소 자체가 신성하다기보다는 하나님이 강림했기 때문에 성스러운 것으로 관념화된 측면이 강하다.[70) 서양 미학에서는 산에 대해 별로 관심이 없거나 심지어 추하고 부정적인 것으로까지 여겼다. 수세기에 걸쳐 서양에서는 산을 '수치심과 사악함' '자연의 얼굴 위에 생긴 사마귀·혹·물집'으로 간주했다. 이러한 태도는 낭만주의 즈음부터 반전되었다. 워즈워스William Wordsworth, 1770~1850는 영국의 산이 알프스 산맥보다는 덜 두렵고 평온하며 장엄하다는 것을 발견했다.[71)

산과 직접 관련이 있는 것은 아니지만 동·서양 간에 용을 보는 관점은 확연히 다르다. 서양의 용은 형태나 생태 면에서 동양의 용과 유사한 부분도 있으나, 파괴적이고 공격적인 악룡·독룡毒龍의 면모가 훨씬 큰 비중을 차지한다. 그래서 용은 서양인에게 퇴치해야 할 적대적이고 난폭한 괴물이고,[72) 어둠·죽음이며 무정형이고 잠재적이며 아직 어떤 형태를 획득하지 못한 모든 것의 상징이다. 코스모스가 탄생하기 위해서는 신들이 용을 정복하여 토막 내지 않으면 안 되었다.[73)

중국 역시 상고上古시대에는 악·독룡이라는 의미가 강했으나 이후에 긍정적으로 변화하여 신 또는 제왕 관념 등이 두드러졌다. 한국 용 관념의 특징은 용이 농신農神으로서 비를 내려주는 우신雨神이거나 재앙을 쫓고 복을 부른다는 생각이 어느 나라보다 강하다는 것이다. 국가수호나 미륵불 관념 등도 한국만의 독자적인 특징으로 주목된다.

물론 한국에서도 모든 용이 선한 용으로 인식되지는 않았다. 『삼국유사』「어산불영」의 독룡 이야기가 한 예이다.

가야의 경내에 옥지玉池라는 연못이 있어 그 못 속에는 독룡이 살고 있었다. 그리고 만어산에는 다섯 명의 나찰녀가 있어 서로 왕래하고 교통하며 번개와 비를 때때로 내림으로써 4년 동안이나 오곡이 되지 않았다. 가야의 수로왕은 독룡과 나찰녀를 진압하기 위하여 주술을 썼으

만어산 너덜의 모습. 경남 밀양시 삼랑진읍 용전리의 만어사 주위에 넓게 펼쳐져 있다.
돌너덜이 기이한 경관을 하고 있어 독룡이 살고 있다고 생각했다.

나 금할 수 없어 머리를 조아리고 부처에게 청했는데, 부처가 설법한
후에야 나찰녀들이 5계五戒를 받고 나서 재해가 없어졌다.

· 『삼국유사』권3, 「탑상4」, 〈어산불영〉

다시 산 이야기로 돌아가자. 서양은 산을 신의 성소聖所인 초월공간으
로 보거나 사람과 대비되는 자연물질적인 산으로, 철저히 사람과 분리하
여 본다. 하지만 동양은 산을 인간과 내재적 · 융화적 관계로 보아 원형공
간이자 어머니의 품이라고 여겼다. 앞에서 말한 천산 · 신산 · 오성산 · 용
산 · 비보압승 관념은 하늘과 산, 그리고 인간이 일체화되는 과정의 개념
적 산물이다. 중국 북송의 유학자 장재張載, 1020~77의 『서명』西銘은 동양
적인 천지인 상관 관념을 잘 표현해주고 있다.

하늘은 아버지라 부르고 땅은 어머니라 부른다. 나는 그 속에서 싹터 자라났으니 그 가운데 혼연히 살고 있다. 그러므로 하늘과 땅 사이에 가득 찬 것이 나의 몸이며, 하늘과 땅의 운행과 같이하는 것이 나의 본성이다. 모든 사람은 나와 탯줄을 같이하고, 모든 물체는 나와 더불어 살아간다.

　• 『서명』

서양은 본체noumena와 현상phenomena에 대한 이원적 사유가 발전했다. 희랍인이나 히브리인이나 지중해 연안의 문명권에서는 본체를 시·공간 밖에 설정한다.[74] 이러한 사상에는 풍토라는 바탕이 있다. 서양문명의 사상적 뿌리는 사막의 풍토에서 비롯되었다. 사막은 식생이 별로 없고 바위산이 연속되는 가혹한 세계이다.[75]

이러한 사막 환경에서는 하늘과 땅이 유기적 조화를 이루지 못해 기장氣場이 형성되지 않고, 하늘과 땅이 융섭되기 힘들다. 사막의 특질은 하늘과 땅의 불연속으로, 화해되지 않는 이원성duality은 이러한 풍토에서 생겼다. 따라서 혼魂과 백魄의 연속적 기장을 성립시킬 수가 없는 것이다.[76]

『동경대전』東經大全에 보면 최제우가 서양인을 보고, "몸에 기화氣化의 신묘함이 없다"고 말한 구절이 있다. 범부凡夫 김정설金鼎卨, 1897~1966은 이 말을 이렇게 해석했다. "서양의 도[西道]는 신과 인간이 이원적으로 현격해서 신이 몸 밖에 있기 때문에 그 정신이 교통되는지 몰라도 우리의 도[吾道]처럼 신이 몸 안에 있어서 신의 생명이 곧 내 생명인 '기화'氣化의 묘리가 없다는 뜻인즉, 이것은 곧 '천인일기'天人一氣의 동방사상인지라 과연 서양의 도와 다른 점이다."[77] 서양의 성소聖所에는 지령地靈이 있으나 이는 풍수사상의 기 개념보다는 범위가 훨씬 좁다.[78] 서양에도 국지적으로는 기장이 된다고 보지만, 대체적으로는 동양과 달리 맥지맥과 기맥을 이루지 못하고 여기저기 흩어져 있는 특정한 지점spot이다.

이렇듯 서양의 이원적 풍토는 이원적 사유를 낳았다. 이것이 한편으로는 초월적으로 사유하고, 또 한편으로는 현상을 인간과 분리된 대상으로, 과학적으로 사유하는 인식론의 기반이 된 것이다. 그리하여 산에 대한 사유 역시 성산 관념과 지형학적인 산 개념으로 이원화했다. 반면 동양의 산 풍토는, 산이 하늘을 유기적으로 이어주고 물은 산의 혈맥이 되어 그 품속에 사는 사람과 일체가 되니, 하늘과 땅은 사람과 더불어 내재적 전체요 상보적 관계라는 사유구조가 생겨났다.

중국의 산과 한국의 산은 어떻게 다를까

중국의 땅은 험준한 산맥과 기복이 심한 구릉, 광활한 평원이 특징이다. 반면 한국의 산천은 부드럽고 짜임새 있으며 산수가 조화롭다. 대체로 중국의 산은 높고 커서 수직적이고, 한국의 산은 온화하면서 둥글다. 어머니의 품과 같아 모산母山이라고 이름한 산이 많다. 『신증동국여지승람』에는 다음과 같이 나타나 있다.

모악母岳: 서울, 모산母山: 경기 이천, 충남 결성, 모악산母岳山: 전북 전주·금구·태인, 전남 영광·함평, 대모산大母山: 경기 광주, 대모성산大母城山: 경기 강화, 전북 순창, 모후산母后山: 전남 순천·동복, 자모산慈母山: 황해 평산, 평안 자산, 모자산母子山: 경북 영천·청송

•『신증동국여지승람』

용의 형태로 보자면, 중국은 용신龍身에 가깝고 한국은 용의 변형태變形態가 대종을 이룬다. 한국의 산은 오성五星이 복합적으로 나타나며, 생기

가 발하는 용맥龍脈으로서의 산이다.

한국의 산천이 마치 사람의 몸에서 골육과 혈맥의 관계처럼 인간과 조화하고 합일할 수 있는 성격을 지녔다면, 중국의 산하는 큰 파동으로 음양의 기운을 발원한다. 그래서 중국의 풍토는 음양의 근본원리를 발현하는 태극구조의 바탕을 이루고, 한국의 풍토는 음양의 존재원리를 현현하는 삼극구조의 바탕이 된다.

한국의 이러한 풍토는 사람이 산과 조화관계를 맺게 한 바탕이 되었다. 그러기에 한국은 중국과 달리 비보압승 관념이 발달하여 용맥을 인간화했다. 중국은 땅의 광활함과 산의 웅대함에서 땅이 하늘에 버금가는 대상이었으니, 천산과 용산 관념으로 양극 구조를 이룬다. 반면 한국의 풍토는 하늘과 산과 들(또는 물)이 균형 있게 조화되고 있어 산과 들에 살아가는 사람의 능동적 역할이 중국보다 중시되면서 하늘과 땅과 사람이 조화된 삼극구조를 이루고, 천산·용산·조산 또는 천산·용맥·인간화로 각 취락마다 하늘과 땅과 사람이 한 몸으로 구현된다.

표1 중국의 천지 양극 구조와 상보성

一	하늘	하늘	산	천산
二	땅	들	수	용산

표2 한국의 삼극 구조와 천지인 상관성

一	하늘	하늘	하늘	천산
二	땅	산	산	용산
三	사람	들	수	가산

지역마다 달리 나타나는 천산·용산·조산

한국에서 천산·용산·조산가산이 지역적으로는 어떻게 달리 나타날까? 천산계·용산계·가산의 지역별 분포를 보면 다음과 같다.[79]

표3 천산·용산·가산의 지역별 분포(남도/북도)

분류 \ 도		함경도	평안도	황해도	강원도	경기도	충청도	전라도	경상도
천산(계)	백산(계)	16	7	3	8	9	13	7	12
	천산(계)	3	4	8	3	6	2	5	4
용산계		3	17	7	7	9	12	14	19
가산		0	0	0	12	22	58 (39/19)	116 (82/34)	51 (42/9)

백산의 분포는 비교적 고른 편이나 북부 산간지방이 남부보다 많으며, 용산은 남부지방에 비교적 많이 나타나고, 평안도 하천 유역에도 많다. 함경도에서는 용산에 비해 백산이 압도적으로 많다. 중부 이북의 산간내륙으로 갈수록 천계天系 중심이고, 중부 이남의 해안에 이를수록 지계地系 중심의 산이 많다고 볼 수 있다.

그 이유를 자연신앙 측면으로 해석해보자. 부족국가시대의 북방사회는 수렵생활을 해왔기에 하늘 중심의 신앙이 있었고, 남방사회는 농경생활을 하여 토지가 생명의 원천이었기에 땅 중심의 신앙이 특징적으로 나타나 지모사상이 발달했다고 볼 수 있다.[80] 모산 계열의 산을 보아도『신증동국여지승람』을 기준으로 중부 이북은 평안도 한 곳, 경기도에는 두 곳, 충청도에는 한 곳, 전라도는 아홉 곳, 경상도 세 곳으로 특히 전라도 지역에 두드러진다. 가산은 남부 해안으로 내려올수록 많으며, 전라도 해안지방에 집중적으로 분포한다.

결론적으로 한국의 천산·용산·조산 관념은, 백두대간에 인접한 내륙지역은 천산관이, 남부의 해안에 이를수록 용산관이 짙게 나타나고, 경상도, 전라도 해안에는 조산관이 높은 것을 알 수 있다.

중국과 달리 한국은 짜임새 있는 산수가 특징으로 맥의 개념이 중요했다. 백두대간의 천산이 13개 정맥으로 갈래져 물을 만나니 용산이 되었다. 산의 형세는 용의 변형태가 다양하게 나타나 형국론이 발전할 수 있는 바탕이 되었다. 남부 해안과 하안으로 갈수록 산은 살기를 벗고 온유해져 사람들은 산을 조화할 수 있는 대상으로 여길 수 있었다. 그래서 조상들은 그 맥을 이어 조화될 수 있는 곳에 입지하고, 용맥의 흐름을 고려하여 삶터를 조성했다. 그리고 산이 부족하면 조산하여 보완했다.

3

사람과 산이 어우러져 살아가다

3

한국에서 사람과 산이 어우러져 살았던
모습과 방식을 살펴보자.
고을의 진산은 지방의 대표적이고
전형적인 산으로서 중요하다. 마을의 조산은
한국의 독특한 산 관념을 드러내며
살아 있는 문화전통이다. 주민들이 산과 관계 맺는
전통 방식은 어떠했을까. 마을지형을
형국의 코드로 인식하면서 벌어지는
산과 주민의 문화생태적인 관계가
흥미롭게 전개된다.

지방 고을을 지키는 산, 진산

조선시대 특유의 진산문화

조선시대에 전국의 거의 모든 지방 고을^{지방행정중심지, 읍치}에는 진산^{鎭山}이 배정되어 있었다. 진산의 위치가 어디냐 하는 것은 고을의 입지와 배치에 큰 영향을 미친다. 진산은 고을의 공간 구성과도 밀접한 상관관계가 있는 중요한 고을 경관 요소다. 조선사회에서 진산은 고을의 군사적 방어, 신앙적 제의, 풍수적 주산의 기능도 담당했다.

조선시대 군·현 고을의 대다수는 현재 지방 도시의 도심부를 형성하고 있다. 그뿐만 아니라, 옛 고을의 공간구조는 지금도 지방 도시 공간체계의 기본골격을 이루고 있다. 그럼에도 진산을 비롯한 고을에 대한 실증적인 조사 연구가 제대로 이루어지지 않아 가장 기본적인 고을 경관 구성요소의 위치나 규모조차 밝혀지지 않은 군·현이 많다.

지방의 고을 경관은 수도 한양을 중심으로 하는 지방행정체계상의 일반적인 공간구성 원리를 따르고 있으나, 지방 나름의 자연과 인문적 특성에 맞추어 개성 있는 역사경관을 구성했다.[1] 고을 경관에서 진산은 지방 도시의 역사경관과 자연경관을 연관하여 통합적으로 이해할 수 있는 틀을 제시한다.

그동안 고을에 관한 연구는 지리학·역사학·조경학·환경학·풍수학·

건축학·도시계획 등의 분야에서 이루어져왔다. 조선시대의 고을연구가 가장 많고, 읍성에 대한 연구가 비교적 많은 편이다. 읍지도[2]나 읍지에 관한 연구도 있으며, 1990년대 중반 이후로 고을숲[邑藪]에 관한 연구도 진행되고 있다. 그리고 읍치와 진산에 관해서도 조금씩 연구가 이루어지고 있다.[3]

진산이 중국에서 유래된 것이기는 하지만 조선시대에 전개된 진산의 분포 양상과 공간적 특징은 중국과 매우 달랐다. 중국에는 명·청대까지 특정 지역에만 진산이 있고, 형태상으로도 산세가 웅장하고 기이한 명산이 지정되었으며, 고을에서 멀리 떨어져 있었다.[4] 그러나 한국은 조선 중기에 전국의 331개 고을 가운데 255개 고을에 진산이 있었을 정도로 숫자가 많았다. 형태나 높이를 보아도 중국의 진산에 비해 그리 크거나 높지 않았으며, 진산과 고을 간의 거리도 5리 이내에 근접해 있는 것이 대부분이었다. 진산이 풍수의 주산 역할을 한 점도 중국과는 다른 점이다.

진산은 독특하고도 다양한 모습으로 지방 고을의 경관에 반영되었다. 이제 영남지방 70여 개 고을의 진산에 대한 현지조사를 통해 얻은 결과를 가지고, 진산과 고을 경관의 관계를 구체적으로 살펴보자.

지방 고을마다 있는 진산

조선조에는 기본적인 자연환경을 구성하는 산천에 관해 그 위치와 중요 사실을 『읍지』邑誌의 「산천」에 기록했다. 『세종실록』「지리지」, 『신증동국여지승람』, 『여지도서』를 비롯한 조선시대의 주요 관찬지리지나 지방의 읍지문헌에서는 고을의 가장 중요한 산을 '진산'으로 지정하고 있어 일찍이 주목을 받았다.

개령고을의 진산 감문산(성황산)과 읍치 터(경북 김천시 개령면 동부리).
옛 관아 자리에 지금은 면사무소가 들어서 있다.
전국 330여 개의 지방 고을에는 대부분 진산이 배정되어 있었다.

고을 경관과 진산을 서로 관계 지어서 살펴보자. 고을은 대체로 진산을
등지고 입지했다. 뿐만 아니라 고을의 공간구성과 객사·관아 등 주요 행
정경관의 배치도 진산이라는 경관 요소와 밀접한 관계를 맺고 있으며, 진
산을 풍수적으로 비보한 사실도 발견된다. 즉 진산은 고을의 중심을 기준
으로 대체로 10리 이내의 거리 안에서 후면에 위치해 있으며, 취락을 진
호하고 표상하는 상징성을 지닌다. 아울러 기능적으로 주산主山이 된 진
산의 경우에는 고을의 주요 경관과 장소의 입지와 배치, 그리고 축의 결
정에 영향을 미치는 요소가 되었다.

고을 경관은 입지·영역·장소적 경관의 차원에서 각각 경관 유형과 세
부 경관 요소로 나눌 수 있다. 여기에서 진산은 고을의 입지를 결정하는
주요한 변수가 될 뿐만 아니라, 고을의 풍수적 형국과 범위를 규정하는
지리 요소가 된다. 진산에는 여단厲壇과 성황사城隍祠를 비롯한 고을의

표4 영남고을의 경관 요소와 진산 - 경상좌도

| 읍 명 | 세종실록지리지 | 신증동국여지승람 | | 여지도서 | 경상도읍지 상 발원지 | 대동지지 | 읍성 | | 사직단 | 성황사 | 여단 | 향교 | 고을숲 |
		산명	위치				신증	여지					경상도읍지
경주부		낭산	동9	낭산	명활산			있음	서	동7	북	남3	비보수, 시림 남정수, 오리수, 한지수, 임정수, 고양수
안동대도호부								있음	서	동6	북	성북	대림, 법흥사림
순흥도호부	소백산			비봉산									
영해도호부				등운산				있음	서	동6	북	동1	봉송, 이송, 용당수
청송도호부		방광산	북2	방광산	모현				서	서1	북	동1	
대구도호부	연귀산	연귀산	남3	연귀산			있음		서	동	북	동2	신천수, 마암수
밀양도호부	화악산	화악산	북19	화악산	둔덕산		있음		서	추화산	북	북6	율림, 운례수
동래현		윤산	북8	윤산	원적산		있음		서	동2	북	동2	
울산군		무리룡산	동24	무리룡산		동20	있음		서	고읍성내	북	동5	
청하현	고학산	호학산	서9	호학산	웅봉산		있음		서	용산	북	북1	
장기현	거산	거산	서2	거산			있음		서	남5	북	남2	있음
기장현		탄산	서2	탄산			있음		서	북4	북	성내	
언양현		고헌산	북10	고헌산	단석산		있음		서	북7	북		
예천군		덕봉산	서3	덕봉산	소백				서	덕봉산 내	북	북1	고평수, 다인수 상금곡송림, 유정수
영천(永川)군	모자산	모자산	북90	모자산	보현산			있음	서	서5	북	북2	
영천(榮川)군	철탄산	철탄산	북1	철탄산	봉황산				서	북7	북	동1	방하수, 덕산수
풍기군									서	서3	북	북7	
의성현									서	북3	북	동1	
영덕현		무둔산	북2	무둔산	화림산		있음		서	남	북	동1	
봉화현	문수산	금륜봉	북2	금륜봉					서	서3	북	북1	남1
진보현				남각산					서	북2	북	남4	주팔수, 아물수
군위현		마정산	동남5	마정산					서	동5	북	동2	
예안현		성황산	객관 북	성황산					서	북산성내	북	북1	조산수
용궁현		축산	객관 북	축산	1리, 소백산				서	동1	북	서2	
양산군		성황산	동북5	성황산	동5	보현산	있음		서		북	동2	
영일현	운제산	운제산	남12	운제산	남15		있음		서	동8	북	북5	
청도군	오산	오산	남2	오산	.			있음	서	남20	북	북3	진산수, 송전수 상지율림, 하지율림
하양현		무락산	북12	무락산	북10, 공산				서	서3	북	서3	
인동현		유악산	동10	유악산	유학산, 칠곡 가산				서	북3	북	북2	양정수, 양수, 황양수
현풍현				비슬산					서	비슬산	북	북1	
의흥현	용두산·공산	용두산	동1	용두산	선암산				서	동5	북	동1	유전수
영산현		영취산	동북7	영취산	창녕 화왕산				서	영취산	북	북1	
창녕현	화왕산	화왕산	동4	화왕산	현풍 비슬산				서	동1	북	북1	
신녕현		화산	북3		북5, 청송 보현산				서	서10	북	북1	
경산현	마암산	마암산	남21	장고산	청도 운문산			있음	서	성산	북	서3	경림
비안현		성황산	북1	성황산					서	북1	북	서1	
자인현											북		
영양현											북		소라수, 마절수
칠곡도호부											북		
순흥부								있음			북		남 3리에 있음
흥해군	도음산	도음산	서5	도음산	서15		있음		서	남2	북	서1	있음

표 5 영남고을의 경관 요소와 진산 - 경상우도

읍명	진산						읍성		사직단	성황사	여단	향교	고을숲
	세종실록지리지	신증동국여지승람 산명	위치	여지도서	경상도읍지상 발원지	대동지지	신증	여지		성황사			경상도읍지
진주목		비봉산	북1	비봉산	안의 덕유산		있음		서	남5	북	동3	가정수 대평림수 청천림수
상주목		천봉산	북7	천봉산			있음		서	천봉산	북	남5	서수 율림
성주목		인현산	북9	인현산	성산		있음		서	성내	북	북2	
선산도호부		비봉산	북10보		속리산-연악산		있음		서	서3	북	북2	해평수 동지수
김해도호부	분산	분산	북3	분산	전단산-비음산-분산		있음		서	분산	북	북3	
창원도호부		첨산	북1		청룡산		있음		서	북 검산	북	북1	
하동현		양경산	북3		지리산	동남35			서	남3	북	동3	
거제현	국사당산: 현 동쪽	계룡산	남5		동북5		있음		서	남1	북	서1	
합천군		북산	북1	북산		북3			서	동8	북	진산1	화달림
함양군	백암산	백암산	북5	백암산			있음		서	동3	북	북	
개령현		감문산 (성황산)	북2	감문산 (성황산)	주흘산-용문산				서	감문산	북	북1	남2리에 있음
지례현		귀산	남2	귀산					서	귀산성	북	북1	
고령현		이산	서2	이산	미숭산				서	서2	북	서2	율림수 야옹정수 안림수 해림수
문경현		주흘산	북	주흘산	계립령				서	북2	북	동2	
함창현	재악산	재악산	서13	재악산					서	북3	북	서5	
곤양군		동곡산	북3	동곡산	북13		있음		서	북3	북	동1	
초계군		청계산	북1		서5, 황매산				서	서7	북	서2	
남해현		망운산	서2	망운산			있음		서	북19	북	북1	유림정 남산수
고성현		무량산	서10	무량산	서50, 지리산		있음		서	서2	북	서5	
사천현	두음벌산	두음벌산	동6	부봉산	부봉산		있음		서	산성	북	동2	
삼가현								있음	서	북1	북	남8	
의령현		덕산	북2	덕산					서	서2	북	북1	
산음(청)현		동산	동3						서	서1	북	북1	
진해현		취산	북5	취산	광산		있음		서	남5	북	북1	동림 서림
안음(의)현		성산	서3		진성산				서	서2	북	북3	망월수
단성현		내산		내산	지리산				서	북5	북	북5	
거창군		건흥산	북8	건흥산					서	동4	북	북3	
웅천현		웅산	북5		북10		있음		서	북1	북	북	
칠원현	청룡산	청룡산	동7	청룡산	두척산		있음		서	동1	북	동3	있음
함안군	여항산	여항산	서남15	여항산	남15, 두류산	남25	있음		서	북5	북	남2	
김산군	오파산	오파산	동1	오파산	동5, 흑운산				서	오파산	북	남1	

* 『신증동국여지승람』을 위주로 정리한 영남지역 고을 경관 요소와 진산이다.
  진산에는 『경상도읍지』에 설명되어 있는 산줄기의 발원지(내맥)을 보충했으며, 『대동지지』와 대조하여 참고가 되도록 했다.
  『여지비고』를 통해 읍성 유무 사실을 보충했다.

표6 고을 경관의 유형과 요소

경관 차원	경관 유형	경관 요소
입지	산계, 수경	산계(산경 내맥, 진산과 주산), 수계와 수리/ 산천
	산수 미학	형승 묘사/ 제영
	좌향	주요 경관 요소의 좌향
	고을의 위계	대도호부, 목, 도호부, 군, 현/건치연혁, 사린강역, 진영(진관)
	행정 구역 규모	속현, 월경지/ 방리, 방면, 경거, 관원, 고적, 고읍, 군명,호구
영역	형국	풍수적 국면 구성
	범위	읍성과 읍내면/ 성지(성곽), 봉수, 관방, 진보
	경계	비보, 압승, 조산, 임수, 입석
	구역 분화	기능공간 분화, 계급별 거주지
장소	종교적 장소	3단 1사, 사찰/ 단묘(사묘), 문묘, 사찰[佛宇]
	행정·군사적 장소	객사, 동헌, 향청, 형옥/ 공해, 궁실, 아사, 영아, 군기고, 질청
	교육적 장소	향교, 서원, 사당/ 학교, 사원
	문화적 장소	누정, 대/ 누대
	경제적 장소	도로, 시장, 교량, 창고, 역원/ 사창, 토산, 장시

* 자료: 김덕현·이한방·최원석, 「경상도 읍치경관 연구서설」, 『문화역사지리』 16(1), 25쪽을 수정.

제의적 경관 요소와 사찰 등의 종교적 장소, 봉수나 읍성 등의 군사적 장소 등도 위치했다. 관아나 객사와 같은 주요 관청의 입지와 배치 역시 진산과 무관하지 않았다.

진산은 고을의 주요 경관의 입지나 배치, 그리고 공간구성을 규정하는 가장 기본적이고 일차적인 자연지형 조건이자 배경이었다. 진산은 고을의 공간구조에서 기본축과 중심성을 파악하여 그와 직접적으로 관련된 건축물의 배치·좌향·가로망의 형태와 구성 등에 관해 파악할 수 있는 열쇠가 된다.

고을에서 진산의 중요성에 대하여 옛사람들은 어떻게 인식하고 표현했는지 군현지도와 읍지의 명승[形勝] 표현을 살펴보자. 조선시대의 군현지도에 나타나는 고을 경관에 대한 뚜렷한 인식은, 고을을 둘러싼 산수

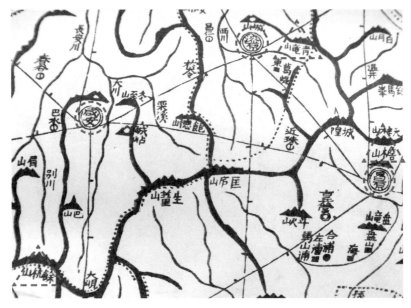

『대동여지도』에 표현된 진산(함안의 여항산, 칠원의 청룡산, 창원의 첨산).
『대동여지도』에는 모든 진산이 표현되어 있어
당시에 주요한 경관 요소로 중시되었음을 확인할 수 있다.

체계와 관련한 입지적 특징에 대한 표현에서 알 수 있다.

특히 고을에서 진산이 주요 경관 요소로 인식되었다는 사실은 지도상의 표현에서도 충분히 입증될 수 있다. 『대동여지도』에는 읍과 모든 진산을 뚜렷하게 표현했다. 여러 군현지도에서도 고을의 진산과 아울러 주요 장소로 이어지는 내맥來脈을 의도적으로 강조하고 있다. 예컨대 『영남읍지』嶺南邑誌, 1895의 읍지도에 보이는 상주의 왕산과 경주의 낭산 등이 이에 해당하며, 기장 도엽에는 '진산'이라고 표기까지 했다. 『해동지도』海東地圖의 영산현 도엽에는 진산인 영취산에서 태자산을 거쳐 아사衙舍로 이어지는 맥을 상세히 그려놓고 있는데, 그 표현이 마치 풍수 형국도를 연상시킨다.

지도와 아울러 고을 경관 요소로서의 진산은 읍지의 표현에서도 다수

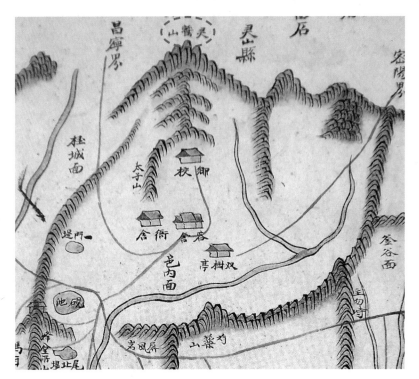

『해동지도』영산현 부분도. 영취산(739미터, 경남 창녕군 영산면)에서
향교와 관아로 내려오는 산줄기의 맥이 풍수의 '산도'(山圖)처럼 표현되었다.

나타난다. 『신증동국여지승람』『여지도서』등에서 고을을 서술할 때는
따로 '형승'形勝 항목을 두고 고을의 경관을 압축된 시문으로 요약했다.
대개가 자연경관을 이루는 산천에 대한 표현이다. 진산에 대한 구체적
인 표현이 있는 고을의 형승을 몇 가지 인용하면 다음과 같다.

진주: "**비봉산**이 북쪽에서 멈췄고 망진산이 남쪽에서 읍한다."
  • 『신증동국여지승람』권30, 「진주목」, 〈형승〉

선산: "낙동강이 띠를 이루고, **봉악**鳳岳은 성이 되었다."
  • 『신증동국여지승람』권29, 「선산도호부」, 〈형승〉

신령: "북으로는 **화산**이 웅거하고 남으로는 용천이 띠를 둘렀다."
• 『여지도서』, 「신령현」, 〈형승〉

영산: "**취령**이 마을^{고을}을 지키고 보호한다."
• 『신증동국여지승람』 권27, 「영산현」, 〈형승〉

진주는 비봉산이, 선산은 봉악이 진산이다. 신령의 화산, 영산의 취령^영 ^{취산} 역시 각 해당 고을의 진산이다. 위 형승의 내용에서 알 수 있듯이 대체로 읍의 자연 입지를 인식하는 데에는 진산이 중심이다. 또한 기능적으로 취락을 지키고 보호하는 진산^{영산}, 자연 성벽으로 방어 기능을 하는 진산^{선산}, 미학적이거나 풍수적인 좋은 형세를 갖춘 진산^{진주, 신령} 등으로 다양하게 표현된다.

진산이란 무엇인가

'진'^鎭이나 '진산'의 사전적인 뜻은 『주례』에 "주^州의 명산으로 특별히 큰 것을 그 지방의 진이라고 한다"거나, "한 지방의 주산을 '진'이라고 일컫는다"고 정의하고 있으며,[5] 『성경통지』^{盛京通志}에는 "진호^{鎭護}하는 주산으로 제사하던 큰 산을 진산"이라고 했다.[6] 이렇듯 진산은 말 그대로 도읍이나 지방의 취락을 진호하는 주요한 산 또는 명산으로서 지덕으로 한 지방을 진정시키는 명산대악^{名山大嶽[7]}을 말한다. 후술하겠지만 고려와 조선의 경우에는 지방뿐만 아니라 국도 도성의 주산도 진산이라고 일컫고 특별한 관리를 했다.

진산은 취락의 안위를 보장해주는 산악이라는 상징성과 신앙성이 부여된 개념이다. 고대의 산신신앙이나 산악숭배에서 그 사상적 뿌리를 찾을 수 있는데, 산 관념의 계통에서 볼 때 '신산'^{神山} 관념에 속한다. 역사적으로는 고조선의 단군은 죽어서 아사달의 산신이 되었고[8], 신라의 탈해왕도 동악東岳의 산신이 되었다[9]는 인식에서 한국 신산 관념의 기원적 사유가 엿보인다. 제의적으로는 신라시대에 널리 행해진 명산대천의 숭배가 잘 알려져 있다.[10]

현지의 사례를 하나 들자면, 경남 웅천읍현 진해시 성내동의 진산은 웅산熊山으로서 천자봉天子峰이라고도 하는데, 그 정상에 웅암[熊山岩]이 돌출해 있어 매우 신이神異한 장소감을 불러일으킨다. 웅산의 '웅'熊은 옛말 곰뫼에서 곰[熊]으로 차자借字된 것으로 영검하고 신성한 산을 뜻하는 말이다. 웅천읍 사람들은 웅산을 읍을 지켜주는 진산이요 신산으로 존숭했다.

진산에 제의祭儀를 지내기도 했다. 『삼국사기』에는 신라에서 네 곳의 진[四鎭: 동 온말근·남 해치야리·서 가야갑악·북 웅곡악]을 두어 나라에서 중사中祀를 지냈다고 나오고, 『고려사』에도 "관리들이 왕에게 아뢰기를, 금년은 봄부터 비가 적게 내리니…… 북쪽 교외에서 비를 내리게 할 수 있는 산악[岳], 진산[鎭], 바다, 강[瀆]과 모든 명산대천에 빌고"라는 내용이 있다.[11] 진산에 대한 국가의 제의는 조선조에도 이어져 내려온다. 『정조실록』에 따르면, 선조 44년1768에는 백두산이 나라의 진산이 된다는 이유로 봄가을에 향을 내려주기도 했다.[12]

진산에 관한 본격적인 문헌상의 용례는 『고려사』와 『조선왕조실록』에 여러 차례 나타난다. 『고려사』에는, 예종 원년1106에 천문관이 송악산을 가리켜 수도의 진산이라 하고, 송악산에 나무를 심어 비보할 것을 청한 사실이 있다.

천문관이 아뢰기를, "송악은 수도의 진산인데 여러 해 동안 거듭되어온 장맛비에 모래와 흙이 패여 흐르고 암석들이 노출되어 초목이 무성하지 못하니, 나무를 심어서 송악을 비보하도록 하여야 되겠습니다"

웅천고을(경남 창원시 진해구 성내동)의 진산인 웅신산과 읍성.
고을을 지켜주는 신성한 산이라고 믿었다. 웅천현은 신라 경덕왕 때
웅신현(熊神縣)이라고도 했는데, 웅신산 이름에 연원한 것이다.

라고 했다. 왕이 조서를 내려 옳다고 했다.

• 『고려사』 권12, 「세가12」, 〈예종원년〉

같은 책 「지리지」에도 역시 '왕도의 진산으로서의 송악'이라는 표현이
등장한다.

왕도의 진산은 송악이며 또 용수산, 진봉산, 동강, 서강예성강, 벽란나
루가 있고 본 부에 소속된 군이 1개, 현이 12개 있다.

• 『고려사』 권56, 「지10」, 〈지리1〉, 왕경개성부

그리고 공민왕 21년[1372]의 교서에도 "원구圜丘, 모든 제단, 왕릉, 진산 들을 비보하여 사냥하거나 매를 기르는 것을 금지했다"는 기사가 나온 다.[13] 특기할 만한 사실은 '한라산이 탐라현의 진산'이라는 내용이 나오 는데, 이로 보아 지방의 군현에도 진산을 지정했음을 알 수 있다.

> 탐라현은 진산이 한라산[두무악 또는 원산이라고도 한다]인데 현 남쪽에 있다.
> •『고려사』권57, 「지11」, 〈지리2〉, 나주목 탐라현

그런데 고려시대의 지방 군현은 치소[행정중심지]가 산성 내에 위치하고 있었고, 이러한 치소성은 삼국·통일신라 시기의 것을 활용했던 까닭에, 조선시대와 같이 고을터의 배후에 진산을 지정하기는 어려웠다.[14] 따라 서 고려시대 지방 고을에서 진산은 일반화되지 않았던 것으로 판단된다.

한편『조선왕조실록』에도 삼각산이나 백악산이 국가의 진산이라는 표

전주의 진산인 건지산(덕진공원에서 본 일부 모습). 전주의 북쪽에 위치하고 있으며,
해발고도 99미터의 낮은 산이기에 하늘 건(乾) 자를 써서 비보적인 이름을 붙였다.

현이 등장하며, 진산의 훼손 방지나 풍수적인 보전을 논하는 대목이 있
다.[15] 이러한 조선 전기의 진산관은 고려조의 국도 진산에 대한 사유가
전승된 것으로 보인다. 그리고 태종조에는 국도의 진산과 지방군현의 진
산에 대해 위계적 차별성을 두어서, "나라의 중요한 산은 진산이라 하고
군현은 명산"[16]이라고 하여, 국도와 지방을 구별하여 부른 사례도 있다.
그리고 『중종실록』에는 지방 고을의 진산 명칭에 대한 풍수적인 유래와
진산의 보전에 관해 논의하는 내용도 등장한다.

진산은 마음을 써 나무를 가꾸어야 하는데 한 시대의 폐정 때문에 그
대로 개간하여 경작하고 또한 집을 짓곤 하니 본래대로 환원하여 상서
로운 터전을 중히 여기게 하기 바랍니다.
　•『중종실록』, 20년 6월 20일

전주는 지형이 남쪽이 낮고 북쪽이 허허여 고을터의 기운이 분산되기 때문에 진산 이름을 건지산乾止山이라 했다.

• 『중종실록』, 20년 8월 1일

조선조의 문헌 중에 각 지방의 진산의 이름 및 위치를 정확히 기재하고 있는 1차적인 문헌 사료는, 『세종실록』「지리지」[1454]와 『신증동국여지승람』[1530] 「산천」조다. 그 후 여러 읍지에서 진산에 대한 내용이 동일하게 반복되거나, 조선 후기로 와서는 경우에 따라 수정·보완되면서 산줄기 내맥이 자세히 기록되어왔다.(표4, 5 참조)

그런데 이 영남지방의 기록을 보면, 15세기에 편찬된 『세종실록』「지리지」는 전체 70여 개 읍 중에서 19개의 읍에만 진산을 명기하고 있는데 반해, 16세기의 『신증동국여지승람』에는 총 60개 읍에 진산이 배정되어 있다.

이를 통해 지방 각 군현의 고을에서 진산이 경관 요소로 일반화되던 시기는 16세기 이후라고 추정할 수 있다. 또한 조선 후기의 여러 읍지에 기재된 진산 내용은 대체로 이전의 것과 비슷하지만, 내맥을 더욱 자세히 기재하여 위치의 정확성을 기하고 있는 점에서 지리적 인식이 발전했음을 알 수 있다.

요컨대 삼국시대에는 국가적으로 '진'에 대한 신앙적인 제의가 있었다. 고려 중엽에는 국도의 주요한 산을 진산이라고 불러 비보할 대상으로서 특별히 관리했고, 진산 관념은 지방으로 일정 정도 확산되었다. 조선시대에 와서 이러한 추세는 지속되어 15세기 중엽에 고을의 경관 요소로서 진산의 배정이 두드러졌다. 그리고 16세기 중엽에 이르러서는 각 지방 고을에서 진산은 주요 경관 요소의 하나로 지정되어 일반화되었으며, 조선 후기에는 진산의 내맥과 위치에 대한 지리적인 인식이 더욱 정교해졌다.

단성고을의 진산(주산)인 내산과 읍치 옛터(경남 산청군 단성면 성내리 단성초등학교 일대).
고을의 진산이면서도 풍수적인 주산의 기능을 겸하는 사례이다.

진산에서 주산으로

지금까지 일반적으로 "진산은 취락의 후면에 위치하여 그 취락을 상
징하는 것으로 멀리서도 취락을 대표할 수 있는 수려하고 장엄한 산세의
산으로 이루어진다"[17]고 여겼다. 그러나 실제 지방에 따라서 진산의 위
치가 취락의 후면이 아니라 앞으로 마주해 위치한 것도 있고, 진산의 크
기나 형세 역시 그다지 높지도 크지도 않은 산들도 여럿 볼 수 있다. 지방
마다 진산의 개성이 매우 다양하게 나타나는 것이다.

그리고 "고을은 진산의 맥을 따라 배치한다"거나 "고을의 축은 진산에
따라 표현된다"고 하여, 고을의 배치 및 축과 진산의 관계를 규정하는 것
이 보통이었다. 그런데 지역에 따라서는 고을의 입지 및 축의 설정과 진
산은 아무런 관계가 없는 곳도 다수 있다. 따라서 현지의 고을 경관을 관
찰할 때 자칫 혼란에 빠질 수도 있다.

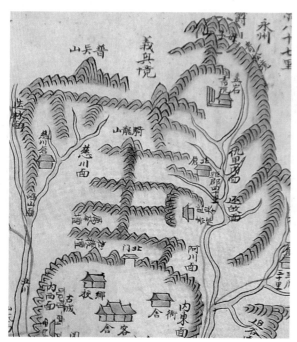

『해동지도』의 영천현 부분. 진산 모자산(그림 오른쪽 위)이
영천고을(경북 영천시 창구동, 그림 왼쪽 아래)과 멀리 떨어져 있다.
진산과 주산이 구별된 사례이다.

　이상과 같은 몇 가지 오류는 고을의 진산을 주산 개념과 동일시하는 데
서 생기는 혼란으로 파악된다. 나중에 설명하겠지만 고을의 공간 배치
를 결정짓는 진산에 관한 위와 같은 설정은 기능적으로 '주산이 되는 진
산'에 한정된다. 영남지방의 경우 풍수적 주산의 기능을 겸하고 있는 진
산은 약 70퍼센트 정도에 이른다.

　영남지방의 예를 보면, 진산이 고을 바로 뒤에 인접해 있어 풍수의 주
산과 동일한 기능을 하는 경우도 많이 있지만, 고을과 진산의 거리가 현
격히 떨어져 전혀 주산으로 기능하지 못하는 경우도 있다. 예컨대 김해·
의령·진주, 단성 등 많은 경우는 진산과 주산이 동일시될 수 있지만, 영
천과 울산 등의 진산은 주산의 역할을 하지 못하는 대표적인 곳이다. 영

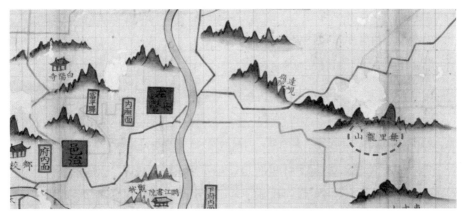

진산 무리룡산(無里龍山)과 울산고을(『비변사인방안지도』 울산 부분도)의 모습.
태화강을 사이에 두고 고을과 마주해 풍수적 주산 기능은 할 수 없다.

천의 진산인 모자산母子山은 우선 거리상으로 읍 북쪽으로 90리나 멀리
있다. 따라서 모자산은 진산으로서의 상징적 의미는 있을지언정 고을 뒤
로 맥을 대고 있는 주산은 될 수 없는 것이다.

그밖에 거리 때문에 진산과 주산이 기능적으로 구별되는 경우도 있다.
울산의 진산인 무리룡산은 중심부 동쪽으로 24리의 거리에 있고, 경산의
마암산은 21리 밖에, 밀양의 화악산은 19리 밖에 있으며, 함안의 여항산
은 15리 거리에 진산을 두고 있다.

특히 울산의 경우는 진산과 주산의 개념이 다르다는 것을 분명히 입증
하는 사례이다. 진산인 무리룡산은 고을의 맞은편 동쪽 태화강 너머에 고
을을 굽어보고 있는 산으로서, 고을에 맥을 이으면서 배산하는 풍수 개념
의 주산이 아닌 것은 분명하다. 그러면 왜 무리룡산을 진산으로 설정했을
까. 배경에 관해서는 확실치 않으나, 울산고을 배후의 방어적인 중요 지
점을 가로막아주는 위치라는 점에서, 읍을 지켜주는 산으로서 진산에 지
정되지 않았을까 추측된다. 이렇게 진산이 고을과 멀리 떨어져 있으면 상
징적으로나마 진호 기능은 할 수 있다. 그러나 고을의 공간구성에 직접적

인 영향을 미칠 수는 없는 것이다.

그러면 주산主山이란 도대체 무엇을 말하는 것일까. '주산'은 입지하고 있는 터나 건조물의 배경이 되는 주요한 산이라는 일반적인 명칭이다. 풍수서에서 주산은 본산, 또는 본주本主의 산이라고도 했으며, 명당 주위의 네 산[四神砂; 청룡·백호·주작·현무]에서 현무에 해당한다. 혈과의 관계에서 보면, 주산은 혈장穴場이 있는 명당 뒤에 위치한 산이다.[18] 풍수이론에서, 주산은 객산客山과 상대되는 것으로 이에 대한 구별과 제 모양의 갖춤은 매우 중요하다고 본다. 이에 관해 『청오경』에 "주가 있고 객이 있다"거나 "주와 객이 법도에 맞다"고 지적한 바 있다.

문헌을 통해 조선조에서는 주산이라는 개념이 어떻게 쓰였는지 알아보자. 조선 세종조에 한양 도성의 주산 논쟁이 있었을 때, 풍수학자 최양선은 「입향편」을 인용했다. "입신立身은 조종祖宗이 되고 입수入首가 주가 된다"고 했으니 처음 머리가 들어온 그 마디가 곧 주산이 되는 것이라고 견해를 밝힌 바 있다.[19]

그밖에 『조선왕조실록』에는 "한양 주산의 소나무가 말라 죽고"[20] "창덕궁 주산의 기운이 이 땅에 모였는데"[21] "근일에 주산의 내맥을 보토補土한다 하옵는데"[22] "주산의 내맥에 벌채하는 것을 금하라는 내용"[23] 등 주로 풍수적인 용어로 주산이 쓰이고 있다. 그리고 고을이나 건축물 단위에서도, 『경상도읍지』慶尙道邑誌에 명기된 고을의 주산선산군도호부·삼가현·웅천현·의령현이라든지 향교의 주산[24] 등의 명칭으로 쓰인 바 있다. 한편 읍지의 표현에는 경우에 따라서 산맥의 개념으로서 '주맥'主脈; 남해현·단성현·창녕현이나 풍수 개념이 강조되어 '주룡'主龍; 신녕현이라는 이름의 해설도 있으며, 군현지도상에는 진산에 주산이라는 명칭을 표기하기도 했다.

즉 문헌에서 주산이라는 용어는 건축물 또는 터가 입지하고 있는 주

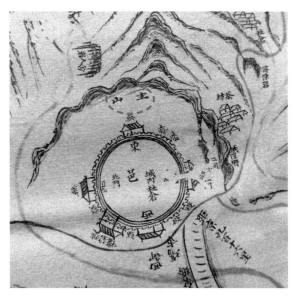

『1872년 지방지도』 양산 부분에서 읍성 뒤쪽으로
주산(主山)이 표기되어 있다. 풍수적인 의미의 주산이 고을 경관의
주요한 요소로 인식되었다는 증거가 된다.

된 산이라는 개념으로 널리 사용되었고, 기능적으로는 주로 풍수적인
의미로 쓰였음을 알 수 있다. 19세기경 주산이라는 표현이 『경상도읍
지』[1833] 및 『1872년 지방지도』에 뚜렷하게 나타나는 것으로 보아, 이때
이미 일반적으로 고을의 진산이 주산으로 기능이 변화되었을 것으로 추
정된다.

사상사적인 측면으로 볼 때도 진산이라는 개념은 앞에서 지적한 바와
같이 고대의 신산 관념에서 나온 것으로서, 후대에 흥성한 풍수적인 사고
에서 비롯한 주산 개념보다 시기적으로도 앞설뿐더러 사상적 계통이 그
맥을 달리한다. 발생학적으로 보자면, 이러한 전래의 산악신앙 계보인 진
산은 풍수가 수용된 이후 주산으로서 기능적으로 변화하는데, 그 과정을
무라야마 지준村山智順은 다음과 같이 설명했다.[25]

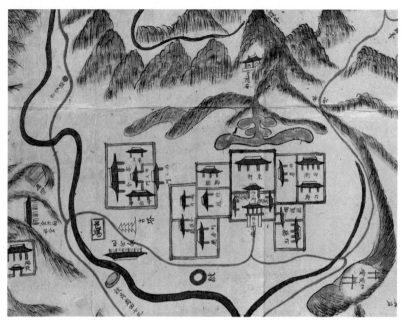

고을 관아로 이르는 주산의 맥과 풍수 형국이 잘 표현되어 있다.
『1872년 지방지도』의 연산현 부분도이다. 연산현은 지금의 충남 논산군 연산군 일대이다.

진산을 구해서 고을을 정하고 진산 아래서 집단 양기를 이룬 도읍은
나중에 들어온 풍수설과 잘 조화를 이룬다. 왜냐하면 풍수가 목적하는
바는 생기가 흘러 들어오는 땅을 구하는 데 있고 생기는 산맥을 따라
흘러온다. 이 산맥을 내룡來龍이라고 하는데 진산은 바로 이 내룡이 되
었기 때문이다. 산신이 자리 잡은[鎭坐] 산으로서의 진산을 존숭하기보
다는, 음양오행의 깊은 철학적 근거를 가지고 인생의 길흉이 생기를 받
아 두텁고 엷음이 정해진다고 믿는 이론 체계를 가진 풍수설에 기울어
져 주산을 두는 것이 도읍의 행복을 확실히 약속해준다고 해석되었다.
그러니 도읍풍수가 모든 고을에 채용되었다고 상상하기 어렵지 않다.
진산이 도읍풍수의 내룡, 즉 주산으로서 중시된 것은 민간신앙이 천신
신앙 보다는 지기地氣에 따른 것으로 변천되면서라고 할 수 있다. 신의

힘에 의해 행복을 추구하려던 원시적 생각보다는 생기에 의해서 번영을 가져오게 하려는 이론적·인위적 사고방식으로 변화한 것이다.

• 무라야마 지준, 『조선의 풍수』

이렇게 진산이 풍수적 주산으로 기능함에 따라 자연히 진산의 내맥에 대한 인식으로 심화되고 발전했다. 풍수에는 주산의 맥이 어디에서 유래하여 어떤 형세로 오고 있는지가 매우 중요하다. 이는 풍수이론의 체계상 용론龍論에 해당한다. 이 때문에 『신증동국여지승람』에는 진산의 방위상 위치와 거리만 적고 있다. 하지만 19세기의 『경상도읍지』에 이르면 진산의 위치, 거리와 아울러 진산의 내맥이나 주맥에 관한 구체적인 인식과 파악이 기록되어 있는 것이다.

하나의 예를 들면, "김해의 진산은 분산으로 북쪽 3리에 있다. (이 산의 내맥은) 서쪽으로 창원의 전단산에서 비롯하여 남쪽으로 돌아 비음산이 되며, 동쪽으로 가서 운점산이 되고 북쪽 나전현으로 이어져서 다시 동남쪽으로 돌아 빼어나게 일어서서 분산이 되는데, 곧 부府의 진산이다"[26]라는 식으로 구체화되어 표현된다. 또한 조선 후기 군현지도의 개령현 도엽에도 "읍의 주맥은 상주의 용문산에서부터 온다"[27]고 진산의 내맥을 파악하여 기록하고 있다.

이를 근거로 볼 때 고을 경관에서 진산의 기능이 주산으로 변화하고 주맥을 구체적으로 파악하게 된 시기는 19세기로, 이 역시 지리적 인식체계의 심화·발전 과정으로 이해할 수 있다.

진산이 지리적으로 원거리에 있는 고을의 경우에는 진산의 맥을 이은 산으로 고을의 주산을 새로 정하기도 했다. 예컨대 함안은 여항산이 진산이지만, 군의 서남쪽 15리라는 먼 거리에 있어 여항산의 맥을 이은 비봉산을 고을의 주산으로 삼았다. 함안 외에도 고을 10리 밖에 진산이 있는

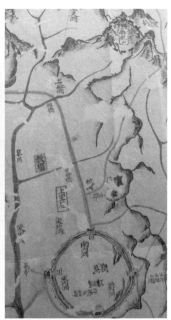

왼쪽 위부터 시계방향 | 함안고을의 진산, 여항산(餘航山, 770미터).
『1872년 지방지도』의 함안 부분. 함안의 진산 여항산(그림 오른쪽 위)과
고을(그림 아래 둥근 부분)이 멀리 떨어져 있음을 볼 수 있다.
함안의 주산(비봉산)과 관아터(경남 함안군 함안면 북촌리 함성중학교 자리).
진산이 원거리에 있어 새로 주산을 정했다.

함창·고성·밀양·영천·경산 등의 고을에서도 비슷한 유형이 나타나고
있다.

한편 고을의 진산은 촌락의 주산을 이루는 상위의 결절점으로 인식되
기도 했다. 예컨대 울산시 상북면 지내리의 경우, 언양읍의 진산인 고헌
산의 맥이 남쪽으로 뻗어 우암과 명암이라는 현무의 주산을 이루는 것으
로 산줄기체계를 파악한 사례가 있다.[28]

이상을 바탕으로 영남고을의 진산을 발생론·기능론적인 시각으로 분
석해보면, 다음의 두 가지로 정리할 수 있다.

첫째, 취락을 진호하는 고유의 진산 기능이 유지되는 상징적 산이다.

이러한 진산은 거리상으로 고을의 5리 밖에 위치하는 것이 많으며, 이웃 군현 간의 경계에 위치하여 읍의 영역성을 나타냄과 아울러 읍 영역 내의 시각적 경관에서 가장 탁월한 산이 지정되어 읍의 랜드마크가 된다. 읍의 군사방어적인 장벽이나 상징적 보호물로서의 기능을 지니는 산으로는 울산의 무리룡산이 그 사례이다.

둘째, 풍수의 주산 개념으로 재해석되어 새로운 기능이 부여된 진산이다. 이러한 진산은 거리상 대체로 고을의 5리 이내에 위치하며 고을과 주요 건축물의 입지, 배치에 직접적인 영향을 주었다. 경상도에서는 청송·대구·동래·청하·장기·예천·영주·영덕·봉화·예안·용궁·양산·청도·의흥·창녕·신녕·진주 등 대다수 고을의 진산이 이에 해당된다.

진산은 고을의 어디에 있을까

『신증동국여지승람』「산천」조에 명기되어 있는 진산의 전국 분포를 보면, 총 331개의 읍 가운데 255개의 진산이 명기되어 있어 77퍼센트의 비율을 보인다. 그중 북쪽에 진산이 있는 읍은 125곳으로 약 49퍼센트를 차지하고 여기에 동북 10곳[4퍼센트]와 서북 7곳[3퍼센트]를 합치면 모두 142곳으로 56퍼센트 이상이 고을터의 북쪽에 위치하고 있다.[29] 따라서 고을터는 대다수가 등 뒤에 진산을 업고 남쪽을 향해서 앉아 있다.

한편 영남지방의 진산 분포 비율을 살펴보면, 총 71개의 고을 가운데 11개를 제외한 60개 읍에 진산이 지정되어 있다. 이러한 비율은 도별로 강원도와 황해도에 이어 세 번째로 높다. 전국에서 진산이 가장 많은 곳은 강원도로, 26개 읍 중 24개 읍[92퍼센트]으로 가장 비율이 높다. 다음으로 황해도는 24개 읍 중 21개 읍[88퍼센트], 경상도는 71개 읍 중 60개 읍[84퍼센트], 평안도는 42개 읍 중 34개 읍[81퍼센트], 전라도는 57개 읍 중 43개 읍[75

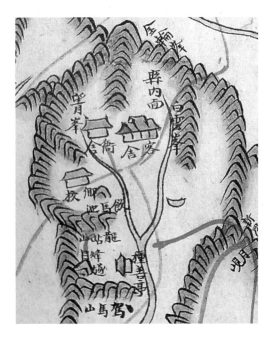

『해동지도』(봉화현 부분)에
봉화고을의 진산이자
주산인 금륜봉이 나타난다.

퍼센트으로 비교적 비중이 높은 편이다. 상대적으로 충청도는 54개 읍 중
36개 읍[66퍼센트], 함경도는 22개 읍 중 14개 읍[64퍼센트], 경기도는 37개 읍
중 20개 읍[54퍼센트]에 진산이 지정되어 비중이 낮은 편이다.

특히 경남지방에서는 총 30개 고을 가운데 삼가를 제외하고는 모두 진
산을 정하고 있어, 다른 도에 비해 높은 비율[97퍼센트]을 보인다. 경상도는
신라·가야문화권으로서 전통적인 신산 관념과 산악숭배신앙이 깊게 뿌
리내렸기 때문으로 그 이유를 추정할 수 있다.

그리고 영남지방에서 진산의 위치는 고을의 북쪽이 31곳으로 가장 많
다. 그밖에 동북쪽에 진산이 있는 고을은 2곳, 동쪽은 9곳, 동남쪽에
1곳, 남쪽에 6곳, 서남쪽에 1곳, 서쪽에 10곳으로 나타났다. 이로써 북쪽
에 진산을 지정한 고을이 60개의 진산이 있는 고을 가운데 31개로 51퍼
센트의 비율을 차지하여 가장 높음을 알 수 있고, 이 비율은 전국적인 수
준[56퍼센트]보다 조금 낮은 것이다. 한편 서쪽에 진산을 둔 경우는 10개 고

봉화고을터(경북 봉화군 봉성면사무소 일대)와
진산 금륜봉의 모습.

을로 두 번째로 많았는데 이 사실은 고을이 서쪽의 산을 등지고 동향하
여 입지했음을 짐작케 한다.

그런데 상식적인 생각과는 달리 남쪽에 진산을 둔 경우도 6개 고을(대
구·경산·영일·청도·거제 고읍·지례)이나 되는데, 여기에 동남쪽에 진산
을 둔 군위와 서남쪽에 진산을 둔 함안을 더한다면 모두 8개 고을이 남
쪽 방면에 진산을 두고 있다. 이렇게 남쪽에 진산을 두는 경우는 고을
의 지형 조건상 북쪽으로는 하천이 가로질러 흘러서 배산背山할 수 있
는 조건이 되지 않거나대구·경산 등, 남쪽에 높은 산이 있고 북쪽으로는
평야가 펼쳐진 남고북저의 지형 조건을 갖추고 있는 경우청도·거제 고읍
에 해당한다.

한편 진산과 고을의 거리를 분석해볼 때, 5리 이내에 있는 것은 전체
254개 중에 146개로 전체의 약 65퍼센트를 차지했으며, 6~10리 사이의
진산이 45개로 약 18퍼센트였다.[30] 이로 볼 때 대부분의 진산은 고을에

거제고을 읍성(경남 거제시 고현동 시청 일대)의 남쪽에 우뚝 서 있는 진산, 계룡산(556미터).
이 산에 기대어 고을 관아터는 북향으로 자리 잡았다.
1663년에 계룡산 남사면의 거제면 동상리로 읍치를 옮겼다.

근접하여 지정되어 있었다는 사실을 확인할 수 있다.

영남지방만 보더라도 역시 5리 이내가 39개 고을로 66퍼센트의 가장 높은 비율을 차지하고, 10리 이내가 12개 고을, 10리에서 20리 이내가 5개 고을, 20리 이상이 3개 고을로 나타났다. 고을에서 가장 멀리 있는 진산은 영천의 모자산으로 90리나 떨어져 있다.

여기서 대체로 약 5리 이내의 진산은 모두 풍수적인 주산의 기능을 담당할 수 있는 물리적인 거리로서, 영남지방의 경우에는 약 70퍼센트 정도가 진산이자 주산의 기능을 담당하고 있는 것을 알 수 있다. 경우에 따라서는 5리 밖에 있는 진산도 주산의 기능을 담당하는 경우가 있는데, 예컨대 영산의 진산인 영취산은 고을에서 7리 거리이지만 주산의 기능을 했다.

고을의 입지와 배치를 결정하는 진산

풍수적 주산으로 기능하는 진산은 고을의 입지나 공간 구성, 관아의 배치와 축선軸線의 설정, 그리고 성황사 및 문묘 등 종교적 경관의 입지와 읍성구조에까지 영향을 준다. 군현(읍)지도를 통해 분석해보면, 대부분의 고을은 진산이 국면을 맺은 곳에 입지하고, 관아나 객사의 공간배치와 좌향坐向은 진산의 내맥來脈과 서로 어울리고 있음을 알 수 있다. 그러면 고을의 입지 선정 과정에서 진산이 어떤 의미를 지니고 있었는지를 살펴보자.

영남고을의 입지를 진산과 관련지어서 살펴보면, 많은 경우 고을이 진산을 등지고 남쪽에 입지하고 있으며, 진산과의 거리도 보통 5리 이내이다. 물론 앞서 본 바와 같이 지역에 따라 남고북저의 지형지세 조건에서 고을이 진산의 북쪽에 입지한 특수한 유형도 있다. 특히 대구의 경우 고을의 주축 및 객사와 감영을 비롯한 주요 행정 건축물이 진산인 연귀산을 마주 보고 배치돼 있다.

주산의 기능을 갖는 진산은 관아 건축물의 입지나 배치와 상관관계가 있다. 『신증동국여지승람』에 예안현과 용궁현의 진산이 객관客館 북쪽에 위치해 있다고 표현한 것도 객사의 입지와 진산이 연관되어 있음을 알려주는 사례다. 동헌의 입지도 마찬가지인데, 기장현부산시 기장군 기장읍의 동헌은 진산의 맥을 받기 위하여 고을 서쪽 2리 지점에 있는 탄산炭山을 배산하고 동향하고 있다. 대체로 객사와 동헌은 남향하여 배치되나, 자세히 보면 동헌은 풍수의 중심지에 위치시키고 지세향地勢向 또는 상대향相對向을 정하고 있다. 반면 객사는 남향이라는 절대향絶對向을 고집하는 경향도 나타난다.

이는 『해동지도』의 기장현, 고성현, 남해현, 사천현, 함안현 등에서 뚜

진산이자 주산인 탄산(炭山)의 맥을 받고, 동서의 축선에 맞춰 동향하여 배치된
동헌(아사)의 모습. 지도에서 동헌 왼쪽으로 바로 이어지는 산맥이 탄산이다.
(『해동지도』 기장현 부분도).

렷하게 나타난다. 한편 진산의 풍수 요인으로 인하여 읍성의 구조가 변경
된 사례도 있다. 함안읍이 예전에는 남쪽을 바라보고 있었으나 남쪽에 있
는 진산인 여항산이 화산火山처럼 생겨서 자주 화재를 당하게 되자 남향
한 정문을 동향으로 변경하기도 했다.[31]

진산에는 여단과 성황사를 비롯한 종교적 경관 요소가 입지하는 경우
가 많았다. 그중 여단은 고을의 지형적 입지 특성과 무관하게 각각 북쪽
에 모두 배치되어 엄격한 정형성을 나타냈다. 이는 여단의 경우 지형 측
면보다는 방위가 배치를 규정하는 요인이 됨을 알 수 있다.

그러나 성황사는 지역의 입지 특성에 따라 매우 다양한 변이를 보였다.
『신증동국여지승람』에는 영남지방의 경우, 남쪽에 성황사가 배치된 경

우는 8개 고을에 지나지 않았고진주, 하동, 거제, 지례, 진해, 장기, 청도, 흥해 북쪽에 성황사가 배치된 고을은 23개나 되어 상대적으로 많은 분포를 보였다. 이렇게 볼 때 성황사의 경우 방위보다는 고을의 지형이 마을 배치를 규정하는 요소가 됨을 알 수 있다.

대나무 숲을 만들어 봉황이 깃들게 하라

진산을 비보하는 것은 고을을 풍수적 이상형으로 조성하기 위한 경관 보완이라는 의미가 있다. 고을의 진산을 비보하는 형태는 인공적인 가산假山 또는 조산, 숲 등의 자연소재나 조형물, 놀이, 이름 등의 문화상징이 있었다. 이들은 각각 형국비보, 지맥비보, 흉상비보 등의 기능을 담당했다. 진산과 관련된 비보의 기능과 형태의 특징은 아래와 같이 세 가지로 분류된다.

첫째, 진산의 형국을 보완하기 위한 비보이다. 예컨대 비봉형국飛鳳形局의 진산을 보완하기 위해 조산·조림造林한 사례가 선산, 예천, 순흥, 진주, 함안 등지에서 발견되었다. 그 중 순흥과 예천에는 누각의 이름도 봉서루鳳棲樓라고 일컬어 봉황이 깃들이도록 의도했다.

조산으로 비보한 사례를 구체적으로 살펴보자. 선산고을에는 다섯 개의 봉황알을 상징하는 오란산五卵山이라는 비보물을 조성하여 진산인 비봉산의 기운을 고을에 머물도록 했다. 예천고을에도 봉란산鳳卵山이 있었는데 고을 서쪽 3리에 있는 진산인 덕봉산이 비봉형국이어서 고을의 수구 부분에 조산하여 비보한 것으로 추정된다.

『경상도읍지』에는 이와 관련하여, "봉란산은 고을의 동쪽 정자 가에 있는데 세간에 전하기를, 군의 주산은 비봉형이라 이것을 가리켜 봉란산이라 말한다"고 적었다.[32] 같은 사례가 순흥고을에서도 발견되는데, 고을

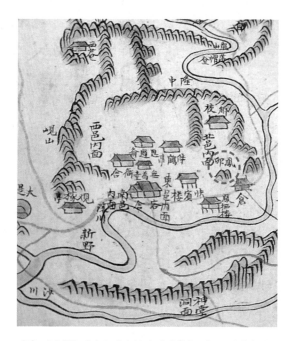

예천고을(경북 예천군 예천읍)의 봉란(『해동지도』 예천현 부분도).
진산인 비봉산의 상징적 비보물로 봉황알[鳳卵]이
조성된 것을 고을의 경관 요소로서 지도상에 표현했다.

주산인 봉황산의 봉황이 날아가는 것을 막고 고을터 앞 수구부의 허술한
지세를 보완하기 위하여 고을 남쪽 5리쯤석교리 삼포밭들에 조산알봉 세 개
를 만들었다.

　한편 숲을 활용한 비보의 사례로, 봉황형국에 대응되는 부속물로서 대
숲과 오동나무숲을 조성한 예가 진주 죽림, 함안 죽수, 순흥 대동수 등에
나타났다. 봉황은 고귀하고 상서로움의 상징으로서 오동나무에 살며 대
나무열매[竹實]를 먹는다는 전설이 있기 때문이다. 진주 촉석루 맞은편에
대나무를 심어서 만든 죽림은 진산인 비봉산에 대한 비보림이다. 함안고
을의 진산 역시 비봉산으로 오동나무숲와 대나무숲을 만들었다. "만력
년간1573~1620에 군수 정구가 군의 동북방에 벽오동 1,000주를 심어 대동

성주고을(경북 성주군 성주읍)의 성 밖 숲.
14세기 후반, 고을의 수해를 막고 풍수비보를 위해 조성한 비보숲이다.
하천변에 잘 자라는 왕버들을 수종으로 선택했다.

수大桐藪라고 이름 짓고 대산리에는 대나무숲을 만들어 날아가는 봉황을
영원히 머물게 했다"고 한다.[33] 순흥고을에도 조산 및 봉서루鳳棲樓 둘레
에 오동숲[大平藪]을 조성했다.[34]

성주고을의 성 밖 숲도 고을의 수해방지를 위해 조성한 대표적인 비보
숲이라고 할 수 있다. 숲의 수종은 하천변에 잘 자라는 왕버들나무가 선
택되었다.

특히 진주고을에는 진산에 대한 사찰비보, 건축물 비보, 지명(이름)비
보, 숲비보 등이 복합적으로 나타나고 있어 주목된다. 『진양지』晉陽誌, 1633
에는 진주의 진산 형국과 관련된 비보 사실을 아래와 같이 자세히 기록
하고 있다.

진주고을의 진산, 비봉산(138미터)과 고을터(평안동과 계동을 중심으로한 일대)를 진주성에서 본 모습이다. 봉황이 날개를 펼치고 고을을 감싸고 있는 모습이다.

　　진주의 진산은 비봉형飛鳳形이고 안산은 금롱金籠이니 관아 터가 그 아래에 있다. 그렇기 때문에 모든 사방에는 다 봉鳳이라는 이름을 붙였다. 객사 앞에는 누각으로 봉명鳳鳴이라는 것이 있고, 관館으로 조양朝陽이 있으며, 마을 이름으로 죽동竹洞이 있어 벌노수 및 옥현이라는 곳에 대를 심었는데 죽실竹實은 봉황이 먹는 것이기 때문이다. 산 이름을 망진網鎭이라고 한 것은 봉황이 그물을 보면 가지 못한다는 것이다. 대롱大籠·소롱小籠이라는 절이 있는 것은 봉황이 새장에 갇혀 머문다는 것이며 들에 작평鵲坪이 있는 것은 봉황이 까치를 보면 날지 못하기 때문이다.

　•『진양지』 권4, 「관기총론」

지명비보는 이름을 불러 비보 효과를 얻고자 하는, 심리적이고 상징적인 비보 형태로서 지세를 진압하거나 형국을 보완한 사례로 많이 나타난

연귀산 돌거북(대구제일중학교 운동장 소재). 대구의 진산인 연귀산이 낮고 작아서
상징적 조형물인 돌거북을 묻어 비보한 것이다.

다. 앞서 『진양지』에 기록된 바와 같이 진주의 비봉산과 관련한 지명비보
로는 망진산·작평·봉명루·대롱사·소롱사 등의 명칭이 있다. 망진산은
봉황이 날아가지 못하게 그물을 친다는 뜻이고, 작평은 봉황이 까치를 보
면 날아가지 못한다고 하여 붙인 이름이다. 대롱사와 소롱사 역시 봉황을
크고 작은 새장[籠]에 머물게 하려는 의미이다.

둘째, 진산에 대한 지맥비보가 있다. 진산에서 고을터로 이어지는 내맥
이 허약하여 그 내맥을 비보한 경우이다. 진산에서 고을로 연결되는 생태
조건을 보완하는 의미를 가지며, 경주와 대구의 사례가 있다.

경주고을에 존재했던 비보숲의 하나인 한지수[閑地藪]는, 낭산과 명활산
사이 보문리 마을의 평탄지에 있었는데, 진산인 낭산에서 고을로 이어지
는 부성[府城]의 내맥을 비보하기 위해 조성한 것이다.[35]

대구는 고을을 건설할 초기에 진산이 남쪽에 떨어져 있어서 그 산에 돌
거북[石龜]을 묻고 꼬리를 고을로 향하게 하여 산의 맥을 고을로 이끄는

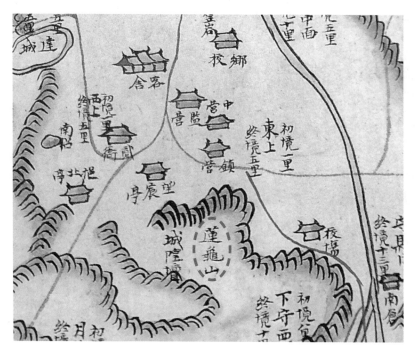

대구부의 진산인 연귀산과 그 북쪽의 평지에 자리 잡은
읍치 관아의 모습(『해동지도』대구부 부분도). 『해동지도』에는 蓮龜山으로 표기되었다.

상징적인 장치를 했다. 『신증동국여지승람』에 따르면, "고을을 창설할
때 돌거북을 만들어 산등성이에 남으로 머리를 두고 북으로 꼬리를 두게
묻어서 지맥을 통하게 했다"는 것이다.[36] 대구의 진산인 연귀산連龜山은
부府의 남쪽 3리에 위치하며, 이름도 지맥을 연결하는[連] 거북이[龜]라는
뜻의 '연귀'라는 비보적인 명칭을 써서 비보 효과를 높이고자 했다. 이는
진산과 고을터를 잇는 지맥비보의 사례이다.

셋째, 진산에 대한 흉상비보凶相裨補다. 흉상비보란 진산의 흉한 형세에
서 유발된 풍수적 문제점을 비보하는 것이다. 일종의 환경미학적인 의미
를 지니며, 영산과 영주의 사례가 있다. 영산에서는 '쇠머리대기'라는 민
속놀이를 통해 고을터의 진산과 마주하는 산의 상충하는 형세에서 빚어

진 풍수적인 문제점[相沖煞]을 풀고자 했다.

영산靈山의 진산인 영축산681미터과 마주보는 작약산함박산, 420미터이 황소 두 마리가 겨루는 형상이라 그 사이에서 살기가 빚어지는데, 쇠머리대기놀이는 이 살기를 풀어주기 위한 민속이라는 것이다. 또 다른 설은 영산 고을의 동헌이 축좌丑座: 동북향여서 소가 억눌림을 당하는 형국으로서, 이러한 땅의 살[地煞]을 풀어 고을의 재앙을 막기 위해서 놀이를 했다고도 한다.[37]

영주의 진산은 철탄산鐵呑山이라는 이름을 가지고 있는데, 그 지명의 유래에 관해 『경상도읍지』에서 밝히기를, "산의 형세가 남쪽을 향해서 달아나는 말과 같아서 '철탄'이라는 이름을 붙임으로써 말이 달아나는 것을 다물어 묶게 한 뜻이 있다"고 했다.[38]

이상에서 살펴보았듯이 진산은 한국의 산문화사에서 지방적 특색과 정체성을 지닌 산의 문화전통 요소이다. 대부분의 지방행정소재지에 현존하고 있는 진산의 역사적·문화적 가치는 아직 조명되지 못하고 묻혀 있는 상태로 남아 있다. 전국에 200여 개의 진산이 지닌 유산으로서의 가치를 지금부터라도 제대로 인식하고 발굴하여 역사 경관 자원으로 활용할 필요가 있다.

진산은 지방도시의 역사 경관과 자연 경관을 연관하여 종합적으로 이해할 수 있는 틀을 제시한다. 고을의 진산에 대한 이해를 통해 고유한 문화적·생태적 경관의 개성을 발굴하는 작업은 향후 지방 도시의 정체성을 확립하고 쾌적한 도시 환경을 구축하는 데 도움이 될 것이다. 고을 경관에 대한 자연-문화의 통합적인 접근과 해석틀은 향후 친환경적 도시 환경을 조성하고 생태적 도시계획을 입안하는 데에 역사적인 근거와 지침을 제공할 수 있을 것이다.

마을마다 고을마다 산을 지은 소망, 조산

한국 산 문화사의 특징, 조산

한국의 산 문화사와 문화전통에서 가장 정체성이 뚜렷하면서도 특징적인 요소로 꼽을 수 있는 것이 '조산'이다. 조산이란 흙·돌·숲나무 등을 마치 산처럼 조성하여 취락이 입지하고 있는 지형·지세의 부족한 부분을 메움으로써 경관을 보완하는 것이다. 지금도 전국의 고을과 마을에는 재미있는 이야기를 간직한 조산이 다양한 모습으로 많이 남아 있다.

전통취락에서 조산은 대체로 풍수적인 비보를 위해 새로 만들어지거나 그런 기능을 담당했다. 자연조건을 인위적으로 보완함으로써 환경을 개선하여 이상적 공간을 만들고자 함이었으며, 그것을 비보라고 불렀다. 비보는 자연환경에 부족함이 있을 때 인위적으로 자연을 변형시켜 풍수적 조화the geomantic harmony를 이루는 것으로, 지형을 보수하여 조건을 개선하는 형태로 나타난다.[39]

한국의 조산 비보는 역사적 정황과 지역 조건에 따라 다양하게 변모해왔다. 조산비보는 숲·돌탑·솟대 및 장승 등 유형의 것과 지명·의례·놀이 등 무형의 것이 있다. 한국의 전통취락에는 다양한 형태와 기능을 하는 조산이 흔히 함께했다. 오늘날 조산은 어떤 흥미로운 모습과 의미를 지니고 있는지 그 생생한 현장을 찾아가보기로 하자.

조산이란 무엇인가

조산의 명칭은 지역에 따라 탑·보허산補虛山·가산·조산수造山藪40)·거오기 등으로 쓰이고 있다.『한국지명총람』의 조산류 지명을 개관하면, 순우리말로 지은뫼 또는 즈므라 했고, 알처럼 생긴 형상을 본떠 알미, 알메 혹은 알봉, 바구니를 엎어놓은 형상이라 하여 바꾸리봉이라고도 했으며, 형국을 본떠 여의주배미라고도 했다.

조산의 한 형태인 돌탑의 호칭도 매우 다양하게 나타난다. 성별에 따라 할아버지탑·할머니탑, 남자탑·여자탑, 내외탑으로 부르고, 위치에 따라 바깥탑·안탑이라 하며, 규모에 따라 큰 탑·작은 탑, 존칭하여 어른·어르신네·거리산신님이라고도 했다. 지역에 따라서는 거리탑·거리제탑부산 일원과 제주도, 도탑·도탑뱅이전북 무주, 조산영남이라고 하며, 축문에는 영탑지신靈塔之神으로 표현했다.41) 제주도에서는 돌탑의 기능이 액을 물리친다[去厄]고 하여 거오기42) 혹은 방사탑防邪塔이라고 했다.

특히 돌탑의 기원은 민속사의 서낭당[누석단], 원림사園林史의 가산, 비보사의 비보탑에서 살펴볼 수 있는데, 이 가운데 비보탑이 비보돌탑의 원형으로 추정된다. 비보탑이 조선조 이후 불교의 탄압과 함께 종교 기능은 사라지고 비보 기능만 남은 채 민간에 수용되어 축약된 형태가 현재의 돌탑이라는 생각이다. 이러한 추정은 조산을 '탑'이라 부르고 있는 데서도 알 수 있다. 형태상으로도 돌탑의 꼭지돌은 불탑의 상륜부가 단순화된 것이며, 돌탑의 내장물도 불탑의 복장물을 모델로 삼아 모방한 것으로 보인다. 또 다른 기원은 민간신앙의 돌탑이 풍수의 유행으로 말미암아 비보돌탑의 기능을 겸하는 형태로 전용된 경우다.

조산의 역사적 시원은 상세하지 않으나 고려조 신종 원년1197에 설치된 '산천비보도감'에서 조성했을 것으로 추정하고 있다. 조선 초 한양의

한국의 마을에서 흔하게 보이는 돌탑형 조산. 위에는 꼭짓돌이 있다.
지역에 따라 이름과 모양이 조금씩 달리 나타난다.

수구에 가산을 설치했음도 확인되었다.[43] 조산의 조형 형태를 분류하면
흙무지형[土築·土塊形], 돌무지형[石積形], 임수형林藪形, 혼합형, 고분 및 유
적 전용형, 천연산 호칭형 등으로 나뉜다.

흙무지형은 흙을 쌓아 가산을 만든 경우로서 보통은 흙더미 위에 식수
하여 흙의 유실을 방지하고 규모가 외견상 크게 보이는 효과를 얻는다.
돌무지형은 돌탑 또는 탑이라고 하는데 꼭지돌이 있는 것과 없는 것이
있으며 제주도의 돌탑은 까마귀모양의 돌을 얹는다. 임수형은 숲을 조성
하여 산으로 삼는데 옛 문헌16세기에는 조산수造山藪[44]라는 명칭으로 나
온다. 복합형은 흙, 돌, 숲 등의 여러 형태가 혼재되어 있는 경우이다. 특
이하게 경주 봉황대, 경산군 압량면 부적동, 경주 건천읍 금척리, 안동
율곡리, 함안 봉성리 등에서와 같이 옛 고분을 조산으로 삼는 사례도 여
러 지역에서 발견된다.

숲으로 된 조산의 모습(전북 남원시 운봉읍 행정리). 마을 남쪽으로는 지리산이 높이 솟아 있으나, 마을 북쪽은 트여있기에 숲을 조성해 산을 대신했다. 마을은 숲 너머에 있어 사진에서는 보이지 않는다.

조산은 새로 조성하기도 하지만 기존의 절탑이나 민간신앙물 또는 옛 유적을 비보수단으로 전용하는 사례도 다수 있으며 천연의 산을 조산으로 삼아 부르기도 했다.

조산의 수는 하나 혹은 둘[쌍]이 가장 많고 경우에 따라, 셋(안동 안막곡 조산), 넷(안동 성내조산), 다섯(전남 진안군 하초마을·개성군 진봉면 흥왕리 [45]·부평도호부·선산), 일곱(이천시 장록동) 등이 있다. 여기서 선산에 있었던 다섯 개 조산은 봉황의 다섯 알을 상징한다. 일곱의 경우는 북두칠성을 상징한다. 경기도 이천시 장록동 앞들에는 북두칠성을 상징하여 만든 조산이 있다. 마을 주민의 말에 따르면, 마을과는 관계없이 연일 정씨

의 선산을 비보하기 위하여 조성한 것이라고 한다.

조산은 주민들이 인식하는 풍수지리상 공결空缺한 곳을 막는 비보 기능을 했다.[46] 풍수적으로 허한 지세를 도와 지기가 빠져나가는 것을 막는 동시에 "흙을 쌓아 산을 만드니 지기를 저장하기 위함"이라고 했다.[47] 이남식은, 풍수적 비보 기능 외에도 마을과 들, 들과 산을 구별 짓는 경계 표적 기능, 곡령穀靈의 성소 또는 곡령신앙의 제장祭場 기능 등이 있으며, 하나의 조산이 이들 기능 가운데 몇 개를 가질 수도 있으나 대체로 하나의 주된 기능을 가지고 있다고 정리하고 있다.

특히 마을 조산의 경우는 텅 비어 있는 수구를 막고 터를 진호하는 기

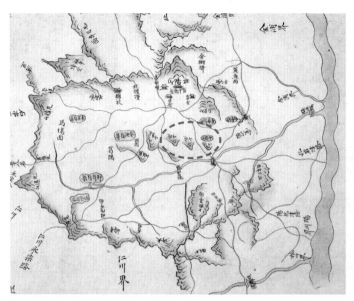

진산인 계양산을 등지고 입지한 부평도호부(인천시 계양구 계산동
부평초등학교 일대)와 읍치 앞으로 허한 지세를 보완하기 위해 만든 세 개의 조산이 뚜렷하다
(『해동지도』, 부평부 부분도). 18세기 중엽까지 조산이 남아 있었음을 보여준다.
근래에 계양구에서는 오조산공원을 조성해 조산 하나를 복원해놓았다.

능을 하는 경우가 많다. 곳에 따라서는 형국을 보완하는 기능을 한다. 이
경우 조산은 용 형국에 여의주, 봉황 형국에 알, 배가 가는[行舟] 형국에
돛대 같은 상징성을 지닌다. 마을에서 마주 보이는 자연경관의 특정 부
위가 음부 형상으로 보이거나 여근 모양의 바위가 있을 경우에도 조산을
쌓아 음풍을 막고자 했다. 이 경우 돌탑의 꼭지돌은 남근석으로 인식되기
도 했다. 한편 중국에서도 돌을 쌓은 형태의 풍수탑은 산이 많은 남부지
방에 매우 흔하게 나타나는데 풍살風煞을 막는 기능을 했다.[48]

마을 조산은 '돌탑제'라는 마을공동체적 의례가 수반되어 신앙화되기
도 했다. 돌탑제의 비보적 의미는 신앙이라는 의례를 통함으로써 비보 기
능을 더욱 공고히 함에 있다.

마을의 돌탑(전남 구례군 마산면 황전리 황전마을). 주민들은 마을터를
배[行舟]형국으로 인식하고 있으며, 돌탑 가운데의 솟대는 배 형국의 돛대 역할을 한다.
마을공동체에서는 매년 돌탑제라는 의례를 지낸다.

지역마다 다른 조산의 이름과 특성

조산은 지역에 따라 형태와 기능, 입지, 호칭 등이 다르게 나타난다. 조
산의 명칭은 전남의 우실, 평안·황해도의 수살, 경기북부의 축동, 제주도
의 거오기 등이 있다.

전남지방신안군, 고흥군, 순천시, 장흥군, 승주군, 진도군에는 '우실'이라고 부르
는 조산 형태가 있다. 우실의 본딧말은 '울실', 즉 마을을 보호하는 울타
리를 말한다. 마을 출입구의 허한 곳에 흙담 또는 돌각담[石垣]으로 축조
하거나 수목으로 조성하는 '부분 우실'과 마을 주위의 전역을 감싸는 '전
역 우실'이 있다. 우실은 풍수적인 기능으로 방풍·보허 및 기 누설 방지,

좌우 청룡·백호의 구실 등을 한다.[49] 평안·황해도에서 일컬어지는 '수살'이라는 것도 조산의 기능을 한다.[50]

경기지방에서 다수 나타나는 '축동'도 조산의 지역적 한 형태로서 특기할 만하다.[51] 축동비보는 둑을 쌓아 자연 지세를 보완하는 것이다. 경기북부지역 마을에서 보이는 일반적인 형태의 축동비보는 둑 위에 수목을 줄지어 심는 경우가 대부분이다. 축동비보의 기원을 명확히 밝히기는 어려우나, 고려조의 축돈築墩비보가 민간에서 축동이라는 말로 굳어진 것으로 추측된다. '돈'墩이란 약간 높직하고 평평한 땅을 말한다. 고려시대에 최충헌이, 고려에 등지고 달아나는 산천이 많다는 술사의 주장을 받아들여, 비보도감을 12년 동안이나 설치하고 국내 곳곳에 조산·축돈하여 압승했다는 기록이 있다.[52]

경기북부지역의 마을에 있는 축동은 공통적으로 보허·울타리·방풍 기능을 하고 있으며 수구막이 기능을 겸하는 경우도 있다. 축동의 위치는 마을 입구, 마을 서편 바람이 불어오는 곳, 수구 부위, 마을 앞 등이다. 축동이 마을신앙소堂가 되는 경우도 여럿 있다.

축동을 수살 및 우실과 비교해보면, 형태상 '둑'을 조성하고 그 위에 나무를 줄지어 심었다는 점이 독특하다. 지형적인 조건상 축동비보는 야산이나 구릉지처럼 낮고 평평한 들판이 펼쳐져 있는 지형에 주로 나타나는 비보형태로서 우실이나 수살의 입지와 차이가 있다.

제주도에는 방사 기능을 하는 돌탑이 지배적인 형태로 나타나며 돌탑에 까마귀 모양의 돌을 얹은 것도 특징적이다. 호남지방의 경우, 좌도지방의 조탑이나 우도지방의 입석은 수구막이 기능을 하기 때문에 보통 마을 입구에 세워진다.[53]

조산의 다양한 모습

비보조산의 명칭은 '조산'이 일반적이며, 고을 조산의 경우는 형태나 형국과 관련된 이름이 많다. 마을 조산은 형태와 기능 특히 동신洞神 기능과 복합된 명칭이 많은 것이 특징이다. 예컨대 고을 조산의 명칭은 형태상 독산(경주), 형국을 고려하여 알봉 혹은 난산卵山(선산·순흥)·봉란산(예천) 등이 있다. 그밖에 높이 지은 흙둔덕[축돈·돈대]의 뜻으로 '대'(김해)라는 이름도 나타난다. 마을 조산은 조산무더기(밀양 우곡리 염동), 탑(밀양 대평리), 수구맥돌(안동 납시), 당(양산시 지산리), 거릿당(밀양 감물리 용소), 할머니·할아버지 당산(산청 내수리), 골매기 당산(울주군 작동리 중리) 등으로 불린다.

김봉우의 현장 연구에 따르면 조산의 명칭은 지역에 따라 차이가 있다. 조산이란 명칭은 서부경남에 주로 분포되어 있고, 할미당과 해미당은 고성의 일부와 사천시 곤명면과 함안군 여항면에서 나타난다. 서낭당이라는 명칭은 서부경남의 북부지역에 널리 분포되어 있고, 탑은 통영·지도·거제도·한산도·사량도·욕지도 등 해안지대나 섬지방에서 부르는 이름이다.[54]

영남지방 조산의 조형 형태는 일반적으로 흙무지형[흙무더기 혹은 토괴土塊] 혹은 흙무지에 나무를 심은 복합형, 돌무지형[돌무더기, 돌탑 혹은 탑, 누석], 선돌형[입석], 숲형[조산숲, 조산수], 유물 전용형, 자연지형의 산을 조산으로 삼은 경우 등이 있다.[55]

조산은 취락규모상 고을 조산과 마을 조산으로 구분할 수 있다. 마을 조산은 고을 조산보다 규모가 작고, 돌탑 형태가 상대적으로 많은 편이다. 돌탑형이 많은 실용적 이유는 조성과정에 노동력이 적게 드는 반면 비보 효과를 신속히 거둘 수 있고 형태를 오래 보존할 수 있기 때문으로 추정된다. 돌탑 몸체의 상단부에 꼭지돌이 놓여 있는 형태도 여러 마을에서 나타났고, 돌탑의 개수는 마을 단위로 대개가 하나 또는 둘이다.

조산은 어떻게 만들었을까

고을 조산의 사례로는 흙무지형, 복합형(순흥·청도), 입석형(인동), 숲형(예안)[56], 옛 고분 전용형(경주) 등이 있다. 그중 경주의 조산에 관하여 권이진權以鎭, 1668~1734이 저술한 『동경잡기간오』東京雜記刊誤에 따르면, "경주의 봉황대 근처에는 30여개의 조산이 있었다"고 한다.

고을에서 조산의 개수는 하나에서 두 개(풍산)[57], 세 개(인동), 다섯 개(선산·일직)[58], 여섯 개(김해)까지 나타나며, 안동부에는 총 아홉 장소에 15개 가량의 조산이 있었다.[59] 조산의 수효에는 여러 가지 이유가 있다. 선산의 다섯의 경우, 봉황이 알을 낳으면 다섯 개를 낳는다는 데서 연유한 것이다.

김해는 내외로 세 개씩 조산을 조성하여 읍터[邑基]를 공고히 했다. 『해동지도』18세기 중엽에 따르면, 남문 밖에 '외삼대·내삼대'라는 이름을 한 조산이 각각 세 개씩 표시되어 있으며, 이는 고을 앞 남쪽의 허결한 지세를 보완하고자 의도한 것으로 추정된다. 『해동지도』에는 김해 외에도 산청, 한양, 경기도 부평, 충청도 회덕, 황해도 산천, 함경도 경흥 등의 도엽에 조산이 그려져 있다.

마을 조산은 일반적인 돌탑 형태 외에도 보토형補土型, 당산나무형 등이 있다. 마을터를 보토한 사례로 예천군 유천면 율현리 교동이 있는데, 이 마을 사람들은 앞이 허하면 재산이 빠져나간다고 여겨 흙으로 둑을 쌓았다고 전해진다. 자연지형상 이 마을의 왼편을 감싸고 있는 약 100미터 길이의 둔덕이 오른편의 언덕보다 상대적으로 낮고, 주거지에서 왼편

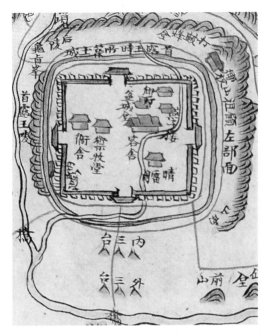

김해고을(경남 김해시 서상동)의 조산. 남문 밖에는 고을 앞의 허전함을 막기 위해
조성한 것으로 추정되는, 내삼대·외삼대라는 이름을 한 세 개씩의 조산이 표현되었다
(『해동지도』 김해 부분도).

둔덕 너머로 지형이 꺼져 보이므로 마을 뒤로부터 입구에 이르기까지 보
토한 것으로 판단된다.

흙무지 위에다 나무를 심은 사례로는 거창군 남하면 무릉리가 있다. 무
릉리는, 마을의 좌청룡 지맥이 마을터를 감싸 안지 못하고 짧아서 조산하
여 그 맥을 보완하고자 한 것이다. 이곳에는 3개의 조산을 일정한 간격을
두고 선상으로 배열시켰으며, 봉분형의 흙무지 위에 나무를 심었다.

다음 쪽 사진에서 조산 ①은 좌청룡 지맥의 낙맥처落脈處에 인접하여
있고, 조산 ②는 ①에서 20미터, 조산 ③은 ②에서 50미터의 간격을 두
고 위치하며, 둥근 모양의 흙무지 위에 소나무를 식재했다. 조산 ③은 좌
청룡의 지맥이 도달하여야 하는 심리적 거리를 지점한 것으로서 세 조산

거창 무릉리의 세 조산. 나무 뒤로 보이는 마을의 좌청룡 지세를 보완하기 위해
해당되는 부분에 흙무지를 만들고 위에
소나무 한그루 씩을 심어 세 개의 조산을 조성했다.

가운데 규모가 제일 크다. 이는 비보하는 지맥의 끝마무리임을 강조한 뜻
으로 해석된다. 마을을 중심으로 조산 ①·②·③을 잇는 중심선이 안으
로 굽어 선형을 이루는 배열은 주거지를 감싸 안는 형태를 의도한 것으
로 보인다.

　나무로 조산을 삼은 사례도 몇 군데 마을에서 발견되었다. 밀양시 단장
면 법흥리 법흥마을 입구에 있는 몇 그루의 당산나무수령 약 500년는 조산
나무로 인식되었다. 창녕군 조산리에는 마을 북편의 동구에 천연으로 이
루어진 동산이 있는데, 그 위에 당산나무를 심고는 이 산을 조산이라고
일컬었다. 이로 인해 마을지명도 조산리가 되었다. 숲 조산의 사례는 안
동시 풍천면 어담리 조산마을이 대표적으로, 이 역시 조산으로 인해 생긴
지명이다.

경북 안동시 풍천면 어담리 조산마을의 조산숲. 숲이 마을의 경계를 이룬다.
숲 맨 마지막의 고목(사진 오른쪽 끝)은 당산나무로 마을에서 위함을 받는다.
숲의 일부를 신앙목으로 지정한 것은 마을숲을 보전하고 지키기 위한 마을공동체의 지혜이다.

　　기존의 유적을 전용한 사례도 발견된다. 함안군 봉성리는 선사유적으
로 있던 고인돌을 마을 주산인 비봉산의 봉황알로 대응시켜 조산으로 삼
았다.[60] 경주 금척리는 고분을 마을을 지켜주는 조산으로 전용했으며,
안동 조탑리 탑마을의 조산도 원래는 고분이었다고 한다. 또한 안동시 운
흥동과 안동시 남후면 고상동 납시마을에서는 각각 선사유적인 입석을
조산과 수구막이로 활용했다.
　　안동시 의촌동의 경우는 서낭당으로 하여금 조산의 기능을 겸하게 했
다. 그밖에도 자연적 지형의 산을 조산으로 삼는 경우가 여럿 나타났다.
안동시 풍산읍 서미리 서미마을은 마을 뒤와 앞에 있는 동산을 조산으로
인식했고, 각각 형태를 따라 동그란 조산과 넙덕넙적 조산이라고 불렀다.
이렇듯 마을 조산은 고을 조산보다 형태가 다양하나 규모가 작고, 기존의

안동시 남후면 고상리 납시마을의 수구막이 입석.
선사 유적인 선돌을 풍수적 목적으로 활용한 사례이다.
문화 요소의 풍수적 변용이라고 볼 수 있다.
돌 하단부에는 성혈(性穴)로 추정되는 여러 구멍이 보인다.

경남 고성군 오방리의 비보 돌탑. 마을 전방의 허전함을 막는 기능을 하는
돌탑으로 마을 입구에 배치되어 있다.

유적과 신앙물을 활용한다든지 천연 산에 조산이라는 이름만 부가하는
경우가 많았다. 이것은 조산에 대한 상징성과 경제성을 감안한 것으로 해
석된다.

마을 조산의 공간 배치는 수구에 많고, 수구부에서도 구체적으로 마을
의 명당수가 만나는 지점합수처와 물이 합류되기 직전, 수구의 경사변환점
등지에 있었다. 수구에 있는 조산은 대체로 수구막이로 불린다. 마을 주
거지 전방의 들 가운데에 조산이 있는 경우도 여럿 있으며 이런 위치는
대부분 보허 기능을 가진다.

조산의 상징과 의미

김해, 진주, 경주독산, 의성, 안동안막곡 조산·율곡리 조산, 일직, 청도, 풍산

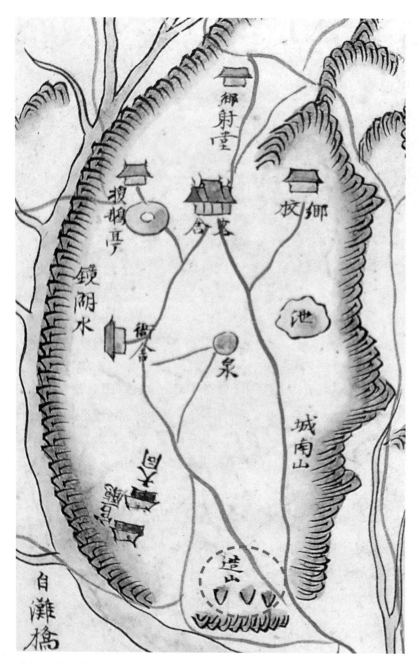

산청고을의 조산. 수구부에 3개가 뚜렷이 그려져 있다.
풍수비보를 목적으로 조성된 것으로 추정된다(『해동지도』 산음현 부분).
근래 산청군은 조산이 있었던 위치에 '조산공원'을 만들었으나,
정작 세 개의 조산은 복원하지 않아 아쉽다.

등 고을 조산의 대부분은 허결한 풍수적 지세를 보완하는 기능을 가지고 있다. 구체적으로 살펴보면, 의성은 읍기의 서북쪽이 비어 풍수적으로 결함이 있으므로 조산하고 나무를 심었다.[61] 일직에는 다섯 개의 조산이 있어 현 서쪽 동구의 공허함을 진호했고, 풍산에는 두 개의 조산이 현 남쪽 2리쯤에 있어 그쪽의 허원虛遠함을 진호했다.[62] 산청의 조산은 『해동지도』에서 산청의 수구 부위에 그려져 있는 것으로 보아 수구막이 기능의 조산으로 추정된다. 그리고 인동에 있는 출포암이라는 이름의 입석은 고을에서 보이는 흉한 모습을 누르는 흉상염승 역할과 수구막이 기능을 동시에 했다.

밀양, 선산, 순흥, 예천, 청도, 안동에는 형국을 보완하고 지맥을 진압하는 기능의 조산이 있다. 용 형국에 필요한 여의주의 상징적 기능을 하게 한 밀양의 사례를 『경상도읍지』에서는 다음과 같이 기록하고 있다.

율림 안에는 조산이 있었다. 용두산과 마암은 두 마리 용의 형세이나 누각 뒤의 무봉산은 하나의 구슬 형상이 되어 용 두 마리가 하나의 구슬을 가지고 다투는 형국이어서 조산을 만들어 두 개의 구슬로 삼았다.
• 『경상도읍지』, 「밀양부」, 〈임수〉

순흥고을의 진산은 비봉산으로 봉황이 날아가는 것을 막고 고을 앞 수구부의 허술한 지세을 보완하기 위하여 고을 남쪽 5리쯤석교리 삼포밭들에 조산알봉을 세 개 만들었으며 곁에 봉서루를 세우고 둘레에 오동숲을 가꾸었다.[63]

예천읍에도 봉란산이 있었는데 읍지에, "봉란산은 읍의 동쪽 정자 가에 있는데 세간에 전하기를, 군의 주산은 봉황이 날아가는 비봉형이라 이

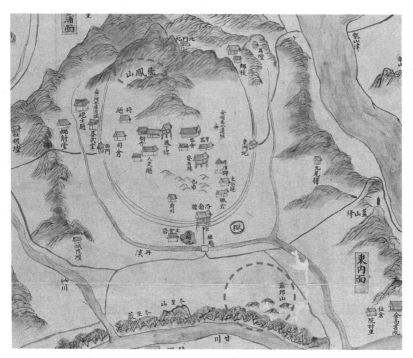

선산고을(경북 구미시 선산읍 동부리 일대)의 오란산. 『1872년 지방지도』의 선산 도엽에는
남문 밖 들판에 다섯 개의 봉황알을 그리고 오란산이라고 표기했다.

것을 가리켜 봉란산이라 말한다"고 했다.[64] 또한 『영주영풍향토지』 1987
에는 봉란산이 고려 중기 이전에 조성한 비보물이라는 설이 있다. 현재
의 봉서루는 일제 때 조성한 것으로 면사무소 마당으로 옮겼으며, 오동
숲은 소멸되었다.

이렇듯 봉황 형국은 여러 고을에서 발견된다. 풍수서 『금낭경』에도 '봉
황(형국)은 귀하게 된다[鳳貴]'[65]고 하여 고귀함을 상징하며, 그 형국체계
를 보완하는 상징적 의미로 조산하는 것이다. 그밖에 안동의 존당조산은
배[行舟] 형국의 읍기가 물에 떠내려가지 못하게 붙들어 매는 섬을 상징한
다. 청도고을의 세 조산은 떡을 상징한다. 고을 수구부의 주구산走狗山이
내달리는 형상으로 기운이 빠져나간다고 하여, 떡으로 개를 머물게 하여

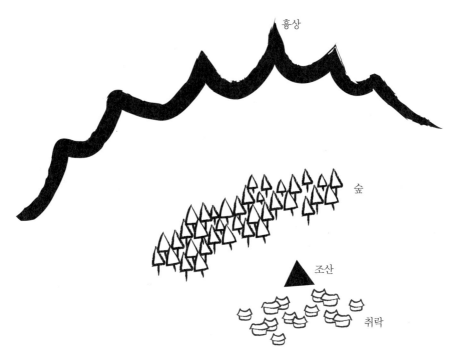

흉상비보 개념도. 취락에서 흉한 산세가 보이면
숲으로 가리거나 조산을 만들어 막는다.

달아나는 지맥을 진압한 것이다.

살펴본 바와 같이 조산은 용 형국의 여의주(밀양, 영산), 봉황 형국에 봉
황알(선산, 순흥), 배 형국에 배를 매는 섬(안동의 존당 조산), 달아나는 개
형국을 멈추게 하려는 떡(청도)처럼 상징성을 지닌다.

이상의 조산 중에 대표적으로 선산, 인동, 청도의 사례를 문헌조사와
답사를 통해서 살펴보았다. 선산에는 오란산이라는 다섯 개의 조산이 있
었음이 『1872년 지방지도』의 「선산부지도」에 표기되어 있다. 선산의 진
산은 비봉산으로 봉황이 날아가려는 형세라, 봉황을 머무르게 하는 상
징적인 장치를 마련하고 지기의 흩어짐을 막고자 했다. 때문에 현 화조
리 앞 남쪽 들판에 다섯 개의 동산을 알 모양으로 조성하여 봉황의 알

로 삼았으니, 이를 오란산五卵山이라고 한다. 마을 주민들의 증언에 따르면 이 조산은 50년대 중반까지 그대로 있었는데, 60년대 중반에 이르러 세 개가량 남았다가, 1966년 경지정리하면서 모두 소멸되었다고 한다. 마을 사람의 증언에 따르면 지름 10미터, 높이 7미터 정도 크기로 추정된다.[66]

인동현에는 출포암이라는 흉상 진압 기능을 하는 세 개의 입석이 고을 수구에 있다. 이 입석은 선사시대의 선돌을 비보적으로 전용한 것으로 현재도 보전되고 있다. 인동현은 구읍터 동쪽의 산세가 도적처럼 고을을 엿보는 듯한 풍수적으로 흉한 형국이어서 이에 바위 셋을 세워서 출포암이라 호명하고, 포졸로 하여금 도적을 잡게 한다는 상징성을 부여한 것이다. 구전에 따르면, 고을 관아가 설치될 무렵 한 풍수가가 인동읍의 지세를 살피더니 고을 동쪽의 산이 고개를 내밀고 고을을 엿보고 있는 형상으로 흉하다고 하여 그 비보책으로 고을 입구에 바위 세 개를 세워 출포암이라 이름했다고 한다.[67]

출포암은 원래 구미시 진평동 374-4번지에 소재하고 있었으나 구미시 인의동으로 이전되었다. 현재 괘혜암과 출포암이라 이름 붙은 두 개의 선돌이 문화재자료로 지정 보호되고 있다. 그 가운데 괘혜암은 뒷면에 '인동 수구석'仁同水口石이란 새김글이 있으며, 규모는 높이 370센티미터, 둘레 440센티미터다. 괘혜암 곁의 입석이 출포암이라 불리며 크기는 높이 250센티미터, 둘레 235센티미터에 이른다.

위와 같은 지세 해석에 관한 풍수적인 전거로서 『설심부』에는 "산 너머로 엿보는 산과 빗겨 나온 산이 있으면 대대로 도적이 난다"[68]고 했고, "산 너머에 산 정수리가 비뚜름하게 엿보는 듯이 드러나 있는 것을 탐두산探頭山이라고 하고 곁이 노출되어 있는 것을 측면산側面山이라고 하는데 이 두 산에는 도적이 될 사람이 나온다"고 주해했다.

인동 구읍의 출포암(왼편의 작은 선돌)과
괘혜암(오른편의 큰 선돌). 출포암은 흉한 산세를 진압하는 돌이고,
괘혜암은 인동고을의 수구막이 돌이다.

청도 구읍터의 현 화양읍 송북리와 범곡리에는 조선시대 청도고을에
서 조성한 조산이 세 개 있는데, 구읍의 동쪽에 있는 솔밭이라 하여 동송
림으로 부른다. 1677년에 간행된 『오산지』鰲山誌에는 "동송정 일명 송북
송림"이라 기록하고 있다. 이 조산은 군의 지맥이 남쪽으로 달아나는 형
세라 소나무를 심고 숲을 만들었으며 또 그 사이에 토산을 지었으니 이
는 그 형세를 진압하고 차폐·갈무리하는 뜻이 있다고 했다.[69] 따라서 조
산의 조성 시기는 늦어도 17세기 중반 이전이며, 당시의 형태는 소나무
숲 사이로 토산흙무지이 조성되어 있었음을 알 수 있다.

향토지에는 송림을 조성한 이유에 대해, 주구산이 개가 달리는 형상이

청도 구읍(경북 청도군 화양읍)에서 바라본 수구부와 세 개의 조산.
고을의 전면이 허전하여 숲을 조성해 막고자 했다. 맨 오른쪽(사진 가운데) 숲이 동송림이다.

어서 개를 머물게 하기 위해 떡에 비유하여 조산을 만들었다는 설과, 이
곳의 지형이 심하게 청도천으로 흐르기 때문에 그것을 막기 위해 지형에
따라 3개를 조산했다는 설명이 있다.[70] 송북리 주민들이 '똥뫼'라고도
부르는 이 조산은, 화양읍을 중심으로 볼 때 주구산이 기가 달아나는 형
국이므로 이를 막는 비보물로 해석된다. 풍수론에서는 이렇게 산이 달려
나가는 형국을 보고 "산이 내달리고 물이 곧장 흘러 나가면 남의 종이 되
어 빌어 먹고 산다"[71]고 하여 흉한 것으로 본다.

『오산지』의 해당 내용에서 알 수 있듯이 17세기 당시에는 소나무 숲 사
이로 세 개의 토산이 있는 형태를 하고 있었으나 현재는 동송림으로 일
컬어지고 있는 조산만 원형의 모습을 유지하고 있고, 나머지 둘은 다른
수종으로 바뀌었다. 조산들을 실측해본 결과 가장 규모가 큰 동송림은 둘
레가 약 100미터이고 높이는 약 4~5미터이며 흙둔덕 위에 소나무가 식

동송림. 흙 둔덕 위에 소나무를 조밀하게 심어 둔덕을 유지하고
시각적으로 산처럼 보이는 효과를 높였다.

재되어 있다. 그밖에 두 개의 조산은 모두 둘레가 약 80미터이며 역시
흙 둔덕 위에 각각 아까시나무와 참나무를 심었다. 아까시나무 조산의
높이는 3미터이고, 참나무 조산의 높이는 2~3미터이다.

이상을 요약해보면 고을 조산은 일반적으로 보허 기능을 담당하고, 위
치상 수구에 배치되어 수구막이를 하든지, 상징적 의미가 부가되어 형국
을 보완하는 경우가 많았다. 위치는 수구의 안팎이나, 읍을 중심으로 허
결한 쪽에 배치되었다.

마을 조산이 하는 다양한 풍수 기능들

마을 조산의 비보 기능은 수구막이, 형국보완, 음풍방어, 상극완화 등
의 사례가 있다. 순서대로 마을 조산의 사례를 열거하여 기능과 의미를

살펴보자.

수구막이 조산은 여러 마을에서 발견된다. 수구막이 조산 중에 지세를 보허하는 조산의 사례로, 양산시 지산리가 있다. 지산리는 마을 지형상 앞쪽이 푹 꺼져 있어 인물이 나지 않는다고 하여 돌무지를 쌓았다고 한다. 산의 경사면에 입지하고 있는 산촌의 지형 특성상 동구 진입로가 가파르고, 주거지에서 보면 앞이 낮아서 우묵하게 파여 주거 불안감이 생기니 이를 비보한 것으로 해석된다.

또한 양산시 상북면 석계리 구소석은 마을 앞 방향이 허결하여 마을 입구의 왼편에 막돌을 쌓아 조산을 조성해놓았으며 아울러 숲도 가꾸었다. 군위군 소보면 위성리 화실은 마을터의 우백호에 해당하는 산자락의 장풍 조건이 부족하여 마을 서편 우백호 지맥이 끝나는 지점에 흙으로 약간 높게 둑을 쌓고 소나무를 심어 숲을 조성했다.

산청군 산청읍 내수리 마을에는 조산 두개가 마을 수구부의 마을진입로 좌우편에 있다. 마을 입구의 경사변환점에 길 좌우로 돌탑 2기를 조성하여 할머니·할아버지 당산이라고 부르며, 탑머리에는 꼭지돌이 놓여 있다. 수구를 막아 지기가 빠져나가지 못하게 하는 기능을 담당한 조산이다. 마을 주민들은 이곳을 막아야 마을에 좋다고 믿으며, 매년 섣달그믐 밤 1시에서 4시 사이에 당산제를 지낸다. 마을 입구의 길 확장공사 때에도 마을 주민들이 의견을 모아 당산을 훼손치 않도록 조처했다. 내수리 마을의 입향은 달성 서씨가 임란 이후 피난처로 개척한 것으로 추정되는데, 처음 마을을 만들던 당시 조산도 함께 만든 것으로 보인다.

하동군 화개면 범왕리 범왕은 지리산 화개천 상류에 있는 산간 마을로, 경사진 언덕 위에 주거지가 입지하고 있으며 20여 호가 벼농사를 위주로 마을을 이루고 있다. 100여 년 전에 어느 도사가 마을터를 보더니 다 좋은데 앞이 빠져버렸다는 말을 듣고 주민들이 돌탑을 조성했는데, 이 돌탑

지리산 산간에 있는 범왕마을의 비보 돌탑. 마을 입구(진입로)의
개울가(수구) 부위에 성벽 모양으로 쌓은 독특한 조산이다. 가파르게 빠져나가는
지세를 보완하는 역할을 한다. 돌탑 앞에는 제단도 마련되어 있다.

이 마을의 재물이 빠져나가는 것을 막는다고 믿고 있다. 돌탑의 형태는
마름모꼴 성벽모양으로 밑변 7미터, 높이 5미터에 이르며, 1998년경에
보수했다.

이곳 역시 산간의 경사지에 마을이 입지하여 마을 앞으로 지형이 경사
져 내려가기에 이를 보완하기 위하여 마을 수구의 합수처에 수구막이 기
능을 가진 성벽모양의 돌탑을 높이 쌓고 당산나무를 심었다. 해방 직전까
지 삼월 삼짇날에는 당산제를 모셨다.

지세를 보허하는 마을 조산으로는 예천군 유천면 율현리 교동이 있다.
여러 성씨로 구성된 주민 20~30호가량이 모여 거주한다. 마을은 배산임
수의 분지지형에 위치하여 전형적인 풍수명당의 입지이며, 주민들은 마

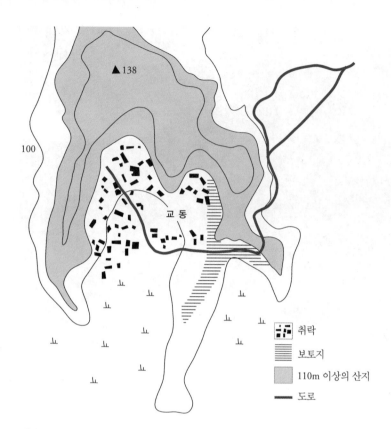

▲138

100

교동

취락

보토지

110m 이상의 산지

도로

예천군 교동의 지맥 비보. 마을의 풍수적 지맥에서
내청룡 맥(그림에서 오른쪽)이 우백호 지맥(그림에서 왼쪽)에 비해 허약하고
도중에 끊겨 흙을 쌓아 보토한 것을 그린 개념도이다.

을 형국을 소쿠리터라고 말한다. 풍수설에 '마을 앞이 허하면 재산이 없
어진다'고 했다 하여 옛날 조씨들이 흙으로 둔덕을 쌓고[72] 마을터 왼편
언덕의 어깨 부위에서 마을 앞에 이르기까지 보토했다. 마을터의 오른쪽
맥인 내백호맥에 비하여 내청룡맥이 낮으므로 좌우균형 효과를 얻는 동
시에 그 너머로 보이는 낮게 파인 지형을 시각적으로 보완하며, 마을 앞
의 보허 기능을 겸하고 있다.

마을의 형국체계를 보완하는 기능의 사례도 다수 나타난다. 함안군 용

정리와 유원리의 조산은 배 형국인 마을터의 배가 떠내려가지 못하게 고정시키는 배말뚝의 상징성을 가졌다. 비슷한 유형으로 영덕군 남정면 회3리의 돌무지는 배의 동요를 막는 뱃짐이라는 상징성을 지니고 있다.[73] 이러한 상징성은 고을 조산에서 배 형국의 배를 매는 섬을 상징하는 안동의 존당조산과 비교되기도 한다.

그리고 함안군 봉성리의 조산은 봉황 형국의 알이라는 상징성을 지녔는데 옛 유물인 고인돌을 조산봉황알으로 전용하여 비보 기능을 부여했다.[74] 칠곡군 학하리 소복이 마을의 지세는 소가 누워 있는 형국[臥牛形]으로 마을터는 소 형국의 머리 부분에 해당하는데 그 입 부분에 소꼴먹이을 상징하는 조산을 만들었다.

함안군 칠원면 유원리의 사례를 살펴보자. 이 마을은 창원 황씨 동족촌으로 입향조는 남해 현령을 지낸 황석건이다. 마을터는 와룡산의 품에 안겨 있으며, 마을 입구에 있는 나지막한 동산이 아늑한 장소감을 조성한다. 마을 앞개울이 일직선으로 수구까지 흘러 나가서 광노천에 합류하는데, 주민들은 마을터를 배설배혈; 배가 가는[行舟] 형국이라고 여기고 있다. 마을에는 두 개의 돌탑이 있는데 하나는 마을 수구 안쪽의 정자나무 옆현재는 나무 곁의 유원초등학교 담벼락 귀퉁이로 이전에 있었고 또 하나는 수구 바깥 쪽새마을 창고 뒤 담 사이에 있었다. 돌탑은 마을이 배 형국이라서 배가 떠내려가지 못하게 매는 배말뚝의 상징을 지니며 수구막이 기능을 겸한다. 현재 돌탑에 대한 마을 공동체의 제의는 없으며 방치되어 있다.

마을 부녀자의 음풍을 막기 위해 조산을 만든 사례로는 밀양시 행곡리 구남과 안동시 운흥동의 것을 들 수 있다. 밀양시 삼랑진읍 행곡리 구남마을의 조산은 마을 여자들이 바람이 많이 나서 세웠다고 하며, 조산에는 꼭짓돌도 있었다고 한다. 구남마을 섬등 서쪽에는 조산껄이라는 지명이 있다. 현재 구남마을은 전체가 저수지 공사로 수몰되었다.

안동 탑마을의 상충살을 막기 위한 조산. 주민의 증언에 의하면 조산에는 옛 고분이 있었다고 한다. 옛 고분이 주민들의 풍수적인 재해석에 따라서 비보물로 전용된 문화적 변용의 사례이다.

　마을을 사이에 두고 상극하는 지세 사이에 조산을 둠으로써 상충하는 산세 간에 빚어지는 살을 완화시킨 사례도 안동시 일직면 조탑리 탑마을에 있었다. 탑 마을은 여러 성씨들이 거주하나 안동 권씨가 20여 호로 대성을 이루고 있다. 이 마을의 조산은 규모가 큰 편으로 둘레 110미터, 높이 3~5미터에 달하며 봉토한 조산 위에는 느티나무^{수령 300년, 높이 9미터,} ^{둘레 5미터} 숲이 조성되어 있다. 예전에는 마을 주민 간에 싸움이 빈번했고 급기야 살인 사건이 일어났는데, 그 원인은 마을을 사이에 두고 칼산 형^{국원호리 원호초등학교 뒤, 조산 너머 서쪽}이 서로 견주고 있기 때문이라고 해석하여, 상극의 살을 막는 방지책^{살풀이}으로 조산을 지은 것이라 한다. 조산은 본래 고분이었으며 북쪽으로 통로가 나 있었다고 한다. 고분에 풍수적 기능을 더해 조산으로 활용한 사례이다.

　이상의 여러 조산 가운데 고성군 대평리, 밀양시 용소, 산청군 내수리, 양산시 상북면 석계리 구소석, 양산시 하북면 지산리, 울주군 삼동면 작동리 중리 등지는 마을 제의가 행해져 신앙 기능도 하고 있다.

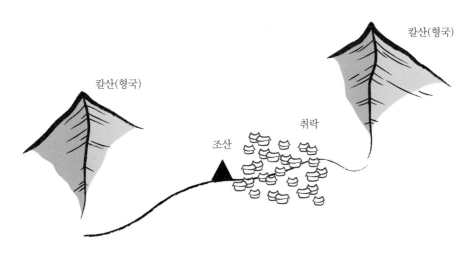

칼산(형국)

칼산(형국)

취락

조산

탑마을 조산 개념도. 두 산이 마주하는 기운에서 생기는
살기를 막기 위해 옛 고분을 조산으로 삼았다.

　조산은 한국인의 자연환경에 대한 인식과 전통적 산 관념을 단면적으
로 반영하고 있는 문화요소다. 또한 지역 주민들이 산을 대하는 방식, 태
도, 의미, 상징 등의 흥미로운 이야기가 풍부하게 담겨있는 중요한 마을
민속경관이기도 하다.

　오늘날 전통취락의 조산은 근대화로 인해 규모가 축소되거나 소멸되
기도 했으나 현재에도 많은 취락에 보전되고 있으며, 이상적인 주거환경
을 조성하는 데 일익을 담당하고 있다. 조산은 자연과 인간이 조화로운
최적 환경의 조성을 기조로 한 한국의 독특한 산 문화전통이라는 점에서
그 가치가 크다고 하겠다. 앞으로 취락경관에서 조산이 지니고 있는 민속
적, 문화적, 생태적 가치를 제대로 조명함으로써 이상적 주거환경의 조성
을 위한 역사문화자원으로 활용할 필요가 있다.

사람은 산을 닮고 산은 사람을 닮았네

산과 관계를 맺는 방법

한국의 산은 사람의 산이고, 한국인은 산을 닮은 사람들이다. 한국의 문화는 산천과 관계 맺으면서 공진화coevolution했고, 공존의 질서가 형성되었다. 그 대표적인 산물이 바로 풍수다. 전통시대에 풍수는 주민들이 주위의 산과 관계 맺고 소통하는 수단이요 매개였다. 사람들은 풍수를 통해 산을 보았고, 산을 유기체로 생각하며 관계를 맺어왔다.

대표적인 사람의 산이라고 할 수 있는 지리산권역에서 그 모습은 어떻게 드러나고 있을까. 마을 주민들의 산에 대한 풍수적 인식과 대응양식을 현지 사례 위주로 조명해봄으로써 그 단면을 살펴보기로 하자.

산의 풍수 형국은 지형환경의 상징

현대 학문의 해석체계에서 풍수 논의는 두 가지 흐름으로 대별된다. 하나는 상징체계로서의 풍수이고 다른 하나는 문화생태로서의 풍수다. 상징체계가 풍수의 자연인식이나 자연관에 중점을 둔 이해방식이라면, 문화생태는 풍수의 환경적응과 문화경관의 형성이라는 측면에 초점을 두고 이해하는 방식이라고 하겠다.

실제로 현실에서 운용되는 풍수는 상징체계와 문화생태가 융복합된 형태로 드러난다. 특히 마을 풍수에서 풍수 형국이라는 상징적 표상은 마을 주민들의 문화생태적 대응, 문화경관의 조성과 긴밀하게 연관된 작용기제프로세스를 이룬다.

여기서 말하는 문화생태란 한 문화 집단에서 찾아볼 수 있는 특정 문화의 습성과 환경 사이의 상호작용 관계, 즉 문화와 자연의 연결 고리를 밝혀 설명하는 것이다.[75] 지리산권역 마을 주민들에게 전승되는 풍수에 관한 민간의 구전·설화·지명 등을 통해,[76] 주민들이 마을환경에 적응하고 대응하는 방식을 살펴보면 대체로 풍수 형국이라는 코드를 통해 소통하고 관계를 맺는 것을 알 수 있다. 이러한 측면은 풍수의 상징체계와 문화생태가 밀접하게 상호 연관되어 있다는 사실을 반영한다.

전근대 시대 마을공동체에 통용되었던 '풍수 형국'이라는 상징은 문화생태적으로 '국지적 마을환경'이라는 의미체계를 가지고 있었다. 예컨대 '소'라는 풍수 형국명은 단지 소처럼 생긴 형국이라는 명칭일 뿐만 아니라 주민들이 마을의 미시환경이나 국지환경을 상징적으로 표상하는 용어이기도 했다. 그것은 주민들이 생각하고 있는 마을지형의 모습이며, 마을공동체라는 사회집단에 의해 소 형상머리와 배, 꼬리 등과 부수물구유, 소꼴 등의 경관상이 연상되어 대응 관계 및 태도를 낳는 이미지이기도 하며, 소에 대한 풍수적 지명, 설화, 의례 등의 2차적 기호가 발생하는 텍스트이기도 했다.

실제 남원시 운봉읍 신기리에서는 마을터가 소가 누운[臥牛] 형국이어서 마을 앞에 있는 봉우리 이름을 소가 먹을 풀꼴을 상징하는 초봉草峰으로 바꾼 사례가 있다.

주민들이 인식하는 마을 지형에 대한 풍수 형국은 객관환경에 대한 인지환경이자 표상환경이다. 중요한 점은 그 형국에 연유한 풍수적 태도와

표7 마을 풍수와 형국의 상징과 의미체계

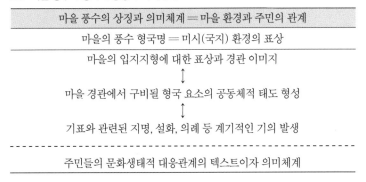

마을 풍수의 상징과 의미체계 = 마을 환경과 주민의 관계
마을의 풍수 형국명 = 미시(국지) 환경의 표상
마을의 입지지형에 대한 표상과 경관 이미지 ↕ 마을 경관에서 구비될 형국 요소의 공동체적 태도 형성 ↕ 기표와 관련된 지명, 설화, 의례 등 계기적인 기의 발생
주민들의 문화생태적 대응관계의 텍스트이자 의미체계

표8 풍수 형국을 통한 주민의 마을환경에 대한 관계 프로세스

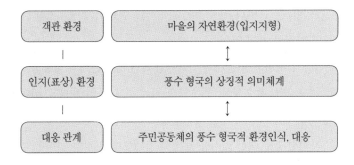

객관 환경	마을의 자연환경(입지지형)
∣	↕
인지(표상) 환경	풍수 형국의 상징적 의미체계
∣	↕
대응 관계	주민공동체의 풍수 형국적 환경인식, 대응

대응을 유발시켜 마을 경관이나 환경관리에 작용하는 문화적 배경요인이 된다는 데 있다.

흔한 예로 배 형국의 마을에서는 우물 파는 것을 금기로 한다거나 배에 구멍이 나면 가라앉으므로, 봉황 형국의 지형에서는 대나무숲을 조성하는 봉황은 죽순을 먹기에 등의 대응방식이 그것이다. 이렇듯 지리산권 마을들의 많은 사례에서 볼 수 있듯이, 마을공동체에서는 형국이라는 인식틀을 통해서 마을의 입지환경을 이해하고 자연환경과 상호관계를 맺으며 적응하거나 대응했다. 풍수 형국은 주민공동체가 문화생태적으로 어떻게 대응할지를 알려주는 약속된 기호체계였던 것이다.

산촌 주민들의 풍수 활용

문화생태학에서는 인간이 문화를 통해 주변 환경에 적응하는 방법들을 총칭하여 '적응전략'이라고 한다. 문화생태학 연구는 문화적 적응과정을 분석하기 위해서 인간의 적응전략과 그 변화에 주목한다. 적응전략은 인간이 자연환경에서 생존하기 위해 전파되거나 학습된 문화 행위로서, 고유한 문화와 자연환경 간의 상호작용 속에서 선택된 것들이다.[77] 이런 맥락으로 보자면, 풍수는 전근대 동아시아 사회에서 자연환경에 적응하기에 가장 유력하다고 검증된 전략이며 그것이 문화적인 전통으로 이어져온 것임을 알 수 있다. 풍수적인 환경 적응전략의 구성요소에는 다음과 같은 몇 가지 방식이 있었다.

마을 주민들의 자연환경에 대한 문화생태적인 상호관계와 적응방식은 풍수입지, 풍수지명, 풍수설화, 풍수의례, 풍수비보 등의 형태로 반영되어 있다. 풍수입지는 마을이 처한 자연환경의 조건을 규정하고, 풍수지명은 주민의 자연환경에 대한 인식을 표징하여 태도에 일정한 영향을 미친다. 풍수설화 또는 금기는 주민의 자연환경에 대한 사회집단적인 태도와 윤리성환경윤리이 내재되어 있고, 풍수의례는 주민들의 마을 주거환경에 대한 환경심리나 대응양식과 관련된다. 그리고 주민들은 풍수비보로써 마을입지를 보완하거나 마을 경관에 대한 환경관리를 한다.

풍수문화를 통한 환경적응 과정에서 보이는 마을 주민들의 문화생태적 작용 메커니즘은 표10과 같다. 주민들의 풍수적 인식, 태도, 적응의 상호작용을 거쳐 형성된 풍수경관은 마을공동체와 환경 간에 문화생태적 관계구축의 코드를 형성한다. 통합적이고 유기적인 평형 관계equilibrium를 추구하는 생태계처럼, 인간은 생태계의 변화에 대해 조정이라는 과정을 통하여 적합도를 높여 안정된 상태에 도달하려는 문화적 적응을 도모

표9 주민과 환경의 풍수적 상호관계, 운용방식

구성요소	자연환경에 대한 문화생태적 상호관계 및 운용방식
풍수입지	자연환경 조건의 규정
풍수지명	자연환경에 대한 마을공동체의 인식
풍수설화	자연환경에 대한 사회집단적 태도와 윤리
풍수의례	자연환경에 대한 마을공동체의 환경심리, 대응양식

표10 주민들의 풍수적 환경적응전략과 기능

과정	주민들의 풍수문화와 문화생태적 작용 메커니즘
인식	마을의 입지경관에 대한 풍수 형국적 인식
태도	풍수 형국에 연유한 풍수적 태도의 유발 및 대응
적응/작용	마을생태에 대한 문화생태적 적응과 작용 ① 마을입지, 인구유입 ② 토지이용 및 건축·생산활동의 규제 ③ 환경용량(수용능력)의 규준 ④ 환경관리(자연재해 방비와 자원환경의 보전) ⑤ 주민공동체의 집단적 환경 의식과 태도 형성 ⑥ 식생의 수종 선택
관계	주민과 환경의 지속가능한 문화생태적 관계 구축

하는 것이다.[78]

풍수는 전통시대의 한국사회에서 마을의 지속가능한 환경조건의 보전과 유지를 위한 문화생태적 코드이자 관계 조절 방식으로 기능했다. 그리고 풍수는 마을의 공간 입지를 규정하고 인구를 유입시키는 요인이 되었다. 또한 생산·건축 활동과 토지이용을 규제하는 환경보전의 역할도 했으며, 마을의 지속가능한 발전과 유지를 위한 환경용량의 규준과 환경관리를 이끄는 원리가 되었다. 풍수는 환경에 대한 주민공동체의 집단적 의식과 태도를 형성케 한 강력한 문화요소 가운데 하나였던 것이다.

지리산권역 마을의 풍수문화

지리산의 자연환경을 기반으로 형성된 자연마을들은 풍수의 영향을 받았다. 그래서 지리산 인접 권역에 해당하는 남원시, 구례군, 하동군, 산청군, 함양군 관내의 자연마을에는 500여 개가 넘는 풍수 형국이 있다. 대부분의 풍수 형국은 마을 주위의 산이나 산언덕을 형상화한 것이다.

이러한 사실은 지리산권역의 마을에 풍수문화가 일반적으로 확산되어, 주민들의 환경 적응과정에 영향을 주었음을 말해준다. 풍수 형국은 마을의 형국에 상응한 주민들의 문화생태적 대응과 상호관계의 코드를 형성시켰을 것이다. 지리산권역의 풍수 형국을 형태별로 분류해보면 표11과 같다.

지리산권역에서 풍수는 주민들의 환경에 대한 인식 틀이자 문화생태적 관계로 일반화되어 있다. 그 구체적인 형식은 형국이라는 표상을 매개로 마을의 국지미시 환경과 관계를 맺는 방식이다. 표12에서 제시된 바와 같이 지리산권 마을의 풍수 형국은 주민들의 문화생태적 대응의 매개가 되었으며, 풍수 형국에 따라 다양한 대응방식을 취하고 있음을 알 수 있다.

표11 지리산권 마을의 풍수 형국

형국\지역	자연 지형	인문 경관	신성 물	길 짐승	날 짐승	수중 생물	곤충	식물	사람	신체	물건	문자	기타	총계
남원	13	1	20	39	13		13	19	18	1	18	1	2	158
구례	2	1	12	14	7	2	4	4	7		20	1	4	78
하동	2	1	18	46	33	4	7	11	12	1	12		3	150
산청			4	20	10		2	8	10		21			75
함양	1	1	4	14	9			2	4		12	2		49
합계	18	4	58	133	72	6	26	44	51	2	83	4	9	510

* 자료: 최원석·구진성 편저, 『지리산권 풍수자료집』(이회, 2010).

표12 지리산권 마을의 풍수 형국과 주민들의 문화생태적 대응관계 사례

형국명	대응관계	소재지(마을명)
나무 형국	벌목 금지	남원시 아영면 청계리 외지
옥녀가 베 짜는 형국	베틀 자리에 지형훼손 금지	남원시 보절면 금계리 금계
배 형국	우물 굴착 금지 조산 조성 돛대(솟대) 조성 사공 상징물(석불) 조성	하동군 진교면 고이리 고외 구례군 문척면 죽마리 죽연 남원시 조산동 하동군 화개면 대성리 의신 산청군 산청읍 묵곡 구례군 마산면 황전리 황전 산청군 신등면 단계리 단계
자라 형국	다리 가설 금지	남원시 아영면 청계리 청계
개머리 형국	대문 설치 금지	남원시 이백면 양가리 양강
노루 형국	개 사육 금지	하동군 진교면 관곡리 관곡
반달 형국	마을규모-호수(15호) 제한	하동군 적량면 동산리 하동산
지네 형국	지네밟기 의례(당산제)	남원시 보절면 괴양리 괴양
봉황 형국	대나무 숲 조성	남원시 대산면 대곡리 하대
소 형국	소울타리(숲) 조성 초봉(草峰)이라는 상징 지명 부여	하동군 양보면 운암리 수척 남원시 운봉읍 신기리
개구리 형국	마을입구에 비보석 조성- 뱀 형국의 진입로 차단 가림막(숲) 조성	남원시 운봉읍 가산리 남원시 대강면 평촌리 평촌
여자가 다리를 벌리고 앉은 형국	마을 앞 남근 형상 산줄기(소좆날)의 기를 막는 돌비석 조성	남원시 송동면 송내리
붕어 형국	샘 파기 금지	구례군 용방면 신도리 신기
꾀꼬리가 알 품는 형국	소란(농악) 금지	하동군 횡천면 월평리 유평
닭이 알 품는 형국	닭울타리(숲) 조성	남원시 이백면 남계리 계산
오리 형국	소란(농악) 금지	함양군 지곡면 개평리 오평

송내리

비석

소좆날

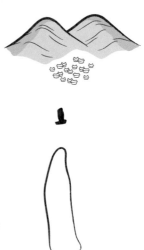

전북 남원시 송동면 송내리 마을 주민들은 마을의 지형을
여자가 다리를 벌리고 누워 있는 모양의 산에 마을이 자리 잡은 것으로 인식했다.
마을에서는 남근의 형상을 한 둔덕인 소좆날(마을주민이 부르는 이름)이
바로 보여 흉하다고 보았다. 송내리 마을 들판 앞에 있는 돌비석은
소좆날의 형세를 막기 위해 마련한 비보조형물이다.
현재 남근 형국의 둔덕은 경지정리 과정에서 없어졌다.

풍수문화가 바꾸어놓은 산지의 마을환경

산지마을 주민들의 풍수와 관련된 문화생태적 대응관계를 몇 가지로 유형화해 보면, ① 취락 입지 및 인구 유입, ② 토지이용 및 건축·생산활동의 규제, ③ 환경용량수용능력의 규준, ④ 환경관리^{자연재해 방비와 자원환경}의 보전, ⑤ 환경에 대한 주민공동체의 집단적 의식과 태도의 형성, ⑥ 식생 선택의 요인 등으로 분류할 수 있다. 지리산권역의 해당 사례를 살펴보자.

명당 터에 들어서는 마을들

풍수는 마을의 형성과 인구의 이동을 유발하는 영향력 있는 문화요소로 작용했다. 풍수지식인이나 지역주민에 의해 명당지로 인식되거나 지목된 장소에는, 마을이 새로 형성되거나 인구 유입이 증가하는 경향이 있었다. 조선 후기에 사회적으로 성행했던 『정감록』의 비결과 십승지^{十勝地} 관념도 지리산권역의 마을 생성과 인구 이동에 영향을 미쳤다. 남원시 사매면 화정리는 풍수 명당지로 입지가 선택되면서 인구가 유입되어 마을이 형성된 사례이다.

1620년경 청주한씨 중시조가 송동면 백평마을에서 거주하다가, 판서댁에 가던 중 산세가 빼어나고 화심^{花心} 같은 봉우리가 뻗어 끝이 뭉쳐지고 비단처럼 시냇물이 조용하게 흐르는 곳을 발견했다. 화심명당이라는 생각이 들어 그 자리에 터를 잡아 정착했다고 한다. 그 후 화심명당 옆에서 살면 자손이 융성한다는 말을 듣고 산내면 덕동에서 진주강씨가 이주하여 살게 되었다.

• 디지털남원문화대전(http://namwon.grandculture.net)

『정감록』에서는 십승지의 하나가 지리산 운봉에 있다고 지목했다. 이 영향을 받아서, 남원시 아영면 의지리를 『정감록』에 나오는 십승지인 운봉현 행촌으로 생각하고 주변 마을에서 사람들이 이주해 들어와 마을이 번창했다. 그리고 남원시 아영면 구상리 구상마을처럼 구한말에 세상이 어지러워지고 『정감록』 비결이 성행하자 자손의 안전을 기하는 가문들이 피난지로 알고 찾아와 살면서 큰 마을을 이루게 된 경우도 있다.

배 형국의 마을 터에는 우물을 파지 말라는데

마을지형의 형국과 관련해 특정 생산활동이나 건축을 규제하고, 특정 장소의 토지 이용을 제한함으로써 풍수는 마을환경과 식생을 보전하는 역할을 했다. 주민들은 마을의 산 지형을 풍수 형국이라는 경관 이미지로 이해했다. 그리고 생산활동과 토지를 이용하는 과정에서 해당 풍수 형국에 위해危害가 된다고 판단되면 마을공동체를 환경생태적으로 보전하기 위해 이용과 활동을 규제[禁忌]했다. 이처럼 풍수 형국을 이유로 토지이용을 제한하는 사례는 하동군 고외마을, 남원시 외지·금계마을 등지에서 나타나는데, 주로 배 형국에 많이 나타나는 것이 특징이다.

하동군 진교면 고이리 고외마을은 마을의 지형이 배 앞부분과 닮은 지형이라 하여 배설배혈이라고 한다. 배는 밑바닥에 구멍이 나면 침몰하게 되므로 이곳에서는 우물을 깊게 파거나 지하수 개발 등을 금기시했다.

• 『진교면지』, 앞의 책, 358쪽

남원시 아영면 두락리 이동 마을은 풍수지리상 배 형국으로, 마을에 우물을 두 개나 파서 배가 좌초되는 형세가 되므로 마을이 발전할 수 없다고 했다.

• 남원전통문화체험관(http://www.chunhyang.or.kr)

남원시 보절면 금계리 금계마을은 옥녀봉 아래 자리 잡았다. 주민들은 금계마을이 옥녀가 베를 짜는 형국이라고 알고 있었다. 따라서 마을 복판에 집을 지으면 집이 쓰러진다 하여 마을 중앙을 경계로 아래와 위쪽에 집을 지었으며, 우물을 파면 베틀을 놓을 수 없다 하여 우물을 파지 않았다.

• 디지털남원문화대전(http://namwon.grandculture.net)

또 다른 경우로 풍수가 마을 산지의 벌목을 막고 마을의 식생을 보전하는 기능을 했던 사례도 있다.

남원시 아영면 청계리 외지마을은 마을이 나무혈이어서 나무를 베면 액운이 온다고 믿었다.

• 남원전통문화체험관(http://www.chunhyang.or.kr)

풍수 형국에 기인해 건축을 규제한 사례는 남원시 청계마을과 양가리에서도 나타난다. 청계마을의 경우 풍수가 마을의 다리 가설을 막는 문화 요인으로 작용함으로써 마을이 발전하는 데 역기능을 했다.

남원시 아영면 청계리 청계마을은 자라 형국이라 마을 중앙을 가로지르는 다리를 놓는 것을 금기로 했다. 다리를 놓고 자라가 다리를 건너가면 마을 복도 함께 나간다고 믿었기 때문이다.

• 남원전통문화체험관(http://www.chunhyang.or.kr)

남원시 이백면 양가리 양강리는 마을지형이 개의 머리 형국이어서
마을 이름을 개머리라고 했다. 대문을 달면 개의 입을 막는다고 하여
집에 대문을 달지 않았다고 한다.

• 디지털남원문화대전(http://namwon.grandculture.net)

풍수 형국으로 인한 생산활동과 문화활동의 규제 사례는 하동군 관곡
마을에서 나타났다.

하동군 진교면 관곡리 관곡마을은 마을 뒷산을 노루혈이라 했다. 마
을 주민들은 노루가 놀라 도망칠 것을 염려해 옛부터 개 사육을 금했고
정초에는 풍물놀이를 금기시했다.

• 『진교면지』, 앞의 책, 2002, 322쪽

반달 형국의 마을지형에는 열다섯 가구가 적당

풍수의 형국에 근거해 마을의 호수戸數를 규제함으로써 지속가능한 마
을의 규모수용 능력와 적정 주거밀도를 판단하는 기준으로 삼은 경우도 있
다. 이 경우 풍수는 주어진 입지조건에서 얻을 수 있는 환경용량과 주거
조건을 유지하기 위한 사회 기준의 담론으로 통용되고 있다.

풍수설화 중에는 마을의 호수나 마을의 규모를 제한해 지속가능한 상
태를 유지하려는 이야기들이 있다. 어떤 형국의 지형 안에는 일정한 규모
와 일정 수 이상의 집을 지을 수 없는데, 이를 지키지 않으면 마을에 재앙
이 닥쳐서 마을의 운세가 기운다는 것이다. 이렇게 풍수 형국의 형태 또
는 크기에 따라 어떤 지역의 개발 잠재력에 한계가 있다는 생각은, 한국
전통의 개발 성장 한계성 사상을 내포하고 있고 한국형 환경 관리의 일
면을 보여주고 있다.[79]

지리산권역에는 하동군 적량면 동산리 하동산 마을에서 그 사례가 나타나는데, "이 마을의 지형은 반달형으로 보름의 주기인 15호 정도 살면 부자로 살 수 있고 15호가 넘으면 가난하게 살 것"이라는 이야기가 전해 오고 있다.[80]

마을의 북쪽이 허하니 나무를 심어 보완하라

풍수는 전근대적인 자연환경에 대한 경험적 지식체계였기에 마을의 지형적 입지에 연유한 풍수해風水害, 화재 등의 자연재해를 방비하고 수자원 등의 자원환경을 보전하는 역할을 수행했다. 풍수적 환경관리는 숲의 조성이나 조산, 마을지형의 보수 등의 방식으로 행해졌다. 풍수해를 방지하고 수자원을 보전하기 위해서 마을숲을 조성한 사례는 지리산권역의 마을에서 다수 나타난다.

그 사례로 남원시 운봉읍 행정리의 마을숲을 살펴보자. 행정마을에는 풍수가 동기가 되어 조성된 서어나무 마을숲이 있다. 마을 북쪽의 소하천 합수처 내에 조성된 이 마을숲은 마을의 수해와 풍해를 방비하는 기능을 한다. 전해지는 이야기에 따르면, 180여 년 전 마을이 자리 잡고 얼마 후에 마을을 지나던 한 스님이 마을의 북쪽이 허하니 돌로 성을 쌓거나 나무를 심어 보완하라는 말을 남기고 사라졌다. 그 뒤로 해마다 병이 돌고 수해를 입는 등 재난이 끊이지 않자 스님의 말을 따라 지금의 자리에 숲을 가꾸었다고 한다.[81]

남원시 조산동은 흙둔덕을 쌓아 조산했는데 이 역시 남원고을의 수자원 관리를 위한 풍수적 보완의 의미로 해석할 수 있다.

남원시 조산동은 풍수지리에 의해 만들어진 이름이다. 남원의 지세가 행주형이어서 재물이 모이지 않고 인재가 나지 않으므로 지세의 허

남원시 대산면 옥율리 옥전마을 비보숲. 마을 입구가 허전하여 숲을 조성해 경관을 보완했다.
마을은 전면에 있는 숲에 가려 보이지 않는다.

약함을 보완하기 위해 이곳에 인공으로 토성을 쌓고 배를 매어두는 산
을 만들었기 때문에 조산이라 했다.

• 디지털남원문화대전(http://namwon.grandculture.net)

그리고 마을에서 보이는 산이 불의 성질을 가지는 화산火山이기에 이
로 인해 불이 난다고 생각하고, 화재의 방비를 위해 수경관못을 조성한
사례도 있다.

하동군 옥종면 종화리 종화마을은 입지 지형이 오행상으로 화기가

비치어 화재가 자주 일어난다고 믿었다. 그래서 마을 앞에 조그마한 못
을 파서 화재를 방지하고자 했다.

• 『하동군지명지』(하동문화원, 1999)

얼럴럴 지네 밟기 일심으로 지네 밟세

마을 주민들은 풍수적 지명, 설화, 의례를 통해 공동체가 함께 자연환
경에 대한 집단의식을 공유하고 풍수적으로 대응했다. 지명에는 이름이
지어지거나 바뀌었을 당시 주민들이 땅의 생김새와 장소의 성격을 어떻
게 인식했는지가 반영되어 있고, 당시 사람들의 지리적인 사고가 투영되

옥전마을 비보숲(근경). 흙을 돋우어 낮게 둔덕을 만들고 나무를 줄지어 심었다.
너머로 어렴풋이 마을이 보인다.

어 있다. 지명은 다양한 요인에 의해 형성되고 변천했지만 풍수사상의 영
향도 매우 컸다.

풍수문화가 지역에 파급되면서 새로운 풍수지명이 지어지거나, 기존
의 지명이 풍수적으로 풀이되었다. 지명을 통해 주민들은 해당 취락의 풍
수적 환경인식과 상호 간의 문화생태적 구성관계를 공고히 했다.

설화는 지역주민들의 풍수적 인식과 태도를 해석하는 데 매우 유용한
소재가 된다. 일반 민중들은 문자로 된 기록 대신에 설화를 통해 영향력
있는 풍수적 인식 및 태도를 전승시키고 사회적인 담론으로 정착시키기
때문이다. 풍수지명이 지역주민의 자연환경에 대한 인식을 표징하는 것
이라면, 풍수설화는 지역주민의 자연환경에 대한 사회집단적인 태도와
윤리성이 내재되어 있다.

의례는 주민들의 마을 주거환경에 대한 환경심리와 이에 대한 대응양식의 집단공동체 실천으로 재현된다. 남원시 보절면 괴양리 괴양마을에서 당산제로 진행하는 삼동三童굿놀이의 지네밟기는 마을제의와 풍수가 복합된 형태의 의례다. 양촌마을을 마주하고 있는 음촌마을의 날줄기산줄기가 지네산지네혈으로 마을과 마을 뒷산인 계룡산을 넘보고 있어 이 지네의 혈기를 막기 위해 시작되었다고 한다. 마을에 전승되는 지네밟기 노래는 다음과 같다.

삼괴정이 우리 동민 지네 밟기 힘을 쓰세
삼강오륜 예의촌은 삼괴정이 이 아닌가
삼태화백 계룡산에 영계옥진 대명당은,
삼정승이 난다 하고 자고지금 전해왔네
삼생굿을 저 지네가 삼백육순 욕침欲侵하니,
삼동굿을 마련하여 삼동으로 밟아내세
삼십삼천 도솔천명 저 지네를 반복反復시켜,
삼재팔난 물리치고 삼괴정이 부흥한다
얼럴럴 지네 밟기 일심으로 지네 밟세,
얼럴럴 지네 밟기 일심으로 지네 밟세
• 디지털남원문화대전(http://namwon.grandculture.net)

지네밟기는 삼동굿놀이의 한 과정으로 실행된다. 음력 7월 15일 백중날에 세 마을양촌, 음촌, 개신 주민들이 모여 삼동굿놀이를 벌이는데, 기旗 세배, 당산제, 우물굿, 삼동 서기, 지네밟기, 합굿마당밟기의 순서로 진행된다.

지네밟기놀이의 과정은, 동네 아낙들이 분홍색 저고리와 검정 치마를 입은 채 앞 사람의 허리를 잡고 줄지어 엎드려 구불구불 지네 모습을 연

남원부에 있었던 조산(『1872년 지방지도』의 남원부 부분도). 읍치의 수구부 하천 가에
조산이 있었음을 알 수 있다. 조산이 있던 자리에는 현재 마을 정자가 들어섰다.
지도의 읍성 오른편에는 동림(東林)이라는 고을숲도 잘 그려져 있다. 역시 비보 기능을 한 숲이다.

출하면, 등 위로 세 명의 아이童子들이 밟고 지나가는데, 그때 지네밟기
노래를 부른다. 이 풍수의례는 양촌마을 주민들의 마을 앞 지네산에 대한
부정적 이미지와 심리적 불안감을 집단적인 놀이를 통해 치유한다는 상
징적인 의미가 있다.

봉황 형국 마을에는 대나무숲 가꾸기

풍수 형국에 기인한 주민들의 문화생태적 의식과 대응은 마을에 심을
나무의 수종을 선택하는 데에도 작용했다. 이러한 경우는 주로 봉황 형국
에 대나무 수종을 선택하는 일반적 방식으로 나타났다. 남원시 대산면 대

괴양마을 앞의 지네산. 가로로 길쭉한 산의 모습을 주민들은
지네 모양으로 인식했다. 사진의 왼쪽 끝 뭉툭한 부분을 지네의 머리라고 여긴다.
지네산의 침입을 경계하고자 지네밟기놀이를 해왔다.

곡리 하대마을이 그 한 사례인데, 이 마을의 지형은 풍수적으로 나는 봉
황이 알을 품는 비봉포란飛鳳抱卵의 형국으로, 봉황은 대나무 열매[竹實]을
먹는다고 하여 대나무숲을 조성하고 마을 이름도 대실이라고 불렀다. 이
는 봉황 형국에 대나무숲 경관의 조성이라는 문화생태적 대응과 의미체
계를 구성한 것이며, 풍수 환경에 대한 주민들의 집단 태도가 형성된 것
으로 볼 수 있다.

산촌 마을공동체의 풍수문화는 오늘날의 변화된 사회환경에서 점차
사라져가거나 진정성이 상실되어가고 있다. 그러나 '생태의 시대, 문화
의 시대'라는 21세기에, 산촌마을의 풍수는 문화생태적 전통이자 주민
들이 형성한 마을환경에 대한 공유지식체계의 유산으로서 재해석할 수
있으며, 역사문화자산이자 생태관광자원으로서 재평가되어야 할 가치가
충분하다.

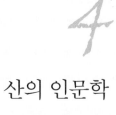

산의 인문학

4

선조들이 산에 대한 지식정보를
어떻게 구축했는지를 살펴보기로 하자.
이를 통해 한국에 '산의 인문학'이라고 할 만한
훌륭한 지식전통이 집적되어 있음을
확인할 수 있을 것이다. 옛 문헌에 나오는
산에 대한 기록정보와 연구전통을 개관해보고,
산에 대한 체계적이고 종합적인 기록물인
산지를 집중적으로 조명한다. 그리고 조선 후기
지식인들의 산림주거 지식에 대해서도 살펴본다.
산과 짝을 이루는 물과 수경관의
전통적 인식은 과연 어땠을까?

산에 대한 전통 지식은 어떻게 구성되었을까

사람, 산을 기록하다

2002년은 유엔총회가 지정한 '세계 산의 해'International Year of Mountains 였다. 1992년 리우 선언에서, 지구환경보전을 위한 세계적 패러다임의 일환으로 '지속가능한 산림경영'sustainable forest management이 제기되었다. 이것은 '아젠다Agenda 21'의 '산림생태계 관리체계 구축' '산촌생활방식의 촉진'과 같은 지침의 제정으로 뒷받침되었다. 이러한 노력은 2011년의 '세계 산림의 해'International Year of Forests 지정으로 이어졌다. 산지산림생태와 산촌생활사의 중요성에 대한 인식이 국제적으로 제고된 것이다.

'세계 산의 해' 지정을 계기로 산은 "육지 면적의 5분의 1을 차지하고 인류의 10분의 1이 사는 생활터전"이며 "자원의 보고이자 휴양·문화와 전통의 중심지"라는 인식이 세계적으로 공유되었다. 이렇게 산에 대한 국제적 관심이 새로워진 것은 오늘날 전 세계적으로 산지자원이 산업화·도시화로 위협받고, 산지와 산촌지역의 환경이 한계상황에 직면한 위기의식의 반영이기도 하다.

경제개발논리가 판을 치던 얼마 전까지만 해도 산은 개발의 장애물이었다. 그런데 현대의 도시문명과 과학기술의 발전이 자연과 생태의 위기를 불러오면서 산은 자연과 생태의 보루가 되었다. 그리고 산악문화와 산지생활사는 지속가능한 삶의 양식으로 21세기 새로운 공간적 패러다임이 되고 있다. 21세기에는 산이 살길이고 희망인 시대가 온 것이다. 한국에 산이 많다는 사실은 미래의 축복이요 비전이다.

한국은 산의 나라다. 한국의 문화는 산에서 빚어진 산의 문화였다. 단군신화에 상징적으로 표현되고 있듯이 한국인의 뿌리는 산사람[仙]이고, 한국의 신은 산신이었다. 한국인은 산자락에 깃들여 산에서 나는 물과 먹거리를 먹고 살았다. 지리산 청학동, 속리산 우복동 등 한국의 대표적인 이상향은 산에 있었다. 한국인들은 죽어 산에 묻히니 묘를 산소라고 했다. 이렇듯 한국사회에서 산은 삶의 원형공간이자 상징이었고, 군사·경제·사회·문화 전반의 실제 토대였다.

우리의 삶과 문화에서 산이 차지하는 비중이 크다는 사실은 산의 기록과 지식정보를 정리하고 체계화하는 배경요인이 되었다. 산에 대한 지식을 정리하고 기록하는 일은 국가적으로 중요한 사업이었다. 한국 풍수에서 산을 가장 중요한 공간적 요소이자 키워드로 삼았던 이유도, 산악풍토라는 요인에 근거했다.

한국에서 산에 대한 본격적인 기록은, 조선시대에 산림생활사와 산악지리정보 파악이라는 사회적 필요에 의해 다방면으로 이루어졌다. 산에 대한 연구는 지리지류, 유산기류, 백과전서류, 산보류山譜類, 지도류, 풍수록류로 크게 나눌 수 있다. 다시 그것은 전국의 산지와 명산문화를 지역적으로 체계 있게 서술하는 계통적 방식과, 개별 산에 관한 내용을 서술한 지지적地誌的 방식으로 분류할 수 있다. 이들 기록물의 형식과 내용에는 관官, 민民, 사류士類 등 각 사회계층의 산에 대한 문화적 인식과 이해가 표현되어 있다.

역사적으로 살펴보자면 이미 조선 중기의 지리지에도 산에 대한 정보가 잘 반영되어 있으며, 조선 후기 체계적인 산지山誌로 편찬되는 토대가

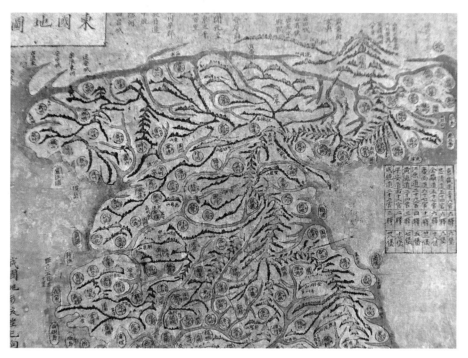

산줄기가 강조되어 표현된 「동국지도」(역사박물관 소장, 조선 후기) 일부.
산줄기의 중시는 한국 고지도의 한 특징으로, 당시의 사회 인식이 반영된 것이다.

되었다. 조선 후기에는 유람기류, 지도류, 풍수록류 등의 산 기록이 사회
계층 전반에 널리 확산되었으며 백과전서류, 산보류와 같은 산악문화 서
술방식으로 발전했다. 이때에야 비로소 산에 대한 정보가 형식과 내용의
양면에서 체계적으로 정립된 것이다.

특히 조선 후기에 이루어진 산경체계의 정립과 산보식의 서술방식은,
당시의 풍수적 자연관과 위계적 신분제도, 종법적宗法的 사회 이데올로기
가 산맥의 파악과 이해에 투영된 결과물이었다. 지형을 산줄기와 물줄기
의 상관 구조로 파악하여 산경체계를 산보식으로 서술하고 지도로 표현
한 방식 등은 동아시아의 산 연구전통과 지식체계에 비추어보아도 독창
적인 성과로 꼽을 수 있다.

전래 산악문화의 지식체계는 문화생태적인 기록유산으로서 산지山地 및 산촌생활사, 산림문화, 산악신앙 연구 등에 귀중한 자료가 되고 있다. 또한 현대적 산지 편찬과 산지관광 스토리텔링의 자원이기도 하다. 학술적으로도 한국의 산 연구전통은, 동아시아적 견지에서 산악문화 연구 전통을 비교 연구하기 위한 자료로 활용될 수 있다.

옛 지리지의 산에 대한 기록

지리지는 지역과 장소에 대한 종합적인 지리정보를 체계적으로 기록·서술한 문헌이다. 한국에는 『삼국사기』「지리지」,1145, 『고려사』「지리지」1454 이후 조선시대에 이르기까지 수많은 지리지가 시기별로 편찬되었다. 여기에서 산은 자연지형이자 명승지가 있는 곳이며 산성·관방關防·제사시설 등의 유적이 있는 주요한 장소로 취급되었다.

지리지류의 산에 관한 기록은 국가[官撰], 사회집단이나 개인[私撰]의 산에 대한 관심과 이해관계가 투영된 것이다. 이 자료를 통해 산에 대한 당대의 사회적 인식을 알 수 있을 뿐 아니라 산 지리정보의 공간적·지리적인 변천사실도 파악할 수 있다. 고려와 조선시대 지리지의 산 기록은 유산기류, 백과전서류, 지도류, 산보류 등의 산 연구전통과 상호영향을 주고받으면서 근·현대의 산지山誌로 계승되고 발전했다.

지리지에 나타난 산에 대한 기록의 역사적인 경향을 통시적으로 보면, 후대로 갈수록 지리지에 수록된 산의 숫자가 늘어났고, 산에 대한 정보도 양적 질적으로 증가했음을 알 수 있다. 이는 산악문화와 산지경관에 대한 정치·사회·문화적 중요도가 커지고 관계망도 확대되면서, 산에 대한 지형적이고 인문적인 이해가 심화되었다는 사실의 반증이다.

산에 대한 기록의 역사적인 경향을 보아도 시대와 시기에 따라 차별성이 나타난다. 『삼국사기』 「지리지」에는 산 지리정보를 수록하지 않았다. 『고려사』 「지리지」에는 따로 산에 대한 항목을 두지 않고, 군현 연혁의 설명문 끝에 대표적인 산 이름과 제사에 관한 정보를 주로 수록했다. 35개의 행정권에 39개의 산이 기록되어 있으며, 그중 진산으로 기록된 것은 송악개성부과 한라산탐라현 2개다. 드물게 산의 다른 이름과 산명의 유래, 성곽과 같은 유적에 대해서 적은 경우도 있다.

표13 조선시대에 편찬된 주요 관찬지리지의 산 기록

명칭	항목 편제	주요 내용 및 추가사항	비고
『고려사지리지』(1454)	없음	산 이름, 제사사실 등	관찬(전국)
『경상도지리지』(1425)	명산	위치	관찬(도)
『세종실록지리지』(1454)	명산, 진산	민간 전설 등	관찬(전국)
『신증동국여지승람』(1530)	산천	시문, 기문 등	관찬(전국)
『여지도서』(1757~65)	산천	진산의 경로, 풍수	관찬(전국)

표14 『고려사』 「지리지」의 산 기록

도	산(갯수)	산 이름
왕경 개성부	7	송악(松嶽), 용수산(龍岫山), 진봉산(進鳳山), 구룡산(九龍山), 백마산(白馬山), 오관산(五冠山), 감악(紺嶽)
양광도	12	삼각산(三角山), 마리산(摩利山), 전등산(傳燈山), 관악산(冠嶽山), 용문산(龍門山), 월악(月嶽), 죽령산(竹嶺山), 태령산(胎靈山), 원수산(元帥山), 계룡산(鷄龍山), 계족산(鷄足山), 도고산(道高山)
경상도	4	속리산(俗離山), 금오산(金烏山), 가야산(伽倻山), 소백산(小白山)
전라도	8	마이산(馬耳山), 지리산(智異山), 상산(裳山), 금성산(錦城山), 천관산(天冠山), 월출산(月出山), 무등산(無等山), 한라산(漢拏山)
교주도	3	화악산(花岳山), 청평산(淸平山), 보개산(寶盖山)
서해도	2	수양산(首陽山), 구월산(九月山)
동계	2	비백산(鼻白山), 태백산(太白山)
북계도	1	대성산(大城山)
총계	39	

그러나 조선이 건국하면서 중앙집권적 통치를 위해 지방의 지리정보를 파악하는 일이 한층 중요해졌다.

조선 초기의 지리지에는 〈명산〉 혹은 〈진산〉 항목이 따로 신설되어, 모든 지방의 해당 산이 기재되고 행정중심지읍치로부터의 거리와 위치정보가 추가되었다. 조선 중기의 지리지『신증동국여지승람』에는 사림 계층의 사회적 성장과 유교적 이데올로기가 사회 전반을 지배했던 분위기를 반영하여, 산지의 명승과 산악경관에 대한 인문적인 시문, 기문記文 등이 대폭 수록된 것이 특징이다.

조선 후기에는 관찬지리지와 사찬읍지의 편찬이 활발했다. 산의 내맥 등과 같은 산줄기[山系]의 계통적인 파악과 풍수 정보도 새롭게 추가되었다. 또한 지역의 산지 정보에 대한 향촌사회의 관심이 커지면서 기록내용도 자세해졌다.

조선시대에 편찬된 주요 관찬지리지의 산에 대한 기록 형식과 내용의 추이를 검토, 정리해보면 다음과 같다.

조선 초기의 지리지로서, 현존하는 최고의 지리지인 『경상도지리지』慶尙道地理誌에서는 〈명산〉 항목에 산 이름과 별칭, 위치(읍치에서의 거리) 정보가 기록되었다. 이후의 『세종실록』「지리지」에서는 〈진산〉이라는 항목 명칭도 나타나며, 해당 명산에서 지내는 제의와 제의장소의 명칭, 산과 관련된 민간의 전설 등이 추가된 것도 있다. 『세종실록』「지리지」에 수록된 전체 산 221개 가운데 진산이 109개이며, 명산이 31개, 그리고 특별한 표시 없이 기록되어 있는 산이 81개이다.[1]

조선 중기의 지리지에서 보이는 산 기록은, 당시에 유교적 자연관과 사림세력의 성장, 그리고 통치이념의 영향으로 산의 명승경관에 대한 시문, 기문 등의 관련 내용이 큰 비중으로 수록되었다. 그리고 지방행정중심지읍치의 진산이 지리지의 공식 기록으로 일반화되었다. 이는 조선 중기에

표15 조선 초기 『세종실록』 「지리지」에 수록된 산의 숫자

도	명산	진산	산	계
경기도	1	6	19	26
충청도	4	3	7	14
경상도	11	20	27	58
전라도	4	19	1	24
황해도	1	7	6	14
강원도	5	14	4	23
평안도	2	24	4	30
함길도	3	16	13	32
총계	31	109	81	221

＊자료: 정치영, 「조선시대 지리지에 수록된 진산의 특성」, 2011.

표16 조선 중기 『신증동국여지승람』(1530)에 수록된 군현·진산·산의 숫자

도	경기도	충청도	경상도	전라도	강원도	황해도	함경도	평안도	계
군현	39	54	67	57	26	24	22	42	331
진산	22	36	60	43	25	21	14	34	255
산	234	322	368	307	149	159	128	210	1,877

＊다른 도와 중복되는 산은 포함한 숫자임. 정치영, 앞의 글(2011)

이르러 1고을–1진산 체제로 지방 산의 위계 편성이 완성되었음을 의미한다.

조선 중기를 대표하는 관찬지리지인 『신증동국여지승람』에서는 기존의 〈진산〉 항목이 〈산천〉 항목으로 편제되어 산이 하천과 함께 체계적으로 기술되었다. 거기에 해당 산에 대한 시문, 기문 등의 문화적 콘텐츠가 대폭 수록되어 인문적인 산악문화정보가 충실해졌다. 파악하여 기재된 전국의 산의 숫자도 초기에 비해 월등하게 증가했다. 『신증동국여지승람』 「산천」조에 수록되어 있는 산의 총수는 1,877개이며 그중 경상도가 368개로 가장 많다.[2]

조선 후기의 지리지에는 산에 대한 숫자와 지리정보의 파악이 더 증가

山川

龜山 在縣南二...

大德山 在縣南四十里 全羅道茂朱縣任內茂豐

牛馬峴 在縣南四十六里 居昌縣界

釜項峴 在縣西三十七里 金...

峴 在縣東十二里 星州界

甘川 在縣東一里 其源有三 一出牛馬峴 一出大...

德山 里流入于龜山下東 比流入金山郡境 南山 在縣東五里 文岩山 在縣南三...

里 沙件岾山 在縣南九里

界縣 ... 二十三 ... 二十九 餘

『신증동국여지승람』의 「산천」 조.
「산천」 조의 처음에 산이름을 적고,
읍치의 위치(방위)와 거리를
서술하면서 진산이라고 밝히는
일반적인 형식을 취했다.

했다. 『여지도서』 등 조선 후기에 편찬된 지리지에서는 조선 중기의 지리지에서 누락되었던 산이 대폭 추가되었으며, 산에 대한 설명도 더 상세해졌다.[3] 뿐만 아니라 당시 성행했던 풍수사상과 『산경표』로 대표되는 조선 후기에 정립된 산맥계통에 대한 지식의 영향을 받아, 산의 분기처와 경로 등의 산경山經과 풍수적인 정보 기록이 더 자세해졌다. 기타 사찬읍지에서도 관찬지리지에 포함되지 않은 향촌지역의 산을 다수 포함했을 뿐만 아니라, 역사·문화적 사실에 대한 기록이 더욱 풍부해졌다.

표17 조선 후기 『여지도서』에 수록된 군현·진산·산의 숫자

도	경기도	충청도	경상도	전라도	강원도	황해도	함경도	평안도	계
군현	39	54	71	56	26	24	23	42	335
진산	12	11	55	8	12	10	7	4	119
산	272	317	535	388	174	205	168	307	2,366

＊다른 도와 중복되는 산은 포함한 숫자임. 정치영, 앞의 글(2011)

방대한 명산유람기 문헌자료

기행문 형식의 유산기류^{산수기, 혹은 유람기, 유람록}는, 중국에선 당나라 때 일찍이 정형을 갖추었다. 한국에서는 고려 중엽부터 유산기가 나타나지만, 조선 전기 이후로 활발한 창작이 이루어졌고 후기에 더욱 성행했다.[4] 17세기 중반에는 『와유록』^{臥遊錄}과 같은 유람기 선집이 편찬되기도 했는데 유람 대상지의 대부분이 명산이었다.〈참고자료 4〉

주로 유교지식인이 서술한 유산기류는 『신증동국여지승람』 등 조선 중기에 편찬된 지리지의 산천 조에 인용되어 실리기 시작했으며, 이러한 경향은 조선 후기까지 지속되었다. 또한 유산기는 조선 후기에 편찬된 『청량지』 『두류전지』 등 주요 개별 산지의 기문^{記文} 부분을 이룸으로써, 산지의 편제나 구성에서도 주요한 위치를 차지하게 되었다.

유산기는 근래에 발굴된 것만 600여 편을 넘어서며 실상은 훨씬 더 많을 것으로 예상된다.[5] 한 연구에 따르면, 조선시대 유산기가 있는 산은 전국에 134개 정도로 집계되었다.[6] 문학적인 가치 외에도 산에 대한 역사·문화·지리·종교·민속·촌락·생태·생활사 등 다양한 정보를 담고 있다. 따라서 사료로서 가치가 있을 뿐만 아니라 오늘날 산지 관광의 문화 콘텐츠와 스토리텔링의 자료로도 활용될 수 있는 기록유산이다. 유산기들을 시기별로 단면 분석을 해보면 조선시대 산악문화에 대한 인식과 변화를 파악할 수 있다.

유산기는 양적으로 방대한 자료로 남아 있기는 하다. 하지만 몇몇 승려 외에는 작자 대다수가 유교지식인이기 때문에 한정된 시선과 유람한 산 대부분이 특정 명산에 편중되어 있는 한계가 있다. 근래 유산기에 대한 연구는 문학 분야를 중심으로 활발하게 이루어지는 편이며, 지리학 분야 에서도 유산기를 활용해 산지의 촌락경관을 복원한다든지, 사대부의 여 행 목적·동기·성격·여정·방식 등을 고찰하는 연구성과가 있었다.

조선 중·후기에 유교지식인의 산수 유람과 그 결과물인 유산기가 많 았던 것은, 당시의 정치사회 분위기를 반영한 유학자들의 산림은거의 식과 유학적 산수관과 관계가 깊다. 홍만선의 『산림경제』라는 책이름 에서 선명하게 드러나듯이, 당시의 유학자들은 자신의 사회적 신분의 정체성을 산림처사로 여기고, 개인적으로 또는 집합적으로 '산인'山人, '산당'山黨으로 자처하며 산림에서 생활하고자 했다. 예컨대 퇴계 이황 은 자신의 호를 청량산인淸凉山人이라고 했다. 원래 산당 혹은 산인은 조선 효종 때의 붕당으로 서인西人의 한 분파였으며, 김집·송준길·송시열 등 을 가리키는 말로도 쓰였다. 이들이 모두 산림에 거주했기 때문에 붙여진 이름이다.

조선 중기의 유학자들은 산수를 도덕적으로 수양하는 공부의 대상으 로 삼았다. 그들에게 산수는 천지동정天地動靜의 이치를 체현體現하고 있 는 공부 텍스트이자, 사물을 통해 자신을 성찰하고 존양存養하는 장소였 다. 조선 후기에 와서 명산의 산수는 유교지식인이 추구하는 가거지可居地 의 한 입지 요건이 되었고, 명산에 대한 체계적인 이해와 노력이 뒤따르 게 되자 명산지가 저술되었다.

조선 후기에 편찬된 산의 백과사전

백과전서식의 체계적인 산 기록은, 조선 후기에 들어와서 산림생활사나 산악명승경관에 대한 실용적인 지리정보가 사회적으로 요청되면서 종합적이고 체계적으로 정리되었다. 그 대표적인 저술로는 홍만선의 『산림경제』, 신경준의 『산수고』山水考, 성해응成海應, 1760~1839의 『동국명산기』東國名山記 등이 있다.

『산림경제』는 조선 후기의 유교지식인이 산림생활사에 관해 처음 종합적으로 편집한 책이라는 데 의의가 있다. 그리고 『산수고』는 전국의 산을 계통적인 분류에 기초하여 군현별로 총정리한 저술로서 가치가 크다. 『동국명산기』는 한국의 명산과 명산의 빼어난 경치[勝景]에 관한 정보까지 지역별로 자세히 기록했다는 특징이 있다.

『산림경제』는 조선 후기의 실학자 홍만선이 산지생활과 관련된 내용을 편집한 백과전서식의 책이다.[7] 여기에는 산림처사들의 터잡기[卜居]·섭생攝生·논일[治農]·밭일[治圃]·나무심기[種樹]·꽃가꾸기[養花]·양잠養蠶·가축치기[牧養]·찬거리[治膳]·구급救急·구황救荒·전염병 예방[辟瘟]·병충해 예방[辟蟲法]·약[治藥]·선택選擇·기타[雜方] 등 산림에서 의식주를 자급자족하는 생활에 필요한 정보를 망라하여 수록하고 있다.

예컨대 홍만선은 『산림경제』의 첫 부분에 「터잡기」편[卜居篇]을 두고 산림의 거주환경과 주거지의 선택에 관한 논의를 제시했다. 여기에는 저자의 주거관이 간접적으로 반영되어 있다. 거주환경의 한 요소인 주거지의 지리·지형적 조건, 도로 조건, 대지 형태, 주위 산수와 건조물의 환경, 조경 요소, 주거지 주위의 지형지세, 토질과 수질 등의 다양한 조건을 주거지 선택에서 고려해야 할 기준으로 제시했다.

이 책의 가치는 당시에 전해졌던 여러 문헌 자료들을 섭렵하고 처음으

표18 백과전서류의 주요 산악문화 기록 문헌

문헌	저자	편찬년도	편찬주체	주요 내용
『산림경제』	홍만선	1700년대 초반	사찬	조선 후기 유교지식인의 산림 생활 방법. 이후『증보산림경제』와 『임원경제지』의 저술로 이어짐.
『산수고』	신경준	1770년	사찬	산의 계통 분류에 기초하여 군현별 주요 산의 지리·역사·문화 서술.
『동국문헌비고』 (여지고, 산천)			관찬	
『동국명산기』	성해응	조선 후기	사찬	한국의 명산명승에 관한 기록.
『여지고』	신석기	조선 후기	사찬	중국의 산에 대한 기록 포함.

로 산지생활사에 관한 지식체계를 종합하여 편찬했다는 데 의의가 있다. 『산림경제』는 당시 사회의 지식계층에 영향을 미쳐 이후 유중림柳重臨, ?~?의『증보산림경제』增補山林經濟, 1768와 서유구徐有榘, 1764~1845의『임원 경제지』林園經濟志, 19세기 초 저술로 이어졌다.

『산수고』는 18세기 후반 영조의 명에 의해 신경준이 편찬했다. 전국의 산을 계통 분류에 기초하여 산줄기의 연계 관계를 경위經緯, 즉 날줄과 씨줄의 서술방식으로 정리했고 군현별로 기록했다. 조선의 산을 12산과 여기에 각각 분속되는 8로路로 정리했고, 그것을 다시 산경山經과 산위山緯의 장으로 구분했다. 산경에서는 각 12산과 8로의 계통·분속관계를 체계적으로 서술했고, 산위에서는 각 군현별로 산과 봉우리의 위치·연혁·제의·다른 명칭·명칭 유래·역사·유적·사찰·인문경관·설화 등 산악문화 관련 지리정보를 총정리했다.

『산수고』의 산경 분류체계에서 12산은 삼각산, 백두산, 원산, 낭림산, 두류산, 분수령, 금강산, 오대산, 태백산, 속리산, 육십치, 지리산이다. 그리고 8로는 12산 중 원산에서 나뉘는 ① 원산 동북쪽 산줄기, ② 낭림산에서 나뉘는 서쪽·서남쪽 산줄기, ③ 두류산에서 나뉘는 서쪽 산줄기와 개련산 남쪽·서쪽 산줄기, 멸악산 남쪽 산줄기, ④ 분수령에서 나뉘는 동

수도 한양을 그린 조선시대의 도성도에는 경복궁과 창덕궁 뒤로 삼각산의 모습이 사실적이면서도 회화적으로 표현되었다(「도성도」, 1788년, 서울대학교 규장각).

쪽 산줄기, ⑤ 오대산에서 나뉘는 서쪽 산줄기, ⑥ 태백산에서 나뉘는 동쪽 산줄기, ⑦ 속리산에서 나뉘는 서쪽 산줄기와 칠현산 북쪽·서남쪽 산줄기, ⑧ 육십치에서 나뉘는 육십치 서쪽 산줄기와 마이산 서남쪽·서북쪽 산줄기, 그리고 내장산 동남쪽·서남쪽 산줄기 등이다. 본문의 첫머리에 수도 한양의 삼각산을 조선의 대표 12산 중에 으뜸으로 둔 점, 백두산을 종산으로 설정하고 서술한 점 등은 저자의 의도와 시대상황이 반영된 특징이라고 하겠다.

신경준의 『산수고』는 『동국문헌비고』東國文獻備考 「여지고」 〈산천〉에서 재정리되었고, 이것은 다시 1908년에 『증보문헌비고』增補文獻備考 「여지고」 〈산천〉 편에서 도별 서술형식으로 체계화되어 증보되었다. 이들 저술에서는 조선 후기의 산의 지리, 역사, 문화 등에 대한 기록이 종합적으로 망라되었다.

『동국명산기』는 성해응이 한국의 명산과 빼어난 경치에 관한 정보를 종합 서술한 것이다. 그는 이 책에서 전국을 경도·기로·해서·관서·호중·호남·영남·관동·관북 등 아홉 개 권역으로 구분하고, 각 지역 명산과 명승의 위치·형세·형승·고사·명인 등을 설명하고 있다. 본문은 경도 산수의 기록[記京都山水], 기로 산수의 기록[記畿路山水], 해서 산수의 기록[記海西山水], 관서 산수의 기록[記關西山水], 호중 산수의 기록[記湖中山水], 호남 산수의 기록[記湖南山水], 영남 산수의 기록[記嶺南山水], 관동 산수의 기록[記關東山水], 관북 산수의 기록[記關北山水] 등 지역별로 구성돼 있다. 『동국명산기』에 수록된 항목을 보면, 자연특히 산 요소가 대부분을 차지하고 있지만 마을, 포구, 성 등의 인문경관도 명승지에 포함했다.

성해응의 『동국명산기』는 중국 명산기의 영향을 받아 편찬된 것으로 보인다. 중국의 명산기는 일찍이 한대에 응소應劭가 쓴 『태산기』泰山記와, 명산기 선집으로 명대 도목都穆이 쓴 『유명산기』遊名山記, 1515[8], 하당何鏜이 쓴 『고금유명산기』古今遊名山記가 대표적이다. 중국의 명산기류는 이익의 『성호사설』에도 인용되고 있는 것으로 보아[9] 조선 중·후기의 지식인들에게 널리 읽히고 영향을 미친 것으로 추정된다. 한국에서도 16세기의 명산 관련 기록을 편집한 책으로 『명산기영』名山記詠이 있다. 이와 같은 조선시대의 명산기와 유산기의 저술 전통은 조선 후기에 체계적인 산지로 계승, 발전하는 토대가 되었다.

끝으로 신석기의 『여지고』는 중국의 각 성지省誌와 군승郡乘, 『방여풍토지』方輿風土誌, 『대명일통지』大明一統志 등을 참조하여 청대까지 중국 각지의 지리정보를 편집하여 서술한 책으로서, 그 속에 중국 산천의 기록도 포함되어 있다.

표19 『동국명산기』의 항목별 분류

항목 분류	항목명
산	인왕산(仁王山), 삼각산(三角山), 도봉(道峯), 수락산(水落山), 백운산(白雲山), 미지산(彌智山), 소요산(逍遙山), 보개산(寶盖山), 성거산(聖居山), 천마산(天磨山), 천성산(天聖山), 계룡산(雞龍山), 속리산(俗離山), 월악(月嶽), 가야산(伽倻山), 청량산(淸凉山), 도산(陶山), 소백산(小白山), 사불산(四佛山), 옥산(玉山), 빙산(氷山), 태백산(太白山), 금산(錦山), 내연산(內延山), 금골산(金骨山), 덕유산(德裕山), 서석산(瑞石山), 월출산(月出山), 천관산(天冠山), 달마산(達摩山), 한라산(漢拏山), 지리산(智異山), 변산(邊山), 총수산(蔥秀山), 구월산(九月山), 금강산(金剛山), 오대산(五臺山), 설악(雪嶽), 화음산(華陰山), 청평산(淸平山), 묘향산(妙香山), 금수산(錦繡山), 백두산(白頭山), 칠보산(七寶山), 대야산(大冶山)
골(곡·동·계)	석천곡(石泉谷), 도화동(桃花洞), 금쇄동(金鎖洞), 한계(寒溪), 선유동(仙遊洞), 화양동(華陽洞)
하천(천·강·수)	병천(屏川), 황강(黃江), 사비수(泗沘水), 달천(達川)
바위	하선암(下仙巖), 중선암(中仙巖), 상선암(上仙巖), 사인암(舍人巖), 운암(雲巖)
누정	한벽루(寒碧樓), 청심루(淸心樓), 수옥정(漱玉亭), 고산정(孤山亭), 석호정(石湖亭), 영보정(永保亭), 금수정(金水亭), 대재각(大㘽閣)
굴(굴·혈)	성류굴(聖留窟), 가수굴(佳殊窟), 풍수혈(風水穴)
마을(읍)	장회촌(長淮村), 단양읍촌(丹陽邑村), 앙덕촌(仰德村), 법천(法泉), 손곡(蓀谷)
포구	학포(鶴浦)
대	만취대(晩翠臺), 천정대(天政臺), 유선대(遊仙臺), 탄금대(彈琴臺), 자온대(自溫臺), 조룡대(釣龍臺)
못(담·연)	구담(龜潭), 도담(島潭), 화담(花潭), 선담(銑潭), 용담(龍潭), 석담(石潭), 삼부연(三釜淵), 의림지(義林池), 화적연(禾積淵)
섬	간월도(看月島), 안면도(安眠島), 국도(國島)
성	반월성(半月城), 진현성(眞峴城)
암	수일암(守一菴)
기타	임진적벽(臨津赤壁), 흥원창(興元倉), 안흥진(安興鎭), 백로주(白鷺洲), 창옥병(蒼玉屛), 가흥(可興), 백사정(白沙汀), 고란사(皐蘭寺), 영죽(映竹)

산에도 족보가 있다, 산보

조선 후기의 지리지류·백과전서류·지도류·풍수류 등에서 다각적으로 전개된 산지 연구와 지리정보는, 『산경표』[10]라는 산 족보식 서술방식으로 종합·재구성되었다. 조선 후기에 정립된 산경山經체계와 산보山譜식 서술방식은 동아시아의 산 문헌기록 및 연구전통과 비교해 보아도 독창적이고 체계적이다.

조선의 산을 족보식[譜]으로 표기하여 체계화한 것이 갖는 의미는 단지 서술방식의 특이성뿐만이 아니다. 족보가 동족관계를 사회적으로 공식화·명문화하듯이, 산보에 산명과 다른 이름[異名], (읍치에서의) 위치와 거리, 발원지내맥, 분속 관계 등을 기록함으로써 국토의 산맥체계를 공식화하고, 지역의 지형지리를 공간적·계통적으로 통합했다는 데 의미가 있다.

산보 형식의 대표적인 저술인 『산경표』는 『동국문헌비고』에 수록된 『산수고』가 토대가 되었다. 이익도 「동국지맥」東國地脈, 「백두정간」白頭正幹 등의 글에서 조선의 산계를 언급하고는 있다.[11] 『산경표』는 조선 후기의 산 연구전통과 산맥인식체계를 종합하고, 당시 성행했던 족보의 서술방식을 적용하여 조선의 산맥체계를 재정립한 연구성과이다.

『산경표』에서는 백두산을 머리로 하여, 조선의 산맥을 큰 줄기 하나[白頭大幹]와 14개의 갈래진 줄기로 보았다. 14줄기 중에서도 강을 끼고 있는 것은 정맥正脈, 산줄기 위주로 형성되어 있는 것은 정간正幹으로 분류하여 '1대간, 1정간, 13정맥'으로 체계화했다. 대간을 백두대간, 정간을 장백정간이라고 부르며, 정맥을 청북정맥, 청남정맥, 해서정맥, 임진북예성남정맥, 한북정맥, 한남정맥, 금북정맥, 한남금북정맥, 금남정맥, 금남호남정맥, 호남정맥, 낙동정맥, 낙남정맥으로 정리했다.[12]

조선 후기에 정립된 산경체계는 당시의 풍수적 자연관과 신분제도라는 사회적 질서가 산맥에 반영되어 나타난 결과물이라고 할 수 있다. 풍수에서는 지기地氣의 맥이 산줄기를 따라 흐른다고 보았기 때문에, 명당의 입지에서 산줄기를 계통으로 파악하는 일은 필수적이었다. 또한 국토

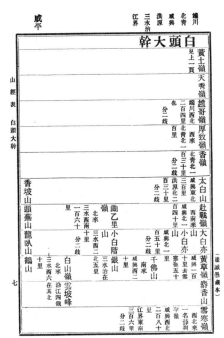

『산경표』(조선광문회본).
족보 형식으로 산줄기의 갈래를
대간과 정맥으로 체계화하여
독특하게 정리되었다.
국토의 산줄기에 대한 족보식 구성은
세계적으로 유일한 것이다.

를 유기체와 동일하게 보아 줄기[幹]와 맥에 비유하는 방식도 풍수적 자연관에 기초한 것이다. 간幹 또는 大幹이라는 용어도 풍수에서 비롯됐다.

지리 정보와 경관의 형성은 역사성과 사회성을 띠게 마련이다. 특히 산을 시조로부터 족보식으로 관계 짓고 산줄기의 체계를 가늠하여 대종大宗과 지맥支脈을 나누는 방식은, 조선 후기의 가부장적이고 위계적인 사회질서와 종족의식의 강화라는 사회 이데올로기가 산지체계에 투영되어 재구성된 것이다.

그밖에 조선 중·후기에는 지도와 지리지 등을 국가가 정책적으로 편찬하면서 지리적 인식이 발전했다. 그로 인해 산지에 대한 체계적 인식과 이해가 가능했다는 점도 『산경표』 편찬이 가능했던 배경 가운데 하나로 들 수 있다. 그리고 조선의 산지체계에서 백두산이 국토의 종산으로 정립되고 백두대간의 개념이 형성된 것은 18세기 이후로, 백두산을 두고 청나라와 국경문제가 본격화된 것이 역사적 배경이 되었다.[13] 무엇보다 국토의 산지가 전국적이고 체계적으로 일목요연하게 집대성되었다는 점이 『산경표』의 가장 큰 성과다.

『산수고』『산경표』와 같이 산계에 기초한 계통적 방식의 산수 인식과 산맥체계의 이해는, 이후의 산지 저술과 그림지도, 산보류 서적의 재생산에도 영향을 주었다. 19세기에 편찬된 『두류전지』頭流全志라는 지리산지 역시 이러한 인식체계를 지리산의 산줄기에 적용하고 있다. 1903년에는 한반도의 산줄기 계통을 그림으로 표현한 지도인 「조선산도」朝鮮山圖도 그려졌다. 백두산을 머리로 삼아 백두대간의 줄기를 그렸고, 금강산, 지리산, 한라산을 삼신산으로 크게 그려 강조하였다. 그리고 1911년에는 『산경표』의 체제와 구성을 계승·보완한 『조선산수도경』朝鮮山水圖經[14]이라는 책도 간행된 바 있다.

『조선산수도경』은 원영의가 저술한 것이다. 이 책은 『산경표』와 같이 족보식으로 구성된 것은 아니지만 조선의 산계山系와 수계水系를 체계화하여 정리했고, 산의 계통을 위계와 지역에 기초하여 분류했다는 특징이 있다. 산계의 체계는 대간大幹과 간지幹支로 위계가 구분되었고, 각각은 다시 지역적으로 3개의 대간과 8개의 간지로 분류되었다. 책머리의 범례에는 학습과 여행을 위해 책을 썼다고 편찬 동기를 밝히고 있다. 「산도경」山圖經과 「수도경」水圖經으로 목차를 편제했으며, 본문에는 산수의 경로에 대해 설명한 이후에 그림으로 요약하여 표현했다.

예를 들어 「산도경」에는 북부고지 백두대간北部高地白頭大幹, 동부고지 백두대간東部高地白頭大幹, 남부고지 백두대간南部高地白頭大幹, 관북고지 장백간지關北高地長百幹支, 낙동고지 태백간지洛東高地太白幹支, 낙동고지 봉황간지洛東高地鳳凰幹支, 호남고지 장안간지湖南高地長安幹支, 금남고지 마이간

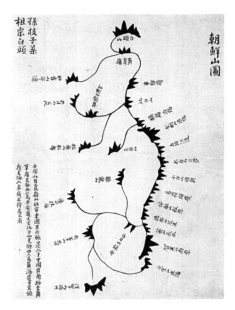

「조선산도」朝鮮山圖, 『지도서』, 서울역사박물관 소장.
백두산을 머리로 백두대간의 줄기를 그렸다.
금강산, 지리산, 한라산을 삼신산으로 크게 그려 강조하였다.

지錦南高地馬耳幹支, 금북고지 분수간지錦北高地分水幹支, 임북고지 개련간지
臨北高地開蓮幹支, 예서고지 개련간지禮西高地開蓮幹支, 청남고지 낭림간지淸
南高地狼林幹支로 구분하여 산경체계를 서술했다.

조선 후기에 계통적으로 정립된 산천인식은, 국토지형을 산줄기와 물
줄기[流域圈]의 상관 구조로 파악하여 지리정보를 체계화했다. 이것이 문
화지역과 문화권 설정의 근거가 된다는 점에서 지리학적인 의미가 크
다.[15) 또한 기존에 중국의 곤륜산을 기점으로 한 산맥체계의 중화적 인
식에서 탈피하여, 자주적인 국토인식 아래 백두산을 조종으로 서술하고
있다는 중요성도 있다.

조선 후기의 산줄기체계는 지리학계에도 큰 반향을 일으킨 바 있다. 현
대의 지형·지질 구조에 바탕을 둔 산맥체계와는 논리적 인식 토대가 다

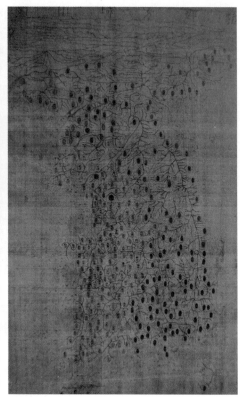

왼쪽 | 한국에서 현존하는 가장 오래된 세계지도인
「혼일강리역대국도지도」(1402) 중 한반도 부분.
백두대간을 비롯하여 국토의 주요 산줄기 표현이 뚜렷하다.
오른쪽 | 「조선방역지도」(1557)의 산줄기 표기.
이 당시에 이미 국토의 산줄기가 체계적으로 파악되고
지도상에 상세하게 표현되었음을 알 수 있다.

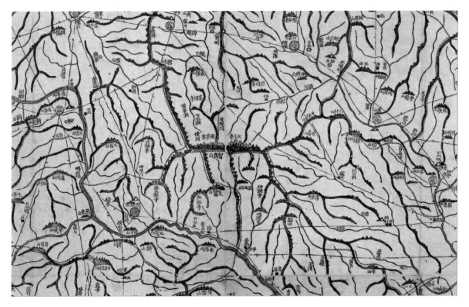

『대동여지도』(지리산권 부분)에는 산줄기의 구체적 모습과 계통, 대간과 지맥의 위계, 하천과의 상호 관계 등이 사실적으로 표현되었다.

르지만, 당시의 자연관이나 독특한 산지인식에 근거한 전통적 산경체계 역시 문화역사 콘텐츠로 활용될 가치가 충분하다.

고지도에 산은 어떻게 표현되었나

조선시대 산에 관한 지리정보나 지식은 지도상의 산과 산줄기 표현에 그대로 반영되었다. 전도全圖, 군현도郡縣圖, (풍수)산도山圖와 같은 지도류에서 보이는 산줄기와 개별 산에 대한 다양한 표현방식은 동아시아 지도사에 비추어 보아도 특기할 만한 성과라고 할 수 있다. 오늘날에도 조선시대 지도류에 표현된 산과 산맥체계는 당시의 산 경관인식과 산지정보를 알 수 있게 해주는 귀중한 자료로 평가된다.

현존하는 동양 최고의 지도인 「혼일강리역대국도지도」[1402]의 조선도

왼쪽 | 『대동여지도』의 백두산. 정상부의 사실적 모습이 대지(大池: 천지)의
표기와 함께 그려졌다. 나라 산줄기의 으뜸이 되는 상징성이 중첩·집약되는
산줄기 형태로 강조되어 잘 표현되었다.

오른쪽 | 『대동여지도』의 금강산. 마치 금강석 원석처럼 석산으로 이루어진
금강산의 수려한 수많은 봉우리가 사실적으로 표현되었다.

에도 이미 산맥 표시가 상세하고 분수령에 관한 개념이 뚜렷했다.[16] 산
줄기의 표현을 중시한 전통은 조선 초기에 만들어진 이회의 「팔도지도」
정척과 양성지의 「동국지도」[1463]로 계승·발전되었으며, 1557년에 작성
된 「조선방역지도」의 산줄기 표현은 현대 지도에서 보이는 지형과 다름
이 없다.[17] 지도에서 산을 표현하는 방식은 18세기에 축척을 사용하여
정확도를 기한 정상기[鄭尙驥, 1678~1752]의 「동국지도」를 거쳐, 김정호의
『대동여지도』로 더욱 발전되었다.

　『대동여지도』는 1861년에 제작한 대축척지도로서 국토의 산수체계를
일목요연하게 파악할 수 있게 해준다. 조선 후기의 지리지, 백과전서, 산
보, 풍수류 등에서 계통적으로 기록되고 연구된 산맥과 산줄기체계가 집
약되어 그림으로 표현된 결과물이기도 하다. 『대동여지도』에서 나타나
는 산의 표현방식은 현대지도학의 산악투영도법과 유사하다. 특히 산계

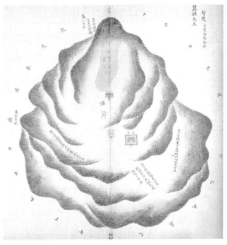

왼쪽 | 영월의 장릉을 그린 지도인 「월중도」(越中圖). 단종의 능침을 중심으로
산수의 풍수적 형세가 잘 표현되었다. 왕릉의 시설물들과 관아 건물(아래)도 상세하게 그려졌다.
오른쪽 | 「지릉도」(智陵圖). 지릉은 조선 태조의 증조부 익조(翼祖)의 능으로,
함경남도 안변에 있다.

(산줄기)를 표시하는 데 중점을 두고 있어, 산줄기의 위계에 따라 선의 굵
기도 달리 표현했다. 따라서 산줄기의 간·지(백두대간 및 정간·정맥) 구분
이 가능하고, 이에 상응한 하천 유역도 파악할 수 있다.

개별 산의 표현에서는 산의 크기와 모양·형세·분수령·풍수 등도 간
접적으로 짐작할 수 있고, 백두산·금강산·지리산 등과 같은 주요한 명
산은 사실적인 묘사방식으로 산악지형을 강조하여 나타냈다. 『대동여
지도』의 지도책에는 산에 있는 인문경관으로 성지城池, 고산성古山城 등
도 기호 형식으로 표기하여 '지도표'라는 범례에 포함시켜 제시했다.
중국과 일본에 다양한 고지도가 있지만 『대동여지도』와 같이 산줄기
표현 방식과 산악투영도법으로 국토 전체를 그린 전도는 한국이 유일
하다.

또 다른 지도류 중의 하나인 산도는 명당지의 산 지형경관을 풍수이론

의 관점과 원리로 해석하여 표현한 특수지도이다. 족보에서 산도는 선영도, 분산도墳山圖, 묘산도, 묘소도, 묘도 등으로 불렀다. 비결서의 경우에는 명당도, 용혈도, 명산도, 산수도 등으로 불린다.[18] 특히 조선왕조는 왕릉의 조성, 배치, 형태 등에 관련된 주요한 사실을 '산릉도'山陵圖에 상세하게 남긴 바 있다. 산릉도에는 능역을 구성하고 있는 경관 요소들이 사실적인 회화로 표현되었을 뿐만 아니라 입지 조건에 관한 풍수형세의 산수 묘사 방식과 함께 자세한 풍수 정보가 표기되었다.

예컨대 1808년에서 1840년 사이에 제작된 「지릉도」智陵圖를 보면, 능을 중심으로 산세가 에워싼 모습이 잘 그려져 있고, 능역의 시설물도 매우 사실적으로 표현되어 있다. 능 아래에는 문석인文石人과 무석인武石人 등의 석물을 그렸고, 정자각과 수자간水刺間, 홍전문, 비각, 재실도 자세하게 그렸다. 능의 좌향[壬坐丙向]이 축선으로 그려져 있고, 24방위가 표기되어 있다. 그리고 '내룡이 왼쪽으로 돈다'[來龍左旋]는 풍수적 지세를 기재했다. 정자각으로부터 주산 봉우리까지의 거리 및 외청룡과 외백호가 서로 마주치는 곳까지의 거리 정보도 기입했다. 이렇듯 산도는 풍수적 지형경관을 재현할 목적으로 그린 특수 지도로서 당시의 풍수적인 산지경관에 대한 인식과 표현 방식을 알 수 있는 그림 자료이다.

산의 명당 길지를 기록한 풍수 문헌들

조선 후기에 들어와 향촌사회와 사회계층 전반에 풍수사상이 크게 유행했다. 왕실에서는 『명산론』明山論, 『감룡경』撼龍經, 『의룡경』疑龍經 등의 산에 대한 중국풍수서가 교과서로 지정될 만큼 산에 대한 관심과 비중이 컸다. 산론山論이라고 하여, 왕릉지를 선택하는 과정에서 상지관들이 후보지의 풍수를 논평하여 왕에게 보고한 기록도 『산릉도감의궤』에 수록되었다. 민간에서는 '산수경'[19] 또는 '산수록' 등의 이름을 붙인 풍수 이론서 필사본과, 주요 명산의 명당지에 대한 풍수적 지리정보가 기록된 '답산가' '유산록' 등의 기록물이 널리 유행했다. 또한 종족의식 강화의 일환으로 문중의 묘지를 중시하는 분위기를 타고 '묘산지'墓山誌 류가 편찬되기도 했다.

이러한 풍수록류의 책은 그림으로 표현된 산도와 대비하여 산서山書라고 일컬었는데, 이들은 사실상 산에 대한 서술이나 기록이기보다는 산에 있는 풍수 명당에 대한 정보를 수록한 것들이다. 산서류의 문헌들은 당시 민간인들의 산악문화에 대한 풍수의 영향을 잘 반영하고 있기에, 산도와 함께 조선 후기 산악문화의 풍수적 성격을 탐색하는 좋은 자료가 된다.

조선 후기에 저명한 풍수사의 이름을 앞에 붙인 유산록, 답산가, 명산록과 같은 풍수록류의 책은 민간인이 읽고 이해하기 쉽도록 가사체로 풀이되고 그림으로 그려짐으로써 널리 서민들에게 필사되어 확산되었다.

대표적인 문헌사례로서 『옥룡자유산록』玉龍子遊山錄, 『국사옥룡자답산가』國師玉龍子踏山歌, 『국사옥룡자유세비록』國師玉龍子遊世秘錄[20] 등은 호남의 풍수 명산 길지에 대한 위치와 풍수정보를 기록한 가사체 문헌이다. 『명산록』名山錄[21]이라는 책은 안동과 그 인근 지역인 영해, 진보, 청송, 예안, 용담, 청학동, 순창, 풍기, 순흥, 영천榮川, 예천에 소재한 풍수상 주요 명산 길지들을 산도와 함께 위치, 풍수 정보를 수록하여 지역별로 편집한 것이다. 그리고 『묘산지』墓山誌는 권섭權燮, 1671~1759이 편찬한 것으로 문중 선조의 장지 21곳이 실려 있다.[22]

한국에는 산의 인문학으로 일컬을 수 있을 만큼 산에 대한 방대한 지식 정보가 집적되어 있었다. 특히 조선시대는 지리지류, 유산기류, 백과전서류, 산보류, 지도류, 풍수록류 등의 형식으로 산과 산악문화에 관한 풍부한 인문학 연구물과 지식정보 문헌이 갖춰져 있었다. 이것은 조선 후기에 산지의 편찬으로 계승되고, 집성될 수 있는 토대가 되었다.

한국의 산에 대한 연구전통과 지식체계는, 자연환경과 생활문화 양면에서 큰 비중을 차지하는 산지자원의 가치와 비중이 반영되어 역사적으로 형성·발전된 것으로서, 기능적으로도 산지자원이 보전되고 활용되고 관리되는 데 기여했다고 평가할 수 있다. 오랫동안 축적되어온 산의 지식정보와 문헌들은 오늘날에도 역사문화자원으로 활용될 수 있는 훌륭한 기록유산으로서 가치가 있다.

산에 관한 체계적이고 종합적인 저술, 산지

사람, 산을 논하다

산지山誌 또는 山志는 산의 자연적·인문적 지리정보와 역사문화에 대한 체계적인 서술 및 의론議論의 기록이다. 앞서 살펴본 바와 같이 한국에는 조선시대 이후 산에 대한 전문적인 저술 성과가 있었다. 조선 중·후기에는 산에 관한 기록이 사회계층 전반에 널리 확산되었다. 이렇게 축적된 지식은 조선 후기에 산지가 편찬되는 토대가 되었다. 산지는 산과 관련된 역사·지리·문학·유적·종교 등의 내용을 모두 수록하고 있다는 점에 특수성이 있다. 하나의 산에 대하여 종합적이고 체계적인 서술방식을 지향하고 있는 점에서, 특정 목적의 저술 의도와 그에 한정된 지식 정보를 담고 있는 여느 산 기록물과는 유형이 다르다.

한국의 산지는 중국의 영향을 받았지만 특색 있는 구성을 하고 있으며, 조선 후기부터 본격적인 산지가 편찬되었다. 산지는 산천지山川誌·산수지山水誌와 동의어로 사용될 수 있지만, 일반적으로 산지라는 용어가 범칭凡稱으로 사용되었다.

문헌으로서 산지는 산에 대한 백과전서류, 산보류, 유산기류, 풍수록류 등을 모두 포괄하는 개념이다. 그래서 산수기山水記, 산수유기山水遊記, 유산기遊山記, 명산기名山記, 산수록山水錄, 산수고山水考, 산경표山經表, 산수도

표20 산지의 범주와 분류(지>지리지>산지)

범주＼개념	유형	문헌 사례	비고
광의	협의 (산)지	『두류전지』『청량지』『오가산지』『주왕산지』『북한산지지(초략)』	지리지 체재
		『지리산지』『묘향산지』『향산지』『금강산지』	체계적 기록·편집
	백과전서	『동국명산기』『산수고』	
	(산)보	『산경표』(여지편람)『조선산수도경』	
	유람기	『단양산수기』『고양산수기』『유두류록』	
	풍수록	『명산록』『옥룡자유산록』『국사옥룡자답산가』	

경山水圖經 등의 명칭을 한 문헌은 모두 넓은 의미의 산지에 속한다. 그러나 좁은 의미로 산지를 말할 때는 개별 산에 대해 서술·편집된 지리지류地理誌類·기록류記錄類의 형식에 한정된다.

조선 초기부터 지리지류, 유람기 형식의 산지가 다수 저술·편찬되었다. 조선 후기에는 지리지와 유산기 외에도 백과전서·산보의 서술체계를 갖춘 산지와 풍수정보를 담은 산지 등 다양한 산지가 만들어졌다. 산지를 편찬 주체별로 구분하면 국가[官撰], 지방단체, 개인[私撰]으로 나눌 수 있다. 협의의 산지 범위로 한정해 편찬 주체를 살펴보면, 근대에 편찬한 관찬『북한산지지(초략)』北漢山地誌(抄略)과 향촌사회단체가 편찬한『지리산지』智異山誌를 제외하고는 모두 개인이 편찬한 것이다.

산지는 전국의 산과 명산문화의 계통을 살피는 백과전서식 방식으로 쓰이기도 하고, 개별 산에 관한 내용을 종합한 지지적地誌的 방식으로 구성되기도 했다. 협의의 범주에 해당하는 산지의 항목과 내용구성은 대부분 자연지형, 인문경관, 문학작품의 체재와 순서로 수록되었다.

산지의 서술 형식은 지리지류, 백과전서류, 기록류 및 유람기류, 풍수록류 등으로 크게 구분된다. 서술 방식은 사실적인 서술로 일관된 것도 있고, 객관적 서술과 주관적 의론이 같이 나타나는 것도 있다. 산지에 속

태산문화는 중국의 산악문화를 대표하기에, 오랜 기간
방대한 분량으로 태산의 산지(山誌)가 편찬·집성되었다.
중국 산동성 태산의 모습과 태산의 인문적 정체성을 잘 보여주는 석각들.

하는 글은 서책 편제의 형식상 지誌·기記·록錄·잡저雜著 등속에 실려 있
는 것이 대부분이다. 산지는 문체 분류상 기記·시詩·소疏·지誌로 나누는
대분류에서 일반적으로 지誌 일부 記도 포함에 속하며, 중분류로는 지리지에
속한다.

조선시대에 편찬된 산지의 체재와 형식은 중국의 영향을 받았던 것으
로 보인다. 그럼에도 중국의 것을 그대로 따르기보다는 편찬 목적과 지역
특성에 맞게 구성과 체재를 달리했다. (표 21 참조)

중국 산지 가운데 대표적인 사례 두 가지를 들어 살펴보자. 먼저 무이
산의 산지인 『무이지』武夷誌의 목차는 책머리에 서문과 지도[圖]가 있고,
이어 권1의 산천, 권2의 서원, 권3의 궁관宮觀, 권4의 고적과 토산土産, 권5
의 우현寓賢, 권6의 기유紀遊와 부록으로 구성되었다.

중국의 명대 가정嘉靖 연간1522~66에 편찬되어, 현존하는 최고의 태산
전지全志로서 중요한 위치를 차지하는 『태산지』泰山誌는 책머리에 서문과
태산도 등의 지도가 있고, 본문의 목차에는 권1에 산수山水, 수전狩典, 망

표21 한·중 주요 산지의 편제 비교

명칭 항목	중국		한국	
	『무이지』 (15세기)	『태산지』 (16세기)	『청량지』 (18세기)	『두류전지』 (19세기)
책머리	서문, 지도	서문, 지도	서문, 범례	지도(圖)
연혁				
자연지형	산천	산수	산천	두류조종보(頭流祖宗譜) 두류신기(頭流身記) 두류자손록(頭流子孫錄) 두류족당고(頭流族黨考) 유수경(流水經)
사원(寺院)		영우(靈宇)	사암(寺庵)	범천총표(梵天摠表)
사원(祠院)				
서원	서원(書院)			
궁실	궁관(宮觀)	궁실(宮室)		
누정				
유적	고적	유적	산중고적(山中古蹟), 선현유적(先賢遺蹟)	고적차(古蹟箚)
명승				선승편(選勝編)
인물	우현(寓賢)	인물		
시문	기유(紀遊)	등람(登覽)	기제(紀題)	첩산시화(貼山詩話)
토산	토산(土産)	물산(物産)		
기타		치적(治積) 악치(岳治)		
		상이(祥異) 수전(狩典) 망전(望典) 봉선(封禪)		
				여산군읍지(麗山郡邑誌)
잡지		잡지(雜志)		보색유탈장(補塞遺脫章), 두류잡식(頭流雜識)
책말미				도(圖)

전망典, 봉선封禪으로 구성되었고, 권2에는 유적제왕, 성현, 열선列仙, 영우靈宇, 궁실宮室로 구성되었으며, 권3에는 시詩, 기記, 권4에는 악치岳治, 치적治積, 인물, 물산, 상이祥異, 잡지雜志로 구성되었다.[23)]

　이렇듯 체제와 항목의 구성만 보아도 한국의 산지는 중국과 비교해 유사성과 특수성이 있음을 알 수 있다.

한국에서 체계적으로 구성된 산지는 18세기부터 본격적으로 편찬된다. 조선 후기에 산지의 편찬이 가능했던 것은 기존의 산 연구전통과 특정 명산에 대한 정보와 지식이 축적되었던 덕분이며 중국 산지의 영향도 있었다. 이러한 산지 편찬 전통은 일제강점기에도 계승되어 지리산, 북한산 등 주요 명산을 대상으로 지속되었다.

산지를 편찬한 이유와 목적

산지는 묘향산, 금강산, 청량산, 지리산, 북한산 등 주요 명산 위주로 편찬되었다. 편찬자가 승려냐 유학자냐 하는 사상적 속성에 따라 산에 대해 갖고 있는 불교와 유교의 정체성과 편찬의도를 뚜렷이 알 수 있다.

『묘향산지』妙香山志는 조선 후기의 승려 설암雪嵓, 1651~1706이 지은 것으로, 평안도 묘향산의 불교유적지에 관한 기행문이다. 묘향산 위치, 형세, 지명유래, 주요 사적, 봉우리, 사찰, 묘향산 관련 시문 등을 수록했다. 같은 묘향산을 대상으로 한 『향산지』香山志는 조선 후기의 승려 태율兌律, 1695~?이 썼다. 여기에는 묘향산의 자연과 설화, 산봉우리의 형상과 이름, 명승지, 사찰의 연혁과 역대 고승의 행적, 명인의 발자취 등이 기록되어 있다.

『금강산지』金剛山志는 황덕길黃德吉, 1750~1827이 썼으며, 금강산의 산수지리와 인문경관을 간략한 단문으로 서술하고 있다. 역시 같은 금강산을 대상으로 한 『풍악기』楓嶽記는 서영보徐榮輔, 1759~1816가 쓴 금강산 기행문이다. 금강산의 명칭, 위치, 빼어난 경치와 금강산을 예찬한 글을 싣고 자신의 논의를 덧붙였다.

'청량지'(오가산지)류는 선현퇴계의 자취를 기리기 위해서 편찬되었기

표22 한국의 주요 산지 개관

산지명	편찬자	편찬시기	대상(산)	형식	비고
『묘향산지』	설암(1651~1706)	17세기	묘향산	기록	
『향산지』	태율(1695~?)	18세기	묘향산	기록	
『동국산수록』	이중환(1690~1752)	18세기	주요 명산 내용 포함	논저	택리지
『산수고』	신경준(1712~1781)	18세기	한국 주요 산	백과전서	
『산경표』	신경준(1712~1781)	18세기	한국 주요 산과 산계	보	
『금강산지』	황덕길(1750~1827)		금강산	기록	
『풍악기』	서영보(1759~1816)	18세기 후반	금강산	기행문	
『동국명산기』	성해응(1760~1839)		한국의 명산	백과전서	
청량지 『청량지』	이세택(1716~1777)	1771년	청량산	지리지	멸실
청량지 『(증보)청량지』	이이순(1754~1832)	1817년	청량산	지리지	증보
청량지 『오가산지』	이만여(1861~1904)	1901년	청량산	지리지	
청량지 『청량지』	김홍기	1963년	청량산	지리지	
『두류전지』	김선신(1775~?)	19세기	지리산	지리지	
『주왕산지』	서원모(1787~1858)	1833년	주왕산	지리지	
『조선산수도경』	원영의	1911년	한국의 산과 산계	사전, 도	
『북한산지지(초략)』	중추원	일제강점기	북한산(삼각산)	지리지	
『지리산지』	함양명승고적보존회	1922년	지리산	집록	

때문에 관련 유적지나 시문에 중점을 둔 산지라는 특징이 있다. 『청량지』
淸凉誌는 중국의 『무이지』를 본떠서 1771년 이세택이 편찬했으나 지금
은 전해지지 않는다. 현존하는 『청량지』는 이이순李頤淳, 1754~1832이 1817
년에 증보·중수한 책이다. 『오가산지』吾家山誌는 1901년에 이만여李晚輿,
1861~1904가 편찬했다. 두 책 모두 청량산의 산천, 고적, 기제紀題, 퇴계 관
련 시문 등을 실었다.[24] 내용의 구성은 책머리에 서문과 범례가 있고, 본
문은 산천, 사암, 산중 고적, 선현 유적, 기제로 이루어졌다.[25]

『주왕산지』周王山志는 1833년에 서원모徐元模, 1787~1858가 편찬했다. 이
책은 경북 청송에 있는 주왕산의 역사와 문화를 총 3편으로 편집한 것이
다. 상편은 산천, 고적, 사찰, 봉우리, 바위, 대臺 등의 지리정보를 실었고,
중편에는 주왕산에 대한 산문 기록과 시문을 실었다. 하편에는 상편과 중

편에서 빠진 것을 보충한 습유拾遺와 책의 편찬동기를 기록한 발문跋文 등이 실려 있다. 이 책은 『두류전지』와 함께 한국의 대표적인 산지의 하나로 평가된다.

『북한산지지(초략)』은 일제강점기에 편찬되었으며 조선 후기의 지리지 형식을 갖춘 산지이다. 이것은 일제가 북한산에 순사주재소를 설치하면서 북한산의 현황을 파악하기 위해 만든 것이다. 책의 구성은, 머리에 북한산성의 약도가 있으며, 목차는 도리道里, 연혁, 산골짜기[山谿], 성지城池, 관원官員, 궁전宮殿, 사찰, 누관樓觀, 교량, 창고[倉廩], 경계[定界], 고적으로 구성되었다.

한국의 산지 중에서 체계적으로 지리지의 일반적 구성 형식을 갖춘 것은 『두류전지』 『주왕산지』 『청량지』 『오가산지』 『북한산지지(초략)』 등이다. 그 가운데 『두류전지』와 『주왕산지』는 하나의 산을 대상으로 산악문화를 체계적으로 구성한 대표적 산지라고 할 수 있다. 여기서는 『두류전지』와 『지리산지』를 자세히 살펴보자.

지리산과 지리산문화를 기록하다

지리산은 경관이 수려할 뿐만 아니라 청학동이라는 이상향이 있는 곳으로도 널리 알려져 있었다. 따라서 조선시대 많은 유학자들이 유산기를 남겼으며, 유서 깊은 사찰, 서원 등 역사문화유적도 곳곳에 있는 한국의 대표적 명산이다. 지리산 인접권역에는 10여 개의 군현 고을[邑治]이 자리하고 있었다. 그리고 조선 중·후기에 이르기까지 인구의 사회적 이동으로 지리산에 여러 마을이 발달하여, 한국의 명산 중에서 주거인구가 가장 많은 삶의 터전이기도 했다. 지리산의 이러한 역사적 배경은 체계적인 저술로서의 지리산지가 편찬되는 요인이 되었다.

『두류전지』[26]는 지리산의 자연환경뿐만 아니라 고을·승경·고적·사찰 등의 인문경관과 지리산에 대해 서술한 주요 유산기와 시문 등까지 종합했다. 기존의 지리지 및 읍지·유산기·산보류의 산 연구 성과를 반영하여 지리산의 자연·문화·역사에 관해 전반적이고 체계적으로 구성한 산지이다.

『두류전지』를 편찬한 김선신金善臣, 1775~1846의 본관은 선산이며, 자는 계량季良, 호는 청산淸山이다. 1805년과 1822년에 연행사의 일원으로 중국 심양에 갔다 왔으며, 1811년에는 통신사의 서기라는 직책으로 일본에도 다녀와 저명한 중국·일본의 문인들과 교유를 맺었다. 이후 1823년 무렵에 2년간 경상도 소촌도[27]의 찰방을 지냈는데, 이 기간 동안 지리산에 대해 관심을 갖고 저술한 것으로 추측된다.[28] 저자의 편찬의도와 구상은 책에 서문이나 발문이 없는 관계로 직접적으로는 알 수 없고, 책의 편제나 본문의 내용을 통해서만 간접적으로 추정하고 해석할 수 있다.

이 책은 상·하 2권으로 구성되어 있다. 책의 편제는 본문과 보유補遺로 구성되었고, 2종의 도면이 있다. 목록을 살펴보면, 상권에 지리산의 산수 체계에 대한 독특한 구성으로 「두류조종보」頭流祖宗譜, 「두류신기」頭流身記, 「두류자손록」頭流子孫錄, 「두류족당고」頭流族黨攷, 「유수경」流水經이 있다. 이어서 「지리산의 9개 연접 군현 개요」[麗山郡邑誌], 「명승지」[選勝編], 「사원과 누정」[祠院樓亭略]으로 목차를 구성했다. 하권에는 「사찰」[梵天總表], 「고적」[古蹟箚], 「시문 및 유산기」[貼山詩話]와 기타 책 내용의 보완편으로서 「보색유탈장」補塞遺脫章, 「두류잡지」頭流雜識 순으로 구성되어 있다. 책머리와 끝에는 그림이 실려 있다. 책머리에는 지리산의 산계를 종합적으로 표현한 「두류조종신자손족당총략지도」頭流祖宗身子孫族黨摠略之圖가 있고, 책끝에는 지리산권역의 행정지도를 그린 「환산주현방리도」環山州縣

坊里圖가 수록되어 있다.

『두류전지』는 산수, 인문경관, 시문의 순으로 구성되는 지리지의 일반적 편제를 따르고 있다. 그리고 복합적인 자연·인문환경을 형성하고 있는 지리산의 특성에 맞게 지리산의 산수체계, 지리산 둘레 군현의 읍지, 지리산의 명승지 선정 등 독창적인 구성 체제와 유수경, 선승편, 범천총표 등 개성적인 편목 명칭을 갖추고 있는 것이 특징이다.

김선신은 이 책을 편찬하기 위해 지리지와 유산기류를 인용하고 책머리에 그 책 이름들을 밝히고 있다. 『두류전지』의 본문을 살펴보면, 상당부분이 기존 지리지, 유산기, 산보山譜경표의 지리산 관련 내용을 발췌하여 수록했고, 덧붙여서 각 장절의 서두와 본문 중간 중간에 저자의 의론과 견해를 약술한 형식을 취했다. 그가 인용한 지리지류로는 조선 중기를 대표하는 관찬지리지인 『신증동국여지승람』과 지리산권역 고을의 읍지류로서 『진양지』 『곤양지』 『고성지』 『사천지』 『하동지』 『구례지』 『남원지』 『운봉지』 『함양지』 『산청지』 『단성지』 등이 있다.

유산기류로는 「유두류록」(점필재 김종직), 「속두류록」(남명 조식), 「유산록」(추강 남효온), 「유산록」(청파 이륙), 「유산기」(송정 하수일) 등이 있다. 그리고 조선 후기 산줄기 지식정보의 집약적 성과물이자 산 족보서인 『산경표』를 참고하여 지리산의 산줄기에 적용했다. 기타 기록류로서 『이인로집』 「경암기」 「김처사기」 「유씨기문록」 등이 있다.

주요 관찬지리지와 사찰읍지에 수록된 지리산에 대한 정보도 『두류전지』의 바탕이 되었다. 저자는 『두류전지』의 「사원누정략」 장 서두에서 읍지에 있는 사원과 누정을 취하여 골랐다고 밝히고 있다. 특히 「여산군읍지」 장에서는 지리산에 연접한 군현들의 지리지 및 읍지를 두루 참고·인용하여 내용을 구성했다.

『두류전지』는 문화지역의 설정에 기초한 지리지로서 체계적으로 구성되어 있고, 지리산 산수를 계통적으로 파악하고 있으며, 지리산권역 읍을 종합적으로 서술한 것이 큰 장점이다. 다만 산수와 역사, 문화경관, 시문을 서술하는 데에 편중되어 있고, 인물 항목이 없으며, 지리산의 토산, 호구, 도로 등의 경제·행정·교통지리적인 서술이 없어 종합적인 지리지로 보기에는 한계가 있다. 또한 지리산의 공간적 권역을 엄밀하게 구획하여 세부 항목의 편성에 일관되게 적용하지 못한 점도 있다. 예컨대 선승편에서 선정한 명승지 중의 하나인 와룡산은 사천에 있는 것으로, 저자가 이 책에서 규정한 지리산권역의 내속 범위를 벗어나기도 한다.

조선 후기 산지 편찬의 대표적 성과, 『두류전지』의 특징

『두류전지』는 첫째, 지리산권역이라는 문화지역의 설정에 기초한 지리지라고 할 수 있다. 일반적으로 전국지리지는 전국을, 군현지리지는 단위 읍을 공간적 범위로 삼는다. 이에 비해 『두류전지』는 지리산과 인접 9개 군현을 포함하는 지리산권역을 다룬다. 자연적으로 형성된 지리산 산수 체계의 지형적[山脈] 연속성이라는 필요조건과, 문화적으로 지리산 행정 구역의 지리적 인접성이라는 충분조건을 모두 갖추었기에 가능한 일이다. 저자는 지리산계를 조종祖宗·신身·자손子孫·친족[族黨]으로 분류하여 지리산권역의 산수체계를 파악했다. 또한 지리산의 내맥來脈 범위에 포함되는 동시에 지리산에 인접한 행정권역으로 『두류전지』의 공간적 범위를 정했다.

다른 산지의 공간적 범위를 『두류전지』와 대비하여 보자. 성해응은 『동국명산기』에서, 조선 후기의 지역구분에 기초하여 전국을 경도京都, 기로畿路, 해서海西, 관북關北, 관서關西, 호중湖中, 호남湖南, 영남嶺南, 관동關東이라는 아홉 권역으로 나누어 명산의 경승지를 서술한 바 있다. 그리고 『청량지』,『묘향산지』 및 『향산지』,『금강산지』,『북한산지지(초략)』 등은 각각 해당 산에 국한했다. 반면 『두류전지』에서는 산경山經, 수경水經, 취락, 명 승 및 사원, 누정, 사찰, 고적 등 인문경관이 지리산을 중심으로 인접한 아 홉 개 군현이라는 행정권역을 포괄한 공간적 범위로 서술되고 있는 것이 다. 이는 지리산의 넓은 지역 규모와 이에 기초한 문화권의 특성과 관련 되어 있다. 따라서 『두류전지』는 지리산을 중심으로 한 지리산권의 사회 문화적 경관 요소를 통합한 산지라는 데 의미가 있다.

둘째, 조선시대에 편찬된 개별 산지 중에서 지리지 측면의 형식과 내용 이 가장 체계적으로 구성되었다. 『두류전지』는 조선 후기까지 이어진 산 연구전통인 지리지, 유산기, 산보山譜, 지도, 풍수 등을 종합하여 지리산의 자연지형과 인문경관, 역사유적, 시문 등 지리산의 정보를 기술한 산지로 서 가치와 의의가 있다.

다른 산지와 비교해보면, 승려 추붕이 쓴 『묘향산지』와 태율의 『향산 지』는 묘향산의 불교유적과 인물[高僧]을 위주로 쓴 기록 형식의 글로서, 둘 다 지리지로서 체계적 구성을 갖추지 못했다. 황덕길의 『금강산지』 역 시 금강산의 산수 지리와 문화유적을 간략한 단문으로 서술하고 있는 기 록에 지나지 않는다. 비교적 산지로서의 구성체계를 갖추고 있는 이세 택의 『청량지』의 경우, 선현退溪의 자취를 기리기 위해 편찬되었기에 퇴 계와 관련된 유적지와 시문 위주로만 편집된 한계가 있다.[29] 이는 『청량 지』의 조목에서 기제조紀題條가 가장 많은 분량을 차지하는 사실을 보아 도 알 수 있다.

이에 비하여 『두류전지』의 체재는 지리산의 자연경관과 인문경관 등 의 지리정보를 다양한 항목분류를 통해 체계적으로 실었다는 차이가 있 다. 단적으로 『두류전지』의 시문첨산시화 비중이 본문 전체의 15퍼센트에 못 미치는 데 비하여, 산수와 명승의 비중은 40퍼센트 가량을 차지하는

지리산의 산줄기가 중첩한 모습.
『두류전지』에서 김선신은 지리산의 산줄기를 계통적으로 파악하여 그림으로 표현했다.

데에서도 이와 같은 사실을 확인할 수 있다.

셋째, 지리산의 산수체계를 계통적이고 체계적으로 파악했다. 산수체계를 지형으로 이해한 것은 지리산권역이라는 문화지역이 설정되는 근거가 되었다. 『두류전지』는 지리산의 산지를 목적으로 편찬된 것이기에, 여타 지방통치를 위한 지리정보의 파악이 목적인 관찬지리지나 사찬읍지와 비교해볼 때 체제나 항목 구성이 다르다. 『두류전지』는 광의의 지리지로서 산수, 취락, 명승지, 사원과 누정, 사찰, 고적, 시문 등의 지리지가갖추어야 할 보편적 구성을 했고, 산지로서 지리산의 산수체계와 산맥지형 계보를 상세히 표현하고 지도로 제시했다.

저자는 책머리에 「두류조종신자손족당총략지도」를 제시하여 지리산의 산경과 계보의 대략을 지도화했다. 뿐만 아니라 본문에서 「두류조종보」 「두류신기」 「두류자손록」 「두류족당고」로 편제하고 지리산계의 계통을 조종, 신身, 자손, 친족으로 나누어서 서술했다.

또한 산맥 계통에 근거한 유역권을 기초로 본문의 「유수경」流水經에서 지리산의 물줄기를 '산동의 수[山東之水], 산서의 수[山西之水], 산남의 수[山南之水]'라고 셋으로 파악하고, 수계의 계통을 산과 관련시켜 체계적으로 서술하고 있다.

지리산 동쪽의 물은 운봉에서 발원하여 함양, 산청, 단성을 거치고 안의의 여러 하천과 합하여 진주의 남강이 된다. ……지리산 서쪽의 물은 장수의 수분치에서 발원하여 남원, 구례를 거쳐 산 서쪽의 여러 하천과 합쳐 하동의 섬진강이 되어 남해로 들어간다. ……지리산 남쪽의 물은 천왕봉에서 발원하여 청천이 되어 남강에 합친다.

  • 『두류전지』, 「유수경」

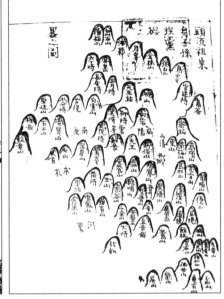

「두류조종신자손족당총략지도」(頭流祖宗身子孫族黨摠略之圖).
지리산의 산줄기와 지맥이 조상-자신-자손-친족의 인간 관계로 비유되어 표현된 지도이다.

　지리산의 산수체계를 이해하는 이런 방식은 조선 후기 지식인의 지리
적 산천인식을 반영한다. 아울러 당시에 지리산권역을 어디까지로 설정
했는지를 확인할 수 있다는 점에도 의의가 있다.

　산경을 족보 관계로 파악한 것은 조선시대의 종법적 사회이데올로기
와 보학譜學의 서술방식이 반영된 것으로 『산경표』에서 이미 집성된 바
있다. 족보에 시조가 있고, 세계世系를 일목요연하게 파악할 수 있는 도표
로서 세계표가 있듯이, 『두류전지』에서도 백두산을 조종으로 한다는 인
식「두류조종보」과 지리산맥의 계통을 총괄적으로 요약하여 그림으로 표현
한 지도「두류조종신자손족당총략지도」가 책머리에 제시되고 있다.

　넷째, 『두류전지』의 지리적 인식체계의 바탕에는 풍수사상의 영향도
강하게 반영돼 있다. 「여산군읍지」의 지리산권역 고을 입지에서 주산

과 안산의 배치를 언급하고 있고, 지리산의 산수체계를 의인화하여 파악했다든지, 지리산의 계보를 곤륜산에서 비롯하여 갈래진 세 간룡 중에 북룡으로 파악한 점 등은 풍수서에 의거한 조선시대의 산맥인식에 기초한 것이다. 이러한 산맥인식은 명대에 서선계·서선술이 편찬한 풍수서『인자수지』1564에서 비롯된 것이다. 여기에는「중국의 산천」에는 곤륜산의 조종朝宗 및 중국의 삼대 간룡三大幹龍에 관한 내용이 자세히 기록되어 있다. 중국에는 곤륜산을 기점으로 양자강과 황하를 사이에 두고 남쪽산줄기[南條幹龍脈絡], 가운데산줄기[中條幹龍脈絡], 북쪽산줄기[北條幹龍脈絡]의 삼대 간룡이 뻗어나간다고 본 것이다.『인자수지』는 조선후기 관민에게도 널리 유포되었으며,『두류전지』의 저자 김선신을 비롯한 조선시대 지식인들은 이에 의거해 백두산이 북쪽산줄기에서 연결되는 것으로 인식했다.『인자수지』는 조선 후기 관민에게도 널리 유포된 바 있다. 지리산의 조종보祖宗譜에서 김선신은 다음과 같이 첫머리를 시작하고 있다.

산경山經에서 말하는 바를 살펴보건대 천하에는 삼대간룡三大幹龍이 있는데 모두 곤륜산에서 왔다. 그 북쪽 가지[北條]는 천산에서 동북의 의무려산에 이르고, 북에서 또 동북으로 가서 백두산이 되며, 돌아서 남행하여 조선의 뭇 산이 되고, 두류산에 이르러 다한다. 두류라고 한 것은 백두산이 흘러 내려온 맥이기 때문이다. 백두에서 흘러 내려온 맥이 바다를 만나 머무른 까닭에 두류頭流라고도 하고 두류頭留라고도 한다. 무릇 백두산에서 온 것은 천만갈래의 지엽이라 다 쓸 수가 없어서 특별히 대간大幹의 적통[嫡傳]이라고 쓴다.

• 『두류전지』,「두류조종보」

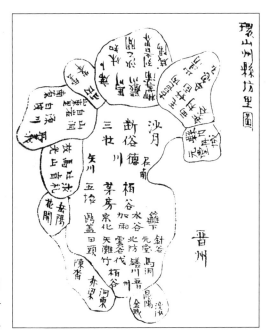

「환산주현방리도」. 지리산 둘레에
입지하고 있는 고을의 행정구역과
면을 표기한 그림이다.

지리산의 계보에 관한 위의 견해는, 인용된 산줄기 논의처럼 당시 조선
후기 지식인들의 일반적인 지리인식이었다. 하지만 김선신이 백두 – 지
리의 내맥을 '대간大幹의 적통[嫡傳]'이라고 강조한 점은 유의할 만하다.

다섯째, 『두류전지』는 지리산권의 행정구역과 행정중심지[邑]를 포괄
하여 「여산군읍지」편에 지리산 권역 9개 읍을 묶고, 읍의 자연·인문지
리적 정보를 개괄적으로 제시한 산지로 의미가 있다. 여기서 '여산군읍
지'라는 말은 (지리)산에 붙어 있는 군읍의 지리지라는 뜻이다. 이 책에서
는 지리산권에 연접한 운봉, 함양, 산청, 단성, 진주, 곤양, 하동, 구례, 남
원 순서로 읍지의 내용을 정리했다. 책의 말미 「환산주현방리도」環山州縣
坊里圖에서는 각 군현의 면 이름과 대략적인 위치 정보를 그림으로도 표
현했다.

김선신이 규정한 지리산 둘레 고을의 범위는 지리산과의 지형적[山脈]

표23 조선조 유학자가 이해한 지리산권역의 범위

이름	지리산권역 고을 범위	문헌명
남효온(1454~92)	함양, 산음, 안음, 단성, 진주, 하동, 구례, 남원, 운봉	『유천왕봉기』
이륙(1438~98)	동쪽(진주, 단성), 남쪽(곤양, 하동, 살천, 적량, 화개, 악양), 서쪽(남원,구례, 광양), 북쪽(함양, 산음)	『지리산기』
유몽인(1559~1623)	안음, 장수, 산음, 함양, 진주, 남원, 운봉, 곡성, 하동, 구례, 사천, 곤양	「유두류산록」
성여신(1546~1632)	북쪽(운봉, 함양), 동쪽(단성, 진주), 남쪽(곤양, 하동), 서쪽(구례, 남원)	『진양지』
이만부(1664~1732)	동쪽(진주, 단성), 남쪽(곤양, 하동), 서쪽(남원, 구례, 광양), 북쪽(함양, 산음, 운봉)	『지리고사』
신경준(1712~81)	구례, 단성, 하동, 곤양, 사천, 고성, 함안, 진해, 창원, 칠원, 웅천, 김해	『산수고』
성해응(1760~1839)	동쪽(진주, 단성), 남쪽(곤양, 하동, 살천, 적량, 화개, 악양), 서쪽(남원,구례, 광양), 북쪽(함양, 산음)	『동국명산기』
김선신(1775~ ?)	운봉, 함양, 산청, 단성, 진주, 곤양, 하동, 구례, 남원	『두류전지』

연속성과 군·현 경계의 연접성이라는 두 가지 조건을 기준으로 삼고 있다. 지리산권역 고을여산군율의 공간 범위는, 지리산[身]에 인접하면서도 산줄기가 강에 의해 끊어지지 않고, 고을 경계가 연속되어 있어야 한다는 것이다. 따라서 사천, 고성, 함안, 진해, 창원, 칠원, 웅천, 김해, 거제, 남해는 모두 지리산의 내맥 권역에 있지만 지리산과의 간격이 경계를 넘었기 때문에 『두류전지』에 포함하지 않았다. 장수, 안음안의, 의령은 덕유산의 내맥이면서 역시 지리산과 거리를 두고 있고, 특히 광양, 순천, 순창은 지리산과 가깝지만 섬진강 너머에 있어서 지리산의 맥과 연속되지 않기 때문에 포함하지 않았다.

지리산권역의 공간적인 고을 범위에 대해서는 조선시대의 문헌 가운데 『진양지』[1632]에 이미 "지리산의 북쪽은 운봉, 함양이고, 그 동쪽은 단성, 진주이며, 그 남쪽은 곤양, 하동이고, 그 서쪽은 구례, 남원이다"라고 적고 있다. 이외에도 지리산의 범위에 대해서는 뭇 조선시대 지식인들이

『두류전지』에 명승지의 하나로 뽑혀 수록된 악양(경남 하동군 악양면).
넓은 들판을 갖춘 지리산의 대표적 분지이다.
조선시대에 악양의 안골짜기는 청학동 이상향으로 일컬어질 정도의 승지로 인식되었다.

여러번 언급해왔다. 김선신의 경우에는 지형적 산수체계와 문화적 행정
권에 의거하여 지역범위를 설정했다는 점에서 학술적인 의미가 있다.

또한 「여산군읍지」 항목에서 저자는 고을의 역사적 연혁과 변천, 인근
군현과의 경계, 지리산과의 거리, 고을의 입지, 경제적 조건과 생산성, 민
속, 민간인 거주상태 등의 지리정보를 간략하게 수록했다.

여섯째, 『두류전지』는 조선 후기 유교지식인이라는 정체성을 지닌 저
자의 지리산에 대한 자연, 형승, 명승 등의 장소인식과 태도가 잘 반영되
어 있는 산지이다. 이와 같은 사실은 저자가 명승지로 선정한 여러 장소
의 유교적 정체성, 본문 내용의 명승 및 유적지 해설에 근거로 인용한 많
은 책이 유학자들의 유산기라는 사실에서도 알 수 있다.

김선신은 이 책의 「선승편」選勝編에서 지리산의 명승지를 선정하여 해
설했다. '선승편'이라는 편목으로 명승지를 선정하고 내용을 구성한 형
식은 기존의 지리지에서는 찾기 어려운 것으로, 산지의 성격을 갖는 이

표24 『두류전지』의 지리산권역 고을 소개 (요약)

연혁	인근 군현 경계	지리산 과의 거리	입지(읍치)	경제적 조건 및 생산성	민속 (俗尚)	민거 (民居)	비고
운봉	신라 모산현	동(함양) 서남·북(남원)	남 60리	지리산의 입맥(入脈)이 운봉의 여원치, 여원치의 동편이 운봉, 읍은 지리산을 뒤로 허리에 위치. 주산: 성산, 안산: 반야(봉) 높이는 지라산의 1/3 위치 기후조건: 춥고 바람, 안개, 비가 많음.	조밀하게 심어 거둠. 5년에 한번 곡식이 잘 여묾.		정 붙일 데가 없어서 쉽게 흩어짐	항상 운기(雲氣)가 있어 운봉이라 함
함양	신라 속함군,천령. 고려 허주, 함양	동·북(안의) 남(산청) 서(운봉)	남 40리	백암산 아래 문필봉 앞 (덕유산 내맥). 지리산의 뒷 산록이 읍치 앞으로 안산이 됨. (그래서 고을 성 남쪽의 누각을 망악루라고 일컬음)	재력이 매우 부유함	근면 성실	골짜기에 사는 사람은 왕왕 관부 (官府)를 알지 못함	기이한 봉우리와 빼어난 계곡, 맑은 내와 흰 모래의 승경이 있음.
산청	신라 지품주현. 산음	동·남(단성) 서(함양) 북(거창)	서 30리	동산 아래(덕유산 내맥) 경호 위 지리산의 동편 경계, 산수가 휘돎.		간소, 질박		
단성	신라 궐지군, 궐성. 고려 강성, 단계. 조선 진성현	동·서·남(진주), 북(산청)	서 41리	내산(來山) 아래 (지리산 내맥) 경호 위 적벽강이 동편에 있음.		근검		
진주	백제 거열성, 신라 거타주, 진주, 강주	동(함안, 진해) 남(고성, 사천) 서(단성, 곤양, 하동) 북(의령, 삼가)	서 100리	비봉산 아래(도굴산 내맥, 덕유 일맥) 남강 북.		풍부 화려		
곤양	고려 곤명현. 조선 곤남군	동(사천) 서(하동) 북(진주) 남(남해)	북 150리	봉명산 아래(하동 황치 내맥) 당천 서남 지리산의 남록.		검소		
하동	신라 한다사현	동·남(곤양) 서·북(진주)	북 110리	양경산 아래(지리산 내맥), 섬진강이 읍치의 서남쪽을 지남. 산을 지고 바다를 바라봄.	사람은 많고 땅은 좁음. 아끼고 근면히 노력하여 재물이 풍부 한 사람이 많음.	검소 소탈		
구례	백제 구차례현	동(진주) 남(순천) 서·북(남원)	동 8리	반야봉의 한 가지가 서쪽으로 달려 봉성산이 되고, 또 한가지가 서남쪽으로 면을지봉이 됨. 구례의 읍치는 그 사이에 있음. 봉성산을 등지고 면을지봉을 마주함. 지리산과 가장 근접.	기거와 음식은 날마다 산을 가까이함.	남원과 같음		
남원	백제 고룡군, (남) 대방군 남원	동(운봉) 남(순천, 곡성) 서(순창, 옥과) 북(임실, 장수)	동 60리	지리산의 입맥이 운봉의 여원치, 여원치의 서편이 남원.				

책의 특성이기도 하다. 조선 후기 지리지의 「형승」편목에 일부 명승지를 추가한 경우도 있으나, 원래 「형승」편은 시문에 표현된 군현의 자연경관을 인용한 것이 대부분이다.

「선승편」은 지리산의 승경 70여 곳을 저자가 선정하고 여기에 대한 지리정보를 직접 기술하거나, 기존 문헌에서 발췌·인용하여 수록했으며, 필요에 따라 인용부 다음에 저자의 의견을 덧붙였다. 『두류전지』에 제시된 명승지들은 오늘날에도 지리산 명승의 선정에 역사적 기준이 될 수 있고, 경관 스토리텔링의 문헌자료로 활용될 가치가 있다.

『두류전지』에 수록된 지리산의 명승을 살펴보기로 하자. 경관 유형별로 볼 때, 지리산 승경으로 널리 알려진 자연경관이 대부분을 차지하고 있고, 그중 산과 봉우리, 골짜기洞, 대坮가 가장 많은 비중을 차지한다. 그리고 인문경관인 마을[養堂村], 당[淸伊堂]30)과 행정단위로서 악양도 포함되어 있다. 인문경관 중에 양당촌현 산청군 시천면 사리의 양당마을에 관해서는, 김언기의 「추강록」秋江錄에 나온 승경의 사실을 인용하고 있으며, 남명의 산천재와 묘소가 있는 곳이라는 점도 장소의 선정에 영향을 주었을 것으로 추정된다. 악양에 관련된 내용은 『진양지』의 내용을 그대로 인용했다. 명승지의 소재지는 대부분이 지리산지 혹은 지리산인접권역에 속해 있지만, 와룡산사천, 니구산사천, 월아산진주처럼 지리산 외곽에 있는 것도 있다.

특히 「선승편」 끝의 부록 「논금강두류숙승」論金剛頭流孰勝에서 김선신은, 금강산과 두류산 중에 어느 산이 더 승경인지에 대한 논의를 덧붙이고 있다. 여기서 그는 지리산의 자연적·인문적 속성을 대비하여 드러냈을 뿐 아니라, 자신의 유학자적 정체성과 멘탈리티mentality를 지리산에 투영시키고 있어 흥미를 끈다. 금강산과 지리산이 동방의 걸웅傑雄인데 빼어남[奇]으로는 금강산이, 장중함[壯]으로는 지리산이 최고라 하고, 두 산

월아산(경남 진주시 금산면)과 금호지.
『두류전지』에서 명승지로 뽑힌 월아산은 지리산 외곽에 있고 청곡사 등의 이름난 사찰이 들어서 있다.
조선시대에 진주 행정구역은 지리산과 접해 있었다.

표25 『두류전지』의 명승지 분류

분류			항목유형과 명승
자연경관	산, 봉우리		천왕봉(天王峰), 반야봉(般若峰), 해유령(蟹踰嶺), 중봉(中峰), 증봉(甑峰), 중산(中山), 구곡산(九曲山), 청암산(靑岩山), 옥산(玉山), 우산(牛山), 오대산(五坮山), 산성봉(山城峰), 군산(君山), 설봉(雪峰), 화봉(花峰), 와룡산(臥龍山), 니구산(尼邱山), 월아산(月牙山)
	골짜기(洞)		청학동(靑鶴洞), 덕산동(德山洞), 사륜동(絲綸洞), 묵계동(嘿契洞), 용어동(龍淤洞), 장항동(獐項洞), 탑동(塔洞), 삼신동(三神洞), 화개동(花開洞), 불출동(佛出洞), 용추동(龍湫洞)
	굴(窟)		암법주굴(岩法主窟)
	대(坮)		환희대(歡喜坮), 의론대(議論坮), 소년대(少年坮), 가섭대(迦葉坮), 금강대(金剛坮), 창불대(唱佛坮), 좌고대(坐高坮), 문창대(文昌坮), 등창불대(登唱佛坮), 탁영대(濯纓坮), 신선대(神仙坮), 고소대(姑蘇坮), 봉황대(鳳凰坮)
	바위(岩)		독녀암(獨女岩), 반암(般岩), 마암(馬岩), 세존암(世尊岩), 낙수암(落水岩)
	원(原)		저여원(沮洳原)
	수경관	못(淵)	부연(釜淵), 용왕연(龍王淵), 구연(九淵)
		못(潭)	용어담(龍淤潭)
		폭포	용궁폭포(龍宮瀑布)
		수(水)	옥천수(玉泉水), 장군수(將軍水)
		계곡(溪) 하천(川)	영계(靈溪), 도천(桃川)
		강(江)	섬진강(蟾津江)
	혈(穴)		생미혈(生米穴)
	현(峴) 점(岾)		삼가식현(三呵息峴), 영랑점(永郎岾)
	평(坪)		평사평(平沙坪)
	롱(壟)		구롱(九壟)
	기타		덕천천(德川遷)
인문경관	당(堂)		청이당(淸伊堂)
	마을(村)		양당촌(養堂村)
	취락		악양(岳陽)

의 자연적·지리적 조건을 비교·서술했다.

특히 산림경제 측면에서 "지리산에는 풍요로운 물산이 나기에 수많은 사람이 살고 여러 고을들이 입지했으나 금강산에는 (농사 지을) 경지와 백성도 없어 사람들이 번성할 수 없고 재화가 교환될 수 없는 점에서 다르다"고 하여, 자연환경에 기초한 취락지로서 두 산의 조건 차이를 적실

반야봉(1732미터)은 천왕봉(1915미터)과 함께 지리산을 대표하는
동서 주 능선의 양대 봉우리로 꼽힌다. 정령치에서 바라본 반야봉의 덕스런 모습이다.

하게 대비하여 지적한 점이 주목된다.

또 지리산이 금강산에 비하여 세간에 비록 덜 알려졌지만 후덕한 노인
에 비유된다며 두류산의 온전한 덕[全德]을 공경하는 태도를 보이면서 글
을 마무리 지었다. 지리산에 대한 저자의 이러한 의식과 태도는 조선 후
기의 유교지식인들이 공통적으로 지녔던 것으로서, 경제적 측면을 이해
함과 동시에 산수는 자신을 비추어 성찰하는 존양存養의 장소라는 인식
을 반영하고 있다. 이것은 금강산 기행문류에서 보이는 경승 유람의 주된
속성과는 상대적으로 차별된 측면이 있다.

일곱째,『두류전지』는 조선 후기 지리산권역의 서원 및 누정, 사찰, 고
적 등을 선별하여 종합적으로 기록했다.〈참고자료 5〉

일반적으로 조선 후기의 읍지에서는 사원[增廟 · 祠宇]과 학교, 누정 등의
편목을 두고 사당과 서원, 누정을 따로 열거하는데,『두류전지』에서 김선

『두류전지』의 고적에 수록된 진감선사비와 쌍계석문.
진감선사비는 최치원이 남긴 사산비명 가운데 하나이다.
쌍계석문 역시 최치원의 글씨로 전해진다. 각각 쌍계사 경내와 진입로에 있다.

신은 지리산권역에서 선별한 사원과 누정을 함께 묶었다. 「사원누정략」
편의 서두에서, "사원은 지리산 근방에 있는 것으로 한정했고, 누정은 바
깥에 있을지라도 그 빼어남을 기록했다"고 했다.

『두류전지』에 기재되어 있는 서원은 용암서원, 남계서원, 백연서원, 서
계서원, 도천서원, 덕천서원, 종화서원, 인천서원, 도탄서원 등이다. 그리
고 각 서원 항목에는 소재지, 주향 및 배향 인물을 표기했다. 특히 사액을
받은 서원서계서원, 도천서원, 덕천서원은 사액년도도 밝혀두었다. 고적에도 소
재지 및 위치, 유래, 별호, 인용문헌 등을 기술했다. 기타 누정, 사찰, 고적
등에 관한 기록도 18~19세기 당시의 역사지리적 사실을 반영한 기록이
라는 점에 비추어 자료적 가치가 있다.

이상과 같이 『두류전지』는 유교지식인이 편찬한 것으로, 조선 후기의
지리산에 대한 지식체계가 종합된 산지로서 의의가 있다.

표26 『두류전지』의 서원 현황

명칭	위치 표기(현 소재지)	배향 인물	비고(연혁)
용암서원	운봉 용암 (남원시 운봉면 용산리)	정몽주 주향(主享) 박광옥·황일호· 변사정·노형필· 서식목 향(享) 오상복 배향(配享)	
남계서원	함양 (함양군 수동면 원평리)	정여창 주향 정온·강익 배향 별사 유호인 향	1566년 사액, 1597년 소실, 1603년 나촌으로 이건 복원, 1612년 옛 터에 중건.
백연서원	함양 서이리 (함양군 함양읍 백연리)	최치원·김종직 병향	1670년 건립, 서원철폐령으로 1871년 훼철.
서계서원	산청현 북 10리 (산청군 산청읍 지리)	오건 주향	1606년 건립, 1677년 사액, 서원철폐 령으로 1871년 훼철 후 1921년 복원.
도천서원	단성 동 10리 (산청군 신안면 신안리)	문익점 주향	1461년 건립. 1554년 사액, 서원철폐 령으로 1871년 훼철, 1891년 복원.
덕천서원	진주 서 살천리 (산청군 시천면 원리)	조식 주향 최영경 배향	1576년 건립, 1609년 사액.
종천서원	(하동) 종화리 (하동군 옥종면 종화리 안계)	하연 주향	1677년 건립, 서원철폐령으로 1871년 훼철.
인천서원	(하동) 대내천 (하동군 북천면 서황리)	최탁	1710년 건립, 서원철폐령으로 1871년 훼철.
도탄서원	악양(하동군 악양면)	정여창 주향	

일제강점기에 함양에서 발간된 『지리산지』

『지리산지』[31]는 지리산권 지방함양 단체인 '함양명승고적보존회'가 주체가 되어 지리산의 고적을 널리 알리기 위한 목적으로 1922년에 발간된 것이다. 한문 및 국·한문 혼용으로 기록된 등사본 책이다. 권두에서 김종직金宗直, 1431~92의 「유두류록」을 국문으로 번역하여 실었고, 권말 부록의 '지리산 탐승 안내'도 국·한문을 혼용하여 썼다. 국문이나 등사본을 한 것은 일반인들이 읽기 쉽게 보급하기 위한 목적이었다.

『지리산지』를 편찬한 함양명승고적보존회는 1921년에 창립되었다. 『지

덕천서원(경남 산청군 시천면 원리).
남명학파의 본산이 된 곳으로 경상우도 유학의 중심지이다.

리산지』는 함양명승고적보전회 사업의 일환으로 창립 이듬해에 편찬된
것이다. 책 범례의 첫 구에 명시한 것처럼 지리산의 고적을 현양하기 위
함이었다. 이 산지는 지방의 향촌 사회집단이 주관하여 지역문화와 지역
경제 발전을 도모하면서 발간했다는 데에 의의가 있다. 앞에서 살펴본
『두류전지』가 지리산의 자연과 문화에 관심을 기울인 유학자 한 개인에
의해 순수한 학문적 동기로 편찬된 것과 대조를 이룬다.

　『지리산지』의 체재와 내용에서 아쉬운 점은, 기왕에 편찬되었던 『두류
전지』나 조선 중·후기 읍지나 지리지의 성과를 수록하거나 발전시키지
못했다는 점이다. 또한 『지리산지』라는 명칭에 걸맞은 산지로서의 체계
적인 항목과 내용의 구성을 갖추지 못하고 기존의 유산기나 시문의 선집

표27 『지리산지』 수록 작품 개관

인물	생존 년대	인용된 작품명
신숙주	1417~75	등학사루망두류산(登學士樓望頭流山)
강희맹	1424~83	(구절 발췌)(摘句)
김종직	1431~92	유두류록(遊頭流錄), 유용유담(遊龍遊潭)
임대동	1432~1503	중간용유담우우유회(重刊龍遊潭遇雨有懷)
김맹성	1437~87	(구절 발췌)
신영희	1442~1511	등천왕봉(登天王峯)
유호인	1445~94	(구절 발췌)
정여창	1450~1504	악양, 등귀사, 군자사 5수(五首), 금대사, 성모사, 녹정백운태수행헌(錄呈伯雲太守行軒)
조 위	1454~1503	군자사
김일손	1464~98	속두류록(續頭流錄)
조 신	15세기 (?~?)	산중인사(山中人辭)
이항무	15세기 (?~?)	(구절 발췌)
조 식	1501~72	유두류산록(遊頭流山錄), 덕산복거(德山卜居), 제덕산계정(題德山溪亭), 청학동폭포, 단속사정당매(斷俗寺政堂梅), 독서신응사(讀書神凝寺), 화개동차일두선생운(花開洞次一蠹先生韻), 등학사루(登學士樓), 차정족조노경씨증운(次鄭族祖魯卿氏贈韻), 유등귀사(遊登龜寺), 귀곡우음(龜谷偶吟),
이 황	1501~70	서남명유두류산록후(書南冥遊頭流山錄後)
양 희	1515~81	유두류산(遊頭流山)
노 진	1518~78	(구절 발췌)
이후백	1520~78	(구절 발췌)
휴 정	1520~1604	등천왕봉작(登天王峯作), 제두류산릉파각(題頭流山凌波閣), 청학동폭포
이 이	1536~84	송이가겸증유두류산(送李可謙增遊頭流山), 증임사수득춘(贈林士秀得春)
강 익	1523~67	(구절 발췌)
김우옹	1540~1603	(구절 발췌)
박여량	1554~1611	두류산일록(頭流山日錄), 우후망두류산이수(雨後望頭流山二首)
이성길	1562~?	(구절 발췌)
박명부	1571~1639	와유록서(臥遊錄序)
정수민	1577~1658	망두류이수(望頭流二首), 정연빙재노형필(呈淵氷齋盧亨弼), 망두류이수(望頭流二首)
오 숙	1592~1634	(구절 발췌)
기정진	1798~1879	방장백운(方丈白雲), 방장산일월대(方丈山日月臺), 두류산

단속사 정당매. 『지리산지』에 수록된 조식의 시에 등장한다.
강회백(1357~1402)이 심은 매화나무 고목으로 유명하며 단속사지에 있다.

에 그친 한계가 있다.

　이 책은 서문, 목록, 범례, 본문, 부록으로 구성되어 있다. 서문은 전 안의향교 교수 권호중이 작성했다. 본문에서는 주로 지리산에 관한 선현들의 시문이나 유산록을 수록했고, 각각의 글 앞에 지은이에 대한 소개가 덧붙여져 있다.〈참고자료 6〉

　책 본문에서 전재했거나 인용한 문건의 필자들을 살펴보면 총 28명으로, 필자의 신분은 1명의 승려를 제외하면 모두 유학자이다. 생존 연대도 19세기의 기정진을 제외하면 모두 15세기와 16세기의 인물에 집중되어 있다. 『지리산지』에 선별된 유산기와 시문의 필자 상당수가 함양 출신임 대동, 유호인, 정여창, 양희, 노진, 이후백, 강익, 박여량, 정수민 등이거나 관직을 지낸 연

표28 『두류전지』와 『지리산지』 비교

	『두류전지』	『지리산지』
편찬자	김선신	함양명승고적보존회
편찬시기	19세기 초반	1922년
체재형식	지리지	유산기 및 시문 선집
편찬동기	내용 없음	지리산 고적의 현양
판종	필사본	등사본
문자서식	한문	한문, 국한문 혼용(번역)

고가 있는 인물^{김종직, 조위} 등이라는 것도 지역문화 및 지역경제의 발전이라는 편집의도가 반영되었음을 보여준다.

권말 부록의 「지리산 탐승 안내」는 함양명승고적보존회 회장 민인호가 쓴 것이다. 여기에는 1920년대 함양의 지역사회단체가 지리산과 연계한 지역발전의 구상, 지리산의 임산자원에 대한 가치인식, 『지리산지』의 편찬의도 등이 나타나있다. 지리산의 명승고적을 개척·발견하고, 삼림 장려 방침을 계획하기 위해 지리산의 고적을 함양권역 위주로 소개하겠다는 것이다.

또한 지리산 등산의 편의시설을 제공하여 산에 대한 사랑^[愛山癖]을 배양케 하면, 함양에 대한 애향심이 커지는 동시에 함양이 더욱 발전할 것이라고 내다보았다. 지역의 발전과 관련된 것으로서 시급한 임무로, 경제적으로 지리산 임산자원의 수출을 위해 교통을 발전시키는 일, 학술적으로 지리산의 삼림에 대한 연구자나 학생 들의 견학을 장려하는 것이라고 했다. 지리산의 삼림이 울창한 것은 금강산에 비할 바가 아니라고 한 점도 당시 함양지역 사회단체의 지리산의 임산자원에 대한 가치인식을 반영하고 있다. 글의 말미에 지리산을 '덕 있는 군자'^[有德君子]로, 금강산을 '수도한 고승'^[練道高僧]에 대비한 표현도 눈길을 끈다.

지리산의 대표적 산지인 『두류전지』와 『지리산지』는 편찬자, 발간시기, 편찬동기와 의도, 체재와 형식 등이 서로 달라 계승 관계는 없는 것으로 보인다.

현재 전해지는 조선시대의 산 관련 문헌자료는 한국의 산에 대한 역사문화적 기록유산이자 전통지식체계로서 의미가 있다. 특히 산지는 한국의 산 연구전통을 대표하고 집약하는 성과물로서 산악문화와 산지생활사 연구, 산악경관 스토리텔링 등의 다양한 분야에서 현재와 미래의 지식자원으로 활용될 가치가 충분하다.

조선 후기 실학자들의 산림주거 지식정보

어디에서 살 것인가

조선 후기의 유교지식인들의 산지생활사 관련 저술에는 산림 주거관과 이상적인 거주환경 조건에 관한 논의가 담겨있다. 그 속에는 오늘날에도 산림생활사에 참고할 수 있는 합리적이고 실용적인 내용들이 적지 않다. 또한 조선시대의 이상적 주거지라고 할 수 있는 '살 만한 곳'[可居地]에 대한 입지 관념과 장소 정보가 수록·정리되어 있다.

조선후기에 지목된 이상적 거주지는 현대적으로 주거환경의 입지를 평가해보아도 손색이 없을 정도다. 특히 쾌적한 주거공간에서 건강과 장수를 추구하는 현대인들의 주거 지향을 생각해보면, 더욱 조선시대의 이상적인 주거와 장소에 관한 논의를 살펴볼 가치가 있는 것이다.

조선 후기 지식인들의 주거관에서는 거주환경의 선택을 가장 기본적이고 중요한 조건으로 삼았다. 18세기 초 홍만선의 『산림경제』「복거」, 18세기 중반 이중환의 『택리지』「팔도총론」·「복거총론」·「지리」와 유중림의 『증보산림경제』「복거」, 19세기 초 서유구의 『임원경제지』「상택지」로 이어지는 일련의 저술은 조선시대의 사회경제적인 배경에서 이상적인 주거지와 거주환경의 공간적·장소적 조건에 관해 서술한 대표적인 성과다.

위의 저술 속에는 조선 후기 유교지식인들의 주거관이 잘 드러나 있을 뿐만 아니라, 거주환경의 지리적 입지에 대한 논의 그리고 살 만한 곳에 대한 지역정보가 수록되었다. 특히 거주환경에 대한 경험적이고 실용적인 정보가 많다. 집터 정하는 방법, 물과 토지의 문제, 생업과 주거, 풍속과 인심, 거주환경의 미학, 풍토병이 발생하는 토지조건과 지역정보, 피해야 할 주거지 조건 등 오늘날 전원주택이나 주거공동체의 조성에도 참고할 만한 내용이 다수 포함되어 있다. 그 대표적인 저술성과를 살펴보고 현대적으로 해석해보자.

풍기가 모이고 앞과 뒤가 안온하게 생긴 곳

홍만선이 저술한 『산림경제』는 저자가 산림에서 살 생각으로 산지생활사와 관련된 내용을 편집한 책이다.[32] 산림처사를 자처하는 사족士族의 생활지침서이기도 하다.[33] 따라서 산림에서 자급자족하는 생활에 필요한 주거, 생업, 양생, 보건 등을 망라한 지식정보를 수록하고 있다. 당시에 전해졌던 여러 문헌 자료들을 섭렵하고 처음으로 산지생활사에 관한 지식체계를 종합하여 편찬했다는 데 가치와 의의가 있다. 『산림경제』는 당시의 지식인 사회에 영향을 미쳐 이후 유중림의 『증보산림경제』1768와 서유구의 『임원경제지』19세기 초의 저술로 이어졌다.

홍만선은 『산림경제』의 첫 부분에 「복거」편을 두고 거주환경 및 주거지의 선택에 관한 논의를 제시했는데, 여기에는 저자의 주거관이 간접적으로 반영되어 있다. 거주환경의 요소가 되는 주거지의 지리·지형적 조건, 도로 조건, 대지의 형태, 주위 산수와 건조물의 환경, 조경 요소, 주거지 주위의 지형지세, 토질과 수질 등의 다양한 조건들이 주거지의 선택에 고려되어야 할 기준으로 제시되었다.

논의의 근거로서 참고한 책들은 당시 지식인 사회에서 주로 읽혔던 중국의 주택·주거 관련 서적들이었으며, 그 책의 내용은 주로 주택풍수서에 정리된 거주환경 관련 내용을 요약한 것이었다. 아쉬운 점은 기존에 중국에서 저술된 내용을 발췌·정리하는 수준에 머물러 자신의 해석과 견해가 드러나지 않은 것과, 이상적인 거주지에 대한 지역정보가 수록되지 않았다는 점이다. 이후 이중환, 유중림, 서유구의 저술에서는 그 한계가 보완되었다.

홍만선의 주거관과 거주환경 논의를 살펴보자. 그는 "터를 가려서 집을 지으려는 사람은 경솔하게 살 곳을 결정할 수는 없다"고 주거지 선택의 중요성을 강조했다. 이상적인 거주환경의 입지지형은 "풍기風氣가 모이고 앞과 뒤가 안온하게 생긴 곳"이고, 그 구체적인 공간적 모형은 "안은 널찍하면서 입구는 잘록해야 한다"[34]고 했다. 요컨대 구릉지나 산지의 분지지형을 이상적 주거지의 입지모델로 설정했음을 알 수 있다. 이것은 풍수적인 명당 형국과도 그대로 일치한다.

『산림경제』에서는 이상적인 거주환경이 되지 못하는 장소의 특성을 다음과 같이 열거하고 있다. 여기에서는 거주환경의 불안정한 요소로서 사회 조건, 문화 조건, 경관 조건, 자연 조건, 방재風水害 방지 조건 등 장소의 성격이 구체적으로 표현되었다.

주택에 있어서, 탑, 무덤, 절, 사당, 신사·사단祀壇, 또는 대장간, 옛 군영터나 전쟁터에는 살 곳이 못 되고, 큰 성문의 입구와 옥문을 마주보고 있는 곳도 살 곳이 못 되며, 네거리의 입구라든가 산등성이가 곧바로 다가오는 곳, 흐르는 물과 맞닿은 곳, 여러 하천이 모여서 나가는 곳과 초목이 나지 않는 곳은 살 곳이 못 된다. 옛길·영단靈壇과 신사 앞, 불당 뒤라든가 논이나 불을 땠던 곳은 모두 살 곳이 못 된다.

• 『산림경제』 권1, 「복거」

『산림경제』의 「복거」편에는 건강장수와 거주환경을 관련지어 생각하는 내용도 여럿 보인다. 다음에 인용한 내용에서 거주환경 조건에 대한 길흉평가 속에는 건강장수의 관점이 기본적으로 내포되어 있다.

주택에서 동쪽이 높고 서쪽이 낮으면 생기가 높은 터이고, 서쪽이 높고 동쪽이 낮으면 부유하지는 않으나 귀貴하게 되며, 앞이 높고 뒤가 낮으면 문호門戶가 끊기고, 뒤가 높고 앞이 낮으면 가축[牛馬]이 번식한다.
  • 『산림경제』 권1, 「복거」

인용문에서 "주택지 지형에 앞이 높고 뒤가 낮으면 문호사람가 끊긴다"고 하여, 이러한 지형조건의 택지는 건강하게 지속적인 삶을 이룰 수 있는 조건을 갖추지 못했다고 평가되었다. 일반적으로 주택의 입지경관에서 앞이 높고 뒤가 낮으면 채광이나 배수가 불리하다는 상식적인 판단으로도 이해될 수 있는 부분이다.

이처럼 『산림경제』 「복거」편에 수록된 글은, 저자인 홍만선이 기존의 저술에서 실용적이고 합리적으로 참고될 수 있는 내용으로 판단하여 인용한 것들로 보인다. 여기에는 조선 후기 지식인들의 주거관과 이상적인 거주환경에 대한 인식이 간접적으로 반영되어 있다.

살기 좋은 마을의 조건, 가거지

이중환의 『택리지』는 한국적 취락입지 모델을 추구한 이론서다. 이 책의 복거론에는 조선 후기의 실학적 유교지식인으로서 이중환의 주거관이 집약되어 있고, 팔도론에서는 조선 후기의 거주환경을 전국적으로 검토하고 평가했다. 기존의 풍수서에 서술된 터잡기의 논리체계를 그대로

한국의 지형과 지역조건에서
살기에 적합한 마을의 조건을 논해,
독창적인 마을입지론을 보여주는
이중환의『택리지』.

따른 것이 아니라, 조선 후기의 사회역사적 조건과 현지의 지역상황을 반
영하여 마을입지론을 독창적으로 체계화한 저술이다.

『택리지』의 독창성은 책이 다루는 공간이 개인의 주거지가 아닌 '마을'
이라는 공동체적 공간단위라는 사실로도 돋보인다. 이 책 전후에 편찬된
『산림경제』『증보산림경제』『임원경제지』 등은 모두 개인주택의 주거에
대해서 논의한 저술이기 때문이다.

『택리지』의 거주환경 논의가 지니는 또 다른 중요성은 지리적 입지환
경을 시냇가 거주[溪居]·강가 거주[江居]·바닷가 거주[海居]로 일반화하여
논의했다는 점과, 거주환경 조건에 대해서 가거적지, 가거부적지로 구
분·평가하고 지역정보를 수록했다는 점이다. 가거지 여부의 판단 근거
는 지리·생리·인심·산수의 4대 조건이며, 여기에는 농업환경지형·기후·
토질 등, 교통 및 지리적 위치, 주민의 교양과 풍속, 산수미학, 보건위생 등
이 주요한 요인으로 반영되었다. 조선 후기의 이러한 거주환경 논의의 성
과는 이후의『증보산림경제』나『임원경제지』에 비중 있게 반영되었다.

이중환은 마을을 이루어 살 만한 곳가거지의 지리적 입지환경을 시냇가 거주, 강가 거주, 바닷가 거주의 순으로 선호도를 평가했다. 조선 후기의 농경사회에서 요구되는 경제 조건이나 당시의 자연재해에 대한 방재 수준을 감안한다면 마을입지에 가장 최적인 환경이 시냇가임을 이해할 수 있다. 강가는 들이 넓고 수운이 편리하며 교역이 발달하므로 도회나 상업 취락의 입지 조건을 갖춘 곳이 많았다.[35]

바닷가에 사는 것이 불리한 까닭은, 바다 가까운 곳에 학질과 염병이 많기 때문이라고 이중환은 보건위생 조건과 관련지어 이해했다.[36] 『임원경제지』에서 서유구도 바닷가의 거주환경이 갖는 불리한 측면을 식수원과 관련시켜 말하기를, "바다에 가까운 지역은 풍기가 아름답지 않기도 하지만 물이 짠 경우가 많아 우물물과 샘물이 맛이 좋지 않은 데도 원인이 있다"[37]고 했다. 이상의 논의는 조선 후기 마을이 갖추어야 할 입지 조건으로 이해될 수 있다.

이중환의 주거관이 반영된 『택리지』에는 조선 후기에 사대부가 살 만한 마을이 갖추어야 할 입지 조건이 상세히 논의되고 있다. 그중에서도 '지리적 거주환경'[地理]을 가장 중요한 입지 요인으로 다루었다. 그는 마을입지에서 아무리 경제 여건과 교통 조건이 좋아도 지리적 거주환경이 좋지 않으면 가거지가 될 수 없다고 하여 지리적 거주환경을 최우선적으로 강조하였다.

삶터를 선택하는 데에는 지리地理가 으뜸이고 생리生利가 다음이며 다음으로 인심人心이고 다음으로 아름다운 산수山水다. 네 가지 중에 하나라도 없으면 낙토樂土가 아니다.
  • 『택리지』, 「복거총론」

이어서 마을이 이상적인 거주환경을 갖추었음을 판단할 근거가 되는 지형적인 입지요소로 수구水口, 들판의 형세[野勢], 산의 모양[山形], 흙색깔[土色], 하천의 조건[水理], 마주하는 산[朝山]과 마주하는 하천[朝水]이라는 여섯 가지를 들었다. 차례대로 검토하면서 현대적으로 그 의미를 해석해보자.

첫째, 수구 요소는 마을입지 요건 중에서 가장 우선적이고 중요하게 취급되었다. 수구란 마을 터 안의 하천이 합쳐져 밖으로 흘러 나가는 곳으로, 이중환은 이상적인 마을의 거주환경을 선택하고자 할 때 "먼저 수구를 보라"[38]고 말하고, '빗장 잠긴 수구'[水口關鎖]가 가거지의 첫 번째 지형적 요건이 된다고 했다.[39] 그리고 산간분지가 아닌 들판에서는 거슬러 흘러드는 물[逆水]이 수구를 대신한다고 했다. 역수란 터 앞으로 물길이 서로 만날 때 평행하는 순방향이 아니라 교차하는 역방향으로 만나는 물줄기의 형태를 일컫는다. 그의 수구 논의를 인용해보자.

수구가 이지러지고 텅 비고 열린 곳은 비록 좋은 논밭이 만 이랑이고 큰집이 천 칸이나 되더라도 대개는 다음 세대까지 잇지 못하고 자연히 흩어지고 망한다. 집터를 잡으려면 반드시 수구가 꼭 닫힌 듯하고, 그 안에 들이 펼쳐진 곳을 눈여겨보아서 구할 것이다. ……들판에는 수구가 굳게 닫힌 곳을 찾기 어려우니 거슬러 흘러드는 물이 있어야 한다.
• 『택리지』, 「지리」

마을 입지경관의 수구 조건은 지형적·자연생태적·미기후적·환경심리적으로 함축적인 의미와 가치를 포함한다. 수구가 잠겨 있는 지형에서는 수자원 확보용수 구득 용이, 취락의 침수 및 토양유실 방지, 배수 용이, 생태적 보전, 방풍·온열 효과, 주거심리 안정 등과 같은 살기 좋은 입지조

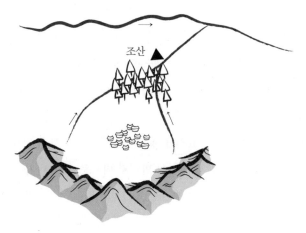

조산

수구가 빗장 잠긴 하천 지형의 모식도(수구관쇄도).

건을 확보하기 쉽다.

둘째, 야세들판의 형세 요소는 마을 입지에서 필요한 채광, 미기후 조건에 대한 논의로 해석될 수 있다. 여기서 말하는 들[野]은 지형적으로 "주위에 낮은 산이 둘러 있는 들판"[40]을 일컫는다. 충분한 일조시간은 거주민의 정신건강과 작물의 생육에 깊은 관련성이 있음은 물론이다. 『택리지』에서는 야세 요건을 다음과 같이 언급했다.

사람은 양명한 기운을 받아서 태어났는바, 하늘은 양명한 빛이니 하늘이 조금만 보이는 곳은 결코 살 곳이 아니다. 이런 까닭에 들이 넓을 수록 터는 더욱 아름다운 것이다. 해와 달과 별빛이 항상 환하게 비치고, 바람과 비와 차고 더운 기후가 고르게 알맞은 곳이면 인재가 많이 나고 또 병이 적다.

• 『택리지』, 「지리」

셋째, 산 모양을 살펴볼 필요가 있다고 보았다. 이중환이 특히 눈여겨 본 점은 주거지 주위의 산이 살기를 띠고 있는지의 여부였다. 예컨대 "금강 북쪽과 차령 남쪽은 땅은 비록 기름지나 산이 살기를 벗지 못했다"는 등의 표현이 있다.[41)

이러한 논의는 거주환경이 갖춰야할 환경景觀미학 측면으로 합리적 해석이 가능하다. 자연경관미가 주민의 심성에 미치는 영향은 중요한 요소가 될 수 있기 때문이다. 정약용도 「택리지 발문」에서 "산천이 탁하고 추악하면 백성[民]과 물산物産에 빼어난 것이 적고 뜻이 맑지 못하다"[42)고 하여, 산천의 기운과 모습이 인물에 미치는 영향에 대한 견해를 표명한 바 있다. 이중환은 산 모양을 살피는 논의를 다음과 같이 펼쳤다.

> 산 모양은 주산主山이 수려하고 단정하며, 청명하고 아담한 것이 제일 좋다. ……가장 꺼리는 것은 산의 내맥이 약하고 둔하면서 생생한 기색이 없거나, 산 모양이 부서지고 비뚤어져서 길한 기운이 적은 것이다. 땅에 생생한 빛과 길한 기운이 없으면 인재가 나지 않는다. 이러므로 산 모양을 살피지 않을 수 없다.
> • 『택리지』, 「지리」

"산 모양이 부서지고 비뚤어진 곳은 길한 기운이 적다"는 표현을 현대적으로 생각해보자. 지각변동으로 불안정하면서 산사태의 가능성이 높은 산지지형은 취락입지에 부적합한 지역이라고 이해될 수 있다.[43)

『택지리』에는 산의 모양뿐만 아니라 특정 마을의 시냇물 소리를 평가하여 낙토樂土 여부를 가리는 언급도 눈에 띈다. "미원촌은…… 앞 시냇물이 너무 목멘 듯한 소리를 내니 낙토가 아니다"[44)고 했다. 이런 인식은 현대적으로도, 청각이 실생활에 미치는 영향과 소리환경을 중요하게 생

각하는 사운드스케이프Soundscape 이론의 '소리 쾌적성'Sound Amenity 논의
와 맞닿아 있어 충분히 합리적 관점으로 재해석될 여지가 있다.

사운드스케이프라는 개념은 우리를 둘러싼 다양한 소리를 하나의 풍
경으로 파악하는 사고로서, 개인 또는 특정 사회가 지각하는 소리환경이
다. 1960년대 말 캐나다의 셰퍼Raymond Murray Schafer가 소음공해를 해결하
기 위한 노력으로 처음 제창했고, 환경·생태적 흐름과 연관되었다.[45]

넷째, 이중환은 토색土 색깔을 평가하여 가거지 여부를 판단했다. 여기
서의 토색은 흙의 색깔과 토질 조건을 아울러서 일컫는 말로, 당시 토질
과 흙 색깔은 식수원, 배수조건과 직접적으로 관련되어 있기 때문에 건강
장수의 지표로 매우 중요한 평가 요소였다.

> 토색이 사토砂土로서 굳고 촘촘하면 샘물 역시 맑아서 살 만하다. 붉
> 은 찰흙이나 검은 자갈돌이나 누른 가는 흙[細土]이면 모두 죽은 흙이라
> 서 그 땅에서 나오는 우물물은 반드시 장기瘴氣가 있으니 이러한 곳이
> 면 살 수 없다.
> •『택리지』, 「지리」

이중환이 좋은 토질로 평가한 사토砂土는 화강암 풍화토로서 수질정화
에 유리하다. 반대로 진한 흙 색깔은 토양 속에 철분, 망간 등의 불순물이
나 유기물이 있어 식수로 부적합한 경우가 많다.[46] 특히 "검은 자갈돌로
서 죽은 흙"이라고 표현한 것은 검은 자갈돌이 섞여 있는 토양은 유기물
이 풍부한 하천변의 충적토인데, 여기서 나오는 식수에는 부영양화로 인
한 수인성 질병이 생길 수 있기 때문이다.

토질과 흙 빛깔에 관해서는 서유구도 『임원경제지』에서 합리적인 논
거를 제시하며 언급했다. 사람의 주거는 흰 모래땅이 적합하다고 했는데

그 이유는 밝고 정결한 흙이 사람을 기쁘게 할 뿐만 아니라 배수가 좋기 때문이라는 것이었다. 다음으로는 황토색으로 윤기가 흐르는 모래흙이 좋다고 평가했다. 그리고 검은 흙은 초목을 심는 땅으로는 적합하지만 거처하기에는 부적합한 땅으로 보았다. 특히 비가 오면 미끄러운 진흙탕이 되는 검푸르고 붉은 점토는 거처해서는 안 되는 토질로 경계했다.[47]

다섯째, 이중환은 마을 입지요인의 하나로 하천의 조건[水理]을 논했다. 다음에서 표현되고 있듯이 지속가능한 마을환경이 갖출 입지요건에서 풍부하고 안정적인 수자원의 확보는 필수적인 구비요소가 된다.

> 물이 없는 곳은 사람이 살 곳이 못 된다. 산에는 반드시 물이 있어야 한다. 산은 물과 짝한 다음에라야 생성하는 묘함을 다할 수 있다. 물은 반드시 흘러오고 흘러감이 지리에 합당해야 정기를 모아 기르게 된다. ……비록 산중이라도 또한 시내와 산골물이 모이는 곳이라야 여러 대를 이어 가며 오랫동안 살 수 있는 터가 된다.
> • 『택리지』, 「지리」

여섯째, 끝으로 마주하는 산조산과 마주하는 물조수을 서술했다. 조산과 조수로 지칭된 주거지 앞의 산수경관이 갖는 의미와 가치에 대해서는 환경미학, 경관생태학, 하천역학, 자연재해 및 수재예방 등의 측면에서 현대적인 논리로 재해석될 수 있다.

> 조산에 돌로 된 추악한 봉우리가 있거나, 비뚤어진 외로운 봉우리가 있거나, 무너지고 떨어지는 듯한 형상이 있든지, 엿보고 넘겨보는 모양이 있거나, 이상한 돌과 괴이한 바위가 산 위에나 산 밑에 보이든지, 긴 골짜기로 되어 기가 충돌하는 형세의 지맥이 전후좌우에 보이는 것이

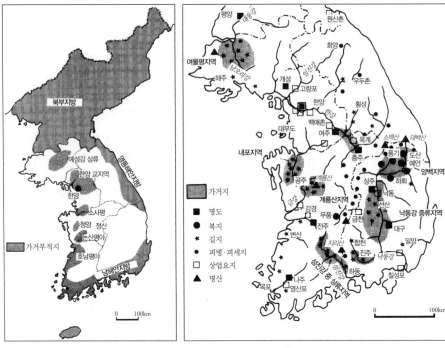

『택리지』의 가거부적지와 가거지.

＊ 자료: 최영준,『국토와 민족생활사』, 한길사, 1997.

있으면 살 수 없는 곳이다. ……조수라는 것은 물 너머의 물을 말하는
것이다. 작은 냇물이나 작은 시냇물은 역으로 흘러드는 것이 길하다.
그러나 큰 냇물이나 큰 강이 역으로 흘러드는 곳은 결코 좋지 못하다.
……구불구불하게 길고 멀게 흘러들어 올 것이며, 일직선으로 활을 쏘
는 듯한 곳은 좋지 못하다.

• 『택리지』,「지리」

이상과 같이 이중환은 조선 후기 지식인 사회에서 널리 퍼져 있었던 풍
수론과 경험적 주거지식을 검토하여, 마을입지론을 체계적으로 구축했
다. 그의 마을입지론은 한국의 지형과 지역조건에 적용시켜 논의된 것으

로서, 앞으로 한국형 마을의 입지를 선정하는 데에도 현대적으로 재해석해 참고할 만한 충분한 가치가 있다.

군자가 몸을 숨길 만한 곳, 십승지

『증보산림경제』는 유중림이 1766년에 홍만선의 『산림경제』를 증보해 엮은 책이다. "조만간 관직을 버리고 이 몸을 한가한 들이나 적막한 강가에 맡기어 나의 천품을 마음껏 발휘하면서 나의 남은 세월을 편안하게 보내려고 하는데 이 책을 사용할 것"[48]이라는 서문을 통해 엿볼 수 있듯이, 유중림은 스스로 산림처사로 살 생각으로 산지생활에 필요한 지식을 총정리하여 수록했다. 내의內醫로서 의술에 종사했던 그의 경력은 이 책에서 건강장수를 위한 섭생과 관련하여 자세히 서술할 수 있는 바탕이 되었다. 이 책은 서유구의 『임원경제지』에도 본문의 주요 내용이 인용·수록된 바 있다.

『산림경제』와 비교해볼 때 분량은 두 배가 넘고, 주제도 다섯 가지나 추가되었다.[49] 편찬 방식과 목차의 순서도 다르다. 이 책에 수록된 거주환경에 관한 논의는 많은 부분이 『산림경제』「복거」에 나오는 내용을 재수록했지만 새로 보완한 것도 있다. 거주환경이 좋다고 알려진 지역정보에 관하여 『택리지』의 내용과 『정감록』의 십승지 내용도 책 끝에 따로 덧붙였다. 다만 「복거」편의 저술에서 증보된 내용 대부분이 기존의 중국 풍수서와 주택 관련 서적을 그대로 인용한 점과, 자신의 견해도 없이 기존의 저술을 인용한데다, 출처도 밝히지 않은 점은 한계로 남는다.

거주환경을 논의하는 데에 「복거」편에는 술수와 관련된 내용도 대폭 추가되었다. 터잡기와 집짓기에 대한 풍수 내용이 보완된 것은 관련 지식정보를 보완했다는 긍정적인 측면이 있지만, 중국 주택풍수서의 화복설

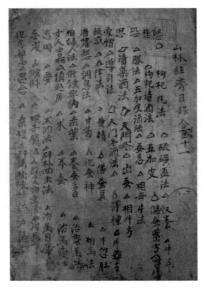

산지생활에 필요한 지식을 총망라한
『증보산림경제』의 목록.
『산림경제』를 바탕으로 중국과 한국의
주거문헌의 내용을 추가해 증보하였다.

禍福說을 별 비판 없이 수록했다는 문제점도 있다. 이 점은 서유구의 『임
원경제지』에 와서 비판적으로 검토되어 풍수적 주거관에 대한 합리적 기
준이 마련되었다.

『증보산림경제』는 『산림경제』의 편제와는 달리 책의 끝부분에 「동국
산수록」東國山水錄, 「남사고십승보신지」南師古十勝保身地, 「동국승구록」東國
勝區錄을 싣고 당시 이상적인 거주환경을 갖춘 지역으로 알려진 지식정보
를 수록했다. 「동국산수록」과 「동국승구록」은 이중환의 『택리지』의 내용
을 요약하거나 그대로 전재한 내용이고, 「남사고십승보신지」에는 『정감
록』에 나오는 남사고 비결을 수록하고 끝에 본인의 생각을 달았다.

유중림은, "일반적으로 재난이 닥치지 않는 지역을 복지福地라고 일컫
는다"고 하면서, "십승지는 경제적 조건이 어떤지는 알 수 없지만 오래도
록 태평한 시기가 있었기에, 살 만한 곳을 미리 생각하는 것 역시 군자가
길함을 추구하여 몸을 잘 보존하는 길이 아니겠는가"[50]라고 조선 후기

유학자로서의 주거관을 밝혔다. 이렇게 볼 때 당시 『정감록』의 십승지 담론은 피난보신처를 찾으려는 민중의 주거관뿐만 아니라, 산림에 은거하고자 하는 지식인에게도 상당한 영향을 미친 것으로 짐작할 수 있다.

유중림의 거주환경 관련 논의는 이 책의 「복거」편에 종합되어 있으며, 그의 주거관이 투영되어 있다. 여기에는 홍만선의 『산림경제』「복거」의 체제와 내용보다 상세하게 소제목을 나누고 부족한 부분을 보완했다. 집터를 정하는 데 고려해야 할 자연 요소로 지세, 평지와 산골짜기[山谷]의 지형적 입지, 집터의 지형과 방위, 토양, 물과 수구, 집터 주위의 산 모양, 바람의 방향 등과 사회적 조건을 고려한 주거지에 알맞은 장소 등을 상세히 논의했다.[51] 또한 집을 짓는 데 주의해야 할 사항, 재료 준비와 선택, 공사하기 좋은 날, 주택 요소를 조성하고 배치하기 등에 대해서도 자세히 서술했다. 거주환경을 서술한 내용을 몇 가지 인용해보자.

집터가 큰 산 가까이에 있으면 산사태를 당할 위험이 있다. 강이나 바다에 가까이 있으면 물이 범람할 염려가 있고, 물이 나빠서 풍토병이 심하고 땔나무하기에도 불편하다. ……집터의 동북쪽[艮]에서 바람이 불어오면 전염병과 풍토병이 생긴다. 동남쪽[辰·巽]에서 불어오면 집주인이 두풍頭風을 앓고…… 서남쪽[未]에서 불어오면 결핵을 앓고 기침을 하며, 서북쪽[戌·乾]에서 불어오면 절름발이가 생긴다. ……남동쪽[乾坐]으로 배치된 집에서 동남쪽[巽]과 북쪽[坎]으로 문을 내면 남녀가 전염병을 앓게 된다. 동쪽[兌坐]으로 지은 집에 남쪽[離]으로 문을 내면 폐결핵에 걸린다. 북쪽[離坐]으로 지은 집에 북쪽[坎]으로 문을 내면 장수하고 건강하나 북서쪽[乾]으로 문을 내면 병이 생기며, 동북쪽으로 문을 내면 풍질을 앓고 귀머거리와 벙어리가 생긴다.

• 『증보산림경제』 권1, 「복거」

유중림이 거주환경과 집터잡기에 관해 추가한 대부분의 내용은 중국의 주택풍수서에 서술된 것으로, 중국의 자연환경과 사회문화에 기초한 지식이기 때문에 조선에 그대로 적용되기에는 어려운 점도 있다. 위 인용문 첫 번째 서술 내용에서 보이는, 입지환경에서 유발된 자연재해나 보건위생의 영향처럼 현대적인 견지로도 이해될 수 있는 것도 있다. 하지만 나머지 인용문처럼 술수적으로 바람 방향과 재해·질병의 관련성, 주택 배치와 건강장수의 상관관계를 설명하는 방식 등과 같이 지금은 납득하기 어려운 논의도 다소 포함되어 있다.

조선의 선비가 살 만한 곳은 다르다, 상택지

서유구의 『임원경제지』는 조선 후기의 사대부가 시골에서 자족적으로 살아가는 방법을 탐색한 것이다.[52] 이 책의 「상택지」相宅志편에는, 『산림경제』·『증보산림경제』의 「복거론」과 『택리지』의 「복거론」·「팔도론」을 채록했을 뿐만 아니라 기타 문헌을 대폭 참고하면서 자신의 논의를 개진했다.

「상택지」 편에서는 조선의 현실에 적용할 수 있도록 주체적 관점에서 거주환경 조건과 지리적 입지환경 유형을 충실히 논의했다. 중국의 주거 관련 저술을 그대로 인용하거나 발췌하는 기술 방식이 아닌 것이다. 전국의 이상적인 주거지 지역정보를 종합적으로 요약·정리했고, 술법적인 풍수를 배격하고 실용적이고 합리적인 태도를 견지한 것이 큰 장점이다.

또한 중국의 주거나 풍수에 관련된 저술들과 조선에서 출간된 선행연구인 『산림경제』·『증보산림경제』·『택리지』[53] 등의 주요 내용을 정리했을 뿐만 아니라, 기존의 견해를 보완하거나 새로이 자신의 견해까지 밝히고 있어 주목된다. 여기서 인용한 중국의 주거 관련 서적으로는 『거가필

용』居家必用,『산거록』山居錄 등이 있고, 풍수서로는『상택경』相宅經,『양택길흉서』陽宅吉凶書,『음양서』陰陽書,『지리전서』地理全書 등이 있다.

특히 과거 중국에서 쓰이던 것을 그대로 우리 현실에 적용한 것이 아니라, 당시 조선에서 쓰일 수 있는 방도만 수록하고자 했다고 밝히고 있다.[54]『산림경제』복거 및『증보산림경제』복거가 중국책의 내용을 그대로 인용했던 것과 비교해 볼 때,『임원경제지』의 주체적인 관점을 높이 평가할 수 있다.

서유구는『임원경제지』「상택지」의 구성을 〈터잡기와 집짓기〉[占基營治]와 〈팔도명지〉[八域名基] 두 부분으로 나눈 뒤, 조선 후기의 이상적인 거주환경 조건을 상세히 논의했다. 서유구의 주거관이 잘 드러나 있는 〈터잡기와 집짓기〉 장에는 집을 짓기에 적합한 장소 선택과 집의 조영 방법에 대해서 종합적으로 정리돼 있다. 터잡기는 총론과 각론으로 나누고, 각론은 '지리', '물과 토지'[水土], '생업의 이치'[生理], '풍속과 인심'[里仁], '뛰어난 경치'[勝槪], '피해야 할 장소'[避忌] 등 주제별로 분류하여 가거지 선택의 논의를 전개했다.

이러한 체제는 이중환이『택리지』에서 총론, 지리, 생리, 인심, 산수로 나눈 것을 바탕으로 하고 있으며, 마찬가지로 유교지식인의 주거관이 반영되어 있다. 책의 편제가 백과전서식으로 서술하는 방식을 취하고 있기 때문에 전체적인 체계성과 논리적 구성도는『택리지』에 미치지 못하나, 터를 잡는 방법론적인 논의는 더 상세한 편이다. 그리고 집짓기는 '황무지개간'[開荒], '나무심기'[種植], '건물배치'[建置], '우물·연못·도랑'[井池溝渠]으로 나누어 서술했다.

서유구의 이상적 거주환경 논의가 집약된 〈팔도명지〉 장에서는 '팔도총론'[八域總論], '명지소개'[名基條開], '명지평가'[名基品第]로 나뉘어 상세히 서술되었다. 〈팔도명지〉를 편제한 목적은 "수신修身하는 선비가 살거나 다닐 때 가리고 선택할 곳을 알도록 하기 위함"[55]이며, 이것은 "올바른 일상의 삶에 도움이 될 것"[56]이라고 그 실용적 의의를 밝히고 있다.

팔도총론에서는 경기·호서·호남·영남·관동·해서·관서·관북의 8개 권역으로 지역을 구분한 뒤 거주환경과 가거지 조건을 서술했으며, 그 내용은『택리지』「팔도총론」을 요약하여 인용했다. 특히 명지소개에서는 전국의 230곳에 이르는 가거지와 명승지경기 81곳·호서 56곳·호남 17곳·영남 24곳·관동 41곳·해서 5곳·관서 3곳·관북 3곳를 열거하고 있어 주목된다. 그 비율을 보면 중부지방67퍼센트에 집중되어 있고, 상대적으로 남부지방18퍼센트의 비중은 낮으며, 북부지방5퍼센트은 희소한 분포를 보이고 있다. 각각의 명지에 대해서는 인용출처, 위치, 지리환경, 사회·역사·문화, 토지비옥도와 생산성, 현황 등을 약술하고 일부 장소는 가거지 여부의 평가도 덧붙였다.

인용한 주요 자료는, 가까운 벗이었던 성해응의 저술로 전국의 이름난 마을과 명승지를 소개한『명오지』名塢志[57]와 이중환의『팔역가거지』택리지가 있다. 특히 서유구 자신이 편찬했던『금화경독기』金華耕讀記[58]를 활용해 72곳의 장소를 추가해서 실었다. 그밖에는 1790년에 이만운李萬運, 1723~97이 완성한『증보문헌비고』「여지고」와 유몽인柳夢寅, 1559~1623의 『어우야담』於于野談, 기타 기문記文 등을 부분적으로 참고했다.

이어서 명지평가에서는 거주환경을 입지조건별로 나누어 '강가 거주 논의'[論江居], '시냇가 거주 논의'[論溪居], '산 거주 논의'[論山居], '호숫가 거주 논의'[論湖居], '바닷가 거주 논의'[論海居], '시내·강·바닷가 거주 종합논의'[合論溪江海居]를 펼치고 각각의 거주환경 조건을 평가했다. 거주환경의 입지조건별 논의를 편제한 것도『택리지』에 비해 의미 있는 일이지만, 산·호숫가 거주 논의 및 시내·강·바닷가 종합논의를 더해 구성의 완성도를 높였다. 본문의 서술은 이중환의 논지를 따르고 내용을 인용한 것

표29 『임원경제지』의 「팔도명지」

도	명지(지역)	인용출처
경기 (81곳)	누원촌(양주), 망해촌(양주), <u>청룡동</u>(양주), <u>소산</u>(양주), 사천폐현(양주), 삼가대(양주), <u>가정자</u>(양주), 반곡(양주), 풍양(양주), 토원(양주), 석실원촌(양주), <u>평구역촌</u>(양주), <u>노원</u>(양주), 진벌촌(양주), <u>남일원</u>(양주), 화산(포천), 이곡(포천), 수곡(포천), 금수정(영평), 창옥병(영평), <u>주원</u>(영평), 백로주(영평), 백운동(영평), 농암(영평), 연곡(영평), <u>화현</u>(영평), 용호동(영평), 조종(가평), 청평천(가평), 만취대(가평), <u>겸반</u>(가평), 비금산(가평), <u>늪우촌</u>(가평), <u>갑호</u>(양근), <u>귀래정</u>(양근), 벽계(양근), <u>용진</u>(양근), <u>미원</u>(양근), <u>봉황대</u>(지평), <u>소계</u>(지평), 장생동(지평), 행주(고양), <u>삼성당</u>(고양), <u>석촌</u>(고양), 마산역촌(파주), 화석정(파주), 우계(파주), 내소정(파주), 용산(장단), 정자포(장단), 기일촌(장단), 영통동(장단), 상수촌(적성), <u>매화곡</u>(적성), 징파도(마전), 삭녕읍촌(삭녕), <u>계정</u>(삭녕), 여주읍촌(여주), 이호(여주), 천녕(여주), <u>시라리</u>(여주), 장해원(음죽), 안성읍촌(안성), 금령촌(용인), <u>비슬호</u>(용인), 판교촌(광주), <u>도현</u>(광주), <u>석림</u>(광주), 남우곡(광주), <u>장항</u>(광주), <u>학탄</u>(광주), 압구정(두모포 南岸), <u>숙모정</u>(두모포 南岸), <u>자하동</u>(과천), <u>월파정</u>(과천), 장항(안성), 성고리(광주), 대부도(남양), <u>신곡</u>(김포), 십승정(통진), 선노(강화)	『명오지』 『금화경독기』 『남뢰연유동음기』 『문헌비고(여지고)』 『금농암만춰대기』 『팔역가거지』
호서 (56곳)	청라동(보령), 가야동(덕산), 판교천(서산), 성연부곡(서산), 무릉동(서산), 합덕제(홍주), 화성(홍주), 광천(홍주), 갈산(홍주), 화계(남포), 성주동(남포), 유성(공주), 경천촌(공주), 이인역(공주), 유구촌(공주), 사송정(금강 상), 강경포(은진), 시진포(은진), 진포(서천), 부여읍촌(부여), 왕진(정산), 공세창촌(아산), 온양읍촌(연산), <u>풍세촌</u>(천안), 구로동(청주), 작천(청주), 산동(청주), 송면촌(청주), 이원진(회덕), 황산(연산), 안평계금계용화계(영동), <u>이화촌</u>(영동), 물한리(황간), 십리원(옥천), 관대(보은), 풍계촌(회인), 용호(옥천), 채하계구룡계(옥천), 형강(문의), 고산정(괴산), 진천읍촌(진천), <u>초평</u>(진천), <u>석실</u>(진천), 후산정(제천), 황강(청풍), 도화동(청풍), 사인암(단양), 운암(단양), 금천(충주), 가흥(충주), 북창(충주), 목계(충주), 내창(충주), 말마촌(충주), 대흥향교촌(대흥), 수석동(청양)	『명오지』 『금화경독기』 『문헌비고(여지고)』 『송림천용호기』 『팔역가거지』
호남 (17곳)	율담(전주), 봉상촌(임파), 황산촌(여산), 서지포(임파), <u>경양호</u>(광주), <u>부흥촌</u>(순창), 성원(남원), 구만촌(구례), 주줄천(용담), 제원천(금산), 장계(장수), 주계(장수), 변산(부안), 법성포(영광), 영산강(나주), 월남촌구림촌(영암), <u>소정</u>(해남)	『명오지』 『금화경독기』 『팔역가거지』
영남 (24곳)	귀래정(안동), 삼구정(풍산), 하회(풍산), 내성(안동), 춘양촌(안동), 수동(안동), 옥산(경주), 양좌동(경주), 도산(예안), 청송읍촌(청송), 죽계(순흥), 병천(문경), 화개동(진주), 악양동(화개동 곁), 금호(대구), 밀양읍촌(밀양), <u>해평촌</u>(선산), 감천(선산), 가천(성주), 봉계(김산), <u>이안부곡</u>(함창), <u>가정구기</u>(함창), 월성촌(덕유산), 우담(상주)	『명오지』 『남약천영남잡록』 『금화경독기』 『송림천월성기』 『강한집』
관동 (41곳)	임계역촌(강릉), 경포(강릉), 대은동(강릉), 해함지(강릉), 대야평(영월), 여량역촌(정선), 주천고현(원주), 치악(원주), 사자산(원주), 흥원창(원주), 덕은촌(원주), <u>오상곡</u>(원주), <u>옥산</u>(원주), <u>구석정</u>(원주), <u>도천</u>(원주), <u>옥계</u>(원주), <u>월뢰</u>(원주), <u>산현</u>(원주), <u>단구</u>(원주), <u>교항</u>(원주), <u>제일촌</u>(횡성), <u>모평리</u>(횡성), 횡성읍촌(횡성), <u>분곡</u>(홍천), <u>석석</u>(홍천), <u>호명리</u>(춘천), 천전(춘천), 우두촌(춘천), 기린고현(춘천), 금곡(금성), <u>송점</u>(김화), <u>하복점리</u>(회양), 선창촌(철원), <u>거성</u>(안협), <u>사견촌</u>(안협), 광복동(이천), <u>가려주</u>(이천), <u>포내</u>(이천), <u>구담</u>(이천), 고밀운(이천), 정연(평강)	『명오지』 『금화경독기』 『위사』 『어우야담』
해서 (5곳)	석담(해주), 수회촌(송화), <u>채촌</u>(신계), 화천동(평산), <u>주구</u>(토산)	『명오지』 『금화경독기』 『팔역가거지』
관서 (3곳)	회산(성천), 고향산(영변), 당촌(중화)	『문헌비고(여지고)』 『어우야담』 『금화경독기』
관북 (3곳)	금수촌(고원), 광포(함흥), <u>화포</u>(안변)	『어우야담』 『남약천북열십승도기』 『금화경독기』

* 자료: 『임원경제지』 권6. 「상택지」〈팔역명기〉
* 밑줄은 서유구 본인의 『금화경독기』를 인용한 것으로 구분해 표시함.

이 대부분이지만, 부분적으로는 자신의 『금화경독기』 관련 내용도 포함시켜 논의를 충실하게 했다.

서유구가 새로 보완한 부분은 호숫가와 바닷가 거주 논의이다. '호숫가 거주 논의'에서는 관동의 여섯 호수 권역, 호서의 홍주洪州와 제천, 호남의 익산과 김제, 영남의 용궁, 해서의 연안延安 등지 호숫가를 들어 가거지 논의를 전개했다. 그리고 '바닷가 거주 논의'에서는 국토의 해안과 섬의 거주환경을 줄여서 서술한 뒤, 가거지와 가거부적지를 논의했다.

서유구는 영호남의 연해沿海 도서는 풍토병[瘴氣]과 해충이 있고 왜구와 가깝기 때문에 가거부적지라 했다. 그리고 서해는 선박이 수시로 정박하고, 관동의 북쪽 연안은 바닷바람이 거세고 물이 부족하며 왜선이 이르기 때문에, 또 동해의 섬들은 물이 부족하기에 살 수 없다고 했다.

다만 강화도는 해양교통의 요충지로서 상인들이 모여들고, 남양의 대부도는 토지가 비옥하고 수산자원이 풍부하여 주민들이 부유하기에 가장 좋다고 했다. 두 곳은 세상을 피해서 은거할 곳은 아니라고 덧붙이고 있다. 또한 호서의 내포에 있는 여러 고을과 해서의 연안과 백천 등지도 가거지라고 했다. 이외에도 남해안의 남해 금산동錦山洞과 동해안의 양양, 간성, 울진, 평해 등의 명승지에 대해 논의하고 있다.[59]

『임원경제지』에 나타난 서유구의 주거관을 살펴보면, 유교지식인이자 생활인으로서 합리적이고 실용적인 태도를 높이 사고, 당시의 사회 전반에 퍼져 있었던 술수적 견해를 경계하고 버리기를 권고했다. 그는 "향배向背와 순역順逆의 자리를 따지고 오행五行과 육기六氣의 운수를 살피는 오늘날의 술수가들이 하는 짓거리를 똑같이 하자는 것인가? 나는 이렇게 말하겠다. 군자는 술수를 취하지 않는다"[60]면서, "아직 옳고 그름이 판가름 나지 않은 길을 고지식하게 믿고 따라서 그런 짓거리에 푹 빠져 있을까? 집터를 선택하는 자는 이런 짓을 버리는 것이 옳다"고 술법 풍수에 대한 자기의 분명한 입장을 「상택지」의 첫머리에서 밝혔다.

생활에 긴요한 집터에 대해서도 실용적인 태도가 일관되게 나타난다. "장래의 화복을 가지고 눈앞에 닥친 절실한 문제를 덮어둘 수 없다. 집터를 찾고 논과 밭을 구할 때에 샘물이 달고 토지가 비옥한 땅을 얻었다면 그 나머지 것들은 전혀 물을 필요가 없다"며, 실사구시實事求是의 학문자세와 이용후생利用厚生의 주거관을 견지했다. 그러고는 풍수의 화복설을 경계하고 비판했다.

이처럼 서유구에게 주거지 선택방법은 생활에 꼭 있어야 할 것으로서, 춥고 따뜻한 방향을 따져보고, 물을 마시기가 편안한지만 살펴보면 충분했다. 집터에서 필요한 요소는, '샘물이 달고 토지가 비옥한 곳'으로 표현된 양호한 식수원과 비옥한 농경지로 요약된다. 그 이유는 "샘물이 달지 않으면 거처함에 질병이 많이 생기고, 토지가 비옥하지 않으면 물산을 제대로 생산하지 못하기 때문"이었다.

그러면서도 실제적으로 주거지를 정한다면 다음과 같은 여러 가지 조건과 요소를 추가적으로 고려할 수 있다고 상세히 논의하고 있다. 여기에서는 이상적인 거주환경이 갖춰야 할 요건으로 산 높이, 주택 외형, 지형경관, 생태경관, 수자원, 경작 조건, 경관미, 이상적 주거마을 규모, 주민의 교양수준 등이 구체적으로 거론되고 있다.

주변의 산은 높더라도 험준하게 솟은 정도가 아니요 낮더라도 무덤처럼 가라앉은 정도가 아니어야 좋다. 주택은 화려하더라도 지나치게 사치한 정도가 아니요 검소하더라도 누추한 정도는 아니어야 좋다. 동산은 완만하게 이어지면서도 한 곳으로 집중되어야 좋고, 들판은 널찍하면서도 빛이 잘 들어야 좋다. 나무는 오래되어야 좋고, 샘물은 물이잘 빠져나가야 좋다.

집 옆에는 채소와 오이를 심을 수 있는 남새밭이 있어야 하고, 남새밭 옆에는 기장과 벼를 심을 수 있는 밭이 있어야 하며, 밭의 가장자리에는 물고기를 잡거나 논밭에 물을 댈 수 있는 냇물이 있어야 한다. 냇물 너머에는 산록이 있어야 한다. 이 산록 밖에는 산봉우리가 있어서 붓을 걸어두는 살강 모양도 같고, 트레머리 모양도 같으며, 뭉게구름 모양도 같아서 멀리 조망하는 멋이 있어야 한다.

또 형국 내외에 수십에서 1백 호에 이르는 집이 있어서 도적에 대비하고, 생활필수품을 조달할 수 있어야 한다. 여기에서 가장 중요한 사실은 마음이 허황되고 말만 번드르르하게 잘하는 자가 주민들 사이에 끼어서 기분을 잡치게 해서는 안 되는 것이다. 이것이 그 대략이다.

• 『임원경제지』 권6, 「상택지」, 〈점기〉

『임원경제지』에서는 주택 배치에 대한 의견도 일조와 채광 측면에서 합리적으로 납득할 수 있게 설명하고 있다. 관련 내용을 보면, 집터를 정할 때는 반드시 북쪽을 등지고 남향을 해야 춥고 따뜻함이 적절하고 초목이 무성하게 자라난다는 것이다. 서쪽을 등지고 동향을 하는 것은 그다음인데 왕성하게 샘솟는 생기를 받아들일 수 있기 때문으로 이해했다. 가장 나쁜 자리는 동쪽을 등지고 서향을 하는 것인데 이런 배치는 햇빛을 일찍부터 볼 수 없기 때문이다. 북향하는 자리는 바람과 기운이 음산하고 추워서 과실과 채소가 자라지 않으니 거처할 수 없다고 했다.

또한 거주환경과 주거와 관련된 의식주의 제반 사항을 연관시켜 논의하고 있으며, 「보양지」保養志편에서는 섭생과 양생 같은 내용이 서술되고 있기에 조선시대 건강장수의 경험적 지식으로 참고할 수 있다. 특히 지역의 위생보건에 관한 풍토 조건에 관한 논의는 건강장수도시의 환경적 요인으로 참고 될 수 있는 전통적 견해로서 의의가 있다.

특히 서유구는 풍토병을 유발할 수 있는 토지의 조건과 질병을 설명한 후 지역 분포까지 열거하고 있어 주목된다. 장기瘴氣라는 말로 표현된 풍토병이 드러나는 곳에 대해서는 이중환의 『택리지』에도 여러 차례 언급되었으나, 서유구는 장기의 전국적인 분포지 현황을 종합적으로 정리했다는 의의가 있다.

장기의 사전적 의미는 축축하고 더운 땅에서 나오는 독기를 뜻한다. 장독瘴毒이라고도 하며, 더운 지방의 산과 숲, 안개가 짙은 곳에서 습열濕熱이 위로 올라갈 때에 생기는 나쁜 기운으로 전염을 일으키는 사기邪氣의 하나로 알려져 있다. 한의학적으로는 남쪽지방의 숲속에 있는 습열한 장독을 받아 생기는 온병溫病의 일종으로, 토질과 수질이 좋지 못하고 덥고 다습한 곳에서 생기는 수인성 풍토병으로 이해한다. 이것은 조선시대에 건강장수마을의 지역보건위생 조건을 논의한 구체적인 사례이기도 하다.

이 책에는 풍토병의 전국적 실상과 해독害毒, 병의 풍토적 원인 등을 적고, 시골에서 살 뜻이 있는 사람이라면 가장 먼저 그 사실을 살핀 후에 집터를 찾고 농토를 구해야 한다고 조언하고 있다. 『임원경제지』에 수록된 장기가 있는 지역을 인용하면 다음과 같다.

영남의 함양, 함안, 단성, 풍기는 모두 장기가 있는데, 진주와 하동이 가장 심하다. 호남의 순천, 여산, 태인, 고부, 무장, 부안, 고산, 익산 등지에 곳곳마다 장기가 있는데 광양, 구례, 흥양이 특히 심하다. 호서는 청양, 정산에 장기가 있다. 경기도는 남양, 안산, 통진, 교하의 바다와 접한 지역에 간혹 장기가 있다. 삭녕과 마전 등의 지역에도 간간이 장기가 있는 곳이 있다. 해서의 평산, 황주, 봉산 등의 고을은 토질이 차지고 수질이 혼탁해서 거주하는 사람들의 질병이 많은데 금천 경내가 특히 심하다. 관서의 양덕, 맹산, 순천 사이에는 수질과 토질이 상당히 나쁘다고 한다. 관동은 영흥에 장기가 있다고 한다.

• 『임원경제지』 권6, 「상택지」, 〈점기〉

이상에서 보았지만 서유구의 논의는 기존의 선행저술에서 제기되었던 거주환경과 주택관련 논의를 종합적으로 검토한 후에, 바람직한 주거관과 이상적인 거주환경 조건에 대해 표준적인 기준을 제시하고 자신의 견해를 제시했다는 점에서 중요한 의미를 갖는다.

자연지형적으로 풍요롭고 다양한 산지환경을 갖춘 우리나라에서 산림주거는 오랜 역사적 전통을 지니고 지속되어왔다. 그 과정에서 축적된 산지 생활사의 지식과 지혜는 조선 후기 지식인들의 저술에 정리되어 있다. 21세기의 새로운 주거 대안으로 떠오르는 건강장수의 산지 주거 모형에도 충분히 활용할 수 있는 지식정보 유산임이 분명하다.

산 있으면 물 흐르고

한국의 전통적인 수경관 인식

산이 있으면 물이 있다. 흔히 산수라는 말로 통용되는 것처럼 산은 물과 분리할 수 없는 관계에 있다. 산과 수는 풍수에서도 음양의 상보 관계로 설명되곤 한다. 그래서 물에 대한 전통적 지식과 상징을 살펴보는 것은 산을 이해하는 데도 필요한 일이다.

생명은 물에서 비롯했고 인류 문명도 강이 있는 곳에서 시작했다. 동서고금을 막론하고 물에 대한 원시신앙과 자연신앙은 보편적으로 존재한다. 오늘날에도 물의 중요성은 조금도 감소하지 않았으며, 미래전쟁은 물전쟁이라는 예측이 나올 정도로 물의 확보가 생존의 관건으로 떠오르고 있다.

한국의 전통경관은 오랫동안 자연환경에 적응하며 살아온 주민들의 생활사가 투영된 것으로서 사람과 자연의 상호작용으로 빚어진 결과물이다. 전통적 자연경관의 하나로서 수경관 역시 오랫동안 사람들이 물과 관계 맺으면서 형성된 가시적이거나 문화적인 인식의 산물이다. 한국의 자연환경에 적응하여 함께 진화한 문화생태적 상징과 지식체계는 한국인들의 자연관 및 자연에 대한 태도뿐만 아니라 전통건축경관의 입지와 장소성 형성에 영향을 주었다.

사람들에게 수경관은 상징과 지식의 대상이었으며, 그 인식방식과 지식체계는 역사와 지역에 따라 달리 나타난다. 중국과 한국에서 수경관에 대한 전통적 상징과 지식체계는 매우 광범위하고 다양했다.

특히 자연신앙과 신화, 음양오행사상, 풍수사상, 유학사상 등은 자연환경과의 연결고리로서 중요한 역할을 했다. 이러한 사상들은 각각 자연신앙·신화의 수신, 오행의 수, 풍수의 득수, 유학의 도덕적이고 경세적인 수 등 수경관과 관련된 다양한 스펙트럼의 상징과 지식 개념을 형성했다. 따라서 이 글에서 말하는 수경관이라는 용어의 범주는 가시적인 '수'에 대한 자연경관과 인문경관, 인식적인 '수'에 대한 지식 및 상징체계를 포괄하는 개념이다.

한국 고유의 수경관의 상징과 지식체계는 중국에서 도입된 외래의 것과 섞이면서 변용되기도 했다. 자생적인 자연신앙 요소를 제외한 여타 문화요소들은 대부분 중국에서 전파된 것들로서, 전래와 교섭을 거치면서 한국적인 자연환경과 사회문화적 조건에 맞는 문화생태적 습성으로 변용되었다. 한국인은 중국에서 도입한 사상을 한국의 자연풍토와 사회문화 코드에 맞추어 주체적으로 수용하고 문화요소들을 복합적으로 운용했던 것이다.

한국의 전통 상징과 지식체계의 요소들에 나타나는 자연환경에 대한 태도는 섬김과 외경(자연신앙), 조화와 균형(풍수설과 음양오행설), 도덕적 투사投射와 심미적 합일(유학의 성리학사상), 이용과 관리를 위한 지식의 대상(유학의 실학사상) 등 다양한 모습이 보인다. 이러한 내용은 수경관에 대한 인식과 실천 측면에도 그대로 반영되어 나타났다.

표30 수경관에 대한 상징 및 지식체계의 요소와 변용

형성 과정	수경관에 대한 전통적 상징 및 지식체계
한국의 전통 문화요소	• 자연신앙의 수신 • 생활방식 및 민속의 수 • 취락의 자연적응적 임수(臨水) 입지
⇩	⇩
중국에서 도입된 문화요소	• 수신의 건국신화, 용신앙, 국가의 산천제의 등 • 오행의 수 원리(오행지五行志 편찬) • 풍수의 득수(得水) • 유학의 도덕적 투사(投射)·경세적(經世的) 지식 대상으로서의 수 • 하천 지리정보의 체계화(하천지 편찬)
⇩	⇩
한국적인 적용 및 변용	• 민속신앙과 수−물할미, 우물제사[井祭] • 취락 입지의 정형화(배산임수) • 오행의 수와 관련한 하천 재이(災異)의 역사기록과 정치적 연관 • 풍수의 득수 원리 적용과 수경관 비보 • 유교 서원 경관의 친수(親水) 입지 • 주체적인 하천 지식체계의 집대성·하천 중심의 국토 공간구조 파악

자연신앙과 신화 속 수신의 모습

자연신앙과 신화는 환경에 대한 문화생태적인 상징과 지식 개념에 있어 가장 원형적이고 근본적인 형태라고 할 수 있다. 때문에 전근대사회가 자연에 대해 인식하고 실천하는 틀을 형성했다. 특히 수경관에 대한 신앙·신화와 제의는, 물이 지닌 본원적인 생명가치의 외경이나 수자원의 사회적 가치에 대한 존중이 의례화된 것이었다. 결과적으로 수경관에 대한 자연신앙과 신화는 물의 절대적인 사용가치를 높이고, 수자원의 사회적인 훼손 방지 및 보전에 이바지했다고 평가할 수 있다.

제주도 해신당에서는 섬 지역 주민들의 바다에 대한
민속적인 자연신앙의 모습을 볼 수 있다.

수경관에 대한 신앙과 신화는 동아시아를 비롯한 세계의 보편적인 문
화현상이었다. 신앙과 신화의 모습은 '문화진화'라는 자생적인 형태도
있을 것이고, '문화전파'라는 외래유입의 형태도 있을 것이며, 두 가지가
복합되어 변용된 형태도 있을 것이다. 문화의 교류가 활발하기 전에는 자
생적으로 형성·전승된 자연신앙과 신화가 있었지만, 외래문화가 전파되
자 기존의 고유한 것이 변용되기도 했다.

고립된 오지지역에서는 외래의 영향을 받지 않고 원형질 그대로 고수
되는 경우도 있었다. 한국인의 수경관에 대한 자연신앙과 신화, 의례 중
에서 고유의 것은 무속신앙과 민속적 생활방식으로 전승되기도 했다. 중
국에서 영향을 받은 주요한 것은 용龍신앙, 수신의 건국 신화, 국가적 산
천제의 등을 들 수 있다. 고유의 요소와 외래의 요소는 역사적 과정에서
복합되어 전개되었다.

한국의 자연신앙적 상징과 지식체계의 원형을 이루는 기원적 사조에

는 고대의 무교巫教와 그 속신俗信으로서의 무속이 있다. 아래의 인용문에서 보듯이, 한국의 무속신화에서 물은 '천지의 개벽'과 함께 생겨나서 음양을 소통시켜 개벽을 진행시키는 기능을 하는 것으로 묘사되었다. 제주도의 무가巫歌에는 중국 반고의 천지창조 신화와 음양사상 등의 영향도 복합되어 있음을 알 수 있다.

> 태초 이전에는 천지가 혼합하여 하늘과 땅의 구별이 없는 채 어둠의 혼돈 상태였는데, 이런 혼돈에서 하늘과 땅이 갈라져서 천지가 개벽하게 되었으며, 하늘에서 아침 이슬이 내리고 땅에서는 물 이슬이 솟아나서 음양이 상통하여 개벽이 시작되었다.
> • 김태곤, 『한국의 무속신화』(집문당, 1985), 13~15쪽

한국을 포함한 동아시아에서 수경관에 대한 자연신앙과 신화를 집약하고 있는 키워드는 수신과 용신앙이라고 할 수 있다. 용신앙은 수신水神 관념이 구상화된 상징 형태이다.

한국에서 수신은 수경관의 대상에 따라 해신용왕신·하천신·강신[瀆神] 등으로 구분되었다. 수신은 나라를 건국한 왕이나 조상의 시조로 신화화되기도 했으며, 수신에 대한 국가적인 제의도 체계를 갖추어 거행되었다. 민간에서는 물의 신앙성이 의인화된 물할미[水姑]로 표현되기도 했다. 물할미는 외적을 쫓는 지역 수호신이기도 했고, 약수신앙과 연결되어 서민들에게 섬김을 받았다.[61] 물할미는 산할미와 함께 한국의 노고老姑신앙을 형성했다.

중국과 한국에서는 물을 관장·치수하는 사람 또는 수신이 나라를 건국했다는 신화가 나타난다. 중국의 황제黃帝, 치우蚩尤, 우禹와 한국의 환웅 신화가 그 사례이다. 『삼국유사』의 고조선 건국 신화에 따르면, "환웅

이 풍백風伯, 우사雨師, 운사雲師를 거느리고 곡식, 수명, 질병, 형벌, 선악 등 무릇 인간의 360여 가지 일을 맡아서 다스리고 교화했다"[62]고 했다. 환웅이 풍백, 우사, 운사를 거느렸다는 것은 물과 관련된 자연계를 통어하는 신과 같은 기능을 상징한다.

한편 신라시대에는 '만파식적'萬波息笛이라는 신물神物이 있었다고 전한다. 신라 신문왕대[681~692]에 만파식적을 불면 "가물때에는 비가 오고 비가 올 때는 맑아지고 바람은 가라앉고 물결은 평온했다"는 것이다.[63]

물이 가진 시원적 생명성의 관념은 물에서 조상이 생겨났다는 신화를 빚어내기도 했다. 신라의 시조왕 혁거세는 나정蘿井에서, 그 부인 알영은 알영정에서 태어나며, 동부여의 금와왕도 연못가에서 발견된다. 몇몇 씨족의 설화에서도 물가에서 시조가 태어나는 신이담神異談이 전한다. 고대 신화에는 내용적으로 중국과 한국이 서로 연계되기도 했다. 고구려를 건국한 주몽의 어머니인 유화는 수신 하백의 딸이었는데, 하백은 황하의 수신으로 중국의 강신 가운데 가장 강력한 신이다.[64]

조선시대의 자연마을에서는 공동 우물터에서 일정한 날짜에 우물제사 [井祭]가 마을공동체적인 단위로 거행되었다. 이러한 우물제사는 마을 주민들의 생존에 반드시 필요한 음수 환경[食水]의 상징적 가치를 높임으로써 우물의 청결 유지와 함께 지속가능한 음수 조건의 확보를 꾀하기 위한 것이었다.

주요 수경관에 대한 국가적 제의도 행해졌다. 삼국시대 산천제와 같은 자연신앙은 수재 등의 자연재해를 방비하기 위한 것이었다. 『삼국사기』에 따르면, 신라에서 "삼산三山·오악五嶽 이하 명산대천을 나누어 대·중·소사를 지냈고, 동해·서해·남해·북해의 사해四海와 사강四江인 동쪽의 토지하, 남쪽의 황산하, 서쪽의 웅천하, 북쪽의 한산하에 중사中祀를 올렸다"고 했다.[65] 이러한 국가적 산천제의는 물의 생명본원성에 대한

용왕님께 치성드리는 민간의 수신신앙 모습.
물신앙은 현재까지 면면히 이어져 무속의 형태로 변용되었다.

자연신앙 관념에서 발전하여, 고대국가시기에는 국토의 수경관에 대해 지정학적이고 지리적으로 인식하며 체계적으로 발전해왔다.

한국의 산천제의는 전래의 산천신앙에 뿌리를 두고 있다. 국가적 산천제의 의식 자체는 중국의 영향을 받은 것이라 하더라도, 신라에서 대사처 大祀處로 세 곳의 산[三山]을 지정한 것은 '3'이라는 한국적 상징수의 의식 관념에 기초한 것이다.[66] 하지만 다섯 곳[五嶽]을 지정한 '5'라는 숫자는 중국의 오행설과 깊은 관계를 가지고 있는 상징수로서, 중국식 산천제의의 영향을 받은 것으로 보인다.

한·중·일에는 수경관에 대한 자연신앙이 구상화·상징화된 특이한 형태로서, 용에 대한 보편적인 문화생태 인식이나 태도도 나타난다. 여기에는 한국적인 특색도 주목된다. 동아시아에서는 공통적으로 용을 수신으로 간주하여 비를 기원하거나[祈雨] 또는 풍어를 기원하는 대상으로 삼았다. 한국에서는 전래적으로 용에 대한 이름('미르')과 상징이 있

마을의 영천(靈泉)신앙. 생존에 직결되는 식수를 청정하게
유지·관리하고자 하는 주민들의 문화생태적인 지혜가 깃들어 있다.

었지만 정작 용신앙이 정착된 데에는 중국에서 도입된 용 사상의 영향
이 컸다. 한국에서는 용신앙에 산악신앙과 풍수신앙이 결합되었다. 산
을 용에 은유하고 용산으로 경관화하면서 산과 용이 일체화되는 현상도
특징적이다.

　이를 반영하듯이 한국에는 다수의 '용산' 계열의 산 이름용산, 용문산, 반
룡산, 서룡산, 용두산 등이 하천 주위의 산지에 나타난다. 용신이 용산으로 장
소화된 것은, 기존의 수신이라는 용에 대한 자연신앙의 상징이 문화생태
적으로 경관화되어 굳어진 것이다. 중국에서도 용산이라는 지명은 용신
을 숭상한 곳으로 볼 수 있다. 일본에도 전국적으로 용신앙이 있었으며,
용신은 기우제의 대상 신으로 숭앙되었다. 일본의 용산 지명은 용왕산 정
도로 남아 있는데 기우제를 지내던 성지였다.[67]

물은 흘러내리는 것이 본성: 오행의 수

자연 만물의 상보적인 조화와 질서의 상징·지식체계를 함축하고 있는 오행사상은, 동아시아 한·중·일 사람들의 자연에 대한 인식과 실천, 그리고 자연과 인간의 상호관계가 반영된 중요한 문화생태 요소다. 따라서 오행사상은 자연경관을 이해하는 동아시아적인 틀이며, 문화생태적인 프로세스와 연결고리를 포착하는 하나의 접근방법으로서 의미를 가진다.

중국에서 정립된 오행사상은 한국에 도입되면서 한국인의 자연관에 중요한 구성요소가 되었다. 특히 오행[水·木·火·土·金] 가운데 첫 번째 요소인 '수'에 대한 원리적이고 상관적인 사유체계는, 한국인의 수경관 조영방식과 상징·지식체계의 형성에 큰 영향을 미쳤다. 고려시대 오행의 원리에서 도출된 '수' 관념은 방위[北]와 색깔[黑], 그리고 형태[曲] 등으로 확장했으며, 국토 지세의 방향과 상징색, 그리고 산형山形과도 연계하여 해석되었다.

오행설은 기원전 1세기를 전후하여 한반도에 도입되어, 삼국시대와 고려시대를 거치면서 정치, 제도, 천문, 역법, 지리 등 각 방면에 적용되었다. 뿐만 아니라 수경관의 인식 및 조영방식, 국토 지형지세의 이해 등에도 큰 영향을 미쳤다.

물론 오행설이 도입되기 이전에도 한국에는 수경관에 대한 경험적 지식이 전승되어 만들어진 문화생태적 상징이나 지식체계가 있었다. 거기에 중국에서 오행론의 '수' 관념체계가 전래되어 수의 속성에 대한 철학적·원리적 인식이 심화되었고, 개념범주가 확장되면서 인사人事와의 상관적이고 상호작용적인 지식체계로 발전할 수 있었다.

삼국은 건국 초기부터 정치, 제도, 병법, 천문, 역법, 지리, 의학, 묘제 등의 각 방면에 오행설을 활용했다. 백제는 아예 오행설의 전문가를 두기도 했다. 『일본서기』에 따르면 백제에 복서卜書와 역본曆本을 담당하는 역박사易博士와 역박사曆博士가 있었음을 알 수 있다. 고려시대와 조선시대에는 일관日官 및 지리관풍수이 오행을 적용하고 운용하는 전문가이기도 했다.[68]

고려시대에는 중국 사서의 편찬전통에 따라 『오행지』가 편찬되었다. 고려 조정은 자연의 기이한 현상들을 오행의 순서대로 기록하여 군주의 덕과 정치에 연계시켰다. 『고려사』 「오행지」五行志의 '수' 항목에서는 고려 광종 12년964부터 의종 5년1151까지 물로 인해 일어났던 재난과 변괴를 기록했다. 서문에는 수의 오행적 속성에 기초한 재난이나 변괴의 배경과, 현상에 대한 원리적 인식 및 상관관계가 잘 표현되어 있다.

오행의 1은 물이니 습윤하여 흘러내리는 것이 물의 본성이다. 그런데 물이 그 본성을 잃어버리면 재앙으로 된다. 그리하여 때로는 빗물이 갑자기 흘러 내려서 모든 강물이 범람하여 도시와 농촌을 파괴하고 사람들이 물에 빠지게 되며…… 우레와 번개, 눈과 서리, 우박이 내리는 재해가 있는 바 이것은 물이 제 본성대로 흘러내리지 못한 데 기인한 것이다. 그 징조는 언제나 차고 그 색깔은 검다.

• 『고려사』 권53, 「지7」, 〈오행1〉, 수

고려시대에는 지형지세를 오행의 사유 틀로 이해하고 이에 맞추어 풍토에 적응하는 방식을 추구한 것도 특징적이다. 다음의 인용문에서 보듯이 한반도의 지형지세는 오행의 수북쪽, 백두산에 뿌리를 두고 오행의 목동쪽, 백두대간 줄기으로 이루어져 있기 때문에 문화와 풍속이 이에 상응하여야 한다는 것이 이러한 관점에서 출발한 생각이다.

우리나라는 백두산에서 시작하여 지리산에서 끝나는데, 그 지세는 수水를 뿌리로 하고 목木을 줄기로 하는 땅이다. 그래서 흑黑을 부모로 삼고 청青을 몸으로 삼았다. 만일 풍속이 풍토에 상응하면 창성하고 역행하면 재앙이 있을 것이다.

• 『고려사절요』 권26, 「공민왕」

고려 중기에 도참술사인 김위제는 오행설을 산지 경관의 형세에 적용시켜서 국도의 천도를 주장한 적이 있다. 이에 1099년 숙종은 남경현 서울의 지세를 직접 답사한 후 1101년에 궁궐의 착공을 명하여 1104년에 완공했다. 김위제가 개성에서 남경으로 수도를 옮기자고 주장한 논거는 남경의 산세가 다섯 가지 덕水·화·목·금·토을 두루 갖추고 있기 때문이라는 것이었다. 여기서 당시 오행설이 풍수설과 결합하여 천도와 같은 사회정치적인 담론으로 어떻게 활용되었는지를 감지할 수 있다. 김위제가 오행을 도성의 산형山形에 적용시켜 한 말을 인용하면 아래와 같다.

다섯 가지 덕이란, 중앙에 면악面嶽이 있어서 둥근 모양으로 되었으니 토덕土德을 상징한 것이요, 북에 감악紺嶽이 있어서 굽은 모양으로 되었으니 수덕水德을 상징한 것이요, 남에 관악冠嶽이 있어서 뾰족한 모양이 되었으니 화덕火德을 상징한 것이요, 동에 양주 남행산이 있어서 곧은 모양으로 되었으니 목덕木德을 상징한 것이요, 서에는 수주樹州의 북악이 있어서 네모난 모양으로 되었으니 금덕金德을 상징한 것이다.

• 『고려사』 권122, 「열전35」, 〈방기〉, 김위제

이와 같이 오행설은 풍수설과 결합하여 자연경관을 해석하는 방법으로 이용되었다. 풍수이론의 산지경관 해석 방법에는 오행원리에 근거하

관악산 능선의 뾰족한 모양. 풍수에서는 화덕(火德)이 드러난 것으로
인식하고 화산(火山)이라 불렀다.

여 산의 기세와 형태를 다섯 유형으로 나누어 설명하는 방식이 있다. 여
기서 수산水山, 혹은 水星은 물처럼 부드러운 능선이 구불거리면서 흘러가
는 모습의 구릉지에 해당된다. 중국에서 도입된 오행과 풍수의 원리 및
요소는 한국의 전통취락경관에 복합적으로 투영되었으며 그 결과 새로
운 문화생태경관이 만들어졌다.

예컨대 취락에서 바라보이는 곳에 풍수적 화산火山이 있으면, 취락에
서는 화산이 뿜어내는 화기를 막기 위해 수경관(못)을 조성했다. 이러한
풍수적 대응은 오행론의 상생·상극 원리 중에서 수극화水剋火의 원리가
적용되어 경관이 구성된 것이었다. 현대의 지형학에서 볼 때 풍수의 화
산은 화강암 지질이 융기되어 풍화 침식된 산의 능선이 불꽃같은 모양의
산으로 설명할 수 있다.

오행사상과 그 원리는 중국에서 도입되었으나, 문화적 적용과 그 실천적 행태는 한국과 일본에 독특하고도 다양하게 나타난다. 전통 사회의 민간에서 나타나는 오행의 상극원리의 적용 및 대응 사례는, 민속신앙물과 상징조형물을 다양하게 응용하거나, 비보적 지명을 붙이는 등의 상징 조작을 통하여 심리적 상극효과를 강화시키고 있는 것이 특징이다.

예컨대 상징조형물을 활용하는 사례로서, 화산의 화기 제압을 위하여 수신의 상징물인 거북 혹은 자라 조형물을 화산과 마주보게 배치한다든지, 솟대의 물오리를 화산과 마주보게 하거나, 소금단지 혹은 바닷물을 화산 봉우리에 묻는 등의 예가 있다. 또한 지명의 사례로는 수와 관련한 이름을 붙이는 경우가 있다.

일본에도 오행상극론을 응용한 다양한 민속신앙의 형태가 있다. 화재를 예방하는 방화주술防火呪術, 홍수나 바람을 막으려는 방재주술防災呪術이 있다. 지바현[千葉縣]의 진흙축제[泥祭] 같은 경우는 홍수를 제압하는 치수治水 주술로서, 오행사상의 '토극수'의 원리로 진흙[土]이 수를 제압하는 구조를 내포하고 있다.[69]

풍수의 가장 중요한 조건, 득수

풍수사상은 중국에서 형성되어 한국과 일본으로 전파되었다. 온대 계절풍지대라는 기후환경, 농경을 위주로 한 생산관계 및 농업생산력 수준 그리고 정착 주거문화의 생활양식이라는 배경에 기초하여 성립된 전통적 문화생태학이자 환경사상이었다. 신라시대를 전후하여 중국에서 도입된 풍수는 한국의 전통적 수경관의 지식·상징체계에 가장 강력한 영향을 주었고 큰 비중을 차지해왔다. 전통적으로 수경관의 입지 방식에 지대한 영향을 미쳤을 뿐만 아니라, 문화생태적 지식체계의 형성과 변용에도 중요한 역할을 했다. 한국인들은 중국의 풍수사상을 한국의 기후와 지형, 문화에 맞추어 주체적으로 활용했다.

온대 계절풍 지대의 주거 환경과 농경 양식에서 수자원을 확보하고 관리할 수 있는 입지 및 환경관리는 생활유지의 핵심적인 관건이었다. 그것은 득수得水를 최우선으로 하는 풍수의 최적입지론과 수경관 비보라는 환경관리론을 낳았다. 풍수적 '명당'혹은 혈이란 지속가능한 환경의 경관 모형이며, '비보'는 생태적 시스템을 보완하기 위한 환경관리 방법이었다. 한국의 기후와 지형은 수자원의 활용 및 관리에 대한 풍수적 지식체계의 형성과 사회적 실천을 이끄는 원동력이었다.

풍수는 고려시대에 본격적으로 운용될 때부터 수해 방지 등 환경관리에 실용적으로 이용되었다. 『고려사』에서는 고려 문종 7년[1053] 8월에 도읍의 허결한 지세를 보허하기 위해 제방 축조를 계획한 사실을 아래와 같이 적고 있다.

> 나성羅城 동남쪽 가장자리의 높은 언덕은 도읍의 허결한 지세를 비보하는 것이었다. 이제 큰 비로 범람한 하천 물에 흙이 쓸려가 버렸으니, 마땅히 역부 3~4천명을 징발하여 제방을 수축하도록 하라.
> • 『고려사』 권7, 「세가7」, 〈문종7년〉

풍수는 '장풍 득수'藏風得水의 줄임말로, '수'는 풍수를 구성하는 두 가지 요소 가운데 가장 중요한 것이다. 풍수경전의 텍스트로 인정받는 『금낭경』에서 "풍수의 법은 득수가 중요하고 장풍은 그 다음이다"라고 했듯이 물을 얻는 '득수'는 풍수 원리와 실천의 최우선적이고 최상위의 요건이다.

풍수적으로 수경관과 관계맺는 방식은 자연환경에 대해 문화생태적인

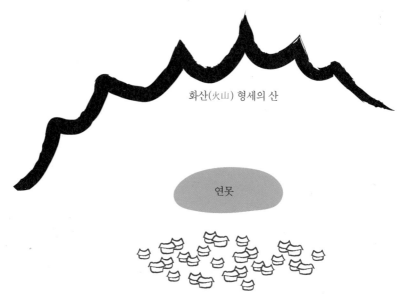

화산(火山) 형세의 산

연못

풍수의 화산(火山) 형세의 산에 대응하기 위해 못을 배치했다.
오행론의 상극(수극화) 원리를 응용한 경관구성이다.

실천 및 연결고리로 작용함으로써 한국의 취락 및 건축물의 득수 입지에
큰 영향을 미쳤다. 그 결과 취락 및 전통건축의 입지경관에 가시적인 수
경관의 패턴과 질서를 형성하게 했다.

전통취락의 입지경관에서 하천은 형태적으로, 곁에서 끼고 있는 하천
[帶水], 마주보고 있는 하천[面水], 에워싸고 있는 하천[環抱水], 두 갈래 물
이 합치는 하천[合水] 등의 유형을 나타낸다. 조선시대 지방행정중심지읍
치의 지형도 득수의 패턴을 지니고 있다. 예컨대 영천 고지도의 좌측 하
단에 '이수합금'二水合襟이라고 두 물줄기가 옷깃을 여미듯 합수되어 있
는 형태의 조건이 표기되어 있는데, 입지의 득수특히 합수 조건을 풍수적
으로 표현한 것이다.

풍수의 득수는 이상적인 주거지의 입지 요건으로 가장 중요한 원리였
으며, 풍수사상의 오랜 영향으로 말미암아 한국의 전통취락은 (배산)임

마을을 에워싸고 있는 물줄기(경북 예천군 용궁면 대은리 회룡포마을).
안동의 하회마을도 비슷한 입지 유형이다. 여기서 물은 가장 중요한 환경요소이다.

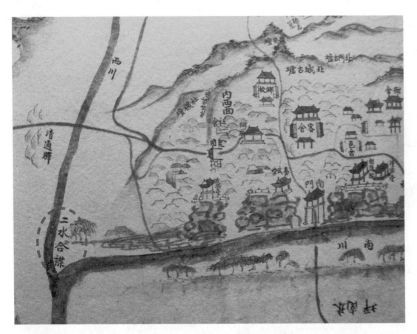

영천고을을 끼고 흐르던 서천과 남천이 고을을 지나 합수되었다.
지도의 왼쪽 하단에 '두 물줄기가 옷깃을 여미듯 합한다'[二水合襟]고 표기되었다.
(『1872년 지방지도』, 경상도 영천군 부분도)

수라는 전형적인 입지모형이 형성되었다. 한국 촌락연구의 초기 저술인
젠쇼 에이스케善生永助의 『조선의 취락』朝鮮の聚落에서도 언급하기를, 조선
에서 역사가 오래된 동족촌들은 풍수사상의 영향을 받아서 배산임류背山
臨流에 위치한 것이 많다"고 했다.[70]

더구나 전통취락의 배치 및 건축물의 방향도 하천의 방향에 맞추어 결
정되었다. 못과 같은 수경관은 화산에 대응하여 조성되었으며, 행주형行
舟形 형국의 주거지에는 우물을 파는 것을 금기로 했다. 풍수적 자연 – 인
간의 상호관계는 기존의 자연신앙적 형태와는 다르게, 새로운 상호작용
의 관계를 맺게 하여 취락경관에 구현시켰던 것이다.

전통취락의 경관 조영에 흔히 활용된, 수경관에 대한 풍수의 대응 방식

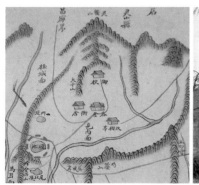

영산고을의 연지(硯池). 『해동지도』에도 표기되었다.
수자원을 확보하고 고을의 풍수를 보완하기 위해 조성·관리된 것이다.

으로 득수비보得水裨補가 있다. 득수비보는 풍수에서 이상적인 입지경관
에서 필요로 하는 득수 조건이 미비할 경우에 이를 보완하는 것이다. 전
통취락에서 터를 빠져나가는 물길을 둥글게 파서 물가 주거지를 감돌아
흘러 나가도록 한다든지, 터의 입구에 못을 파서 물이 고였다 흐르도록
한다든지, 숲을 조성하여 곧장 빠져나가는 물을 우회시키는 방법이 일반
적이었다. 예컨대 경남 영산고을에서는 고을터 앞에 못을 파는 방식으로
수자원을 확보하고 풍수를 보완했던 것을 확인할 수 있다.

흐르는 물은 밤낮을 쉬지 않는구나: 유학의 수

조선 사회의 이데올로기를 지배한 것은 유학사상이었다. 유학의 자
연관은 자연환경과 관계 맺는 문화생태적인 연결고리로 기능하여 문화
경관의 형성에 영향을 주었다. 조선은 중국보다 훨씬 더 철저하게 정
통적·원리적으로 성리학을 실천하려는 태도를 고수했다. 성리학적인
산수관은 기존의 방식과는 질적으로 다른 수경관에 대한 상징·지식체
계의 정체성을 나타냈다. 조선 중기의 도학자들은 산수경관을 도덕적으

로 은유하여 해석했으며, 특히 유학에서는 수경관에 대해 상징적 가치를 부여했다. 이는 서원이 물가에 위치하는 친수親水 입지를 택하는 데에 큰 영향을 주었다.

조선 후기에 들어서는 실학의 영향으로 하천이라는 수경관에 대한 체계적 정보가 구축되었으며, 기존의 중화적 하천 인식에서 탈피하여 주체적으로 조선의 하천체계를 정립하려는 발전적인 노력을 보이기도 했다.

유교사상은 본래 자연풍토에 순응하고자 하는 순자연적인 환경사상을 지니고 있었다. 『중용』에 "공자는 위로는 천시天時를 따르시고 아래로는 수토水土를 따르셨다"[71]고 했으니, 수토는 풍토風土의 다른 말이고 오늘날의 환경 혹은 자연에 해당하는 것이다. "수토를 따랐다"는 말은 지리적 자연환경의 질서에 순응하고 적응하는 유교의 자연관을 단적으로 표현한 말이다.

유교에서의 수경관은 쉼 없이 자기를 쇄신하고 근본을 성찰하게 하는 견본과도 같은 것이었다. 공자는 시냇가에서 물을 보고 "흐르는 것이 이와 같구나 밤낮을 쉬지 않는구나"[72]라고 했다거나 "어진 사람은 산을 좋아하고 지혜로운 사람은 물을 좋아한다"[73]라고 하여 산수를 도덕적으로 환유하고 사람의 성정과 결부시켜 언급한 바 있다. 맹자도 공자가 쉼 없이 흐르는 물을 보고 무엇을 취했는지에 대한 제자의 질문에 "끊임없이 솟아나는 샘물이 흘러 바다에 이르듯이 근본을 갖추고 성실히 정진하는 자세"로 풀이하여 대답했다.[74]

한 예로, 고산孤山 윤선도尹善道, 1587~1671는 보길도 부용동의 개울가에 곡수당曲水堂을 짓고 흐르는 물을 수시로 바라보면서 본분인 유학자로서 심신을 닦았다. 『보길도지』[1748]에도, "곡수당은 터가 그윽하고 맑다. 고산은 이곳을 사랑하여 수시로 왕래했다"고 기록했다. 곡수당의 수경관은 윤선도가 보길도에서 어떤 삶의 자세를 가졌고 어떤 삶을 지향했는지를

화양구곡의 흘러오는 계곡물을 정면으로 바라보고 입지한 암서재(巖棲齋).
수경관의 전망이 탁월하다. 송시열(1607~89)이 수신하며 은거했던 곳이다.

파악할 수 있는 공간적 단면을 드러내준다.

　유교는 삼국시대에 전래되어 고려시대의 정치 및 사회제도에 큰 영향
을 주었지만, 정작 문화생태적 상징 및 지식체계로서 역할을 한 것은 조
선 중기 이후, 성리학적 자연관이 사회지배층과 지식인 계층에 확산되던
때부터이다. 조선시대의 성리학이 유학자들의 산수에 대한 인식에 투영
되자, 유학자들에게 산수는 자신을 성찰하는 경관텍스트로 인식되었다.
산수에 대한 도학적 인식과 태도는 자연지리적 환경을 자아의 정립과 인
격의 수양에 적극적으로 활용한 것이었다.[75] 그리하여 산수는 하늘의 이
치[天理]를 체현하고 외화外化된 대상으로까지 궁리되기에 이르렀고, 유학
자들은 산수에 대한 도덕적 투사를 통해 인仁과 지智를 체득하는 공부의
즐거움으로 삼았다.

곡수당(보길도 부용동)의 복원된 모습.
윤선도가 흐르는 물을 바라보면서 심신을 수양하던 곳이다.

　　조선 중기에 경상우도를 대표하는 유학자 남명 조식曹植, 1501~72이 유
학의 수가 지닌 의미와 상징을 읊은 「원천부」原泉賦와, 지리산의 시천[矢
川] 가에 거처를 선택하면서 지은 「덕산복거」德山卜居라는 시는 조선시대
유학자의 수에 대한 의미 및 가치 부여가 잘 드러나 있다.

惟地中之有水　　땅속에 물이 있는 것은

由天一之生北　　천일天一이 북쪽에서 생기기 때문이다.

本於天者無窮　　하늘에 근본을 둔 것은 다함이 없나니

是以行之不息　　이 때문에 쉼 없이 흐르는 것이다……

思亟稱於宣尼　　공자가 자주 물을 일컬었던 점을 생각하니

남명 조식 선생이 거처하던 산천재(경남 산청군 시천면 사리).
선생이 시로 읊었던 '십리에 뻗어 있는 은하수 같은 물'인 시천을 바라보며 자리하고 있다.

| 信子輿之心迪 | 근본이 있다는 뜻으로 이해한 맹자의 마음을 믿을 만하구나 |

• 「원천부」原泉賦76)

春山底處無芳草	봄 산 어느 곳인들 향기로운 풀 없으랴마는
只愛天王近帝居	다만 하늘 가까이 닿은 천왕봉 마음에 드네
白手歸來何物食	빈손으로 들어와서 무엇을 먹고 살 건가
銀河十里喫有餘	십리에 뻗는 은하수 같은 물 먹고도 남겠네

• 「덕산복거」德山卜居77)

유학의 수경관에 상징적인 가치를 부여하거나 도덕적으로 보는 태도는 조선시대의 사립교육 기관이자 제향 시설이었던 서원의 장소성 결정과 입지 선택에도 영향을 주었다. 서원은 1543년 백운동 서원을 시작으로 조선 중기에 사림들에 의해 집중적으로 설립되었다. 이들 서원은 산수가 좋은 곳, 특히 하천에 근접하거나 하천을 볼 수 있는 곳에 입지했다. 이러한 사실을 반영하듯 전국적으로 부강서원, 기천서원, 도계서원 등과 같이 서원의 이름에 강江, 천川, 계溪, 호湖, 하河, 천泉 등과 같이 수경관의 용어를 포함한 서원이 200여 개를 웃돌며, 이는 조선시대에 건립된 서원의 과반수 이상을 차지한다.

서원 가운데 가장 탁월하게 수경관을 전망하는 것으로서 경북 달성군 구지면 도동리 낙동강 가에 자리 잡은 도동서원道東書院이 있다. 이 서원은 조선 초기의 유학자인 한훤당寒暄堂 김굉필金宏弼, 1454~1504을 배향한 곳으로 한강寒岡 정구鄭逑, 1543~1620가 서원의 터를 잡았다고 알려져 있다.

지리산권 서원의 친수적 입지성향은 같은 공간범위의 사찰입지와 비교하면 분명하게 대비된다. 사찰이 하천의 상류부에 입지한 것이 많은 데 비해, 서원은 상대적으로 중하류부의 차수次數가 높은 하천에 입지하는 경향이 있다.

조선 후기에 이르자 유학의 수경관에 대한 지식체계에 발전적 변화가 일어났다. 조선 후기의 사회경제 발전에 기초하여 유학이 실사구시적인 경세經世의 학문으로 방향을 틀었는데, 산수에 대한 실학적인 인식과 태도가 수경관에 대한 이용후생의 사실적인 지식체계를 형성케 했다. 특히 18세기 이후 상공업의 발달과 유통경제의 확대, 지역 간 교류 증대 등 당시의 사회경제적인 변화를 반영한 하천에 대한 체계적인 이해의 노력은 하천지로 결실을 맺었다.[78]

조선 후기에 실학적인 지리학을 정립한 인물이자 산수를 체계적으로 기술한 신경준은 『산수고』山水考에서 산수의 계통을 체계적으로 기술했다. 『산수고』의 첫머리를 하천 위주로 인용하면 아래와 같다.

하나의 근본이 만 갈래로 나뉜 것이 산이고, 만 갈래가 하나로 합한 것이 물이다. 나라의 산수는 12로 나타낼 수 있다. 백두산에서부터 나뉘어 12산이 되고, 12산에서 나뉘어 여덟 줄기[八路]의 여러 산들이 된다.

여덟 줄기[八路]의 여러 물들이 합하여 12수가 되고, 12수가 합하여 바다가 된다. (물이) 흐르고 (산이) 솟는 형세와, (산이) 나뉘고 (물이) 모이는 묘한 이치는 여기에서 볼 수 있다. ……12수는 한강, 예성강, 대진, 금강, 사호, 섬강, 낙동강, 용흥강, 두만강, 대동강, 청천강, 압록강이라 이른다. 산은 삼각산을 머리로 삼고 물은 한강을 머리로 삼으니 서울을 높인 것이다.

　• 『여암전서』 권10, 「산수고 1」

신경준의 『산수고』 이후에 강을 중심으로 한 계통적인 지리 인식이 발전·심화되었다. 그리고 드디어 주요 하천에 관련된 자연지리·역사·군사·정치·지역 등의 사실을 종합하여 하천의 지식체계와 지역문화를 집대성한 정약용의 『대동수경』大東水經을 낳게 된다. 이 책은 중국에서 3세기경 상흠桑欽이 쓴 『수경』水經과 여도원酈道元, 467~527이 쓴 『수경주』水經注를 모델로 한 것이다. 그러나 조선 후기 사회의 주체적인 공간인식에 근거하여 조선의 특수성을 반영한 하천체계 정립을 시도한 것으로 평가될 수 있다.

『대동수경』의 중요성과 의의는 하천을 중심으로 서술한 조선시대 유일

낙동강 가에 입지한 도동서원(경북 달성군 구지면 도동리).
한국의 서원 가운데 가장 탁월한 수경관의 전망을 나타낸다.

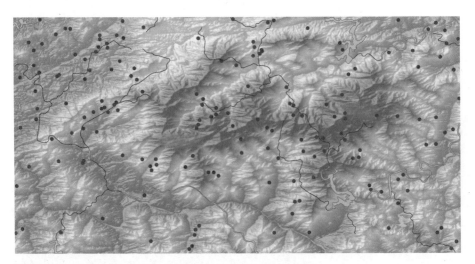

지리산 권역의 사찰(●)과 서원(●)의 입지지형 분포를 비교해 살펴보면,
사찰은 주로 산간에, 서원은 하천가에 입지한 것으로 대비된다.
＊자료: 고려대 민족문화연구원 조선시대 전자문화지도를 편집한 것임.

한 독립된 지리서라는 데에 있다. 조선 후기 사람들의 삶의 터전이 하천
중심으로 이루어졌음을 간파하고 강을 중심으로 국토의 공간구조를 파악
했던 것이다. 이 책은 중국과 구별되는 조선의 하천체계를 부각시키기 위
해 중국의 하河나 강江 대신에 수水라고 명명하는 등, 조선 하천의 독자적
인 체계를 정립하고자 한 조선 중심의 공간 인식도 반영하고 있다.[79]

수경관의 상징·지식체계에 나타난 한국적 특색

한국 수경관의 전통적 상징 및 지식체계를 세 가지 면으로 간단히 요약
해보자.

첫째, 한국 수경관의 상징·지식체계의 기원에는 고대의 무교에서 산
천숭배 관념으로 이어지는 자연신앙체계가 있었다. 한·중 간의 교류가
활발해짐에 따라 중국에서 도입된 국가적인 산천제의, 수신신앙, 용신앙,

풍수설의 득수, 오행설의 수, 유학사상의 산천 관념 등은 한국인들의 자연관을 형성하고 문화생태적인 수경관을 빚어내는 데 큰 영향을 주었으며, 전래되던 수경관의 문화생태적인 상징 및 지식체계에도 변용을 가져왔다. 특히 중국에서 도입하여 수용된 풍수는 전통적 수경관의 지식·상징체계에 가장 강력한 영향을 미쳤다.

둘째, 통시적으로 한국의 수경관에 대한 상징 및 지식체계는 중국과 교섭과정을 거치면서 개념이 풍부해지고, 의미가 심화되었으며, 형식이 다양해졌고, 내용이 실질적으로 변화했다. 형식 측면에서는, 기존의 자생적인 수경관의 신앙 및 신화가 용신앙, 국가적 산천제의, 건국신화 등으로 다채로워졌다.

그리고 중국에서 오행론을 수용하면서 수의 개념에 대한 원리적 사유가 심화되고 개념적 범주가 확장되었으며 상관적이고 상호작용적인 지식체계로 발전했다. 중국에서 도입하여 수용된 풍수는 수경관의 입지 패턴·방식에 지대한 영향을 미쳤을 뿐만 아니라, 취락에서 전형적인 배산임수의 입지경관을 형성케 했고, 기존 문화생태 지식체계에도 큰 변용을 불러왔다. 조선시대의 성리학이 유학자들의 자연관에 투영되자, 유학자들에게 수경관은 자신을 성찰하는 대상으로서의 경관 텍스트가 되었다.

셋째, 한국인들은 중국 수경관의 상징 및 지식체계를 한국의 자연풍토와 사회문화 코드에 맞추어 주체적으로 수용하고 복합적으로 운용했다. 자연신앙이나 신화에서는 민속적 수신으로 물할미가 있었고, 촌락에서 행한 제의로서 정제井祭가 있었다. 그러다 용신앙이 산악신앙 및 풍수신앙과 결합하여 산과 용이 일체화되고 용산으로 경관화되었다. 국가적 산천제의로 배정되는 대상에서 '3'이라는 상징수가 나타났다.

일본 아스카시대의 후지와라쿄[藤原京, 694~710] 도읍지에도 왕경王京의 뒤와 좌우로 삼산三山의 배정이 나타나는데, 고대 한국과 일본의 삼산 관념에 관해서는 후속연구가 필요하다고 본다. 오행사상과 원리의 적용과 실천적 행태는 민간에서 독특하고도 다양하게 나타났다. 풍수는 한반도의 기후 및 지형환경과 취락의 입지 조건에 맞추어 주체적으로 적용되었다. 조선 중기의 성리학적 자연관은 한국 서원의 일반적 친수 입지에 배경사상이 되었다. 또한 조선 후기의 실학은 중국적 공간인식에서 탈피하여 조선 중심으로 수경관을 인식하고, 주체적으로 조선의 하천체계를 정립하려는 노력을 보였다.

한국에서 수는 항상 산과 대응되어 산수, 혹은 산천, 산하 등의 용어로 일반화되었다. 이러한 산수의 상관적 인식은 산이 있으면 물이 흐르고, 물이 있으면 산이 갖춰진 한국의 지형적 환경에 기초한 것이다. 그런데 한국의 전통적 상징체계에서 수가 생활에 꼭 필요한 요소인데도, 산의 신성성과 신앙성에 비하여 그 위계가 낮았다는 사실은 흥미롭다. 그 예를 들자면, 신라시대에 국가적인 산천제의에서 삼산·오악 등의 산에 대한 제의는 대사로 행해졌으나 바다나 강에 대한 제의는 중사로 행해진 것이라든지, 고을 읍치의 주요 산은 진산으로 지정되었지만 하천은 따로 지정된 바가 없다는 것도 그러하다.

또한 마을의 신앙의례 중에서 마을의 주산에 대한 산신제는 마을 우물에 대한 정제보다 위계가 높았다는 것도 한 예증이다. 그리고 앞서 언급했지만 수신인 용신앙이 용산으로서 경관화되어 인식되었다는 측면도 이러한 관념의 반영으로 해석될 수 있다. 그러면 왜 이렇게 산수의 상징 및 신앙체계에서 산이 수보다 위계가 높고 중시되었을까?

여기에는 기본적으로 한반도의 지형과 기후라는 풍토적 배경이 내재하여 있다고 판단된다. 비교해보자면, 중국의 화북 중원지방과 같이 강수량이 부족한 황토고원지대에서는 수의 가치가 중시되어 그 상징적 반영으로서 수신 관념이 상대적으로 발달하거나, 풍수 이론에서 득수가 최우선적으로 강조되었다. 그러나 한국은 중국의 중원에 비해 강수량이 적지 않고 대부분의 전통취락은 물을 구하기 쉬운 곳에 자리 잡았기 때문에 물에 대한 절실함이 상대적으로 덜했다. 산은 도읍지의 군사적 방어에 중요한 역할을 했고, 주민들에게 산림자원을 제공하는 곳으로, 수는 산에서 흘러나오는 부수적인 것으로 여긴 것이다.

전통적인 산악숭배 관념도 산의 신앙성을 중시하는 태도를 낳는 데 일조했다. 이러한 산의 위계적 우위에 대한 상징의식에는, 산을 하늘에 이르는 통로 또는 하늘에 가장 가까이 있는 경관으로 인지하는 하늘 위주의 관념이 기초하고 있었다. 한국의 고대신화에서 천신의 아들인 단군은 산신으로 바뀌는 '천신⇒산신' 및 '천신=산신'의 연속·전화적 구조를 보인다. 그렇지만 바닷가에 입지한 마을에는 수신신앙 또는 해신신앙이 강하게 나타나는데, 이것은 바다가 끼치는 자연의 영향력이 주민들의 의식과 신앙에 반영되어 표현된 것이다.

이렇듯 전통 사회에서는 자연이 사람에게 미치는 위력에 따라 상징이나 신앙성이 좌우되었다는 사실을 이해할 수 있다. 이상에서 살펴본 바와 같이 한국의 수경관에 대한 문화생태적 상징·지식체계는 수자원의 환경적 가치와 비중이 반영되어 역사적으로 형성·발전된 것으로서 기능적으로 수자원의 확보·보전·활용, 그리고 치수와 관리에 이바지했다.

명산문화와 산속의 이상향

5

한국의 명산과 명산문화에 대해 생각해보자.

한국의 역사 속에서 어떤 산이 명산이었을까.

전통적으로 명산문화를 구성했던 다양한 요소들은 무엇이며

특히 조선시대 유학자들에 의해 명산문화는

어떻게 한 차원 더 발전하게 되었을까.

동서양 유토피아 관념을 비교할 때

동아시아 이상향의 공간적 속성은 산이다.

한국의 산 이상향을 대표하는 지리산 청학동의

역사적·공간적인 모습은 어떻게 전개되었는지

그 흥미진진한 실체가 밝혀진다.

명산문화의 다양한 풍경

산이 인간에게 갖는 의미, 명산문화

우리나라는 산이 국토의 대부분을 차지한다. 따라서 우리의 의식과 일상생활은 물론 문화에서 산의 비중이 크다는 것은 새삼 재론할 필요조차 없다. 수려한 산을 생활권 안에 두고 살아온 겨레가 독특한 명산문화를 형성했음도 당연한 일이다. 산악숭배와 명산대천에 대한 제의, 도읍이나 주거지의 입지, 사상과 문학·예술 등 문화의 제반 영역에 명산의 영향이 깊이 자리하고 있다.

산이라는 말이 자연적 개념이라면, 상대적으로 명산이라는 말에는 '이름난'[名]이라는 인문적 관념과 자연의 산이라는 개념이 함께 복합되어 있다. 그렇다면 '이름난 산'[名山]에 대한 이해를 위해서는 왜 그 산을 이름난 산으로 지정했는지에 대한 사람들, 즉 집단의 가치관과 세계관의 이해가 선행되어야 한다. 따라서 명산에 대한 관념은 집단과 집단이 속한 시대에 따라 달라질 것이다.

명산이 문화주체집단의 가치관이 반영된 인문적 대상으로서의 산 자체를 의미하는 개념이라면, 명산문화는 명산과 문화주체집단이 맺은 상호관계의 산물로서 더 포괄적인 개념이다. 명산문화라는 말 속에는 명산과 관련된 자연지리적 산악 지형, 산지 생태는 물론이고 인간의 역사, 사회, 경제, 생활양식, 경관, 예술, 문학, 종교, 철학사상 등의 개념이 모두 포함되어 있다. 이처럼 명산과 명산문화에 대한 학술적이고 사회적인 연구 가치가 중대한데도 학계에서는 한국의 명산을 학문의 연구 대상으로 하여, 본격적으로 명산문화와 그 의미를 탐구한 논의가 드물다.[1]

반면 중국의 경우 '명산문화'라는 용어는 이미 보편화된 학술연구 용어로 정착되어 있다. 명산문화 연구기관의 창립과 학술지 창간, 학술대회 등의 활동을 통해 명산문화와 관련된 전반적인 논의가 이루어지면서 가치 있는 연구 실적들도 쏟아져 나왔다. 이런 연구 실적의 축적을 기반으로 명산문화연구는 단순한 문화연구라는 범주를 뛰어넘어 '명산학'이라는 새로운 학문을 정립하기에 이르렀다. 특히 20여 년 동안 명산문화 연구가 진행되어온 태산과 오대산 영역에서는 일찍부터 태산학과 오대산학의 정립이 거론되었다.[2]

중국이 보유한 세계유산 총 45점 가운데 명산이 9점이나 된다.[3] 그중에서도 태산, 황산, 아미산, 무이산 등 4점은 자연과 문화적 가치를 겸비한 세계복합문화유산이다. 명산이 세계유산에 등재되는 데에 명산과 명산문화에 대한 연구역량이 바탕이 되었음은 물론이다.

이에 비하여 우리나라는 총 10점의 세계문화유산과 1점의 세계자연유산이 있지만 금수강산이라는 이름이 무색하게도 명산은 전무한 실정이다. 현재 제주도도 '제주 용암동굴과 화산섬'이라는 이름으로 등재되었고, 설악산 천연보호구역이 세계자연유산의 잠정목록에 등재되어 있는 정도다. 그러나 지리산을 비롯하여 한국의 여러 명산은 자연과 문화적 가치를 겸비하고 있기 때문에 세계유산으로서의 가치를 충분히 가지고 있다. 한국의 명산에 내재된 가치를 발굴하고 연구한 결과가 세계적인 보편성을 획득할 수 있을 때에야, 비로소 범인류적 가치를 인정받을 수 있을 것이다.

한국 역사 속의 다채로운 명산문화

명산문화는 역사·지리·문화·사회적 조건에 따라 기원이나 형성된 모습이 달라진다. 한국 명산문화 역시 시대와 지역, 사회에 따라 명산의 지정과 분포가 달라졌다. 이는 명산이 공간의 중심지 속성과 영토의 역사적 영역성을 띠고 있기 때문이며 사회문화적인 배경이 반영된 때문이기도 하다.

예를 들면 시대별로 최고의 명산이 달랐다. 통일신라시대에는 경주의 삼산三山: 내림·혈례·골화이 최고의 명산이었고, 고려시대의 명산은 개성의 송악산이었으며, 조선시대에는 한양의 삼각산이 명산이었다. 이는 명산 관념의 공간 중심지 속성을 나타낸다. 그리고 백두산은 15세기 이후 조선의 영토로 편입되면서 국토의 종마루[宗山]라는 상징성이 부각되었는데 이는 영토의 영역성을 반영하는 것으로 볼 수 있다.

명산문화의 배경에서 가장 중요한 사상 측면은 복합적인 문화요소로 구성되어 있다. 삼국시대와 통일신라시대에는 국가의 운명을 명산에 의뢰한 산악숭배신앙이 있었다. 고려시대에는 산천 지세의 선악과 지덕의 성쇠가 국가의 운명에 큰 영향을 미친다고 여긴 풍수지리사상을 들 수 있다. 조선시대에는 명산을 거울삼은 도덕적 성찰과 아울러 실사구시적인 유학사상이 유학자들의 명산문화 형성의 철학적 바탕이 되었다.

시대에 따라 다른 문화 인식은 명산에 대한 개성 있는 사상과 관념을 형성했다. 고대에는 천신의 강림처·거주처로서의 신산神山이나 천산적天山的 명산 관념이 지배했다. 『삼국유사』에 "고조선의 단군은 죽어서 아사달의 산신이 되었고, 신라의 탈해왕도 동악東岳의 산신이 되었다"고 하여 신산 관념을 엿볼 수 있다. 또 신라시대에 널리 행해진 명산대천에 제사지내고 숭배함에는 천산 관념이 잘 드러난다. 고려시대에 수도와 지방군

삼각산은 조선왕조에 들어와서 국도 한양의 진산이자
최고의 명산으로 여겨졌다. 「도성도」에 그려진 왕궁과 삼각산
(『여지도』, 18세기, 서울대 규장각).

현에서 풍수적 지세와 지덕이 뛰어나거나, 산악경관이 외형적으로 빼어
난 산을 진산으로 지정한 것 역시 고려시대의 명산 관념이다. 그리고 조
선시대에 와서 유교사상의 영향으로 명산과 사람의 관계가 인본주의적
인 수정을 겪으면서 명산은 몸과 마음의 수양처로서, 명산에 대한 수기적
修己的인 태도를 형성했다.

　명산문화는 경관의 형태로 나타나기도 한다. 명산문화경관이란 명산
과 문화주체의 상호관계의 집적체集積體로, 문화주체의 세계관과 실천이
념이 장소를 통해서 구현된 것이라고 할 수 있다.[4] 따라서 지리학의 경
관론적인 접근과 해독은 문헌 연구와 함께 명산문화의 정체성을 탐구하
는 주요 방법이 된다. 문화경관은 그것이 이루어진 사회의 생활양식과 상

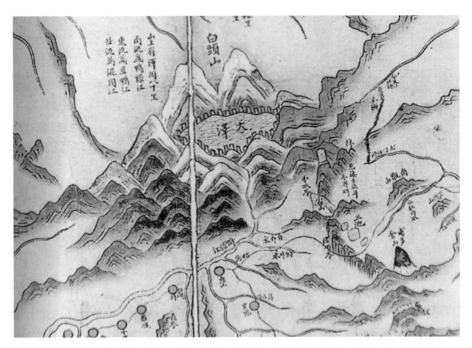

조선후기에 와서야 백두산은 국토의 종산이자 국가의 명산으로서 확고한 지위를 얻는다.
이때부터 지도에서도 백두산이 사실적이고 구체적으로 표현된다.
대택(大澤: 천지)이 뚜렷이 그려진 「서북피아양계만리일람지도」(18세기, 서울대 규장각).

징이 복합적으로 표현된 텍스트로서 그 깊숙한 의미가 해독reading landscape 되어야 한다.[5] 고대로부터 이어진 명산대천에 대한 국가적인 제사 유적, 신라 이래로 명산 곳곳에 들어선 불교사원, 화랑도의 유적지, 주요 명산을 진산으로 삼고 입지한 도읍 및 주거지, 조선시대 유학자들의 누각과 정자, 별서別墅 등은 명산문화가 반영된 문화지리 경관이다.

사회적으로 명산문화의 형성을 주도한 문화지배계층 또는 사회집단에 관해 관심을 기울이는 것도 요구된다. 곧 문화경관을 창출하는 지리적 사회집단 혹은 문화집단이 어떻게 문화경관을 만들었고, 그들의 문화정체성cultural identity을 어떻게 강화했는지는 주요한 논제가 된다.[6]

이러한 관점에서 신라의 왕족과 중앙귀족, 고려와 조선조의 중앙집권

조선시대 지배권력은 진산을 뒤에 두고 관아·진산·하늘(왕)이라는
경관 이미지를 연출하여 권위를 상징화했다. 사진은 전남 순천 낙안읍성의 객사와 진산.

정치세력이나 지방통치세력, 조선 중·후기의 유학자들을 한국 명산문화
를 형성하는 문화주체집단 또는 문화지배세력으로 볼 수 있다. 그러한 각
각의 문화집단들이 그들의 정치문화 정체성을 확보하거나 강화하기 위
해서 어떤 방식으로 공간을 영역화하고 권위를 상징화했으며, 경관을 정
치적으로 장소화했는지가 주목의 대상이 된다.

사례를 열거하면, 고대 왕족들은 왕도 및 왕도를 중심으로 지정학 요충
지에 명산을 지정하여 제의^{祭儀}했다. 조선시대에는 중앙집권 통치세력이
명산의 또 다른 형태인 진산을 행정중심지^{邑治} 배후에 두고 객사 등의 상
징적인 건축물과 연계시킴으로써 객사→진산→하늘^왕이라는 이미지
연결 구조로 그들의 권위와 상징을 강화시켰다.[7]

조선 중·후기의 명산문화를 이끈 문화집단인 유학자들은 주거지뿐 아
니라 서원·향교 등의 유교적 문화경관을 명산권역에 설치함으로써 실질
적으로 공간과 장소를 점유했다. 그러면서 명산과 명유^{名儒}의 장소 이미

지를 결합시켰다. 그리고 유산록遊山錄, 명산기名山記 등 명산에 대한 지식을 체계화하고 저술하는 것 등은 모두 각 문화집단이 그들의 정치적 정체성을 확보하고 강화한 방식으로 해석할 수 있다.

명산문화 속의 다양한 문화요소와 사상

명산문화는 명산과 관계된 각종 문화요소들의 집적체이다. 명산문화의 요소를 유·무형 기준으로 분류해보자. 무형 문화요소로는 명산과 관련하여 빚어진 사상과 명산대천의 자연미학, 민속놀이와 축제, 제의와 민간신앙, 명산 권역에서 생겨난 문학시가, 소설, 설화 및 전설, 민담 등이 있다. 유형 문화요소는 명산의 권역에서 벌어지는 각종 생활사와 관련된 취락경관과 가옥, 생활민속과 주거문화경관, 각종 민간신앙 시설과 사찰 등의 종교시설, 서원 등의 유교문화경관, 교통로와 관련된 교통시설[驛]과 숙박시설[院], 역사적 유물과 장소, 명산이 지니는 전략적 중요성으로 말미암아 각 요충지에 포진하고 있는 산성, 봉수 등과 같은 군사시설 역시 이에 속한다.

그 가운데 한국의 명산문화를 형성한 문화적 인식과 태도의 측면에서 살펴보자. 고대의 산악문화로서의 선도仙道와 산악신앙으로서의 명산에 대한 국가적 제사가 있다. 그리고 신라 중대 이후부터 고려시대에 걸쳐 명산의 도처에 입지하여 산문 또는 명산대찰로 대변되었던 사찰의 입지처와 관련된 불교적 명산 관념과, 고려시대에서 조선시대에 걸쳐 한국의 명산문화에 강력한 영향을 미친 풍수적 명산 길지 관념, 조선조 유학 지식인의 수양과 치덕治德의 장소로서 명산 관념 등이 명산문화 형성과정의 요소가 되었다.

다시 이들 명산문화의 요소들을 기원과 발생을 기준으로 분류하면, 내적 요소와 외적 요소로 나눌 수 있다. 고신교 또는 산악신앙은 고래로부터 자생적으로 발생한 것으로서, 이것이 중국 신선사상의 영향을 받으면서 외래 요소와 복합되는 과정을 거치게 된다. 그런데 불교·풍수·유교의 요소는 중국에서 전파되어 한국의 환경과 조건에 적응하여 토착화된 것으로 기원이나 발생의 속성이 다르다. 이제 각각의 명산문화 요소를 간략히 서술하면 다음과 같다.

고신교 또는 (신)선도와 명산에 대한 제의는 한국에서 본래 명산의 가치를 존숭하는 데서 비롯했다. 선도의 궁극적 인간형인 선인仙人은 명산에서 수련을 통해서 주체적 자아가 완성된 자였다. 신라 효소왕 때의 화랑인 지리산의 영랑, 옥보고 등이 그랬지만, 한반도의 주요 명산은 선도파仙道派 들의 주 무대가 되었다. 이러한 문화적 역량의 집적은 『해동전도록』海東傳道錄, 1610이나 『청학집』靑鶴集과 같은 선도의 전맥서傳脈書 저술 등으로 나타났다. 선도가 특정 사회집단의 산악문화라면, 명산제의는 국가정치세력이 주관하는 산악신앙으로서 국가의 운명이 산천의 힘에 의해 영향을 받는다는 고유의 산천숭배신앙에서 태어난 것이었다.

불교가 중국을 거쳐 한국에 수용되고 토착화되자 중국에서 그랬듯이 명산을 선택하여 사찰이 들어섰다. 특히 불보살의 거주처나 불보살이 나타난 불적지佛跡地 등은 불교 명산의 장소적 속성이다. 지명에 남아 있는 흔적을 보아도 불모산佛母山, 불정산佛頂山, 반야산般若山, 금강산金剛山, 영축산靈鷲山, 영산靈山 등 수많은 불산 계열의 산들이 불교적 명산문화의 존재를 일러준다. 이중환이 『동국산수록』에서, "옛말에 천하의 명산을 중이 많이 차지했다고 하는데, 이 열두 명산을 모두 절이 차지했다"[8]고 한 표현은 한국의 불교문화와 명산의 밀접한 관계를 말해주고 있는 대목이다.

풍수도 한국의 명산문화 형성에 크게 한몫을 했다. 수도나 지방 읍의 풍수적 명산 또는 진산은 행정중심지의 주요한 입지적 경관 요소가 되었

영축산(경남 양산)은 부처님이 설법하던 인도 왕사성의
기사굴산(영축산)과 동일시해서 붙여진 산이름이다.
외래문화의 수용은 원적지 장소와의 동일시를 거치며 확고하게 자리잡는다.

다. 더욱이 고려 조정은 대부분의 명산에 비보사찰을 설치하여 국토의 풍
수적 산천순역山川順逆의 질서를 조정하고 관리했다. 풍수는 특히 민간의
명산문화와 관념에 큰 영향을 미쳤다.

속담에 "명산 잡아 쓰지 말고 배은망덕하지 마라"는 말이 있다. 여기서
명산은 풍수적 길지나 명당과 동일한 뜻으로, 명당자리 잡아 발복하려 애
쓰지 말고 평소에 성실하고 덕을 쌓으라는 뜻을 이르는 말이다. 한국의
옛 풍수서 중에는 『명산록』이라는 책도 있다. 이 책은 경상북도 지역에
있는 풍수상 주요 명산 길지들을 산도山圖와 함께 위치와 풍수 정보를 수
록하여 편집한 것이다.

유학사상은 한국의 명산문화에 질적인 변화를 가져왔다. 성리학자들
은 명산의 경관을 도덕적인 텍스트로 해석했다. 따라서 명산은 유학적 도
덕의 수양 장소와 천지동정天地動靜의 이치를 터득하는 공부처라는 장소

의 의미를 지니게 되었으며, 이에 명산 가치의 재발견이 뒤따르게 되었다. 특히 실학자들에게 명산은 수양 목적의 가거지可居地 선택의 요소가 되었고 아울러 명산유람遊山을 위해 체계적으로 기술되어야 할 지식이자 정보가 되었다. 이러한 실학자들의 명산에 대한 실제 관심과 체계적 파악의 노력은 산천지山川誌 또는 명산지名山誌로 결집되었다.

그런데 한국의 유교 명산문화의 형성은 배타적으로 태동했다기보다는 전래의 명산문화 요소가 유교의 틀 안으로 녹아들면서 발전하는 길을 걸었다. 숭산 관념, 풍수의 산수론, 선도적 명산에서 양기·수련 등의 요소가 조선시대의 유교 명산문화의 내용 속에 함유되어 있는 것이다.

이렇듯 한국의 명산문화는, 한국인이 한국의 도처에 산재한 명산과 관계하여 형성한 상호관계의 총체이다. 그 역사적 범위와 지리적 영역이 거대하다. 그러나 조선시대 명산문화의 역사적 전개에는 몇 가지 중요한 유형이 자리 잡으면서 변동과 쇄신의 과정을 거쳤다. 그 하나는 고대 산악숭배 관념에 기초한 신앙적 명산문화이고, 또 하나는 고려시대의 풍수사상과 도읍의 지덕 진호 관념에 기초한 지리적 명산문화이며, 나머지 하나는 조선시대 유교사상의 영향과 유학자들로 인해 전개된 인문적 명산문화이다.

명산문화의 역사는 명산을 둘러싼 문화적 통사이다. 그 안에는 역사적으로 어떻게 형성되고 전개되었는가, 사회와 공간이 어떤 관계를 맺어왔는가가 반영되어 있다. 조선시대 문화지배계층의 명산에 대한 인식과 실천의 흐름을 시대와 공간, 사상과 문화 등으로 살펴보면 세 가지 유형이 있다.

① 왕족 및 중앙권력층이 주도한 왕도와 국역 공간 범위의 제의적이고 신앙적인 명산문화, ② 중앙집권적인 지방통치집단이 주도한 지방군현 공간 범위의 진산 지정 및 풍수적인 명산문화, ③ 유학자 계층이 주도한

표31 조선시대 명산문화의 전개 유형과 내용

시간 범위	공간 영역	사회 집단	명산에 대한 사상 및 인식 패턴		명산에 대한 태도 및 실천	인문지리적 의미
(삼국시대) ~조선시대	왕도·국역권	왕족 및 중앙권력층	산천숭배· 영지 관념	천	천신 거주처· 산신	국가 제사	상징화· 영역화
(고려 중·후기) ~조선시대	지역권 (지방군현)	지방통치 집단	산악진호· 풍수사상	지	지기· 지력·지덕	군현의 진산	지역화· 경관화
조선 중·후기	사적 생활권· 정신 영역	유학자 계층	유학사상 및 유학적 자연관	인	인문· 도덕·성리	유람·가거지· 명산지 저술	인간화· 장소화

사적 생활권 또는 정신 공간 범위의 도덕적이고 인문적인 명산문화이다.

이 세 가지 흐름은 서로 중첩되면서 전개되기도 했고, 명산에서 진산으로 발전되거나(①→②), 문화적 인식과 태도가 초월적 신앙이나 의타적 믿음체계에서 인문적이고 자력적인 성격으로 질적으로 변동되기도 했다(①·②→③).

이 과정을 인문지리적인 의미로 개괄해보면, 명산의 상징화·영역화 → 명산의 지역화·경관화 → 명산의 인간화·장소화라는 세 가지 범주의 발전과정으로 해석할 수 있겠다. 문화요소 간의 전개양상을 보면 배타적이거나 고립적이기보다는 전래 요소들을 포섭하고 교섭하면서 형성되는 과정을 나타냈다.

조선시대 명산문화의 유형과 특징을 역사 전개과정과 관련해 사회와 공간관계, 시·공간 범위, 사상 범주, 문화속성의 요소와 함께 정리해보자.

첫째 유형은, 시간적으로 삼국시대에서 조선시대에 걸쳐 있고, 공간영역으로는 왕도 및 국역권(왕도가 중심이 된 영토)의 지정학적 요충지에 명산이 분포했다. 문화주도세력은 왕족과 중앙지배권력층이다. 명산에 대한 인식과 사상은 천신의 거주처로서의 산악숭배와 영지 관념이 기초를 이룬다. 명산에 대한 태도와 관계는 신앙과 제의로 표현되며, 삼국시대부터 조선시대에 이르기까지 명산대천에 대한 국가제사가 대표적인 실천

형태이다. 고대로 거슬러 올라가면 신라 중대 교종敎宗 사찰지가 명산에 분포되어 있었던 것 등도 이 유형에 포함된다. 이 범주는 명산을 공간으로 영역화하고 상징화하는 인문지리적인 의미를 가진다.

둘째 유형은, 시간적으로 고려 중·후기에서 조선시대에 걸쳐 있고, 공간적으로 지방군현의 행정권역에 각각 명산이 분포되어 있다. 문화주도세력은 중앙집권체제 아래에서의 지방통치세력층이다. 명산에 대한 인식 및 사상은 취락의 산악진호 관념과 풍수지리 관념이 복합되어 있다. 명산에 대한 태도와 실천은 진호하는 산(진산)으로서의 지리적 상징성을 부여하는 것뿐만 아니라 진산과 관련된 읍취락의 영역화와 경관화, 입지와 배치관계로 구체화되었다. 사회적으로 정치사회집단의 지역화과정과 중앙권력의 지방편제과정에 수반하여 명산과의 관계가 지방화되고 군현단위화되었다. 이 범주는 명산을 지역화하고 경관화하는 인문지리적 의미를 가진다.

셋째 유형은, 시간적으로는 조선 중기에서 후기에 걸쳐 있고, 공간적으로는 사적인 생활권과 정신 영역에 명산의 존재가 자리 잡고 있다. 문화주도세력은 유학자 계층이다. 명산에 대한 인식과 사상은 인문·도덕적인 유학의 자연관이 바탕을 이루고, 수기修己와 명덕明德의 성리학적 태도와 경세치용經世致用, 이용후생利用厚生의 실학적 태도가 투영되었다. 명산에 대한 태도와 실천을 보면 조선 중·후기 유학자들의 명산유람, 도학적 관물찰기觀物察己의 실천적 장소로서의 명산, 실학자들의 가거지 생활권의 입지 요인으로서의 명산, 명산에 대한 체계적 이해와 기술 등이 포함된다. 이 범주는 명산을 공간적으로 인간화하고 장소화하는 인문지리적 의미를 가진다.

어떤 산이 명산인가

제의할 산을 선택하다: 상징화·영역화

한국 명산문화의 제도적 기원은 국가적 명산제의라고 할 수 있다. 고대의 명산제의에서 비롯된 한국 명산문화의 원형적 형태는 조선시대까지 전승되었다. 제의를 주도한 사회계층집단은 왕족과 중앙지배 권력층이었다. 그들은 왕도를 중심으로 지리적인 요처와 지정학적 요충지에 명산을 지정하고 의례를 행함으로써 정치문화 정체성을 확보하고 왕권을 강화하고자 했다. 이러한 문화 형식은 명산을 상징화하고 영역화한다는 의미를 가진다. 흔히 집단공동체의 제의는 사회계층이 공간을 상징화하여 영역화하는 일반적인 방식이다.

고대의 명산제의는 국가의 운명이 산천의 힘에 영향을 받는다는 고유의 산천숭배신앙에서 발로된 것이었다. 『삼국사기』의 「제사」조에는 "삼산三山·오악五嶽 이하 명산대천을 나누어 대·중·소사로 한다"[9]고 했다. 여기에는 왕도인 경주를 중심으로 국가영역 안에 다수의 명산들이 조직적이고도 체계적으로 배치됨으로써, 국토를 수호한다는 관념이 나타나 있다.

고려시대의 명산제의는 전래의 정치군사적인 영역화와 산악의 신령에 의뢰한 피보호 관념뿐만 아니라, 자연재해를 해결하기 위한 상징적 수단으로도 흔히 활용되었다. 『고려사』에 "금년은 봄부터 비가 적게 내리

조선시대에 명산은 왕조의 중심지와 국토의 영역에 맞추어 재편되었고,
지도에도 중시되어 표기되었다. 행정(도)명, 강과 나루, 주요 섬과 함께 그려진
조선중기의 전국 명산(「팔도총도」, 1531).

니…… 북쪽 교외에서 비를 내리게 할 수 있는 산악[岳], 진산[鎭], 바다, 강
[瀆]과 모든 명산대천에 빌었다"[10]는 등의 풍수해에 기인한 의례가 자주
나타난다.

조선시대에 들어서 태종·세종 대에 개편된 국가제사는『세종실록』
「오례」의 〈길례〉吉禮에 정리되었다. 제사의 체제나 내용은 철저하게 유교
식 예제禮制가 준용되었다.[11] 그리고 명산제의의 장소는 조선왕조의 중
심지수도와 국토의 영역에 맞추어 재편되었다. 예컨대 삼각산이 중사에,
목멱산현 남산이 소사에 새로 포함되어 있는 점은 한양의 중심지로서 상징
성과 영역성을 반영하고 있다.

뿐만 아니라『태조실록』에, "이조에서 경내의 명산·대천·성황·해도

서울의 남산과 삼각산은 조선시대에 들어와 새롭게 명산으로 편제되었다.
삼각산은 중사(中祀), 남산은 소사(小祀)의 국가적 제의 대상이었다.
「도성도」(1788, 서울대 규장각)에서 회화적으로 묘사된 남산의 모습.

무등산(전남 광주)은 조선 태조 때 호국백으로 봉해졌던 산이다.
지방 명산의 위계화를 통한 중앙집권적 편제 및 정치적 상징화의 일환이다.

의 신을 봉하기를 청하니, 송악의 성황은 진국공鎭國公이라 하고…… 지
리산·무등산·금성산·계룡산·감악산·삼각산·백악의 여러 산과 진주의
성황은 호국백護國伯이라 하고, 그 나머지는 호국의 신이라 했다"[12]고 했
다. 이는 명산의 위계화를 통한 중앙집권적 편제이자 공간이 지니는 중심
성에 권위를 주기 위한 상징화 작업임을 알 수 있다.

명산에 대한 공간 영역화에는 명산을 지정하고 확산되는 과정의 변화
가 따랐다. 이미 명산에 대한 국가제사를 기록하고 있는『삼국사기』「지
리지」[1145]에는 대·중·소사로 구분된 다수의 명산들이 기록되어 있다. 조
선 초기의 정황을 알 수 있는 문헌으로서『세종실록』「오례」〈길례〉에는
중사와 소사의 대상으로 기재된 17개의 명산이 있다. 지역·군현별 명산
에 대한 더 자세한 정보는 국가의 공식지리서인『고려사』「지리지」[13],
『경상도지리지』[1425],『세종실록』「지리지」[1454] 등에 있다. 특히『경상도지
리지』와『세종실록』「지리지」에는 「명산대천」조가 따로 지리지의 항목
으로 편제되어 있다.

표 32 국가제사 명산(사격별)

구분	『삼국사기』	『세종실록』
대사	삼산: 나력·골화·혈례	
중사	오악: 토함산(동)·지리산(남)·계룡산(서)· 태백산(북)·부악(중) 사진: 온말근(동)·해치야리(남)·가야갑악(서)· 웅곡악(북) (기타): 속리악·오서악·북형산성	지리산, 삼각산, 송악산, 비백산
소사	상악, 설악, 화악, 감악, 부아악, 월나악, 무진악, 서다산, 월형산, 도서성, 동노악, 죽지, 웅지, 악발, 우화, 삼기, 훼황, 고허, 가아악, 파지곡원악, 비약악, 가림성, 가량악, 서술	치악산(동), 계룡산, 죽령산, 우불산, 주흘산, 전주성황, 금성산(남), 목멱산(중), 오관산, 우이산(서), 겸악산, 의관령, 영흥성황(북)

표 33 국가제사 명산(도별)

도	『삼국사기』	『세종실록』
경기	부아악(북한산주)·화악(근평군)·겸악(칠중성)	삼각산(한성부)·송악산 (개성부)·목멱산(한성부)· 감악산(적성)·오관산(송림)
충청	계룡산(웅천주)·월형산(나토군)· 가야갑악(마시산군)·속리악(삼년산군)· 오서악(결기군)·가아악(삼년산군)· 도서성(만노군)·가림성(가림현)	계룡산(공주)·죽령산(단양)
경상	태백산(나기군)·지리산(청주)·부악(압독군)· 서술(모량)·나력(습비부)·골화(절야화군)· 혈례(대성군)·토함산(대성군)·웅지(웅지현)· 비약악(퇴화군)·가량악(청주)·파지곡원악 (아지현)·악발(우진야군)·우화(생서량군)· 삼기(대성군)·훼황(모량군)·고허(사량)· 북형산성(대성군)·죽지(급벌산군)	우불산(울산)·주흘산(문경)
전라	월나악(월나군)·무진악(무진주)·서다산 (백해군)·동로악(진례군)	지리산(남원)·전주성황· 금성산(나주)
황해		우이산(해주)
강원	상악(고성군)·설악(수성군)·웅곡악(비렬홀군)	치악산(원주)·의관령(회양)
평안		
함경		비백산(정평)·영흥성황

*도별 소속은 현재의 도 행정구역을 기준으로 했음.

이와 같이 관찬지리지에서는 '명산'이 시대 정황에 따라 달리 지정되거나 혁파된다. 지정된 명산들은 정치공간의 중심지인 왕도王都와 왕도를 중심으로 한 영토의 지정학 요충지이며, 지방의 랜드마크가 될 만한 규모이자 경관미가 뛰어난 산임을 알 수 있다. 삼국과 통일신라기에는 왕도를 중심으로 배치되고, 고려와 조선을 거치면서 점차 지방으로 확대된다. 관찬지리지의 명산 기록에는 다음과 같은 특징이 있다.

첫째, 지정된 명산의 수효와 공간 분포가 조선 초기에 이르러 증가되고 확대되었다. 특히 『경상도지리지』에는 대다수의 군현들에 명산이 지정되어 있음을 알 수 있다. 이러한 양상은 지방행정체계의 정비과정과 관련하여 지방 군현과 명산의 관계가 설정되면서 지역화되어가는 과정으로 이해할 수 있다.

둘째, 명산의 지점 및 분포는 정치공간의 중심지로서 왕도의 지리적 위치와 국토영역이 관련되어 있다. 예컨대 삼각산, 화악, 겸악, 계룡산, 월악, 가야산, 태백산, 지리산, 월출산, 무등산, 금강산은 위의 네 관찬지리지에서 모두 공통적으로 지점되었다. 반면 월형산, 서술, 나력, 골화, 혈례, 토함산, 웅지 등의 많은 산이 통일신라 시기에는 명산으로 지정되었으나, 조선시대에는 명산의 반열에서 빠져 있다.

그 이유는 경주를 중심으로 했던 통일신라시기의 명산 배치가 조선시대에 한양이 수도가 되면서 중심지와 국토 영역이 달라졌기 때문이다. 예컨대 『삼국사기』에서 대·중·소사 대상의 명산으로 지점된 나력(경주로 추정), 골화(영천으로 추정), 혈례(청도로 추정), 토함산(경주), 서술(경주) 등의 산들이 모두 경주 또는 그 인근에 위치했다는 사실을 확인할 수 있다. 『삼국사기』의 통일신라시기에는 경상도에 다수의 명산이 지점되어 있으나, 조선시대의 『세종실록』「오례」〈길례〉에는 경기권을 중심으로 명산들이 분포되어 있다. 경상도에는 우불산과 주흘산 만 국가제사 대상

월출산(전남 영암군). 무등산과 함께 호남의 대표적 명산으로,
삼국·고려·조선의 주요 지리지에 모두 명산으로 지정되었다.
『해동지도』의 영암 부분에도 월출산의 특징인 바위산의 경관이 잘 표현되었다.

표34 관찬지리지에 기록된 명산

도	『고려사지리지』(고려)	『경상도지리지』(조선 초기, 경상도)		『세종실록지리지』(조선 초기, 전국)
경기	송악·용수산·진봉산(개성) 구룡산(성거산, 우봉군) 백마산(정주) 오관산(송림현) 감악(적성현) 삼각산(남경) 마리산(강화현) 전등산(강화현) 관악산(과주) 용문산(양근현) 화악산·청평산(가평군)			삼각산(도성) 화악(가평현) 겸악(적성현) 성거산(송악) 용호산(임강현) 오관산(송림) 마리산(강화부)
충청	월악(월형산, 청풍현) 태령산(진주) 원수산(연기현) 계룡산(공주) 계족산(회덕) 가야산(이산현) 도고산(신창현)			죽령(단양) 계룡산(공주) 월악(청풍) 가야산(덕산) 도고산(신창)
경상	금오산(일선현) 가야산(경산부) 소백산(홍주)	〈도내 명산〉: 태백산(봉화) 지리산(진주) 사불산(산양현) 가야산(성주) 공산(의흥) 소백산(순흥) 비슬산(현풍) 원적산(양산) 통도산(언양현) 보현산(청송) 좌이산(의령)	경내 명산: (표35 참조)	태백산(봉화) 지리산(진주) 사불산(상주) 가야산(성주) 주흘산(문경)
전라	지리산(남원부) 마이산(진안) 변산(보안현) 상산(무풍현) 금성산(나주목) 천관산(장흥부) 월출산(월내악·월생산, 영암군) 무등산(무진악·서석산, 해양현) 한라산(탐라현)			지리산(남원) 월출산(영암) 무등산(무진) 금성산(나주) 천관산(장흥) 상산(무주) 변산(부안) 마이산(진안)
황해	수양산(해주) 구월산(아사달산, 유주)			우이산(해주) 구월산(문화)
강원	금강산(풍악산, 장양군) 보개산(동주) 태백산(삼척현)			금강산(장양현) 치악(원주) 거슬갑산(주천현) 의관령(회양부) 오대산(강릉부) 팔봉산(홍천현)
평안	대성산(구룡산·노양산, 평양부) 묘향산(태백산, 청새진)			금수산·대성산(평양) 묵방산(개천) 묘향산(희천) 천마산(정녕) 천성산(은산) 향적산(태천)
함경	비백산(정주)			비백산(정평부) 백산(경성군) 오압산(안변부)

*도별 소속은 현재의 도 행정구역을 기준으로 했음.

표35 『경상도지리지』에 기록된 영남의 명산

동악·서악·북악(경주부)	금오산(약목현)	금오산(개녕현)
영정산(밀양도호부)	태백산(봉화현)	주흘산(문경현)
취서산·천성산(양산군)	공산(부계현)	지리산(진주목관)
공산(해안현)	공산(신녕현)	시어산(악양현)
금정산(동래현)	남각산(진보현)	신어산(김해도호부)
화왕산(창녕현)	연악산·노악산·석악산(상주목관)	웅산(웅신현)
취서산(언양현)	백화산(중모현)	염산(창원도호부)
영취산(영산현)	만악산(단밀현)	두척산(고회원현)
비슬산(현풍현)	공덕산(산양현)	지리산(함양군)
운제산(영일현)	웅산(공성현)	서봉산(곤남군)
하가산(안동대도호부)	구봉산(화녕현)	금산·망운산(남해현)
등운산(영해도호부)	가야산(성주목관)	가라산(거제현)
청량산(재산현)	가사산(팔거현)	와룡산(사천현)
소백산(순흥도호부)	금오산(선산도호부)	삼봉산(거창현)
방광산(청송군)	가야산(야로현)	지리산(진성현)
유악산(인동현)	황악산(김산현)	

의 명산으로 지정되어 있을 뿐이다.

셋째, 명산의 분포는 지리 영토 확장 및 그에 수반된 생활권의 확대와도 관계가 있다. 예컨대 『삼국사기』에는 평안도와 함경도 지역에 명산이 지정돼 있지 않았지만, 『세종실록』「지리지」에는 위 지역의 여러 명산들이 지정되어 있다. 이는 조선 세종 대에 추진한 북방 개척정책에 의해 행정체계가 정비되고 생활권이 확장된 것과 관계가 있을 것이다.

명산, 진산으로 거듭나다: 지역화·경관화

고대로부터 왕도의 왕족과 중앙귀족의 보호와 국토영역의 공고화라는 상징적 목적으로 명산대천에 대한 제의가 시행됐음은 앞서 말한 바 있다. 이후 정치사회집단이 중앙집권화되면서 지방 명산과의 관계는 왕도를 중심으로 하여 지역적으로 재편되었다. 조선시대에 이르러서는 명산이 상징적인 진호와 영역화뿐 아니라, 수도와 각 지방행정중심지의 공간구성을 실제로 규정하게 되었다.

조선시대의 중앙집권적 정치사회집단은 지방의 행정중심지에 소재한 주요 명산을 진산으로 배정하여 고을터의 경관 요소로 삼았다. 한양에 정향定向하여 배치한 객사라는 상징건축물signature architecture을 두고, 객사에서 진산으로, 다시 하늘王로 향천적向天的 공간 이미지를 형성했다. 진산과 관련하여 고을의 명승形勝을 구성하는 것은 지역화와 경관화를 통해 왕권의 권위를 강화하는 상징전략으로 해석할 수 있다.

삼국시대의 명산 관념은 신앙 제의를 통해 고려·조선의 진산 관념으로 이어졌다. 그런데 조선시대 진산이 지역화되고 고을의 주요 경관 요소가 되면서, 기존 왕도와 이를 중심으로 분포했던 명산들은, 일부가 지방 군현의 진산으로 계승되었다. 많은 경우 고을의 진산들이 새로 지정되는 양상을 보였다. 이러한 흐름이 조선 초기 중앙집권적인 지방편제 과정과 함께 각 군현별 진산의 지정으로 확대되었음을 알 수 있다.

그런데 조선 중·후기로 갈수록 진산의 기능적 속성이 풍수의 주산[14]으로 바뀌어가는 경향을 보였다. 여기서 몇 가지 변화가 일어났다. 우선 진산이 고을의 풍수경관과 결부되는 계기가 되었다. 진산이 주산으로 기능함에 따라 자연히 진산의 내맥에 대한 인식도 심화·발전하게 되었다. 16세기 중엽의 『신증동국지승람』에는 진산의 방위상 위치와 거리만 적혀 있을 따름이다. 하지만 19세기의 『경상도읍지』에 이르면 진산의 위치·거리와 아울러 진산의 내맥이나 주맥에 관한 구체적인 인식과 파악이 일반적으로 덧붙여져 기록된다.

또한 고을 이동 등의 과정에서, 고을터 배후의 풍수적 주산이 진산으로 새로 지정되는 경향도 발생했다. 굳이 명산의 품격을 갖춘 산이 아니더라도 주산이 진산으로 지정될 수 있었던 것은, 그만큼 사회적으로 풍수의

표36 조선시대의 명산과 진산 비교

도	명산 『세종실록지리지』 (1454)	읍치와 거리(里)	진산 『신증동국여지승람』 (1530)	읍치와 거리(里)	비고
경기	삼각산(도성) 화악(가평) 검악(적성) 성거산(송악) 용·호산(임강)		송악(개성)	북 5	새로 지정
			망해산(장단)		
	오관산(송림) 마리산(강화)	남 35	고려산(강화)	서 15	새로 지정
충청	죽령(단양) 계룡산(공주) 월악(청풍) 가야산(덕산) 도고산(신창)	동 40 남 50 남 16	공산(공주) 인지산(청풍) 성산(신창)	북 2 남 1 서 1	새로 지정 새로 지정 새로 지정
경상	태백산(봉화) 지리산(진주) 사불산(상주) 가야산(성주)	북 73 서 100 99 서남 48	금륜봉(봉화) 비봉산(진주) 천봉산(상주) 인현산(성주) 용두산(의흥) 성황산(양산) 고헌산(언양) 방광산(청송) 덕산(의령)	북 2 북 1 북 7 북 9	새로 지정 새로 지정 새로 지정 새로 지정
	주흘산(문경)	현 북	주흘산(문경)	현 북	같음
전라	월출산(영암) 무등산(무진) 금성산(나주) 천관산(장흥) 상산(무주) 변산(부안) 마이산(진안)	동 10 북 5 남 52 남 15 남 7	무등산(광산) 금성산(나주) 수인산(장흥) 노산(무주) 부귀산(진안)	동 10 북 5 북 10 북 1 북 5	같음 같음 새로 지정 새로 지정 새로 지정
황해	우이산(해주) 구월산(문화)	북 11	용수산(해주)	북 2	새로 지정
강원	금강산(장양) 치악(원주) 거슬갑산(주천) 의관령(회양) 오대산(강릉) 팔봉산(홍천)	 동 25 북 1 서 60	발산(영월) 치악(원주) 의관령(회양) 석화산(홍천)	 동 25 북 1 현 북	 같음 같음 새로 지정
평안	금수산·대성산(평양) 묵방산(개천) 묘향산(희천) 천마산(정녕) 천성산(은산) 향적산(태천)	북 5 동북 30	금수산(평양) 송산(의주) 임대산(개천) 진강산(은산)	북 5 북 4 북 5	같음 새로 지정 새로 지정
함경	비백산(정평부) 백산(경성군) 오압산(안변부)	북 4 서 110 동 60	비백산(정평) 조백산(경성) 학성산(안변)	북 4 서 5 동 5	같음 새로 지정 새로 지정

* 읍치와의 거리는 『신증동국여지승람』「산천」조의 표기에 기초한 것임.

가치 인식이 상승했다는 것을 반영한다.

그러면 명산은 어떻게 진산이 된 것일까. 명산과 진산의 상관관계를 『세종실록』「지리지」와『신증동국여지승람』을 기준으로 비교해보면, 제사 대상으로서의 명산이 고을의 진산도 겸해 지정된 것은 주흘산^{문경}, 무등산^{광산}, 금성산^{나주}, 치악^{원주}, 의관령^{회양}, 금수산^{평양}, 비백산^{정평} 정도이고, 나머지 대부분은 새로 진산으로 지정되었음을 알 수 있다.

달리 진산을 지정한 고을의 경우, 이미 지정된 명산은 행정중심지인 고을로부터 대부분 50리 이상, 멀리는 100리^{진주의 지리산}나 되는 원거리에 있기 때문에 고을 경관의 구성요소로서 역할을 하기가 어려웠다. 특히 풍수적으로 주산은 취락지와 연결을 필수적 조건으로 하기 때문에 진산의 내맥이 고을터와 이어지기 위해서는 고을 뒤에 배산하는 산을 진산으로 지정할 필요가 있었다. 이러한 정황은 원거리에 위치해 있는 명산의 상징성에 비중을 두기보다, 고을에 근접한 풍수적 주산을 진산으로 삼아 실제성을 중시한 것으로 해석될 수 있다.

주흘산^{문경}과 금성산^{나주}, 비백산^{정평}, 백산^{경성} 등의 경우, 명산이면서 진산을 겸할 수 있었던 것은, 각각 고을의 북쪽에 근접해 있어서 주산으로서의 역할이 가능했기 때문이다.

지방행정중심지^{율치}를 구성하는 자연경관 요소의 하나로 진산을 배정하면서, 진산은 고을의 풍수적·지형적 형국을 규정했고 고을영역을 구획하고 구성하는 경관이 되어, 이에 진산은 고을 경관의 명승이 된다.

특히 고을의 배후에 위치하여 풍수의 주산 기능을 했던 진산은, 고을의 입지와 배치, 공간축의 결정, 공간구성 등과 밀접한 상관관계가 있었다. 고을은 대체로 진산을 등지고 입지했다. 그리고 공간구성, 즉 객사·동헌 등 주요 행정장소의 배치도 진산과 밀접한 관계를 맺고 있었다. 진산의 풍수비보의 사실도 발견되었다.

주흘산을 등지고 입지한 문경. 주흘산이 문경의 명산이면서 고을의 진산으로서
계속 유지될 수 있었던 것은 고을 북쪽에 지리적으로 근접했기 때문이다.

대부분의 진산은 고을의 중심을 기준으로 대체로 10리 이내의 거리 안
에서 후면에 위치하여 있으며, 고을을 지키고 대표하는 상징성을 지닌다.
따라서 진산은 고을의 입지를 결정하는 주요한 경관 변수이자 고을의 범
위와 풍수 형국을 규정하는 요소였다. 특히 고을의 중심적 권위 공간인
객사나 동헌이 진산에 등을 기대고 입지하고 있는 것은, 사회질서에 권위
를 부여하는 원천을 천지에 속하는 자연지형에 두고, 이를 매개로 정당성
을 보장받는 '자연화'naturalizing의 상징논리이다.[15]

진산이 고을의 주요 경관 요소로 자리 잡으면서 고을 주민들이 취락터
를 인지하는 데에도 진산은 주요한 자리를 차지했다. 이러한 연유로 인하
여 고을의 명승형승으로 진산이 다수 등장한다.

표37 『경상도지리지』에 기록된 명산과 진산 비교(경상좌도)

읍 명	명 산	진 산	비고
경주부	동악·서악·북악	낭산	
안동대도호부	하가산	북산	
순흥도호부	소백산	서산	
영해도호부	등운산	등운산	같음
청송도호부	방광산	방광산	같음
(송생현)		소산	
대구도호부		연귀산	
(수성현)		팔조현	
(하빈현)		마천산	
(해안현)	공산	북산	
밀양도호부	영정산	화악산	
동래현	금정산	윤산	
(동평현)		금정산	
울산군		무리룡산	
청하현		고학산	
장기현		거산	
기장현		탄산	
언양현	취서산	헌산	
예천군		흑응산	
영천군(永川郡)		모자산	
영천군(榮川郡)		철탄산	
풍기군			
의성현		동산	
(단밀현)	만악산	동산	
영덕현		무둔산	
봉화현	태백산	문수산	
(재산현)	청량산		
진보현	남각산	남각산	같음
군위현		마정산	
(부계현)	공산		
(효령현)		박달산	
예안현			
용궁현		축산	
양산군	영서산·천성산	천성산	같음
영일현	운제산	운제산	같음
청도군		별산	
하양현		무락산	
(기천현)		용천산	
(은풍현)		구미산	
인동현	유악산	옥산	
(약목현)	금오산	천태산	
현풍현	비슬산		
의흥현		용두산	
영산현	영취산	영취산	같음
(계성현)		성황산	
창녕현	화왕산	화왕산	같음
신녕현	공산	화산	
(이지현)		공산	
경산현		마암산	
비안현		성황산	
(안정현)		성산	
자인현			
영양현			
칠곡도호부			
흥해군		도음산	

표38 『경상도지리지』에 기록된 명산과 진산 비교(경상우도)

읍 명	명 산	진 산	비고
진주목	지리산	봉산	
	연악산		
상주목	노악산	천봉산	
	석악산		
(중모현)	백화산	오산	
(공성현)	웅산		
(화녕현)	구봉산		
성주목	가야산	인현산	
(가리현)		이부노산	
(화원현)		원당산	
(팔거현)	가토산	고득산	
선산도호부	금오산	복우산	
김해도호부	신어산	분산	
창원도호부	염산	청룡산	
(고회원)	두척산		
하동현		양경산	
(악양현)	시어산		
(진성현)		내산	
거제현	가라산	국사당산	
합천군		옥산	
(야로현)	가야산		
함양군	지리산	백암산	
(곤남군)		마곡산	
개령현	금오산	성황당산	
지례현		구성산	
고령현		이산	
문경현	주흘산	주흘산	같음
(산양현)	공덕산		
가은현		왕산	
함창현		재악산	
곤양군(곤남군)	서봉산		
초계군		대암산	
남해현	금산·망운산		
고성현			
사천현	와룡산	두음벌산	
삼가현			
의령현			
산음(청)현			
진해현			
안음(의)현			
단성현(진성현)			
거창군	삼봉산	건흥산	
웅천현(웅신현)	웅산		
칠원현		청룡산	
함안군		여항산(파산)	
김산군	황악산	금음현산	

산에 은거하며 자연의 이치와 도덕을 배우다: 인간화·장소화

조선 중·후기에 사회문화적으로 정착된 유학사상은 한국 명산문화의 정체성 형성에 변화와 쇄신을 가져왔다. 기왕의 명산에 대한 제의적이고 신앙적인 태도와 풍수 관념은 유가사상 자연관의 영향으로 도덕적이고 인문적인 태도의 지평으로 전개되었다. 공간적으로도 왕도와 지방행정 중심지의 공공적 경관 요소였던 명산은 이제 사적인 생활권과 정신 영역으로까지 편입되었다. 유학자들에게 명산의 의미는, 천지동정天地動靜의 이치를 체현하는 공부 텍스트이자 수양을 위한 장소, 그리고 인격 도야를 가능케 하는 거주지의 요건이었다.

유학자들은 유교 이데올로기의 사회적 확산과 함께 명산에 유교적 건축과 경관을 구성하면서 장소로서의 이미지를 공고히 했다. 이름난 유학자[名儒]의 이미지를 명산과 결합시키고, 명산유람[遊山]의 경험과 정보를 통해 확보된 명산에 대한 지식을 문서의 형태로 편찬함으로써, 집단의 문화적 정체성을 강화시켜나갔다. 이러한 유학자들의 태도와 실천은 명산을 인간화하고 장소화했다는 의미를 가진다.

명산의 인간화는 산수경관을 유가의 사상과 자연관으로 해독했던 데서 가능했다. 『논어』를 보면, 공자는 흐르는 물을 보면서 시간의 흐름이라는 이치와 호학자好學者의 지속적인 도덕성 연마의 표상으로 관상觀想했다. 산과 물을 인자仁者와 지자智者의 속성으로 인간화하여 독해한 것이다. 이와 같이 유가는 명산 산수라는 경관 대상을 도덕적이거나 이법적理法的으로 변환시켜 해석했다.

산수를 살펴보면서 천지만물의 운행질서를 이해하고 이를 통해 자신을 함양한다는 관물찰기의 전통은 중국 송대 신유학의 선구자들이 확립한 독특한 학문방식이다.[16] 따라서 유학자들에게 명산은 제사나 진호의 대

조선조 유학자의 산수 풍류 현장 가운데 하나인
경남 함양 농월정(弄月亭)의 산수미학. 선조 때 박명부(1571~1639)가 조성했다.
농월정이 위치한 화림동 계곡의 달밤에는 달빛이 물에 아롱져 흘러내린다.

상이라기보다는 천지자연의 질서와 이치를 체현하고 있는 존재이며, 정
성스런 마음을 보존하고 성품을 기를 수 있는[存心養性] 도장장소이라는 의
미를 지니고 있다. 이에 명산 가치의 재발견이 뒤따르게 되었다.

　여타 철학사상과 비교하여 볼 때 (신)유학사상의 명산에 대한 인식 코
드는 다분히 도덕적이면서 철학적이다. 선도仙道와 같이 산수를 현상 그
자체로 보기보다는, 자신의 도덕성에 비추어 해석하여 받아들이거나, 산
수라는 현상과 작용을 낳게 하는 근원적이고 철학적인 이치로 돌이키는
코드를 가지고 있었다. 이렇듯 명산과 산수에 대한 견해와 태도의 차이는
명산에 대한 철학적 인식론과 상호관계에서도 유발된다.

　이러한 유가적 명산문화는 한국의 미학사상과 산수풍류에서 나타난
변화와도 일치한다. 조선시대의 산수풍류에도 큰 변화가 있었다. 양적인

측면에서 갖가지 형태로 발전했고, 질적인 측면에서도 산수풍류가 함유하고 있는 정신적 의미에 새로운 성향이 생성되었다. 이것은 성리학[道學]의 수용에서 일어난 자연관의 변화에서 비롯했다. 성리학적 세계관의 틀로 구성된 생기론^{生機論}에 근거한, 화해^{和諧}의 우주론 또는 자연관은 우리의 산수풍류에 친화적으로 수용되어 정신적으로 새로운 지평을 열었다.[17]

명산 권역은 사대부들에게 가거지의 한 입지 요건이 되었고, 주거지 인근의 명산에 대한 장소애가 형성되었다. 지역의 명산과 유명 유학자의 이미지가 서로 결합되어 표상되는 사회 현상이 따랐다. 그리하여 조선시대 유학자들에게 명산은 도덕적 수양 목적의 가거지의 선택요소였고, 유람 등 유학적 명산문화의 향유를 위해 체계적으로 기술되어야 할 장소에 대한 지식이자 정보가 되었다.

기존에는 수도 지방 군현의 도읍지에서나 명산이 요구되었다. 그러나 이제는 서원, 향교 등의 유학적 공공장소나 심지어 개인의 가거지 혹은 누정, 별장 등에도 명산 권역의 입지를 선호하고 추구하게 되었다. 이러한 명산에 대한 새로운 사조는, 기존과는 질적으로 다른 차원의 명산에 대한 인문적 장소화의 구체적 실현 과정이었다.

더욱이 유학자들은 주거지 인근의 명산에 대한 유람과 장소애를 통하여 장소화를 촉진했다. 지리산, 가야산 등 사림의 본향을 유람하고 기록으로 남기는 풍토는 16세기 지방 사족이 중심이 되어 본격적인 지방문화 시대를 열면서 더욱 성행했다. 멀리 있는 금강산, 삼각산이 아니라 자신의 향토에 있는 산수의 가치를 새롭게 발견하고 그곳에 적극적 의미를 부여하는 장소애가 지방 출신 지식인들의 전통이 되었다.[18]

이러한 명산에 대한 장소화 과정은 조선시대 유학자들의 유람문화[遊山文化]가 성행하는 등의 사회경제 배경과도 결부되어 있다. 유람문화의 성행을 반영하는 명산의 유산기만 해도 금강산은 약 240여 편이 발굴되었고, 지리산은 현재 90여 편이나 발굴된 상태다. 지리산 유산기에는 조선조 지식인들의 자신에 대한 함양과 성찰, 산수자연에 대한 의식, 국토에 대한 애정, 민생에 대한 우려 등 다양한 사유와 가치관이 들어 있다.[19] 그러한 조선 중기 이후의 유학자들이 주도한 명산의 장소화 과정은 지방 사족의 사회경제, 그리고 정치적인 여건이 변한 배경과 관련되어 있다. 경제적으로는 지방의 중소지주로서 안정적인 생계의 토대를 마련할 수 있었으며, 정치적으로는 사화士禍로 인해 산림은거를 선택할 수밖에 없던 배경이 기초를 이룬 것이다.

조선시대 유교지식인의 명산문화

명산에 대한 도학적 인식과 태도

조선시대의 명산문화 형성을 주도한 문화지배계층은 정치사회의 통치 세력과 유교지식인이었다. 조선시대 유교지식인에 의해 실천된 명산문화는 대체로 조선 중기의 도학道學: 성리학과 조선 후기의 실학적인 인식과 태도라는 두 가지로 유형화할 수 있다. 조선 중기의 도학자들은 명산을 유람하거나, 명산에 주거지·누정·별장 등을 두거나, 명산 인근에 거처하면서 수신하는 곳으로 삼았다. 조선 후기의 실학자들은 인격도야가 가능한 가거지 생활권으로서 명산에 관심을 가졌고, 체계적인 인식으로 명산기 또는 산수록을 저술했다.

한국의 유교적 명산문화 형성에 이바지한 도학적 인식과 태도를 살펴보자. 조선시대의 유학적 자연관과 사상 이념이 명산에 대한 인식에 투영되자 명산의 산수는, 기를 수련하거나 마음을 수도하는 공간에서 도덕을 수양하는 공간으로 변용되었다. 이러한 명산에 대한 도학적 인식과 태도로 자연지리 환경을 자아를 정립하고 인격을 수양하는 데 적극적으로 활용했다.[20] 예컨대 남명 조식의 "명산에 들어온 자 치고 그 누군들 마음을 씻지 않겠으며"[21]라는 표현은 명산이 지니는 당시의 도덕적 의미와 가치를 단적으로 말해준다.

讀書人說遊山似	사람들이 독서를 산 유람과 같다지만,
今見遊山似讀書	지금 보니 산 유람이 독서와 같구나
工力盡時元自下	공력이 다했을 때는 원래 스스로 내려오고,
淺深得處摠由渠	얕고 깊음을 얻는 자리는 모두 자기에게 말미암는 것
坐見雲起因知妙	앉아 피어오르는 구름 보니 묘함을 알고,
行到源頭始覺初	가다 골짜기 끝에 이르니 비로소 처음을 깨닫네
絶頂高尋勉公等	그대들이여 절정의 높은 곳을 힘써 찾게나,
老衰中輟愧深余	노쇠하여 도중에 그친 내가 심히 부끄럽구나

• 이황, 「독서는 산 유람과 같네」

유학자들에게 산수는 도덕적 거울의 경관 텍스트였고, 유람의 과정은 경관 독해로서 독서와 같았다. "앉아서 구름이 이는 것을 보고 만물의 묘함을 알아차리고, 골짜기가 시작된 그윽한 자리에 이르러 사물의 처음을 깨닫는다"[22]는 퇴계의 표현은, 명산유람의 궁극적 목적이 독서와 같이 성품의 궁리를 위한 학습으로 여겼음을 잘 드러내준다.

산에 하늘과 사람의 이치가 담겨 있네

도학자들에게 명산의 산수는 하늘의 이치가 드러난 대상으로까지 이해되었다. 따라서 명산유람은 산수를 통해 인仁과 지智를 체득하는 공부였다. 도학자들이 명산을 가는 목적은, 동정動靜의 이치를 터득함으로써 인지仁智의 즐거움을 이루는 공부 방법의 하나였고, 명산은 천지동정의 이치를 드러내고 있는 공부 대상이었던 것이다. 사농와士農窩 하익범河益範, 1767~1813의 말은 이러한 의미를 잘 표현해주고 있다.

유학자들은 산수를 통해 본성의 덕을 자각하고 그것과 하나 되기를 지향하는 인지지락仁智之樂을 추구한바, 그것은 산수를 통해 내 본연의 덕성을 함양하는 즐거움을 말하는 것으로, 산수의 아름다운 경관을 즐기는 것이 아니라, 그것을 통해 내 본성의 순수함을 되찾아 즐거워하는 것이다. 단지 흐르는 물과 우뚝한 산의 기이한 경관만을 구경하고, 동정動靜의 이치를 터득해 우리들의 인지지락을 이룩함이 없었다면, 어찌 매우 부끄러워하고 두려워할 만한 일이 아니겠는가.

• 『사농와문집』 권2, 「잡저」, 〈유두류록〉

도학자들의 명산경관에 대한 수기적修己的 태도는 진일보하여 인간사회에 대한 이해로까지 나아갔다. 남명 조식이 "물과 산을 보고 사람과 세상을 본다"[看水看山 看人看世]고 말했듯이, 산수를 인간의 세상과 견주어 보는 태도나 관점이 바로 그것이다.[23] 이렇게 자연을 도덕적 인식에서 사회적 인식으로 발전시킨 것은, 성리학자들이 자연을 완전히 새롭게 이해했기에 가능한 일이었다. 이는 자연에 대한 철저히 법칙적이고 원리적 이해를 기반으로, 인간과 사회에 그 원리를 응용하는 심화된 사상이 바탕이 되었다.[24]

요컨대 도학자들에게 산수는 천지자연의 원리가 밖으로 드러난 경관 텍스트로서, 사물을 보고[觀物] 자기를 성찰하고[察己], 다른 사람을 살피며[察人], 세상을 살펴보는 데[察世]까지 이르는, 합일을 통한 체득의 대상이다. 자신의 심성으로 반본返本하여 그 돌이켜 본 이치를 인간 세상에 투영하고 반조하는 거울이었던 것이다.

조선시대에 유학자들의 명산유람의 성행으로 특정의 명산경관에 대한 인간화된 장소 이미지가 구축되었다. 또한 유학자와 관계가 깊은 지역 명산에 대한 장소 이미지와 명유名儒의 이미지가 서로 결합되었다. 지리

덕유산의 장쾌한 모습과 그 지맥 자락에 깃들인 갈천 임훈의 고택(북상면 갈계리 갈계마을).
남덕유산 자락에는 임훈, 정온(위천면 강천리 강동마을) 등의 유학자가 살았다.

청량산은 퇴계와 동일시된 조선시대의 명산이다.
"단정하고 중후하며 맑고 깨끗하여 퇴계 선생과 같다"고 표현되었다.

산과 남명南冥 조식曹植, 1501~72 속리산과 대곡大谷 성운成運, 1497~1579, 운문산과 삼족당三足堂 김대유金大有, 1479~1551, 덕유산과 갈천葛川 임훈林薰, 1500~84 청량산과 퇴계退溪 이황李滉, 1501~70 등이 그 사례이다.[25]

　대표적인 예로, 퇴계가 오가산吾家山이라고까지 일컬었던 청량산의 장소 이미지는 어떤 방식으로 표현되었을까? 청량산은 아래에서 보는 것처럼 여러 유학자들에 의해, "절개가 있고 의로운 기상과 기세가 있으며, 엄숙하여 범접하기 어렵고, 단정하고 중후하며 맑고 깨끗하여 퇴계 선생을 보는 듯한" 경관 이미지로 표현되었다.[26]

• "절개가 있고 올곧아 범접하기 어렵다."(주세붕, 1495~1554)
• "공자의 엄숙한 기상을 보는 것 같다."(권호문, 1532~87)

- "절개 있고 의로운 선비가 우뚝 서 있는 것 같아 감히 범할 수 없는 기상이 있다."(김득연, 1555~1637)
- "단정하고 중후하며 맑고 깨끗하여 퇴계 선생과 같다."(김중청, 1567~1629)
- "칼과 창이 마주한 듯, 연꽃이 고개를 내민 듯, 올곧은 사람이 좌석에 앉은 듯 범접하기 어렵다."(배유장, 1618~87)
- "만 길 높은 절벽에서는 굽힐 수 없고 범할 수 없는 퇴계 선생의 절개를 볼 수 있고, 밝은 노을이 깃든 골짜기에는 깨끗하고 그윽한 퇴계 선생의 흥취가 남아 있다."(박종, 1735~?)
- "우뚝하면서도 위태하지 않으며, 장엄하면서도 거만하지 않아 덕이 빼어난 자와 같다."(성대중, 1732~1812)
- "충신과 의사義士와 같이 빼앗을 수 없는 절개와 범할 수 없는 기운을 지니고 있는 것 같다."(김도명, 1803~73)

위 인용문에서 알 수 있듯이 유학자들의 명산에 대한 장소 이미지 구성은, 산악의 지형 이미지와 경관을 유학자의 기상과 모습으로 변환시키거나 결합시켜보는 방식을 취하고 있다.

명산에 대한 실학적 인식과 태도

조선 중·후기 유학의 한 갈래인 실학은 명산에 대해서도 새로운 인식과 태도를 가져왔다. 우선, 가거지 생활권의 입지 요건이자 수양 장소로서 알맞은지 실제적 관심이 커졌다. 또한 조선 중·후기의 산천체계에 대한 지리적 지식이 확대되면서 명산에 대해 체계적으로 이해하고자 하는 노력이 뒤따랐다. 그 결과 산천지山川誌 혹은 명산지名山誌가 나왔다. 아울러 주요 명산을 비교하고 지역의 명산을 일반화하여 인식할 수 있었다. 그 과정에서 국토의 산맥체계백두대간에 기초해 명산을 체계적으로 이해할 수 있게 되었고, 한국의 명산에 대한 자긍심이 높아졌으며, 국토의 조종祖宗이 되는 명산으로서 백두산에 주목했다. 이러한 모든 과정은 명산의 장소화라는 인문지리적 의미로 해석될 수 있다.

실학자 이중환은 성정性情의 도야를 위해 가거지 선정에 요구되는 산수 조건으로서 지리·생리·인심·산수 네 가지를 들었다. 그런데 가거지의 필요 요건 가운데 하나로 든 명산은 생리경제 조건에 부속해서 규정되는 것으로 명산에 주거지를 정한다는 뜻은 아니었다. 아래의 인용문을 보자.

산수는 정신을 즐겁게 하고 감정을 화창하게 한다. 사는 곳에 산수가 없으면 사람을 촌스럽게 만든다. 그러나 산수가 좋은 곳 가운데는 생리가 박한 곳이 많다. 사람은 자라처럼 살지 못하고, 지렁이처럼 흙만 먹을 수 없다. 그래서 오직 산수만 보고 삶을 누릴 수는 없다. 그러므로 기름진 땅과 넓은 들에 지세가 아름다운 곳을 골라 집을 짓고 사는 것이 좋다. 그리고 10리 밖이나 반나절 거리 안에 산수가 아름다운 곳을 사 두었다가, 생각이 날 때마다 때때로 오가며 시름을 풀고, 혹은 머물러 자다가 돌아온다면, 이야말로 계속할 수 있는 방법이 될 것이다. 옛날에 주자도 무이산의 산수를 좋아하여, 냇물 굽이와 봉우리 꼭대기마다 글을 짓고 그림을 그려서 빛나게 꾸미지 않은 곳이 없었다. 그러나 그곳에 살 집을 짓지는 않았다. 그가 일찍이 말하기를, "봄 동안 그곳에 가면 붉은 꽃과 푸른 잎이 서로 비치는 것이 또한 싫지 않았다"고 했다. 후세에 산수를 좋아하는 자들이 이 말을 본받아야 할 것이다.

• 『동국산수록』, 「복거총론」, 〈산수〉

설악산의 명산 미학(청초호에서 바라본 모습).
이중환은 설악산을 국토의 등줄기에 위치한 여덟 명산 중의 하나로 꼽았다.
성해응의 『동국명산기』에도 설악산은 수록되었다.
설악산은 일찍이 통일신라시대부터 명산의 반열에 들어 산천제의 대상이 되었다.

이중환은 『동국산수록』에서 '나라의 큰 명산'[國中大名山]이라고 하여 12개의 산을 지정했다. 그중에서도 금강산을 제1명산으로 부르고, 금강산을 포함한 설악산, 오대산, 태백산, 소백산, 속리산, 덕유산, 지리산 등 8개의 명산을 '영척명산'[嶺脊名山: 국토의 등줄기에 위치한 명산]으로 따로 분류했다. 그밖에 칠보산, 묘향산, 가야산, 청량산을 '사산'[四山]으로 나누었다. 이 산들은 세상을 피해 숨어 사는 무리들이 수양하는 곳이라고 했다.

그리고 나라의 사산[國中四山]을 오관산(개성), 삼각산(한양), 계룡산(진잠), 구월산(문화)으로 두고 이들 산이 갖춘 특징을 요약하기를, 산의 모양은 수려한 돌로 된 봉우리를 이루고, 산은 빼어나고 물은 맑으며, 강과 바다가 모이는 곳에 맺어[結作] 국량이 큰 곳이라고 했다.

끝으로 지방의 명산은 청평산(춘천), 모악산(금구), 학가산(안동), 적악산(원주), 무성산(공주), 광덕산(천안), 가야산(해미), 성주산(남포), 변산(부안) 등을 들었는데, 이들 산 중에서 큰 산은 도읍지가 될 만하고, 작은 산은 고매한 사람[高人]이나 은사가 숨어살 만한 땅이라고 말했다.

- 청평산(춘천): "맥국[貊國]이 도읍했던 곳이다. 두 개 강 사이에 위치했고, 서해와 거리가 먼 까닭에 내려온 세력이 짧다."
- 모악산(금구): "산 아래 평지로 된 골이 있어서 도회가 될 만하다는 말이 전해오나 내려온 세력이 또한 짧다."
- 학가산(안동): "두 가닥 물 사이에 있고 산세도 오관산, 삼각산과 흡사하나 돌 봉우리가 적은 것이 유감스럽다."
- 적악산(원주): "산 안에 골과 계곡이 많고 동쪽에 이름난 마을이 많다."
- 무성산(공주)·광덕산(천안): "긴 골이 매우 많다. 절과 암자, 여염

집과 밭고랑이 섞여서 긴 숲과 간수 위에 숨바꼭질하듯 하니 완연한 하나의 도원도다."

- 가야산(해미): "동쪽에 있는 가야사 동학은 곧 상고 때 상왕의 궁궐 터이고 서쪽에 있는 수렴동은 바위와 폭포가 뛰어나게 기이하다. 북쪽에 있는 강당동과 무릉동도 수석이 또한 아름다우며, 마을과 아주 가까워서 살 만한 곳이다. 바닷가의 경치를 차지한 곳이다."
- 성주산(남포): "남쪽과 북쪽 두 산이 합쳐서 큰 골이 되었다. 산중이 평탄하여 시내와 산이 밝고 깨끗하며, 물과 돌이 맑고 시원스럽다. 산 밖에는 검은 옥이 나는데 벼루를 만들면 기이한 물건이 된다. 옛날에 매월당 김시습이 홍산 무량사에서 죽었다고 하는데 곧 이 산이다. 시내와 물 사이에 또한 살 만한 곳이 많다."
- 변산(부안): "서, 남, 북쪽은 모두 큰 바다이고 산 안에는 많은 봉우리와 구렁이 있다. 골 바깥은 모두 소금 굽고 고기 잡는 사람의 집이고, 산중에는 좋고 기름진 밭들이 많다. 주민이 산에 오르면 나무를 하고, 산에서 내려오면 고기 잡기와 소금 굽는 것을 업으로 하여 땔나무와 조개 따위는 값을 주고 사지 않아도 풍족하다."

  - 『동국산수록』, 「복거총론」, 〈산수〉

이상과 같은 그의 명산 해설을 살펴보면 취락지도읍, 마을, 피난지 및 은거지 등 용도의 적합성, 경제생활을 영위하는 방식, 산수지형과 경관설명, 명산의 역사적 유래와 명현名賢에 대한 서술, 산수미학, 풍수지리 입지 해석관념 등 실학적인 경세치용과 이용후생의 사유가 대폭 반영되어 있음을 알 수 있다.

조선 후기로 접어들면서 명산 권역은 실학자들의 가거지 입지에 하나의 공간적인 요건으로 등장했다. 또한 유학자들 사이에 명산유람이 널리

전북지방의 명산, 내변산(전북 부안군 변산면).
변산은 삼신산의 하나인 영주산으로 또는 십승지가 있는 곳으로 알려졌다.
한반도 서쪽 끝에 있기에 서방정토로 관념화되기도 했다.

유행하고 명산이 가거지로 부상하면서, 그 지식과 정보를 체계화하는 실
학적 노력이 뒤따랐다. 이에 따라 주요 명산의 특징에 대해 상호비교를
할 수 있었고 한국 명산의 지역 일반화가 이루어졌다.

  조선 후기의 명산에 관한 지식과 정보를 집성하여 책을 편찬한 실학
자로 특기할 만한 인물이 연경재 성해응이다. 성해응의 저술인 『동국명
산기』에는 우리나라 명산과 빼어난 경치에 관한 장소 정보가 들어 있다.
『동국명산기』에서는 전국을 경도京都, 기로畿路, 해서海西, 관서關西, 호중
湖中, 호남湖南, 영남嶺南, 관동關東, 관북關北의 아홉 권역으로 구분했고, 각
지역의 명산뿐 아니라 명승까지 위치, 형세, 형승, 고사, 명인 등으로 나누
어 설명하고 있다.

  한편 성해응은 「산수기서」山水記序27)에서 한국의 대표적인 네 명산백
두·한라·지리·금강을 들어 비교하기를, "백두산은 신령스럽고 그윽하며[靈

표39 「동국명산기」의 지역별 항목

지역권	동국명산의 항목
경도(한양)	인왕산, 삼각산
기로(경기)	도봉, 수락산, 백운산, 백로주, 석천곡, 삼부연, 화적연, 금수정, 창옥병, 미지산, 소요산, 만취대, 보개산, 성거산, 천마산, 천성산, 화담, 임진적벽, 청심루, 양덕촌, 석호정
호중(충청)	계룡산, 선담, 용담, 병천, 속리산, 천정대, 고란사, 조룡대, 반월성, 자온대, 사비수, 간월도, 안흥진, 안면도, 영보정, 황강, 단양읍촌, 하선암, 중선암, 수일암, 유선대, 사인암, 운암, 장회촌, 구담, 도담, 풍수혈, 한벽루, 도화동, 수옥정, 고산정, 선유동, 탄금대, 달천, 가흥, 손곡, 법천, 홍원창, 월악
영남(경상)	가야산, 청량산, 도산, 소백산, 사불산, 옥산, 빙산, 태백산, 금산, 내연산
호남(전라)	금골산, 덕유산, 서석산, 금쇄동, 월출산, 천관산, 달마산, 한라산, 지리산, 변산
해서(황해)	총수산, 석담, 구월산, 백사정
관동(강원)	금강산, 성류굴, 오대산, 한계, 설악, 화음산, 청평산
관서(평안)	가구굴, 묘향산, 금수산
관북(함경)	백두산, 칠보산, 학포, 국도

逢], 한라산은 기이하고 괴이하며[奇怪], 지리산은 넓고 후덕하며[博厚], 금강산은 진귀하고 곱다[瑰麗]"28)고 했다. 이는 한국 주요 명산경관의 형태와 장소 속성을 비교하여 서술했다는 데 의미가 크다. 일찍이 서산대사 휴정休靜, 1520~1604도 「조선사산평어」朝鮮四山評語에서 한국의 사대명산을 비교해 말한 바 있다.

金剛秀而不壯　금강산은 빼어나지만 웅장하지는 않고

智異壯而不秀　지리산은 웅장하지만 빼어나지는 못하며

九月不秀不壯　구월산은 빼어나지도 웅장하지도 못하고

妙香亦秀亦壯　묘향산은 빼어나기도 하고 웅장하기도 하다

• 휴정, 「조선사산평어」

「산수기서」에서는 각 지역의 명산과 승경을 유학자의 사상 이념에 투영하여 일반화해서 논하고 있어 주목된다. 성해응이 지역 명산을 서술했던 내용을 요약해보면 다음과 같다.[29]

- 한양의 산: "빛나고 준걸차서 사람으로 하여금 공경하는 마음을 갖게 한다."
- 경기도의 산: "모두 그윽하고 곱다고 일컬어진다."
- 황해도의 산: "수려하여 즐길만하다. 또 선현의 자취가 많다."
- 전라도의 산: "모두 빼어나서 볼만하다고 한다."
- 경상도의 산: "선현의 자취가 많다. 이른바 높은 산을 우러르는 것이라 할 만하다. 그윽한 바위를 보고 생각을 모으고 긴 내를 낭랑하게 읊으니 한갓 노니는 흥취만이 아니다."
- 함경도의 산: "북방 기운의 빼어남을 품고 있다."

위의 내용을 보면, 명산경관의 자연미학뿐만 아니라 선현의 자취를 강조하여 표현했다. 또한 "한양의 산이 사람에게 공경하는 마음을 갖게 한다"는 말에서 알 수 있듯이 사람의 정신과 도덕에 미치는 명산의 영향에 대한 인식도 드러났다.

그리고 "영남의 명산은 높은 산을 우러르는 것이라 할 만하다"는 표현은 『시경』의 "높은 산을 우러러보며 큰 길을 행한다"高山仰止 景行行止에서 비롯한 말로 유학자가 지향해야 할 인仁을 표상한 것이다. 『예기』의 「표기」에도 이르기를, "소아小雅에 고산高山을 우러러보며 경행景行을 행한다' 했는데, 공자께서 말씀하시기를 '시詩에서 인仁을 좋아함이 이와 같다. 도를 향하고 가다가 중도에 쓰러지더라도 몸의 늙음을 잊어 년수살 수 있는 기간의 부족함을 모르고 열심히 날로 부지런히 하여 죽은 뒤에야 그만 둔다' 하셨다."[30] 이렇듯 성해응의 글에는, 명산의 경관 자체에 대한 서술보다는 명산과 선현의 이미지를 장소적으로 종합해 인식한 측면이 잘 드러나 있다.

국토의 명산에 대한 체계적 이해, 특히 백두대간과 관련한 명산 인식은 실학적 명산의 인식과 태도에서 드러나는 또 다른 특징이다. 지리산의 별칭인 두류산은 『신증동국여지승람』16세기에서 "백두산의 산맥이 뻗어 내려 여기에 이른 곳이라고 하여 두류頭流라고 한다"고 밝혀놓았다. 이러한 경향은 조선 중·후기에 지리지와 지도의 발달과 함께 체계적이고 계통적인 지리적 인식에 기초하여 이루어지게 된다.

조선 후기에 실학적인 지리학을 정립한 인물이자, 우리나라의 산수를 체계적으로 기술하려고 노력한 대표적인 사람 중의 하나인 여암 신경준은 『산수고』와 『동국문헌비고』의 「여지고」를 썼다. 그는 한국의 12명산을 "삼각, 백두, 원산, 낭림, 두류, 분수, 금강, 오대, 태백, 속리, 육십치六十峙, 지리"로 지정한 바 있다. 신경준의 12명산을 분석해보면 삼각산을 제외하고는 11개 명산 모두 백두대간의 본줄기에 소속된 산임을 알 수 있다. 특히 이 산들은 산맥체계대간, 정간과 정맥의 분기점으로서, "백두산에서부터 나뉘어 열두 산이 되고, 열두 산에서 나뉘어 여덟 줄기[八路]의 여러 산들이 된다"는 그의 인식은 이러한 사실을 잘 말해준다.

여기에서 백두산은 백두대간의 시작이고, 낭림산은 청북정맥과 청남정맥의 가지가 비롯하는 곳이며, 두류산은 해서정맥과 임진북예성남정맥이 출발하는 곳이고, 분수령은 한북정맥의 가지가 뻗는 곳이며, 태백산은 낙동정맥, 속리산은 한남금북정맥·한남정맥·금북정맥이, 육십치는 금남호남정맥·금남정맥·호남정맥이, 지리산은 백두대간이 끝맺는 곳인 동시에 낙남정맥의 줄기가 뻗어나가는 지점이다. 그리고 삼각산을 12명산의 머리로 한 것은 조선의 수도를 대표하는 진산으로서의 위계성이라는 사회적 관념이 투영된 것으로서, 그가 말했듯이 수도의 진산이기에 한

양[京都]을 높인 것이다.[31)]

  신경준의 『산수고』와 「여지고」 이후에는 각각의 산과 강을 중심으로 한 계통적인 지리적 인식이 발전·심화되기에 이른다. 그리하여 우리나라의 산줄기체계를 밝혀놓은 『산경표』와, 강줄기를 체계적으로 정리하려고 시도한 정약용의 『대동수경』이 탄생했다.

  조선 후기 실학자들의 백두산 조종론祖宗論도 실학적인 명산 인식의 한 특징으로 꼽을 수 있다. 백두산이 명실상부한 국토의 머리로 역할하게 된 것은 15세기에 영토로 확보되면서부터였다. 그리고 1712년에 청나라가 백두산 남쪽에 정계비를 건립함으로써 백두산의 정치적·영토적 의의가 주목되었다.[32)] 조선 중·후기에 와서는 남명 조식이 "산하의 견고함이 위나라가 보배로 여기는 것 이상이어서"[33)]라고 했듯이 국토산하에 대한 자긍심이 커졌다. 그리고 실학자들의 자주적 국토인식으로 말미암아 영토의 종주로서 백두산의 의미가 더욱 강화되었다.

  고지도를 보면 알 수 있듯이, 1402년의 지도인 「혼일강리역대국도지도」에는 백두산 지명의 표기만 있을 뿐 강조되어 표현되지 않았다. 16세 중엽의 것으로 추정되는 「혼일역대국도강리지도」에 와서야 백두산을 국토의 조종산으로 표시하고 백두대간이 뚜렷해지기 시작한다.[34)]

  이러한 시대배경에서 여암 신경준은 백두산을 12명산의 하나로 지정했고, 다산 정약용은 "백두산은 동북아시아 여러 산들의 조종"[35)]이라고까지 언급하며 의미와 가치를 부여하기에 이른 것이다.

  이상과 같은 지리인식체계와 시대 분위기가 유교 명산문화의 사유체계에 반영되었다. 성호 이익의 「백두정간」이라는 아래의 인용문은 이러한 유가사회의 사유와 인식을 잘 표현하고 있다.

  백두산은 우리나라 산맥의 조종이다. ……산맥은 지리산에 이르러

백두산과 백두산에서 뻗은 굳센 산줄기가 잘 표현되었다.
마치 백두산이 하늘에 있는 산처럼 묘사되었다(『여지도』, 18세기, 서울대규장각).

끝났는데 그 기세가 바다를 자르고 지나가는 것이 웅혼하고 충만하여
기상이 두려워할 만하다. 인물로 논하면…… 퇴계가 태백산과 소백산
아래에서 태어나 동방 유학자의 조종이 되었다. ……남명은 지리산 아
래에서 태어나 동방의 기개와 절조의 최고가 되었다. ……대개 큰 산맥
이 곧장 백두산에서 시작되어 중간의 태백산에서 지리산에서 마쳤으
니, 처음에 이름 붙인 것도 의미가 있었던 듯하며 이 지역에 인물들이
난 것으로도 인물의 창고가 된다.[36]

　• 이익, 「백두정간」

이처럼 그는 백두대간의 체계에서 소백산과 지리산을 논하고 다시 소백의 퇴계와 지리의 남명을 들어 백두대간의 명산과 명유가 일체화된 장소 이미지를 표상했다.

위로는 천시를 따르고 아래로는 수토를 따르다

조선시대 유학자들의 명산에 대한 인식과 태도는 자연을 따르는 유교사상 및 자연관에 준거했다. 『중용』에, "공자는 위로는 천시天時를 따르시고 아래로는 수토水土를 따르셨다"[37]고 했다. 수토는 풍토風土의 다른 말이고 오늘날의 환경이나 자연에 해당한다. 곧 "수토를 따랐다"는 말은 지리적 자연환경의 질서에 순응하고 적응하는 유교적 자연관을 말한다. 이 구절에 주자는 주석하기를, "하습수토下襲水土라는 것은 토지의 마땅함을 따랐다는 것으로, 이른바 토지의 편안함은 인仁을 돈독하게 하고 왕래에 불안이 없다"[38]고 심성적이고 성리학적인 측면으로 해석했다.

돌이켜보면 고대 명산문화의 배경을 이루는 사상은 국가의 운명을 명산에 의뢰하는 산악숭배신앙이었다. 고려시대의 명산문화를 형성한 사상적 배경으로 산천지세의 선악 및 지덕의 성쇠가 국가의 운명에 큰 영향을 미친다는 풍수도참사상을 들 수 있다. 조선시대의 유교적인 명산문화를 전개시킨 철학사상의 토대는 풍기론風氣論과 양기론養氣論을 들 수 있다. 풍기론은 자연환경이 인간에 미치는 영향력에 중점을 두나, 양기론은 상대적으로 인간의 주체적 능력을 중시하는 논의이다.

풍기론은 기적氣的 세계관에 근거한 것으로서, 특정한 자연 풍토는 거기서 태어났거나 상주한 인간의 품성·정서·감각 등의 형성에 관여하고, 이를 통해 그 자연 풍토에 상응하는 문화가 형성된다는 것이 핵심이다. 그리고 양기론은 주체의 자각에 입각한 정신의 질적 변화에 관한 이론이다. 이것은 양생적 양기, 도덕적 양기, 심미적 양기 등으로 분화될 수 있다. 신라 화랑도의 '유오산수'遊娛山水에는 양기의 모티프가 충분히 함유되어 있다.[39]

유교적 풍기론 인식의 근원을 거슬러 올라가면 고운 최치원崔致遠, 857~?의 '지지사연'地之使然: 땅이 그렇게 하다[40]이라는 초기적인 논의에 닿는다. 「대숭복사비명」에서 그는 "우리나라는 승지勝地여서 성질은 유순하고 기운은 생명을 발생시키는 데 알맞다"[41]고 말했고, 「무염화상비명」에서, "산악이 한 신령한 사람을 내려 그가 군자국에 태어나게 하고 불가에 우뚝하도록 했으니 대사가 그 사람이다"[42]라고 했다. 그리고 「지증대사비명」에서는 "지령地靈이 이미 생명을 사랑하는[好生] 것으로 근본을 삼았다"[43]고 했다. 이러한 표현들은 모두 풍토가 인물이나 인성에 영향을 미친다는 풍기론적인 인식이 반영된 것이다.

그리고 조선 중기에 허목許穆, 1595~1682의 '풍기사연'風氣使然: 풍기가 그렇게 하다이라는 표현에는 풍토가 풍속, 생태환경, 심성에 미치는 영향 등에 관하여 더 자세하게 기술하고 있어 한층 더 발전된 풍기론적인 인식으로 평가할 수 있다. 허목은 『지승』地乘에서 다음과 같이 풍기와 풍속의 상호관계를 말했다.

조선 구역九域의 땅은…… 풍기風氣가 다르고…… 중국의 풍속과 같지 않으니 대개 방외方外에 있는 별개의 나라이다. ……남방에는 조류가 많고 북방에는 짐승이 많은데 이는 풍기 때문이며, 산협山峽의 습속이 순박하고 이득을 노리는 백성이 약삭빠른 것은 습성이 그러해서인 것이다. 동방은 기가 치우치고 얇아서 조급하고 경솔하니 항상심恒常心이 없다.[44]

• 허목, 『지승』

유학적 풍기론의 인식이 가장 정교한 논리로 발전된 것은 최한기崔漢綺, 1803~77의 '지기사연'地氣使然: 지기가 그렇게 하다이라는 이해에 이르러서다. 최한기는 지기와 그 장소에 사는 유기체와의 긴밀한 연관성을 파악했다. 그의 지기론은 지기가 거기서 사는 생명과 직결되어 있다는 인식이다. 적소에서 생명을 보전하거나, 장소를 옮겨 생명을 해치는 것은 모두 지기가 그렇게 만든다는 것이다. 이러한 인식은 유기체에 대한 지기의 영향력을 강조한 것이다.

동시에 최한기는 사람은 지기의 영향을 받지만 지기를 선택할 수 있는 능동적인 존재라고 했으니 이러한 면은 양기론으로 볼 수 있다. 그는 지기가 인체, 음식물, 거주처에 미치는 영향에 관해 차례로 거론한 바 있다. 또한 사람의 형질은 지역의 기후, 풍토, 부모의 정혈精血, 후천적 학습이라는 네 가지 요소에 의하여 생성된다고 했다. 그런데 기후·풍토·정혈은 정해져 있으나, 학습 요소는 사람의 형질을 바꿀 수 있는 변통의 공부가 된다는 것이다.[45]

이렇듯 유학의 풍기론과 양기론의 철학사상은 자연풍토와 인간의 상호영향에 관한 내용으로서, 명산과 인간의 관계를 설정하는 철학 준거가 되었다.

한국의 주요 명산들은 백두대간이라는 간선 계통으로 계열화되어 있고, 이러한 한국적인 명산체계와 이를 둘러싼 문화역사적 특징은 세계적으로도 그 유례를 찾아볼 수 없는 독특한 개성을 지닌다. 같은 동아시아라 하더라도 중국이나 일본의 명산은 점과 같이 개별 단위의 차원을 지니고 있다. 한국처럼 백두대간의 계통으로 명산들의 생태환경 속성과 문화역사적 관계가 통합되어 있는 사례는 찾아보기 어렵다.

이러한 특성은 한국의 주요 명산을 아우르는 개념인 백두대간을 향후 세계유산으로 등재하는 주요한 아이디어와 전략이 될 수 있을 것이다. 이에 상응하여 머지않아 한국의 명산문화 연구를 통합하는 '명산학'의 학제적 영역과 대주제는 백두대간의 범주로 통합될 것이며 그 학문적 종합체계는 '백두대간학'이 될 것으로 추정된다.

한국의 명산에 대한 학문적 연구가 활성화되려면 사회적인 관심과 정책적인 뒷받침이 필수적이다. 명산에 대한 역사적·자연적·문화적인 자원가치의 체계적인 연구와 함께 명산관리 시스템의 구축을 위한 법제적인 방안을 모색할 필요가 있다. 이를 통해서 한국의 명산과 그 뼈대 백두대간을 통합적으로 연구하고 관리할 수 있는 기틀이 마련될 것이다.

동서양의 유토피아와 산

낙토에서 낙토에서 이제 나는 살고 싶네

산이 날 에워싸고
씨나 뿌리며 살아라 한다
밭이나 갈며 살아라 한다

어느 산자락에 집을 모아
아들 낳고 딸을 낳고
흙담 안팎에 호박 심고
들찔레처럼 살아라 한다
쑥대밭처럼 살아라 한다

산이 날 에워싸고
그믐달처럼 사위어지는 목숨
구름처럼 살아라 한다
바람처럼 살아라 한다
• 박목월, 「산이 날 에워싸고」

사람은 여타 동물과는 달리, 문화적이고 정서적인 관계를 전제로 장소와 독특한 관계를 맺는다. 그래서 사람은 장소적 동물이라고 할 수 있다. 이러한 인간과 세계 사이의 심오한 관계를 다델Eric Dadel은 '인간의 지리성'이라고 표현했다.[46] 사람의 장소적 문화속성 중에 드러나는 흥미롭고도 독특한 한 가지는 이상향에 대한 추구이다.

중국의 옛 고전인 『시경』에도 이미 "낙토樂土에서 낙토에서 이제 나는 살고 싶네…… 낙국樂國에서 낙국에서 이제 나는 살고 싶네"[47]라고 하여 낙토에 대한 민초들의 간절한 소망이 담겨 있다. 이상향을 바라는 인간의 염원은 동서양을 막론하고 오래전부터 있어왔다. 이에 따라 역사적으로나 지역적으로 이상향에 관한 다양한 장소 관념과 태도를 낳았다. 인간이 유토피아를 설계하는 것은 현실세계에 어려움이나 불합리성을 느끼고 이를 극복하려는 노력이라는 점에서, 각각의 유토피아 모형은 한 시대나 지역의 상황을 보여주고 있다고 할 수 있다.[48]

한국의 전통적 이상향은 무엇이며 그것은 또 어디에 있을까? 중국의 이상향 하면 무릉도원을 떠올리는 것처럼, 우리나라에서는 청학동이 이상향의 원형이었고 사람들이 소망하고 추구했던 한국적 이상향의 전형이었다. 우리 민족이 꿈꾸었던 이상향은 산에 있었던 것이다.

중국에서도 조선의 청학동은 유명했던 것으로 보인다. 이규경이 「청학동변증설」에서, "청학동은 동방의 한 작은 골짜기에 지나지 않지만 천하에 유명했다. 청靑 강희제[聖祖]의 『연감류함』淵鑑類函에도 조선의 지리산에 청학동이 있다는 것이 실려 있다. ……우리나라에 비경으로 이름난 곳은 매우 많지만 청학동이 유독 세상에 이름났다"[49]고 한 것을 통해서도 이러한 사실을 잘 알 수 있다.

근대에 이르러 청학동은 단지 영·호남만이 아닌 전국적으로 이상향의 상징이 되었다. 오늘날 전국에 청학동이라는 행정지명이 40여 곳 넘게 분포하는 것도 이러한 정황을 말해준다.

그런데 청학동을 시대별로 살펴보면 장소가 일정하지 않고, 장소정체성도 변화를 겪었음을 확인할 수 있다. 이러한 현상은 청학동이라는 이상향이 공간적으로 전파되는 과정에서, 시대 또는 사상에 따라 구성양식과 내용이 경관에 달리 반영되었기 때문이다. 바꾸어 말하면 해당 시대 사회집단의 사조와 문화에 따라 그들의 정체성과 이데올로기가 청학동에 달리 투영되었던 것이다. 이렇듯 이상향으로서의 청학동은 유학자들의 상징공간이고, 민간인들의 생활공간이며, 관광지로서 재구성된 문화공간이었다.

동서양 이상향의 다양한 스펙트럼

역사상 인류가 추구했던 이상향은 조명하는 관점에 따라 다른 스펙트럼으로 나타난다. 가시적인 문화경관의 형성 여부, 자연에 대한 인식과 태도, 시·공간 환경심리라는 지리 측면으로 나누어 이상향의 양상과 속성들을 살펴보기로 하겠다.

먼저 가시적인 문화경관의 형성여부에 따라 이상향을 분류해보자. 눈에 보이는 경관이 아닌 허구적이고 비실지적非實地的 이상향은 주로 종교적인 이상향에서 볼 수 있다. 이들은 상대적으로 시간(과거 혹은 미래)에 얽매이는 경향이 있고, 장소의 정체성이 시대에 따라 달라지지 않는다는 속성을 지닌다. 기독교 창세기의 에덴동산이나 불교의 미타정토가 대표적인 비실지적 유토피아의 예라고 할 것이다.

이에 대비되는 것이 실제로 구축된 이상향들이다. 이들은 상대적으로 공간에 얽매이는 경향이 있고, 장소의 이미지나 정체성이 시대 또는 사회조건에 따라 달라지고 재구성된다. 예컨대 미국에서 18~19세기에 성행했던 유토피안 공동체들은 천상 도시the Celestial City를 현실의 삶에서 재현하고자 했다.[50] 우리나라의 경우에는 경주 불국토, 청학동마을, 가평 판미동, 십승지 등이 가시적 경관으로 구축된 예다.

또한 자연에 대한 인식과 태도의 차이에 따라서도 이상향은 다른 양상을 나타낸다. 사회집단이 자연에 대해 어떠한 인식과 태도를 지녔는가에 따라 이상향의 입지와 경관, 장소성, 생산 및 생활양식 등이 판이하게 달라질 수 있다. 동아시아와 서양의 이상향을 비교해보면 자연관과 공간에 대한 태도의 차이가 선명하게 드러난다.

서양의 유토피아 의식을 보면 관념적이면서 자연회귀적인 성향과, 계획적이면서 인위적인 성향의 두 가지 상반된 패턴이 나타난다.[51] 창세기의 에덴동산은 과거 회귀적인 낙원의 상징으로 전자를 대표한다. 여기에는 "우리는 에덴동산에서 쫓겨나서 돌아가기를 갈망한다. 우리는 더 이상 자연과 조화롭게 살 수 없다"는 깊은 상실감이 반영되어 있다.[52] 후자의 대표적인 두 가지 예도 있다. 기독교에서 「요한계시록」의 새 예루살렘the New Jerusalem of Revelation은 기하학적으로 계획된 성城이 하늘에서 땅으로 내려옴으로써 유토피아가 이루어진다고 했다. 그리고 모어Thomas More의 『유토피아』Utopia, 1516에서는 기하학적인 도형 위에 설계된 추상적인 평면 공간, 도시라는 환경에서 이상사회 내지는 국가를 구성함으로써 이상향을 달성하려 하고 있다.[53]

이에 비해 동아시아는 이상향을 현실 속에서 실현하려 함과 동시에 자연귀속적인 태도를 취하고 있다. 이런 태도는 불교의 타계적他界的인 서방정토사상과 미륵상생사상마저 현지정토나 미륵하생의 구현으로 변용시켜나갔다. 그런데 서양 이상향의 한 주류가 자연과 단절된 상태의 인위적으로 창조된 환경이라면, 동아시아는 자연 상태에서 이상적 삶의 조건이 완비된 최적의 입지처를 선택하는 전통이 있다.

서양에서는 에덴동산으로 다시 돌아갈 수 없기에 관념화될 수밖에 없었고, 상대적으로 현실에서는 계획적이고 인위적인 이상향을 추구하게 되었을 것이다. 이와 반대로 동아시아에서는 자연적 이상향을 현실 속에서 구현하고 실천했다는 데서 자연에 대한 인식과 태도의 변별점을 찾을 수 있다.

이상향의 다양한 양상은, 인간의 시·공간에 대한 심리 요인에서도 도출해낼 수 있다. 사람들은 미지의 시간과 공간에 대해 심리적으로 어떠한 허상과 환상을 갖고 있다. 예를 들면 아득한 과거와 미래에 대해서는 현재나 지금과는 다를 것이라는 시간의 심리적 환영을 갖고 있다. 또한 전인미답의 깊은 산속과 수평선 저 너머의 보이지 않는 섬은 여기와 다를 것이라는 공간의 심리적 환영을 갖는다.

그래서 동서양을 막론하고 시간과 공간에 대한 막연한 환상 심리는 유토피아 관념을 유발하는 가장 근원적인 동기이자 구성 요소다. 특히 신앙적이고 종교적인 유토피아의 형태에서는 더욱 그 환상성이 가중된다. 이런 맥락에서 이상향의 다양한 스펙트럼을 분류해볼 때 시간적으로는 과거로 회귀하거나 미래 혹은 내세를 추구하고, 공간적으로는 아무나 이를 수 없는 깊은 산간 또는 아득히 보이지 않는 섬을 이상향으로 상상하고 추구하는 경향이 있다.

대체로 시간적인 과거 회귀는 인도유럽 전통에서 강하게 드러나는데 황금시대the Golden Age와 에덴동산의 파라다이스가 대표적이다. 미래 지향의 경우는 서양 기독교의 천년왕국과 새 예루살렘이 있고, 동양에서는 불교의 내세적 미타정토, 한국에서는 동학이나 증산교의 후천개벽 세상이 대표적이다. 한편 공간적인 지향은 동아시아의 전통에서 상대적으로 강하게 나타난다.

한국인의 이상향, 동천복지

전통시대 한국인들에 의해 실제 또는 문학설화나 소설의 형태로 전개된 이상향의 일반적 유형과 그 지리적 특징을 시간·공간·사상의 양상으로 살펴보자. 한국에서 나타나는 시간적 유형의 이상향 중에 과거지향형은 찾기 어렵다. 미래지향형은 종교신앙 부문에서 보이는데, 전술했듯이 불교적 미타정토, 동학이나 증산교의 후천개벽 세상이 대표적이다. 공간적 유형의 이상향은 대다수가 설화, 소설 등의 문학 장르에서 나타나지만 그 중 몇몇은 현실에 시도되었거나 구현된 이상향이다. 지형·지리적으로는 산골짜기형[洞天福地型]과 섬형[海島型]의 두 가지 양상이 나타난다.

한국과 중국을 비롯한 동아시아에는 명산승경名山勝景의 어딘가에 장생불로하는 신선이 살고 있다고 믿는, 동천복지洞天福地의 관념이 있다. 동천복지는 유명한 호중천壺中天, 곧 항아리 속에 존재하는 신기한 세상과 같이 하나의 제한된 공간에 전 우주가 존재한다고 믿는, 도교적 우주론에 근거한 이상향에 대한 관념이다.[54]

기존 연구에 따르면 동천과 복지는 본래 서로 다른 계통의 장소였다고 한다. 동천은 도교에서 길상吉祥의 장소로 '하늘에 통하는 장소'로서 천상의 이상 세계로 통하는 입구이자 통로였다. 한편 복지는 재난을 입지 않고서 불로장생할 수 있는, 도교적 수행에 적합한 복된 땅을 가리켰다. 그런데 동천과 복지가 도교적인 성지로 통합되기에 이르렀다.[55] 동천복지의 전설은 당나라 때에 크게 유행했다. 성당盛唐 시기의 도사인 사마승정司馬承禎에 의해 지어진 『천지궁부도』天地宮府圖에 이르러 10대동천과 36소동천, 그리고 72복지로 이루어지는 '동천복지설'로 체계화되기에 이른다. 이후 동천과 복지는 거의 동일한 의미의 용어로 쓰이게 되었다.[56]

이렇듯 문헌상에 등장하는 동천복지는 지도상에 그 소재를 확정할 수 없는 지점도 있지만 대부분 실재하는 장소다. 현재도 이들 장소는 대체로 도교의 명산으로 도교 사원인 도관道觀이나 궁관宮觀이 건립되어 도교의 수행자들이 거주하면서 도교의 신과 신선들에게 성대하게 제사를 올리고 있다.[57]

동천복지에 필요한 경관은 명산이 있어야 하고, 동시에 명산의 산록 어딘가에 동혈洞穴을 포함한 뛰어난 산수가 있어야 한다. 요컨대 동천복지는 '도교지리학' 내지 '도교선경학'道敎仙境學의 산물인 동시에, 뛰어난 산수를 지니고서 불로장생약의 원료를 손쉽게 얻을 수 있는 실리성마저 갖춘 실제의 생활장소이기도 한 것이다.[58]

이렇듯 산골짜기형 동천복지는 전통시대에 중국과 한국에 나타나는 가장 일반적인 이상향의 유형이다. 일찍이 실학자 이규경은 청학동지리산을 비롯하여, 경북 상주의 용화동龍華洞, 삼도 경계인 상주·청주·보은 접경지의 우복동牛腹洞, 호서 내포지방의 소라동천小羅洞天 등의 동천을 열거하여 변증辨證한 바 있다. 그밖에도 강원도 강릉의 하렴지霞斂地, 함경북도 경성의 남북라내동南北羅乃洞, 함경북도 무산의 여진동女眞洞, 강원도 회양 금강산의 이화동梨花洞, 평안남도 성천의 회산동檜山洞, 평안남도 영원의 석룡굴石龍窟, 황해도 곡산의 오음동烏音洞, 강원도 양양의 회룡굴回龍窟, 강원도 강릉의 이산동伊山洞, 강원도 영해의 마간치馬間峙 등이 모두 예전의 청학동과 같다고 소개했다.[59]

그리고 한국의 고전 문학에서도 금강산의 이화동, 춘천 외곽의 산도원山桃源, 함경북도 갑산 동북쪽 외곽의 태평동太平洞, 경상도 상주의 오복동五福洞, 충청도의 식장산, 강원도 낭천 경계인 불곡佛谷, 강원도 고성 영랑호와 양양 읍치 동남쪽 외곽의 회룡굴 등의 지역 이상향들이 나타난다.[60] 청학동은 이런 지역형 산골짜기 이상향들의 원형이자 전형이다.

이들 산골짜기형 이상향은 강원도가 6곳으로 가장 많고, 함경북도 3곳,

속리산의 선유동(仙遊洞) 석문(충북 괴산군 청천면 송면리).
퇴계가 이름 지은 아홉 계곡 가운데 하나라고 한다.
조선시대 유학자들의 구곡문화(九曲文化)와
도교적 동천복지 이상향 관념이 복합된 문화경관이다.

맑은 물이 끊임없이 흘러나오는 그윽한 골짜기로 거슬러 올라가면
이상향에 닿을 것만 같다. 선유동천(경북 문경시 가은읍).

평안남도·경상북도·충청남도가 각 2곳, 경상남도·황해도가 각 1곳, 기
타 삼도 경계가 1곳이며, 경기도와 전라도는 한 곳도 없다. 심산계곡이
발달한 한반도 지형의 지역 특성을 잘 반영하고 있음을 알 수 있다.

한편 섬형은 율도국栗島國, 무인공도無人空島, 단구丹邱: 고성에서 3만 리 거리
의 동해바다 섬, 의도義島: 한국과 중국사이의 서해에 있는 섬, 이어도 등이 있는데,[61]
모두 위치가 분명하지 않고 영해 밖에 있는 가상의 섬이다. 한국의 섬형
이상향은 자연적 존재를 상상한 것이지만 같은 섬이라도 모어의 유토피
아는 인공적인 가상의 섬이었다는 점에서 차이가 난다.

사상적 유형으로는 신선사상 및 도가류의 선경, 풍수도참류의 십승지,
불가류의 미타정토·미륵용화세계, 유가류의 대동사회[大同世][62], 근대 민
족종교의 후천개벽세계 등으로 구분할 수 있다.

역사상 불교의 정토세계는 신라시대에 경주의 불국토로 실천되었다.
한국의 불교사상사에서 나타난 불국정토 관념의 지향은 '예토를 정토로,

표40 산골짜기형 전통적 이상향의 위치와 도별 분포

도별	산골짜기(동천복지)	비고
경상(남)도	청학동	
경상(북)도	용화동, 오복동	
전라도	없음	
충청(남)도	소라동천, 식장산	
경기도	없음	
강원도	하렴지, 이화동, 회룡굴, 이산동, 산도원, 불곡	
황해도	오음동	
평안(남)도	회산동, 석룡굴	
함경(북)도	남북나내동, 여진동, 태평동	
기타	우복동	삼도 경계

표41 전통시대에 실천된 이상향의 사상적 유형

항목	이상향	경주 불국토	청학동 (원)청학동	청학동 의신, 덕평 등	경기도 가평 판미동	십승지
사상 유형	불교	○				
	선도		○			
	유학				○	
	풍수			○		○
	도참			○		○
시대		신라	고려 후기~조선		17세기 말~18세기 말	조선 중·후기

피안을 차안으로, 내세를 당세로, 왕생을 현신으로'라고 요약할 수 있다. 신라 왕실은 불교의 우주공간을 경주에 상징적으로 대응시켜 일체화하고자 했다. 수미산=낭산, 도리천=낭산 꼭대기(선덕왕릉지), 사왕천=낭산 중턱(사천왕사지)로 일체화시켰으니, 당시 왕실은 불국정토의 공간모델을 경주에 적용시켰음을 알 수 있다.

선경 유형은 청학동, 우복동에서 잘 드러나는 것처럼 고려 후기에 본격적으로 추구되어 조선시대까지 면면히 이어졌으며, 조선 중·후기에는 풍수도참의 영향을 받은 승지 형태로 발전했다. 그리고 유가적 대동사회를 구현한 역사적 사례로는 조선시대 17세기 후반에서 18세기 후반까지

경기도 가평군의 조종천 상류에서 실천된 판미동[63]과 경기도 광주 인근의 미원촌薇源村[64] 등이 있었다.

선경 유형의 대표적인 이상향 가운데, 청학동은 뒤에서 상술하기로 하고 우복동을 먼저 살펴보기로 하자.

속리산 동편에 항아리 같은 산이 있어, 우복동

속리산 우복동은 조선 후기에 들어와서 지리산 청학동과 함께 대표적인 동천복지의 하나로 인식되었다. 이 사실은 이규경의 "세상 사람들이 일컫는 동천복지로 청학동과 우복동"[65]이라는 표현으로도 알 수 있다.

이규경은 속리산의 우복동을 상세히 검토한 바 있다. 그는 『오주연문장전산고』의 「천지편」〈지리류〉에 산山, 샘[泉], 우물[井], 하천[河], 섬[島] 외에도 골짜기[洞府]편을 두고, '청학동변증설'靑鶴洞辨證說, '용화동변증설'龍華洞辨證說, '우복동변증설'牛腹洞辨證說, '우복동진가변증설'牛腹洞眞假辨證說, '세전우복동도기변증설'世傳牛腹洞圖記辨證說, '도굴귀동변증설'盜窟鬼洞辨證說, '덕림석·경박·관음동변증설'德林石鏡泊觀音洞辨證說, '소라동천변증설'小羅洞天辨證說 등으로 동천을 검토하고 있는데, 그중에서 속리산 용화동 1편을 포함하여 우복동은 3편에 걸쳐 상세히 서술했다.

용화동은 상주에 있는데, 길이와 넓이가 10리에 이르고, 가운데에 대조정大棗亭 마을이 있다고 하면서 도선의 『비기』와 이중환의 『택리지』를 인용하여 논의하고 있다.[66] 그리고 「우복동」편에서 이규경은 당唐 두광정杜光庭이 10곳의 동천과 72곳의 복지를 기술한 『동천복지기』洞天福地記를 인용하면서, 우복동의 위치와 이르는 길, 자연경관, 역사경관, 우복동을 탐방한 인물 등에 관해 검토했다.

조선 후기 민간인들에게 속리산 우복동의 동천복지는 생활공간의 이

속리산에 있는 우복동 이상향으로 알려진 지역. 산수가 수려하고
농경지도 넓어 풍요로운 삶터다. 산속의 분지로 내륙 깊숙히 위치하고 있어
외부에 노출되지 않는 곳이다.

상적인 낙토로 여겨졌다. 이러한 우복동의 낙토 관념은 많은 사람들을 우
복동으로 불러들이고 이주하게 한 이유가 되었다. 이규경은, "우복동 안
에 한 마을이 있는데 남향을 하고 있다. 속리산을 안산으로 하여 넓고 크
며 토지가 비옥하며 땅은 넓다. 족히 만 가구는 들일 만하며 작물의 수확
량도 많다고 하니, 낙토라고 할 수 있다"[67]고 생활공간으로서의 우복동
조건에 관해 적고 있다. 이규경이 「우복동진가변증설」을 써서 우복동의
참과 거짓[眞假]을 검토한 것도 이러한 정황과 세태의 반영이라고 할 수
있다. 실제 우복동이라고 전해지는 곳의 예로서 문경 청화산의 저음동[猪
音洞]을 소개하면서, 여기가 진짜 우복동은 아니더라도 살 만한 곳[可居地]
이라고 논평했다.[68]

다산 정약용도 우복동에 대한 시를 남겼다. 여기에는 속리산 우복동의
하늘이 감추고 땅이 숨긴[天藏地祕] 지형지세, 농경의 이상적 토지조건, 장
수 지역 등 장소성에 대한 당시의 인식이 반영되어 있다.[69]

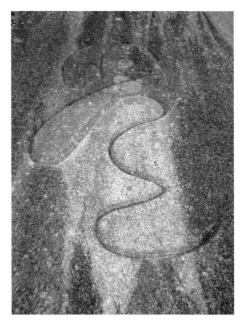

속리산 우복동 입구의
동천(洞天) 새김글.
양사언(1517~84)의 글씨라고 전해진다.
붓길의 모양이 하천의 흐름과 닮았다.

俗離之東山似甕	속리산 동편에 항아리 같은 산이 있어
古稱中藏牛腹洞	옛날부터 그 속에 우복동이 있다고 한다네
峯回磵抱千百曲	산봉우리 시냇물이 천 겹 백 겹 둘러싸서
袿交褶疊無綻縫	여민 옷섶 겹친 주름 터진 곳이 없는 듯하고
沃土甘泉宜稼穡	기름진 땅 솟는 샘물 농사짓기 알맞아서
熙熙不老眞壽域	백 년 가도 늙지 않는 장수의 고장이라네

• 정약용, 「우복동가」 중에서

조선시대의 동천복지를 대표하는 우복동 외에도 속리산권 문경 – 상주 구간에 분포하는 구곡동천은 선유구곡, 선유칠곡, 양산사동천, 화지구곡, 석문구곡, 화음동, 쌍룡구곡, 용추, 용화동, 장각동, 용유동, 연악구곡 등 다수의 동천구곡이 있는 것으로 조사된 바 있다.[70]

이들 구곡동천의 문화경관에는 선도, 유교, 풍수, 도참 등의 종교나 민간사상이 복합적으로 투영되었고, 이상적인 생활공간으로서의 주민생활사도 누적되어 반영되어 있다. 또한 조선시대 지식인들의 저술, 유람기, 시문, 기록뿐만 아니라 민간 설화, 전설이 현존하는 구곡동천의 가시적 경관과 직접적으로 연계되어 남아 있다.

이상향의 사상성은 해당 이상향이 형성된 시기의 사회이데올로기적인 배경과 맥락을 같이한다. 신라 경주의 불국토는 당시의 정치사회적 불교 이데올로기가 바탕이 된 것이다. 고려 후기에서 조선에 걸친 청학동 선경 유형이나 조선 중·후기 풍수도참의 십승지는 대내외적으로 혼란한 사회 환경에서, 지식인들의 은일隱逸하려는 태도와 사회적으로 유민들이 증가하면서 피난·보신할 땅을 추구하는 시대 분위기가 반영돼 있다. 자치를 통해 유가 향촌의 대동사회를 실질적으로 구현하려 했던 조선시대 판미동의 예도 있다.

산골짜기 속 한국의 이상향

한국의 이상향 중에서 실제 문화경관으로 구성된 것은 신라의 경주 불국토, 조선시대의 청학동(마을)·십승지·판미동 등을 꼽을 수 있다. 그 밖의 것들은 신앙과 설화, 소설에서 드러나는 허구적 이상향들이다. 중국과 한국의 이상향은 서양에 비해 시간지향성보다는 공간지향성이 강하다. 공간을 지향한다 해도 서양은 '천상 도시'의 창조를 희구한다.[71] 하지만 동아시아의 전통적 이상향은 지상의 산골짜기[洞天]에서 자연에 순응하는 삶의 태도를 지향한다.

중국을 비롯한 동아시아 이상향의 유형을 구분하면 대체로 산해경山海經형·무릉도원武陵桃源형·삼신산三神山형·대동사회大同社會형 등으로 나누어볼 수 있다. 산해경형과 삼신산형은 환상이 가득한 신화적 세계인데

반하여 무릉도원형과 대동사회형은 인간 사회와의 관련이 밀접한 경우라 하겠다.[72)]

중국만 하더라도 다양한 대동사회적 유토피아의 유형들이 나타난다.[73)] 그런데 한국의 이상향은 사회적 속성보다는 자연귀속의 지향성이 강하고, 심산深山의 골짜기[洞]지형인 경우가 지배적이다. 이는 서양의 유토피아가 에덴동산의 평원이나 모어의 유토피아처럼 평지인 것과 대조되는 지형적 차이점이다. 중국 이상향도 무릉도원을 대표로 하는 산골짜기라는 점에서는 한국과 같지만, 옥야沃野·도광야都廣野 평구平丘·차구差丘[74)]와 같이 들 또는 언덕[野·丘] 관념도 드러나고 있어 구별된다.

이상향의 속성에는 해당 지역의 자연환경이 반영되어 있으며, 이상적 주거거지에 대한 가치관이 투영되어 있다. 한국과 중국의 이상향에 산골짜기형이 많은 것도 이러한 맥락에서 이해될 수 있다. 이규경도 한국에 동천복지가 많은 것을 지형지세와 관련시켜 언급하고 있다.

우리나라의 형세는 험준하다. 산이 서리고 물이 휘돌아 양의 창자처럼 구불거리고 새라야 다닐 수 있는 곳이 아님이 없다. 그러므로 그 사이에 산골짜기가 많다. (우리나라는) 중국의 무릉도원 같은 데가 한 두 곳이 아니다.

• 『오주연문장전산고』, 「천지편」, 〈지리류〉, 동부, 우복동변증설

산골짜기형 이상향의 일반적 지형은, 조선시대 가거지의 이상적인 취락입지 모형에서 준거가 되었던 풍수지리설의 명당형국과도 유사해 주목할 만하다.[75)] 이것은 이상향의 지형에 미친 풍수사상의 영향으로도 해석할 수 있다. 이중환이 『택리지』에서 언급한 가거지처럼 산곡에 입지하는 풍수적 명당의 지형조건은 동구가 닫힌 듯 좁고, 안으로 들이 넓게 펼

처진 목 좁은 항아리 같은 분지형 지세로 요약할 수 있다. 특히 수구가 잠기고 안쪽으로 들이 열리는 것이 명당취락의 필수적인 지형 요건이라 했다. 이러한 지형은 중국의 무릉도원이나 한국의 청학동을 비롯한 산골짜기형 이상향에 공통적으로 나타난다.

환경심리학적으로, 동천이라는 지형경관상의 근원에는 무의식적 공간인 어미의 품속^{子宮}이라는 상징성도 내포되어 있다. 내 생명이 배태된 원초적 장소인 어미의 자궁은 사람들의 집단무의식 속에 완벽하고도 이상적인 장소의 원형태로 인지된다. 전래의 무가에서 "울 엄니 품속처럼 좋은 땅"이라고 명당·길지를 표현하는 것도 그러한 인식의 반영이다. 풍수사상에서 이상적인 장소를 대변하는 명당 또는 혈의 형국은 어미의 자궁과 비슷한 형태를 경관 모형으로 하고 있다. 이러한 모성회귀적인 특성은 우리 민족의 땅에 대한 가장 보편적 의식임은 틀림없다.[76]

이러한 현상은 인간의 의식에 자리 잡은 모성성에 유비^{類比}된 상징심리가 동아시아 골짜기의 지형환경에 투영되어 산골짜기형의 이상향 관념으로 외화^{外化}된 것으로 해석된다. 프레이저^{Frazer, 1854~1941}가 말한 '닮은 것은 닮은 것을 낳는다'는 유사 법칙^{law of similarity}의 공간적 형태라고도 할 수 있다. '유사의 법칙'은 『황금가지』^{The Golden Bough}에서 분석한 주술의 기초가 되는 사고원리 가운데 하나다.

동아시아의 명산 및 명산문화와의 밀접한 관련성도 지적할 수 있다. 한국의 전통적 이상향은 삼신산이라는 신비한 장소 이미지와 결합되어 명산에 주로 분포했다. 예를 들면 청학동이 지리산에 있고 이화동이 금강산에 있으며, 『정감록』의 십승지들도 태백산, 소백산, 속리산, 가야산, 지리산 등지의 명산권 내에 주로 분포한다. 이러한 특성은 서양 유토피아의 지리적 위치가 주로 섬이나 도시 환경을 지향한다는 것과도 변별성을 갖는다. 우리나라 전통시대의 이상향이 명산에 주로 분포하는 사실은 동아시아 산악지형의 특성이 반영된 명산문화의 한 현상이다.

　이상향의 공간 유형도 역사라는 시간의 좌표에서 이탈할 수 없는 시대, 사회, 문화의 소산이다. 전통시대 이상향의 전형인 동천 유형도 고려시대와 조선시대의 유학지식인, 민간인 등이 은일과 피신을 목적으로 추구했던 그 시대 이상향의 형태인 것이다. 신라시대에 왕실에서 주도했던 경주의 불국토는 청학동과는 전혀 다른 지역 규모와 지형형태, 문화경관, 이데올로기를 보였다. 같은 조선시대라도 유학에 뿌리를 둔 동족집단이 대동사회를 구성했던 판미동 이상향도 청학동의 장소정체성과는 입지지형이나 사회형태, 문화경관 등 여러 측면에서 달랐다.

한국의 대표적 이상향, 청학동

　한국인에게 가장 친숙한 이상향의 이름은 역시 청학동이다. 오늘날 청학동이라고 하면 경상남도 하동군 청암면 묵계리의 청학동으로 널리 알려져 있다. 그러나 역사상 청학동의 최초 비정지는 현 행정구역으로 볼 때 하동군 화개면 운수리 부근이었다. 청학동이라는 공간이 역사적으로 어떻게 변해왔는지 살펴보자.

　최초로 비정되던 당시의 청학동은 선경의 장소 이미지를 지닌 상상의 설화공간이었다. 지리산에 청학동이라는 호칭과 장소 이미지가 생겨난 최초의 시기는 확인할 수 없지만, 현존하는 문헌에 처음 등장하는 고려 후기보다 훨씬 이전임은 분명하다. 고려 후기 이후로 구전에 의해 전승된 청학동의 비정지는 지금의 하동군 화개면 운수리와 용강리 특히 불일평전·불일암·불일폭포 부근이다. 이후 이 비정지는 조선 후기나 20세기 전반까지도 지배적인 권위를 가지고 문헌과 고지도에 반복적으로 나타난다.

표42 청학동의 시·공간적 전개

현 행정구역	위치 비정	시기	출처
하동군 화개면 운수리	신흥사 부근까지 도달했으나 찾지 못함.	고려 후기 (12~13세기)	이인로『파한집』
	불일암 부근	조선시대	김일손「두류기행록」 조식「유두류록」 허목「지리산청학동기」등
하동군 악양면 매계리	악양현 북쪽 청학사 골짜기	조선 초기 (15세기)	김종직「유두류록」
	매계	조선 후기 (18~19세기)	이중환『동국산수록』 이긍익『연려실기술』 김정호『대동지지』
하동군 화개면 대성리	의신	조선 중·후기	현지자료 및 제보
	덕평	조선 후기	김택술「두류산유록」 현지 제보
세석평전 산청군 시천면 내대리	내세석(內細石)	19세기 전후	송병선「두류산기」 김택술「두류산유록」 정기「유방장산기」 정덕영「방장산유행기」
하동군 청암면 묵계리	학동	20세기	정종엽「유두류록」
	청학동	20세기 후반	

지리산의 청학동이 최초로 문헌에 등장한 것은 이인로李仁老, 1152~1220 의 『파한집』이다. 이인로는 사전에 청학동에 대한 정보를 알고 청학동을 찾아 나섰고, 청학동의 위치를 제보해준 현지 노인도 청학동 이야기가 전 승되어 내려오던 것이라고 말하고 있다. 따라서 청학동의 존재는 고려 후 기 이전부터 개경 왕도의 관료와 지식인, 지리산 인근 지역의 지방토착민 들에게 널리 퍼져 있었을 것으로 추정된다.

청학동의 '청학'이라는 명칭과 관련하여, 조선 중기 선조 때 조여적이 쓴 『청학집』靑鶴集이 있다. 한국 선가仙家의 도맥을 정리한 책으로, 여기에 는 청학상인靑鶴上人이라는 선인仙人이 등장하고 만년에 청학동에 삶터를 정했다는 내용이 있다. 청학동의 사상적 성향은 선도仙道 계통임을 알 수

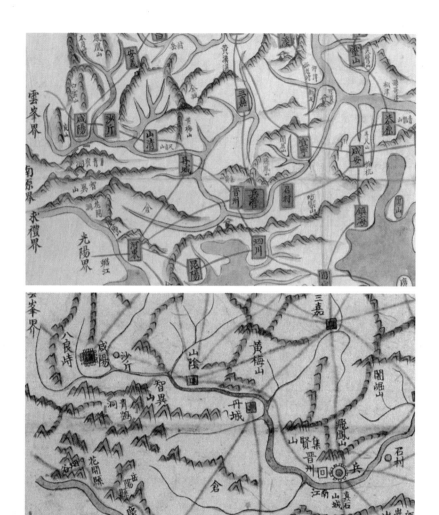

『팔도지도』(서울대 규장각) 경상도 도엽의 청학동.
청학동이 지리산지의 대표 지명으로 표기되어 있는 것으로 보아
중요한 장소로 인식되었음을 알 수 있다.

있다. 또 지리산이 삼국 및 신라시대부터 선도의 본향이었다는 설을 고려
하면[77] 청학동의 시기적 기원이 고려 후기보다는 훨씬 거슬러 올라갈 것
임을 예상할 수 있다. 청학동에 최치원을 가탁한 유적 및 설화가 다분히
전승되는 사실도, 조선조의 사람들이 청학동의 기원을 고려 이전으로 소
급해 인식했다는 단서이다.[78]

청학동이 악양 매계梅溪에 있었다는 설은 조선 초기에 김종직의 「유두
류록」에 등장한다. 이에 따르면, 청학동 최초 비정지의 위치에서 동편의
산줄기를 넘어 있는 악양현 북쪽의 청학사 골짜기가 청학동이라고 주장
하는데, 덕봉사 승려 해공解空의 말에 근거한 것이다.[79] 이 악양 청학동
비정지는 조선 후기에 이중환의 『택리지』, 이긍익의 『연려실기술』, 김정
호의 『대동지지』 등에 전승·유지되면서 악양면 매계현 하동군 악양면 매계리·
등촌리로 구체화되어 지칭되었다.

조선 초기의 한양 도성에서도 청학동이라는 지명이 나타난다. 『세조실
록』에 세조 2년1456 "세조가 청학동에 거동했다"는 관련 기사가 있다.[80]
한양의 청학동에 대해 이규경은 "도성의 남촌 필동의 가장 깊은 곳에도
있다. 가운데로 한 줄기 산골물이 흐르니 곧 남산의 산록이다. 곁에는 금
위영 화약고가 있다"는 상세한 변증도 했다.[81] 김정호의 『대동지지』에
도 한양의 남산 남쪽잠두산 북쪽에 청학동이 있었다는 표기가 확인된다.[82]
한양 목멱산에 나타나는 청학동 명칭은 청학동 이상향의 문화요소가 행
정위계의 으뜸인 중앙으로 전파된 것으로서, 계층적인 팽창전파hierachical
expansion diffusion로 볼 수 있다.

조선 중·후기가 되면 최초 비정지의 인근 지역으로 전염적인 팽창전
파와 지방행정중심지 외곽의 명승지로 계층적인 팽창전파가 나타난다.
이 단계부터 청학동은 기존의 선경지라는 상상적 이상향에서, 민간인이
생활을 영위하면서 이상향을 실현하려는 주거촌으로 장소적 정체성이

바뀌게 되는 특징을 가진다.

조선 후기에 청학동 지역은 민간인들에 의해 취락이 형성되면서 거주 공간이 되었을 뿐 아니라, 전국적으로도 많은 사람들이 탐방하는 명소가 되었다. 특히 18세기 이후 지리산에는 많은 유민들이 정치사회 혼란을 피해 들어와 살았다. 청학동이라는 장소는 그들에게 강력한 매력을 주었던 듯하다. 민간인들은 청학동을 찾아내어 그곳이 이상향임을 믿고 거주했고 이에 따라 청학동이 여러 경로로 전파되는 양상을 보였다.

최초 비정지에서 북쪽으로 대성리 의신·덕평, 동쪽으로 청암면 학동, 동북쪽으로 세석평전 등지에 청학동 지명이 전파되었다. 그 가운데 덕평은 청학동 비결을 믿는 비결파들이 거주했는데, 이들은 덕평이 청학동임을 믿고 이주한 집단으로 추정된다.[83]

그리고 1909년에 정종엽[1885~1940]이 산을 유람하고 기록한 「유두류록」에 따르면, 청암면 학동 역시 "세상 사람들이 청암면 학동을 일컬어 청학동이라 하고, 거주하는 사람들은 각자 멀리서부터 와서 취락을 이루었다"고 했다.[84]

한편 지리산 외곽의 원거리 – 한양을 중심으로 하위 지방행정중심지[邑治]의 주변부와 외곽의 명승에도 청학동 지명이 생겨났다. 『해동지도』「영평현」〈도엽〉에 청학동이 표시되었으며, 『대동지지』「영평현」〈산수〉조에서도 "청학대는 금주산錦珠山 아래에 있다. 청학동에는 흰돌과 맑은 샘, 우뚝한 석벽이 있다"고 기록했다. 그리고 『해동지도』「적성현」〈도엽〉 하단에 부기된 산천조에 따르면 "청학동은 설마령 아래에 있다"고 적었다. 한편 『대동지지』「산수」조에서도 "설마치雪馬峙 남쪽 15리 양주로楊州路 아래에 청학동이 있다"는 정보를 표기했다. 그밖에도 『해동지도』의 강원도의 강릉부에서, 『1872년 군현지도』에는 황해도 강령康翎에 청학동 지명이 나타난 것을 확인할 수 있다.

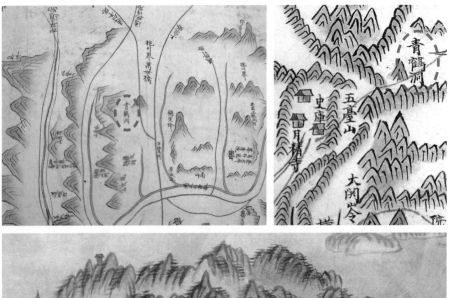

왼쪽 위부터 시계방향 | 『해동지도』에 표기된 경기도 영평현 청학동.

『해동지도』, 강릉부 도엽에 표기된 청학동.

『1872년 군현지도』, 강령현 등산진 도엽의 청학동.

이렇게 지방행정중심지 인근에 청학동 지명이 나타나는 현상은, 청학동이 한양의 지식인과 중앙관료에게 인지되었고, 관원의 파견 등을 통해 하위 지방행정중심지로 청학동 명칭이 전파되면서 승경지 지명의 새로운 호칭이 된 것으로 추정된다.

조선 후기에 와서 청학동에 대한 사회적 인지도는 전국적으로 확대되었다. 청학동을 찾는 사람들 또한 급격하게 증가하여 모두가 찾는 명소가 되었다. 이규경이, "청학동은…… 우리 조정에 이르러…… 온 세상에 회자되어 모르는 사람이 없고 가보지 않은 사람이 없다"는 언급이 이러한 정황을 말해준다.[85]

특히 청학동이라는 행정지명이 전국적으로 전파된 것은 조선 후기에서 구한말을 거치면서 근대에 이루어진 것으로 추정된다. 전국에서 행정 동리를 포함하여 청학동이나 청학리의 지명을 조사해보면 무려 45곳이 나타난다. 이들 45곳의 청학동 지명 가운데는 행정구역 통합으로 인해 단순히 기존 지명의 첫 글자를 조합하여 청학동이라는 이름이 생긴 경우도 있지만, 역시 새로운 지명에 청학동 이상향의 상징성도 부가되었을 것으로 추정된다.

청학동 지명이 전국적으로 분포된 것은 청학동의 이상향 또는 승경지 관념이 전국으로 전파된 결과로 판단된다. 전국의 청학동 지명분포를 살펴보면, 대체로 지리산권역이나 인근에 집중되어 있고, 그 외에도 다수가 중부 이북에 분포되어 있음을 알 수 있다.

청학동의 시·공간적 전파양상에는 다음과 같은 몇 가지 특징이 있다.

첫째, 청학동 지명의 전국적인 분포 현상이다. 최초 청학동은 지리산에서 비정되어 기원했으나 조선시대를 거쳐 근대에 이르면서 전국적인 명승의 지명으로 전파되어 일반화되었다.

둘째, 청학동이라는 장소의 성격이 선경지에서 주거촌으로 변화했다.

표43 청학동(청학리) 지명의 전국 분포와 도별 현황

도별(숫자)	위치	지명	출처
함경북도(8)	무산군 온천리	청학동	조선향토대백과
	명천군 황곡리	청학동	조선향토대백과
	성진군(김책시)	청학동	조선향토대백과 구한말지도
	갑산	청학동	구한말지도
	삼수	청학동	구한말지도
	경흥군	청학동	구한말지도
	김책시 세천리	청학마을	조선향토대백과
	김야군 청백리	청학리	조선향토대백과
함경남도(3)	안변	청학리	구한말지도
	영흥군(현 금야군)	청학리	구한말지도
	풍산군	청학리	구한말지도
평안남도(2)	숙천군 평화리	청학마을	조선향토대백과
	평양시 중화군 중화읍	청학리	조선향토대백과
황해도(7)	평산군	청학동	조선향토대백과 구한말지도
	사리원시 구룡리	청학동	조선향토대백과
	나선시 하회리	청학동	조선향토대백과
	개성시 개풍군 해선리	청학동	조선향토대백과
	개성시 운학일동	청학동	조선향토대백과
	강령	청학동	1872년 군현지도
	봉산군	청학촌	구한말지도
강원도(6)	속초시 청학동	청학동	지명총람
	명주군 연곡면 삼산리	청학동	지명총람
	명주군 연곡면 삼산리	내청학동	지명총람
	강릉	청학동	해동지도
	세포군 삼방리	청학마을	조선향토대백과
	고산군	청학리	조선향토대백과
서울· 경기도(8)	인천직할시 연수구	청학동	지명총람
	화성군 오산읍 청학리	청학동	지명총람
	파주군 적성면 마지리	청학동	지명총람
	남양주군 별내면	청학리	지명총람
	서울 중구 예장동	청학동	지명총람
	영평	청학동	해동지도, 동여도
	적성	청학동	해동지도, 동여도
	오산시 남촌동	청학리	구한말지도
충청북도(1)	진천군 백곡면 양백리	청학동	지명총람
충청남도(1)	금산군 금산읍 하옥리	청학동	지명총람
전라남도(2)	함평군 함평읍 석성리	청학동	지명총람
	완도군 고금면 청룡리	청학동	지명총람
경상남도(7)	부산직할시 영도구	청학동	지명총람
	하동군 청암면 묵계리	청학동	지명총람
	하동군 악양면 매계리	청학동	지명총람
	하동군 악양면 등촌리	청학, 청학이골	지명총람
	창녕군 창녕읍 하리	청학동	지명총람
	산청군 시천면 내대리	청학동	지명총람
	밀양군 삼랑진읍	청학리	지명총람

*고려대학교 민족문화연구원의 조선시대 전자문화지도 시스템 지명자료를 도별로 정리함.[86]

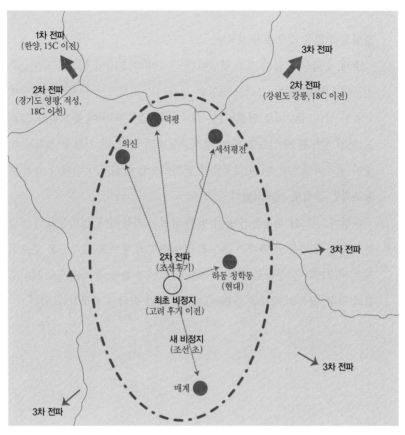

청학동의 시대별 분포 변화와 지리산 청학동의 공간 범위(점선 안).
화살표의 굵기는 전파 양의 다소를 표현한다.

최초 청학동은 구전에 의해 전승되던 설화적인 이상향 공간이었으나, 조
선 후기인 18~19세기에 이르자 민간인들이 찾아 들어와서 거주하는 장
소가 되었다. 이에 따라 청학동의 지리적 위치 정보는 좀더 구체화되어
알려졌다.

셋째, 지리산 청학동들의 위치 분포를 살펴보면 최초 비정지에서부터
멀리 벗어나지 못하는 현상을 알 수 있다. 고려 후기를 전후로 하여 구전
되어 오던 청학동에 대한 최초 비정지의 장소 매력이 이후에도 상당한

영향을 주었을 것으로 추정된다.

넷째, 청학동의 공간 전파 현상이다. 최초의 비정지인 불일폭포 부근과 인근의 악양면 매계, 그리고 청암면 묵계는 지리적으로 근접하고 있으며 동일한 산줄기로 서로 연결되는 서쪽, 동쪽, 남쪽 기슭에 분포한다. 그리고 한양 왕도를 중심으로 하위 행정중심지의 인근 및 외곽에 청학동 지명이 전파되었으며, 다시 그곳들이 전파의 2차 중심지가 되어서 하위 행정조직인 동리로 전파되었다.

다섯째, 지리산 청학동의 공간 범위 설정이 가능하다. 청학동들의 공간 분포를 통해 하동군 화개면 운수리 불일평전과 불일폭포 부근을 분포의 최초 비정지나 중심지로 하고, 북쪽으로 의신과 학동, 동북쪽으로 세석평전과 덕평, 남쪽의 매계를 주변지로 하여 공간 범위를 설정할 수 있다.

청학동은 한 곳이 아니었다

청학동이라고 부르는 그곳

모든 장소에는 그것을 있게 하는 장소의 정체성이 있다. 역사적 과정에서 표출되었던 이상향도 장소정체성을 가지고 있다. 장소정체성은 역사적인 배경하에서 장소를 구성하는 요소와 관계 맺는 사람 또는 사회집단의 상호관계에서 생긴다.

각 시대나 사회집단, 자연환경에 따라 이상적인 주거조건이 다르듯이 역사적으로 다양하게 표현된 이상향의 형태나 기능 역시 서로 다르다. 따라서 이상향의 장소정체성에는 자연환경과 물리적 조건, 역사과정에 따라 달리 반영된 이상향에 대한 사람들의 가치 부여나 활동 등이 서로 관계를 맺고 있다. 거기에는 실제적인 자연환경적 배경과 사회문화적인 조건, 인간의 실존적이고 상징적인 속성까지 복합되어 있어 매우 다면적이고 다층적이다.

이상향의 장소정체성을 밝히기 위해서는 각 사회집단이 이상향의 장소 이미지를 어떻게 전개시켜왔는지를 고찰할 필요가 있다. 장소 이미지는 사회집단이 동의하여 공유해온 것으로서, 장소정체성을 구성하는 데 큰 비중을 담당하며, 강화하거나 공고화하는 기제로 작용한다.

특히 지명은 장소 이미지와 장소정체성의 형성에 큰 영향을 미치며 사회집단들의 정체성과 이데올로기를 재현하여 영역성을 구성하는 강력한 수단이자 상징요소가 된다.[87] 지명은 지리 공간의 장소정체성을 표현하고 상징하는 유용한 기표로서, 자연 공간을 문화적으로 변환시켜 주체적 사회집단의 문화적 정체성을 재현하고 공고화시키는 역할을 한다. 자연 공간이 문화적인 이름으로 호칭되면서 의미 있는 지리적 장소로 사회화되는 것이다.

청학동 역시 '청학'이라는 이름의 사상성과 상징성으로 말미암아 선경의 장소 이미지가 더해졌다. 그 결과 지리산의 깊은 골짜기는 청학동이라는 동천복지의 이상향으로 거듭나게 되었다. 사람들은 이제 그곳에 대해 신선경의 청학동 이상향으로 대할 준비를 하는 것이다. 청학동이라는 장소는 신비감을 불러일으키는 매력으로 인해 수많은 조선시대 지식인의 유람을 불러들였고, 조선 후기에는 민간인이 전입하게 했다.

장소정체성은 사회집단에 따라 달리 규정되고 체험된다. 지리산 청학동에 대해서도 모든 사람이 똑같이 경험하고 반응한 것이 아니며, 시대마다 사회집단마다 청학동 이상향의 장소체험이 달랐다. 이는 청학동과 관계를 맺은 사회집단이 그들의 정체성과 이데올로기를 구현하는 방식이 달랐기 때문이다. 예컨대 조선시대 유학자들의 청학동에 대한 태도는 두 가지 양태로 나타난다.

그 하나는 청학동의 장소정체성으로 꾸준히 유지되어왔던, 선경의 장소 이미지로서 산수미학을 감수하는 유선儒仙과 같은 태도이고, 다른 하나는 산수를 유가적 사유와 가치가 투영된 텍스트로 보는 도학자道學者와 같은 태도다. 특히 조선 중·후기에 성했던 성리학적 사유가 청학동의 장소성에 새롭게 투영됨으로써 기존과는 질적으로 다른 고차원적인 가치 부여와 태도를 낳게 되었다.

정여창鄭汝昌, 1450~1504은 지리산 청학동의 유산遊山에 관해 말하기를,

"산과 물이 모두 어진 자와 지혜로운 자가 즐기는 것이지만, 공자께서 칭찬하신 '물이여, 물이여'만 같지 못하다"[88]고 하여, 산수의 유람보다는 끊임없이 흐르는 물에 자기 성찰과 끊임없는 정진의 가치를 상징적으로 투사하는 것을 더 중요하게 평가했다. 이렇듯 도학자들에 있어 산수는 그 자체로서의 심미적 감수 대상이 아니라 천리를 체현하고 궁리하는 대상이었고, 유산은 산수를 통해 인仁과 지智를 체득하는 방법론으로서의 공부였다.

이상적인 장소를 실현하고자 하는 인간의 염원과 노력은 구체적인 장소 관념과 실천 행위를 낳았다. 처음에 청학동은 설화의 공간으로서 인간이 상상하여 창출해낸 관념적 산물이었지만, 시간이 갈수록 사람들은 구체적인 생활공간이자 장소로 현실세계에 구현하고자 했다.

지리산 청학동은 지리산의 물리적 자연공간에 이상향이라는 장소정체성을 구축한 역사문화적 소산이었다. 그러면 청학동의 장소정체성과 장소 이미지는 역사 속에서 사회집단에 의해 어떻게 쇄신되고 구축되었는지, 사회집단은 그들의 정체성과 이데올로기를 어떻게 청학동 이상향에서 구현하고자 했는지 살펴보자.

신선의 땅, 선경지 청학동

선경지로서 청학동이라는 장소정체성이 생성되고 유지되는 시기는, 늦어도 고려 후기에서 시작되어 조선시대로 이어져 근대까지 걸쳐 있다. 장소정체성을 형성한 이념 코드는 신선사상과 도가의 은일사상이었다. 이것은 정치 현실과 유가 이상과의 괴리로 고민하던 조선조 유학지식인에게 사회정치적 은일공간의 이데올로기를 제공했다.

선경지 청학동은 가상공간이자 다양한 설화나 시문으로 묘사된 문학

불일암에서 보이는 신선경. 신선이 탄 청학이 나타날 듯한 이미지를 준다.

공간이었다. 선경지 청학동으로서의 장소정체성과 장소 이미지를 형성한 주체는 지방토착민, 승려, 유학자였으며, 그들의 구전이나 글은 장소 이미지를 형성·강화하고 전파하는 매개체가 되었다. 당시 청학동은 그 위치를 정확히 알 수 없는 상상의 장소였지만, 불일폭포를 중심으로 한 비경은 유산행遊山行하는 사람들에게 신선경으로서의 심미적인 장소의 진정성을 부여했을 것이다.

조선시대 유학자들이 남긴 유산록의 기술이나 시문은 선경지 청학동의 장소성과 장소 이미지를 널리 전파하는 데 큰 역할을 했다. 현재 발굴된 총 90여 편의 지리산 유산기 가운데 40여 편이 청학동을 언급하고 있는 것을 볼 때, 청학동이 유학자들의 유산행에서 차지한 비중과 관심을 잘 알 수 있다.

불일폭포의 승경. 지리산에서 가장 깊은 골짜기인 화개계곡을 지나서
쌍계사 옆 언덕길을 오르다보면,
깊은 산중에서 예상치 못했던 놀라운 자연경관이 나타난다.

표44 청학동이 나오는 지리산 유산기

시기	유산기 지은이와 이름	문집명
15세기	이륙「유지리산록」(遊智異山錄)	『청파집』
	김종직「유두류록」(遊頭流錄)	『점필재집』
	남효온「지리산일과」(智異山日課)	『추강집』
	김일손「두류기행록」(頭流紀行錄)	『탁영집』
16세기	조식「유두류록」(遊頭流錄)	『남명집』
	양대박「두류산기행록」(頭流山紀行錄)	『청계집』
17세기	박여량「두류산일록」(頭流山日錄)	『감수재집』
	유몽인「유두류산록」(遊頭流山錄)	『어우집』
	조위한「유두류산록」(遊頭流山錄)	『현곡집』
	양경우「진연해군현잉입두류상쌍계신흥기행록」(盡沿海郡縣仍入頭流賞雙溪新興紀行錄)	『제호집』
	허목「지리산청학동기」(智異山靑鶴洞記)	『미수기언』
	오두인「두류산기」(頭流山記)	『양곡집』
	김지백「유두류산기」(遊頭流山記)	『담허재집』
	송광연「두류록」(頭流錄)	『범허정집』
18세기	김창흡「영남일기」(嶺南日記)	『삼연집』
	신명구「유두류속록」(遊頭流續錄)	『남계집』
	정식「청학동록」(靑鶴洞錄)	『명암집』
	김도수「남유기」(南遊記)	『춘주유고』
	황도익「두류산유행록」(頭流山遊行錄)	『이계집』
	박래오「유두류록」(遊頭流錄)	『이계집』
	이주대「유두류산록」(遊頭流山錄)	『명암집』
19세기	배찬「유두류산록」(遊頭流山錄)	『금계집』
	남주헌「지리산산행기」(智異山山行記)	『의재집』
	하익범「유두류록」(遊頭流錄)	『사농와집』
	유문룡「유쌍계기」(遊雙磎記)	『괴천집』
	정석구「불일암유산기」(佛日庵遊山記)	『허재유고』
	하달홍「두류기」(頭流記)	『월촌집』
	송병선「두류산기」(頭流山記)	『연재집』
	김종순「두류산중문견기」(頭流山中聞見記)	『직헌집』
	김성렬「유청학동일기」(遊靑鶴洞日記)	『겸산집』
20세기	송병순「유방장록」(遊方丈錄)	『심석재집』
	김회석「지리산유상록」(智異山遊賞錄)	『우천집』
	정종엽「유두류록」(遊頭流錄)	『수당집』
	김규태「유불일폭기」(遊佛日瀑記)	『고당집』
	김택술「두류산유록」(頭流山遊錄)	『후창집』
	정기「유방장산기」(遊方丈山記)	『율계집』
	하겸진「유두류록」(遊頭流錄)	『회봉집』
	정덕영「방장산유행기」(方丈山遊行記)	『위당유고』
	양회갑「두류산기」(頭流山記)	『정재집』

* 자료: 강정화 외 편저, 『지리산 유산기 선집』, 2008에서 정리함.

이를 반영하듯 유산기에는 「지리산청학동기」허목, 「청학동록」정식, 「유청학동일기」김성렬 등 청학동이라는 명칭이 들어간 제목도 여럿 나타난다. 조선시대의 많은 시문과 유산기에서 청학동은 별유천지別有天地의 선경으로 신비롭게 묘사되어 있다. 이러한 장소 이미지는 신선과 관련된 설화 내지는 인물이 부가되면서 더욱 강화되었다.

청학동이 구체적으로 등장한 최초 문헌은 고려 후기의 문신인 이인로의 『파한집』으로, 지방 노인의 말을 인용하면서 지리산 청학동을 언급하고 있다. 그가 청학동을 찾았던 이유는 "이 속세를 떠나 길이 숨을 뜻이 있어서 청학동을 찾는다"고 술회하는 심정에 잘 나타나듯이 혼란한 사회에서 은거할 수 있는 장소를 찾기 위함이었다. 이인로는 화개현의 신흥사 부근에서 선경을 보았으나 결국 청학동을 찾지는 못했다고 했다.

조선 초기에 김종직을 안내한 승려 해공도 악양현 북쪽 골짜기를 청학사동靑鶴寺洞이라고 하면서 '신선의 지역'이라고 일컬었으며,[89] 김종직의 제자 유호인兪好仁, 1445~94도 「몽유청학동사」夢遊靑鶴洞辭에서 신선경으로 청학동을 묘사했다. 허목은 신산인 지리산에서 가장 기이한 장소가 청학동이라고 아래와 같이 표현했다.[90]

남방의 산 중에서 지리산이 가장 깊숙하고 그윽하여 신산이라 부른다. 그윽한 바위와 뛰어난 경치는 거의 헤아릴 수 없는데 그중에서도 청학동이 기이하다고 일컫는다. 이것은 예부터 기록된 것이다.

• 『기언』 권28, 「원집 하편」, 〈산천〉, 지리산청학동기

이렇게 여러 유학자들이 시문에서 묘사한 승경으로서의 장소정체성은 신선과 관련된 설화가 더해지고, 역사적 인물인 최치원이 청학동을 상징하는 인물이 되면서 더욱 강화되기에 이른다. 장소에 부합하는 역사적 인

물의 행적이 설화적인 신비한 형태로 더해짐으로써, 더욱 그 장소 이미지가 인물 이미지와 함께 상승작용을 일으키게 된 것이다.

김일손金馹孫, 1464~98의 「속두류록」에 따르면 청학동 지역에서는 최치원을 청학동에 살아 있는 이인異人으로 믿었다고 하며, 이규경의 『오주연문장전산고』에는 최치원이 가야산과 지리산을 오가는 전설적인 인물이라는 설화가 사람들에게 회자되었다고 한다.[91]

조선 중종 때는 남추가 하인을 시켜 청학동을 찾아가서 신선의 바둑돌을 얻어 왔다는 선계설화도 있고, 백구룡의 제자가 지리산 청학동에 가서 최치원과 은단대사가 바둑을 두는 것을 보고 내려오니 여섯 달이 지났다는 이야기도 있다.[92] 『계서야담』溪西野譚의 「김진사기」에는 "어느 날 김생에게 건장한 사내가 백마를 끌고 와서 타라고 권하므로 산속으로 들어가니 그곳이 청학동이었다. 그곳의 백발 늙은 신선으로부터 도술을 공부하여 득도했다"는 내용의 설화가 전해진다.[93]

기대승奇大升, 1527~72의 시 「청학동에 들어가 최고운을 찾다」에서는 최치원을 청학동과 결부시켜 선경으로서의 장소 이미지를 잘 표현했다.[94]

孤雲千載人   고운최치원은 천 년 전 사람
鍊形已騎鶴   수련을 쌓아 학을 타고 갔다지
雙溪空舊蹟   쌍계에는 옛 자취만 허전하고
白雲迷洞壑   흰 구름 골짜기에 자욱하여라 (후략)
• 기대승, 「청학동에 들어가 최고운을 찾다」 중에서

그러면 유학자들이 남긴 유산기에서 선경지 청학동의 지형은 어떻게 표현되었을까. 이인로의 글에 인용된 노인들의 구전에 따르면 "길이 매우 좁아서 사람이 겨우 통행할 만하고, 엎드려서 몇 리를 지나면 넓게 트

불일평전(내부) 경관. 지속가능한 생업을 유지하는
생활경관이 형성될 만한 곳이다.

인 지경에 이르게 된다. 사방이 모두 옥토라 곡식을 뿌려 가꾸기에 알맞다"[95]고 했다. 지형적으로 입구가 좁고 안은 넓게 트인 분지형의 항아리 형국으로 표현되었음을 알 수 있다. 유방선柳方善, 1388~1443도 청학동의 지형을 "시내 돌아 골 지나 별유천지, 한 구역의 형승이 병 속과 같네"[96]라고 읊은 바 있다.

지금도 불일평전으로 진입하는 입구는 병목처럼 잘록한 통로이며, 여기를 통과하면 분지가 열린다. 불일평전은 사방 주위가 산으로 둘러싸여 온화한 기후조건을 지니고 은일, 피세가 가능하며 더구나 몇 가구가 경작할 수 있는 규국規局을 갖추고 있어 이상적인 거주 가능처로서 유력하게 지목되었을 것으로 추정된다.

명당 · 길지의 생활공간, 청학동 승지촌

청학동의 장소정체성은 조선 중·후기에 들어와서 외부로부터 이주한 사회집단의 취락공동체가 형성되어, 거주지로서 문화경관을 갖춘 마을로 구축되었다. 때를 같이하여 여기에 '지리산청학동비결류'와 '청학동 그림'[靑鶴洞圖] 등 풍수도참서류에 근거한 길지 또는 승지로서의 장소이미지가 부가되었다. 이제 청학동은 미지의 관념적이고 설화적인 이상향에서, 민간인들에 의해 촌락경관의 형태와 기능을 갖춘 구체적이고 실지적인 삶의 공간으로 구현된 것이다. 승지로서의 청학동 마을이라는 장소정체성은 조선 중·후기를 거쳐 현재 살고 있는 일부 주민들에게까지 계속 이어져오고 있다.

임진왜란1592~98과 병자호란1636~37을 겪은 후 정치사회적으로 혼란스럽고 민중 생활상이 피폐해지면서 민중들은 지리산을 피난처로 삼았고, 이에 본격적으로 인구가 유입되기 시작했다. 특히 18세기 무신란戊申

亂: 이인좌의 난 이후로 지리산 골짜기에 많은 사람들이 피난·피화하여 거주했던 것으로 보인다. 『승정원일기』에, "작년1728의 변란무신란 이후에 몸을 숨긴 사람들이 지리산 골짜기에 가득하다"97)거나 "작년1784 시끄러운 소문이 낭자하여 백성들이 다투어 지리산 아래로 달아나 피신하는 사람이 매우 많았다"98)는 표현이 이러한 사정을 잘 말해준다.

지리산 유민들이 주거지를 선택하고 정착하기까지는, 지리산 청학동에 관해 일찍부터 유포되었던 이상향으로서의 장소정보와 장소 이미지가 강렬한 매력으로 작용했을 것이다. 때맞춰 일기 시작한 풍수도참비결의 유행과 정감록 비결을 신봉하는 자들의 십승지 탐색은, 청학동의 장소 이미지에 또 한 차례의 질적인 쇄신과 구축을 유발했다. 지리산 청학동이 명당·길지의 승지적 생활공간으로 장소정체성이 구성된 것이다.

지리산에서 민간인들이 촌락을 이루었던 청학동 승지촌은 기록에 남아 있는 것보다 더 많았을 것으로 추정되지만, 문헌이나 현지답사에서 확인할 수 있는 대표적인 곳으로는 하동군 화개면 대성리 의신·덕평, 세석평전, 하동군 악양면 매계리 매계·청학골 등을 꼽을 수 있다. 대성리 의신·덕평을 포함하는 지리산 골짜기는 송병선의 「두류산기」1879에서 보는 것처럼 일찍이 "만 사람이 생활할 수 있고 삼재가 들어오지 않는" 낙토로 알려졌다.99)

화개동 북쪽에서 벽소령 아래의 40~50리는 산이 높고 골짜기가 깊으며, 북쪽을 등지고 남쪽을 향하여 풍기가 온화하고 토양은 비옥하며 물은 풍부하고 곡식과 과일이 갖춰있으며 연초가 많이 생산되어, 최고의 낙토로서 만 사람이 생활할 수 있고 삼재가 들어오지 않는 곳이다.

• 『연재집』 권21, 「두류산기」

의신마을. 조선 후기부터 청학동으로 믿고 주민들이 마을을 이루며 거주했던 곳의 하나이다.

　　대성리 의신은 원 청학동 비정지에서 북쪽 가까이에 있을 뿐 아니라, 입지선택 과정에서 청학동이라는 문화요소가 일정한 영향을 미쳤을 것으로 추정된다. 주민의 제보에 따르면 18세기 무렵에 제보자의 8대조인 정명일이 함양 교사리에서 피난을 위해 의신으로 입향했으며, 의신은 일제 말엽에 123호나 되는 큰 마을을 이루었다고 한다.[100] 청학동이라는 장소매력이 최초의 입지 동기가 되지 않았다 하더라도 정착 이후에는 의신을 청학동의 영역 내에 있는 한 촌락으로 간주했을 것이다.

　　의신 북쪽에 위치하고 있는 덕평에는 일제시대 까지만 해도 10여 호의 가옥들이 남아 있었으며, 비결파들이 거주했다고 하는 것으로 보아 덕평이 청학동임을 믿고 이주한 집단으로 보인다. 『화개면지』에 따르면, "일제강점기 때까지는 30가구 정도가 살았었다. 선비샘 아래에 상덕평과 하덕평이 있고, 지금도 천우동天羽洞이라고 새긴 글자가 남아 있어 이곳이

하동군 악양면 매계 마을 경관. 조선 초기에 청학동으로 비정된 곳이다.

청학동이라고 주장하는 사람이 예부터 있었다"고 한다.[101]

세석평전 부근에도 청학동 승지촌이 형성되었다. 1879년에 유산기를 남긴 송병선이, "내세석에 들어갔다. ……이미 수십 가구가 살고 있다"[102]고 기록한 것으로 보아, 이미 19세기 후반에는 수십여 호가 취락을 이루고 있었음을 알 수 있다.

악양 매계는 조선 초부터 청학동으로 비정되어왔던 곳으로 늦어도 조선 후기에는 취락이 형성되었을 것이 확실하다. 이중환은 『택리지』에서, "청학동은 지금의 매계로서 근래에 비로소 조금씩 인적이 통한다"고 했으며, 이긍익은 『연려실기술』에서 하동군 악양면의 매계를 청학동이라고 지적했다.

매계는 현 행정구역으로 하동군 악양면 매계리인데, 매계리 북쪽의 등촌리를 포괄하는 것으로 판단된다. 원매계의 마을 주민들은 마을에서 오른편 너머의 산골짜기 속에 둥지처럼 자리 잡은 등촌리 중기마을 청학이 골을 청학동으로 지목했고, 현재 그곳에는 오래된 촌락 경관이 남아 있다. 주민들은 이곳을 청핵이청학의 사투리골이라고 부른다. 청학이골에 거주하는 주민의 증언에 의하면 밀양 박씨와 함양 박씨가 300~400년 전부터 취락을 형성했다고 한다.[103]

김정호는 "매계는 옛 이름이 청학동으로, 청학동을 지금은 매계라고 일컫는데 동쪽으로 진주와의 거리가 147리이다"[104]라고 지리적 위치를 분명하게 밝혔다. 매계리의 노전마을에도 청학동이라는 지명과 언덕이 있다고 한다.[105]

이에 관해 송병선의 「두류산기」[1879]에 "일찍이 악양의 토양이 두텁고 평평하며 넓어 이 산 아래가 가장 살만한 땅이라고 들었다"[106]고 말한 것은 농경에 유리한 입지 조건을 드러낸 표현이다. 앞서 본 이중환이 "근래에 비로소 조금씩 인적이 통한다"고 한 의미도 매계에 생활공간이 형성된 사실을 반영한 것으로 보인다.

승지촌 청학동의 장소정체성을 이루는 가장 중요한 속성이자 요소는 취락을 이루어 농경할 수 있는 지리 조건들로 토지의 규모, 토양의 비옥도 및 생산성, 수자원 이용의 충족성, 온화한 기후 등이었다. 지리산 청학동 비결류에서도 취락과 농경 조건은 매우 중시되었다.

승지촌 청학동이라는 장소정체성이 형성·강화될 수 있었던 이념적 코드는 풍수도참사상이었다. 취락을 이룬 사회집단은 피난·피화의 삼재불입처三災不入處인 청학동을 찾아서 이주한 민간인들로 지리산지에 흩어져 살던 유민들이거나, 외지에서 들어온 성씨 집단들이었다. 지리산 청학동에 관한 비결류들과, 수많은 필사본으로 널리 퍼졌던 청학동풍수지도청학동도는 이주민들의 입지 선택의 동기, 위치 등에 큰 영향을 미쳤을 것이다. 이들 자료는 인근의 청학동 공간범위에 위치한 취락의 주민들에게 자

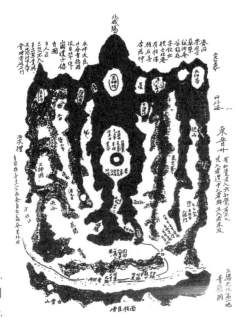

「지리산 청학동 명당도」.
청학동의 지형지세와 풍수 형국이
사실적으로 표현되었다.

기들의 정주지가 청학동이라는 장소 이미지와 장소정체성을 형성하는데
크게 일조했으며, 이주민들은 비결서에서 말한 청학동의 이상이 실현될
것을 믿고 주거를 실현해나갔다.

　조선시대에 널리 유포된 비결류 중에서 청학동과 관련된 것은 「하산지
리산청학동비결」河山智異山靑鶴洞秘訣, 「류겸재일기」柳謙齋日記, 「옥계일지」,
「옥룡자청학동결」玉龍子靑鶴洞訣, 「무학선사청학동결」 등을 꼽을 수 있다.
위 비결류는 판본에 따라서 약간의 차이는 있으나 내용은 대동소이하다.

　청학동 비결류의 사회적 인식 및 전파시기와 관련하여, 이규경의 「청
학동변증설」에 「겸암일기」와 옥룡자玉龍子 「결」訣이 기재되어 있는 것으
로 보아, 늦어도 19세기에는 청학동비결이 널리 유포되었음을 확인할 수
있다.[107] 그리고 청학동이라는 이름이 비결류 중의 한 항목으로 등재되
어 있는 것을 보아도 당시 비결류에서 청학동 승지가 지니는 위상과 중

요성을 알 수 있다. 또한 「옥룡자청학동결」이라는 표현에서 알 수 있는 것처럼, 풍수설의 시조로 알려졌고 고려와 조선을 걸쳐 사회사상계에 강력한 영향력을 미친 나말여초의 옥룡자 도선을 저자로 가탁하여 문서의 권위를 높이고자 했다.

그리고 "도선이 「현묘내외경」玄妙內外經과 「서」序를 작성하고, 그중에 「서」를 지리산 청학동에 비장했는데, 500년 후에 무학이 그것을 얻어서 전했다"[108]고 했다. 도선 – 무학의 계승관계를 통해 지리산 청학동을 풍수도참과 관련시킴으로써, 청학동이라는 장소의 권위를 더욱 신비롭게 강화하고 있음도 알 수 있다.

승지촌을 알려주는 청학동 비결류와 십승지

지리산 청학동에 관한 비결들의 내용을 분석하여 보면, 선경지로 장소성이 재현되었던 유산기 또는 시문류와는 질적으로 다르게 지리산 청학동의 장소정체성이 표현되었음을 확인할 수 있다. 그 내용의 의미와 배경은 다음과 같이 몇 가지로 해석될 수 있다.

첫째, 취락[村]으로서 문화경관의 형태와 기능이 규정되었다. 청학동의 취락 규모에 관해 "천여 호나 거주할 만하다"거나, "10년 안에 100여 호에 이르는 촌락을 이룬다"고 한 것이다.[109] 이러한 측면은 조선 후기에 들어 지리산지에 이입하는 인구의 급격한 증가로 말미암아 청학동의 범위에 취락이 생겨나면서, 청학동의 장소성이 기존의 선경지 이상향에서 생활공간으로서의 촌락으로 변이되는 사회역사적 상황을 반영하고 있다.

둘째, 이상적인 기후, 지형 및 토양, 그리고 생산성 있는 토지 조건과 규모를 갖추고 있어서 농경에 좋은 조건을 갖춘 장소라는 점이 강조되었다.

취락공동체를 형성 유지할 수 있는 농경에 적합한 자연조건이라는 장소성은 승지촌 청학동의 장소정체성을 지속가능하게 유지할 수 있는 필수적 요건이다. 비결서에는 이에 관하여, 지리산 청학동은 "지대가 높아도 서리와 낙엽이 가장 늦게 오는 곳"이라는 양호한 미기후 조건을 갖춘 장소로 표현되었으며, "한 되를 파종하면 한 섬의 소출이 나고" "한 두락으로 다섯 섬을 거둘 수 있는" 훌륭한 생산성을 보유한 토지조건과, "천석의 논농사를 지을 수 있고 흉년이 들지 않는다"는 이상적인 농경의 생산 규모와 조건을 갖추고 있는 장소로서 소개되었다.[110]

셋째, 풍수가 좋은 승경지로서 "영남의 (명)승지"[111] 혹은 "조선 명기名基"의 풍수적인 명당길지로 묘사되었다. 조선 중·후기에 풍수사상은 민간계층에까지 깊숙이 전파되어 거주지의 선택이나 공간인식에 지대한 영향을 주었으며, 이러한 사회적 현상은 청학동의 장소성에도 투영되어 취락의 풍수적인 입지경관의 규정 및 공간적인 이데올로기로 영향을 미쳤다.

비결서에 따르면, 청학동은 풍수의 전형적 형국을 갖춘 곳으로 "청학의 좌우 날개가 밖으로 좌청룡과 우백호를 형성하여 둘러싸서 수구水口로 들어가고"[112], "북쪽을 등지고 남쪽을 마주하는[壬坐丙向] 혈穴로서 백운의 세 봉우리는 바로 안산案山이 되는" 명당 국면으로 기술되었던 것이다. 특이하게는 풍수 형국의 조건에 주거가 적합한 성씨 집단들도 거론되었는데,[113] 이러한 사실은 다양한 종족 집단들이 지리산지의 청학동에 촌락을 형성할 수 있는 사회경제 조건과 그 가능성을 암시하는 것이다.

넷째, 전쟁의 재난으로부터 피할 수 있는 피난보신의 땅[避難保身之地]으로 "병화가 들어오지 않는 곳"이라는 사회적 조건도 표현되었다.[114] 이러한 측면은 전쟁과 난리로 인해 사회적으로 피폐된 당시 사회의 대내외적 상황이 그대로 반영되어 피난지 이상향으로서의 장소성이 표현되어 나타난 것으로 볼 수 있다.

다섯째, 지리산 청학동에 이르는 구체적인 도로 및 지리적 위치 정보도 비교적 상세히 소개되었다. 『비결전집』에 따르면, "청주읍에서부터 문의읍을 지나 옥천읍에 이르고 무주, 안성장과 장기장을 지나 장수읍에 이르고 하동 화개장을 향하여 박다천에 이르면 청학동까지의 거리가 40리가 된다"고 기록했다.[115] 이러한 측면은 청학동에 대한 사회적 인지도의 증가나 이주 선호지가 되어가는 관심이 반영된 것으로 보인다.

그리고 지리산 청학동에 풍수도참의 색채가 짙어지면서 십승지의 하나라는 또 다른 장소성이 덧붙여졌다. 조선 후기의 사회적 혼란기에 『정감록』의 신봉자들이 전국에서 십승지로 유입되었다.[116] 지리산 청학동도 세간에 십승지지로 알려지면서 청학동을 찾아 이주하는 사람들이 더욱 증가했을 것이며, 전술했던 덕평, 세석 등지에 십승지를 믿는 비결파들이 거주했을 것으로 추정된다.

일반적으로 정감록류의 문서로 전해지는 십승지에 관한 기록은 「감결」鑑訣, 「징비록」懲毖錄, 「유산록」遊山錄, 「운기구책」運奇龜策, 「삼한산림비기」三韓山林秘記, 「남사고비기」南師古秘訣, 「도선비결」道詵秘訣, 「토정가장결」土亭家藏訣 등에 나타난다. 대체적으로 공통된 장소는 영월의 정동 쪽 상류, 풍기의 금계촌, 합천 가야산의 만수동 동북쪽, 부안 호암 아래, 보은 속리산 아래의 증항 근처, 남원 운봉 지리산 아래의 동점촌, 안동의 화곡, 단양의 영춘, 무주의 무풍 북동쪽 등을 말한다. 그 가운데 지리산의 십승지는 운봉 두류산「감결」, 혹은 운봉 행촌「감결」 십승지지, 혹은 운봉 두류산 아래 동점촌 100리 안「남격암산수십승보길지지」 등으로 표현되어 있다.

지리산에 대한 언급을 보면, 「남격암산수십승보길지지」에는 "여러 산 중에 소백산이 첫째이고 그 다음이 지리산"이라는 표현이 보이고, 「옥룡자청학동결」[117]에도 "태백산과 소백산이 첫째이고 지리산은 다음"이라고 기술했다. 이규경의 글에 따르면, 운봉에 있다는 지리산 십승지는 지역민들에게도 관심을 끌었던 것 같다.

이규경은 격암格庵 남사고의 「비기」를 거론하면서 "운봉 두류산 아래에 동점촌이 있는데, 백리 내에 영구히 거주할 만하지만 그곳을 모른다. 근자에 운봉 사람 곽재영을 비로소 찾았는데 말하기를 읍에서 거리는 25리의 지리산 반야봉 괘협처이고 석벽의 높이가 몇 길이나 되며, 동점銅店이라는 두 글자를 새겨놓았다고 한다. 글자의 획이 어지러이 소멸되어 분간하기 어려운데 예전에 구리를 제련하던 곳이다. 그렇기에 근방에 돌을 파내고 구리광을 캐는 흔적이 많다. 동점촌은 그 가운데에 있는데 평탄하지만 그 가운데에 앉아 있으면 사방이 보이지 않고 주위가 제법 넓다. 30~40호가 거주할 만한 농경지다"라고 언급한 바 있다.

그런데 원래 청학동과 십승지라는 두 문화요소는 기원적으로 볼 때 역사적 과정과 사상적 계통, 그에 따른 장소정체성이 다르다. 『정감록』에서 십승지로 지점된 장소로 지리산 청학동은 일찍이 포함되지 않았다. 그런데도 조선 후기와 근대에 이르러 청학동과 십승지의 장소 이미지가 상호 결합하여 '십승지 청학동'이라는 장소정체성을 이루게 되었다.

김택술金澤述, 1884~1954이 「두류산유록」에서, "세상에서 이르기를 지리산 중에는 청학동이 있는데 십승지의 하나라고 한다"[118]라고 한 말이나, 잡지 『개벽』1923에서 "청학동은 예부터 세상 사람들이 신선향이니 십승지지니 하여 내외에 널리 전해지던 바이라"[119]는 말은 이러한 사회적 인식을 반영하고 있다.

요컨대 지리산 청학동이 조선 후기의 사회정치적 혼란기에 민간인의 이상적인 피난지가 되면서, 청학동의 장소성은 양호한 농경 조건을 갖춘 명당길지의 취락승지촌이 되었던 것이다.

도인들이 사는 관광지 청학동

오늘날 대부분의 사람들이 지리산 청학동이라고 알고 있는 현 하동군 청암면 묵계리 청학동은, 기존의 전통적인 청학동들과는 질적으로 다른 장소정체성과 장소 이미지를 형성하는 경로와 구조를 가지고 있다.

우선 장소정체성 형성 과정을 보자. 매스미디어, 관광·상업자본, 국가·지방자치단체의 주도하에, 청학동이라는 역사적인 장소 이미지를 차용하여 최근에 사회적으로 재구성된 것이다. 정치행정 측면에서도, 과거의 선경지 청학동이나 승지촌 청학동이 제도적으로 통제·관리되지 못한 반면, 묵계리 청학동은 국가와 지방자치단체에 의해 공식적으로 청학동이라는 지명을 얻고 관리와 지원을 받는다는 점이 다르다. 지명의 문화정치라는 측면에서 묵계리 청학동은 사회정치적인 공식화 절차를 통해 청학동이라는 지명의 헤게모니를 획득했다.

관광지로서 묵계리 청학동은 원거리부터 간간이 배치된 도로 이정표를 통해 관광지 청학동이라는 이미지가 당연시된다. 묵계 청학동의 진입로를 비롯해 마을 곳곳에 설치된 청학동 이상향을 상징하는 구조물이나 아이콘은 지리산 청학동의 장소 이미지를 공고화하고 있다. 특히 복고적인 이미지를 전달하는 도인촌의 주민들과 마을 경관, 그들의 생활방식은 지리산 청학동의 원조라는 장소 이미지를 관광객들에게 유발시키고 장소정체성을 강화하는 역할을 했다.

묵계리가 청학동으로 알려지게 된 최초의 계기는 1956년경 신흥종교인 갱정유도更定儒道 신자들이 외부로부터 전입하여 학동마을에 정주하면서부터였다. 집단신앙촌의 독특한 경관 구성과 삶의 방식이 주위에 알려지고, 1973년 언론매체에 의해 '발견된 청학동'으로 소개되면서 도인촌의 장소 이미지는 복고적인 향수와 신비의 공간으로 새롭게 창출됐다.

청학동 관광지를 가리키는 이정표와 청학동 진입로.
관광버스가 관광지 청학동의 장소성을 명확히 드러내주고 있다.

묵계리 청학동의
장소정체성을 강화하는
갱정유도인(위)과 상징물(아래).

이에 갱정유도인들도 '도인'에서 '청학동 사람'으로 집단정체성을 바꾸게 되는 과정을 거친다.[120] 1986년에 들어와 하동군 묵계리 청학동이라는 행정지명을 공식적으로 획득하면서, 청학동의 장소정체성은 대중문화의 속성을 지니는 관광지로 급격하게 변화했다. 매스미디어, 국가의 개입, 관광객의 방문은 이 지역의 장소정체성이 변화하는 데에 직접적이고 다양한 영향을 미쳤다.

이와 같은 장소정체성이 형성된 이념적 코드와 주요 동력은 청학동을 관광 상품화하여 자본이익을 창출하려는 장소 마케팅 전략이었다. 1992년 지방자치제도가 시행되면서 중앙정부와 각 지역의 지방자치단체는 정책적으로 전통문화를 상품화하는 전략을 세웠다. 지역 활성화의 일환으로 자연경관과 지역사회의 전통을 관광 상품화하고 명소화하는 작업을 진행했던 것이다.[121]

진정한 이상향은 어디로 가버렸나

청학동의 시·공간적 변화양상의 특징은 다음과 같은 몇 가지로 정리될 수 있다. 첫째, 청학동 지명의 전국적인 분포 현상이 나타났고, 둘째, 청학동의 장소성이 선경지에서 주거촌으로 바뀌었으며, 셋째, 지리산지 청학동들의 공간적 전파 과정에서 최초 비정지에 끌리는 관성이 보인다는 점이다. 청학동은 역사과정에서 사회집단에 의한 공간적 변천이 이루어지면서 몇 차례 장소정체성이 쇄신되었다.

고려시대부터 지리산지의 토착지방민, 승려 및 영호남 유학자들에 의해 선경·복지의 장소 이미지로 인지되고 특히 조선조에 수많은 유학자들의 유산행으로 인해 경험되던 청학동은, 조선 중·후기에 들어 인근의 의신, 덕평, 세석 등지에 외지의 주민들이 전입하여 청학동 마을을 이루

표45 지리산 청학동의 장소정체성 변화 및 재구성

유형 항목	선경지 청학동 →		승지촌 청학동 →	관광지 청학동
지리적 위치	하동 화개면 운수리 (비정)	하동 악양면 매계리 매계 (비정)	하동 화개면 대성리 의신·덕평, 세석평전 하동 악양면 매계 하동 청암면 학동 등	하동 청암면 묵계리 청학동
시기 범위	고려 후기~	조선 초기~	조선 중·후기~	1986년 이후
경관 형태	자연적 골짜기(洞天)		산촌	관광촌
공간정체성	유토피아 공간, 가상공간, 설화공간 상징공간		생활공간, 이주민들에 의해 구현된 취락공간	사회적으로 재구성된 관광공간
장소 이데올로기 및 장소정체성(코드)	지식인의 사회정치적 피세·은일 공간		민간인의 피난·피화지	사회적 관광이익 및 자본 가치 창출지
장소정체성 재현 및 강화 방식	유산기 시문 및 구전, 설화		비결서류·청학동도	매스미디어, 광고 및 조형물
장소정체성 형성 주체	지방토착민, 유학자, 승려		전입 유민, 비결파	외지 전입민 매스미디어 관광 및 상업 자본 국가 및 지방자치체
지명의 문화정치	청학동이라고 전해짐.		내부 주민들의 주관적 간주 및 인지	외부적 공식화. 청학동 지명의 전유를 통한 헤게모니 획득
문화 속성	지식인 (intellectual) 문화		민간 공동체 (community) 문화	대중(mass) 문화

면서 풍수·도참의 명당길지라는 장소 이미지로 쇄신되었다. 현대에 와
서는 하동면 청암면 묵계에 마을을 형성한 갱정유도인들이 매스미디어
에 의해 알려지고, 정부 및 지방자치단체의 관광정책에 의해 관광 마케팅
장소가 되었다.

동서양의 유토피아 관념과 지리산 청학동 이상향의 문화현상이 오늘
날 우리에게 주는 메시지는 무엇일까? 현대인은 장소정체성과 진정성이

소멸되는 시대에 살고 있다. 근현대 지리적 지식의 확장은 세계의 모든 장소를 낱낱이 드러내버렸고, 자본주의 가치가 지배하는 현대 삶의 방식으로 말미암아 인간 존재의 장소 본연성과 장소가 지니는 진정성은 상실되고 있다.

지리학자 하비D. Harvey가 "시공간 압축의 근대적 과정과 현대적 자본주의의 공간적 상업화는 세상의 모든 장소를 추상화시키고 대상화시키며 간접적인 구경거리로 만들었다"고 토로했듯이, 현대는 진정성 있는 관계로 맺어질 장소와 공간이 해체된 시대인 것이다.

장소 해체는 장소와 긴밀한 관계를 맺고 있는 인간 심성의 해체로 직결된다. 이와 같은 상황에서 마음의 고향이나 이상향으로 은유되는 '인간 존재의 진정한 장소와 장소성으로의 귀환'이라는 메시지는 의미심장하다. 선조들은 희망의 공간이던 지리산 청학동을 꿈꾸며 현실의 고달픔을 달래고 미래의 소망을 엮어나갈 수 있었다. 하지만 자본의 번영이라는 전도된 가치 척도가 인간 본연의 장소적 존재성과 본래적인 장소의 의미와 가치를 지배하고 변질시킨 오늘날, 과연 진정한 꿈과 희망의 이상향은 어디에 있는 것일까.

6

동아시아를 넘어 세계의 산으로

6

글로벌한 지구촌 사회에서 한국의 명산은
이제 한국인만의 명산이 아니라 인류의 명산이다.
세계적 지평의 명산과 명산문화라는 보편성 속에
한국의 명산이 있다. 각국의 명산문화는
상호간 문화 교류의 산물이었다.
동아시아의 산악문화에서 중국을 대표하는
태산문화는 어떤 모습이며, 한국에 어떤 방식으로
수용되었을까. 21세기 명산문화를 전개하는 데
새로운 기준의 패러다임과 지평을 여는
유네스코의 세계유산에 어떤 명산들이 등재되어 있고,
각국의 명산들이 세계유산으로 된 이유와 가치는 무엇일까.
한국의 대표적 명산인 지리산을 세계적인 눈으로 평가하면
어떤 세계유산적인 가치와 구성 요소를 지니고 있을까.

동아시아의 산악문화에서 본 태산문화

동아시아 각국 산악문화의 서로 다른 모습들

산악문화라는 말은 산악이라는 자연환경과 사회문화집단이 맺은 상호 관계의 총합체이다. 산악문화란 특정 사회집단이 역사 속에서 산악을 생존과 발전의 매개로 하여 생성하고 창조한 문화로서, 전승성과 공공성을 갖추어야 한다.[1] 산악문화라는 개념 속에는 산악 지형, 산지 생태 등의 자연 요소는 물론이고 산악과 관련된 인간의 역사, 사회, 경제, 생활양식, 경관, 예술, 문학, 종교, 철학사상 등의 인문 요소가 모두 포함되어 있다.

동아시아에서 산악에 대한 일반적 정의는 고도, 경사, 기복 등에 따른 기준이 지역마다 달라서 공간적 범주를 정하는 데 어려움이 있다. 예컨대 일본인에게 '산'의 이미지는 마을의 뒷산이나 그보다 약간 높은 지형까지를 포함하는 데 비해, 산악이라는 표현은 특별히 험준한 산을 말한다.[2] 이는 한국도 마찬가지다. 형식적 범주로 볼 때 산은 넓은 의미의 대분류에 해당하고 산악은 좁은 의미의 소분류다. 하지만 이 글에서 산악문화라고 할 때의 산악은 넓은 의미범주의 산을 가리키는 것이다.

산악문화는 다양한 방면과 방대한 영역을 지니기에 상징과 가치에 대한 관념, 지식체계, 생활양식 등으로 나누어 연구할 수 있다. 중국의 산악문화가 한국과 일본에 준 영향은 지리적 세계관, 종교적 산 이름, 지식체계의 형성에까지 광범위하고 다양하게 걸쳐 있다. 중국의 태산이 한국에 미친 문화적 영향도 그 대표적인 사례의 하나이다.

동아시아 산악문화의 구체적인 연구주제로는 공간 인식, 산을 둘러싼 정치권력의 담론, 산악신앙과 주요 종교의 결합, 명산문화, 산 이름, 산 연구전통과 지식체계, 산지생활사 등으로 나열할 수 있다. 차례대로 동아시아 산악문화의 요소를 서로 비교하고 전파양상에 초점을 두면서 선행연구물을 정리해보자.

고대의 중국인은 산이 이루어내는 세계에 나타난 질서를 통해 세계를 인식했다. 『산해경』山海經은 바다를 경계로 해서 나뉘는 각 지역의 산에 대한 기록이다.[3] 중국 고대의 산악문화와 산과 관련된 신화·상징의 원형은 『산해경』에 집약되어 있다고 할 만하다. 이 책은 고대 중국인의 산을 중심으로 한 공간 인식과 지리지식체계를 잘 보여준다.[4] 『산해경』의 지리 인식은 한국에도 큰 영향을 주었으며, 조선 후기에 널리 퍼졌던 원형「천하도」에서도 『산해경』 세계관이 투영된 것을 확인할 수 있다.

중국 오악의 정치지리 관념은 한국에 영향을 주어 신라와 조선에서도 오악을 지정하고 제의했다. 중국이 수도를 중심으로 오악을 배치했던 것처럼, 신라에서도 경주 둘레에 오악을 지정하고 의례를 행하여[5] 국토 영역의 수호 관념을 드러냈다. 베트남에도 10세기 이후 중국의 오악 관념과 오악신앙이 도교와 함께 전파되기도 했다.[6] 그러나 일본에는 오악 관념이 보이지 않는다. 오악의 사례는 후술하는 삼산과 함께 동아시아 각국의 산악문화의 수용과 양상을 잘 보여주는 단면이다.

오악과 대비되는 삼산신앙은 중국에서는 두드러지지 않지만, 한국과 일본에서는 나타난다. 백제와 신라에는 수도를 중심으로 삼산이 배정되어 있었고,[7] 한국의 삼산신앙은 일본에도 영향을 주어 나라의 도읍을 중심으로 삼산[日山·鳥山·浮山]이 지정되었다.[8] 베트남에는 삼산신앙이

일본 나라의 후지와라쿄[藤原京] 뒷산. 일본 고대도읍지에 보이는 삼산의 하나이다.
나라 현 가시하라 시[橿原市]에 있다. 『일본서기』에 따르면, 690년에 궁터를 살펴본 뒤
694년에 아스카쿄[飛鳥京]에서 옮겨 와 거처했다고 한다.

나타나지 않는다. 베트남 전통인형극에서 삼산三山이라고 적은 황금산이 물속에서 올라오는 사례는 있다고 하지만, 한국과 일본의 삼산과는 다르다.[9)]

산에 신이 머문다는 관념이나 산악숭배신앙은, 동아시아의 산악 주거 지역이라면 어디나 고대로부터 전승되는 보편적인 관념이라고 할 수 있다. 일본인들도 산속에 신이 존재한다고 믿어 산 자체를 신체神體로 오랫동안 숭배해왔다.[10)] 지역 간의 문화 교류가 활발해지면서 외래의 산악문화가 전파되고, 그 과정에서 산악문화 요소가 복합되거나 지역 코드에 맞는 개성과 특색도 형성되었다.

중국의 선도·불교와 결합한 신산神山 관념은 한국과 일본의 산악 관념에 큰 영향을 미쳤다. 선도와 결합되는 내용은 삼신산 관념에도 잘 나타난다. 한국에서는 한라산또는 백두산이나 변산·금강산·지리산을 각각 영주·봉래·방장의 삼신산으로 여겼다. 지리산이 삼신산 중의 방장산이라는 인식은 조선 초부터 나타나고 있다.[11)] 일본에도 이세[伊勢]의 아쓰타[熱田], 기이[紀伊]의 구마노[熊野], 그리고 후지[富士]를 삼신산으로 여겨왔다.[12)]

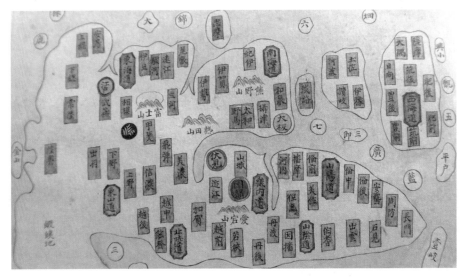

일본의 대표적인 명산으로 삼산(아쓰타·구마노·후지)과 아타고 산[愛宕山]이 표현되었다
(『해동지도』, 18세기 중엽).

　　동아시아에서 산악신앙과 불교가 결합한 양상은 지명, 경관 등에 뚜렷
이 나타난다. 중국에서 태산신앙과 민간불교가 결합하여 태산대왕이라
는 민간신앙의 대상이 만들어지고 조선에 전파·수용되었다. 베트남 중
부 청화성에도 소태산小泰山이라는 산 이름이 나타나고 명부冥府의 입구
로 여겼다고 하니, 중국 태산문화가 전파됐고 불교와 결합되었음을 짐작
해볼 수 있겠다.

　　중국 산서성의 오대산신앙은 한국과 일본에 영향을 주었고, 각국의 문
화 코드에 맞게 토착화되었다. 베트남에서도 중국 불교의 영향으로 산악
신앙과 비중 있게 결합했지만 오대산신앙이 전래·수용된 흔적은 찾기
힘들다. 인도에 기원을 둔 보타락가산 관음신앙도 중국에서 한국으로 전
파되었다.[13] 중국과 한국에서는 산악불교의 결과물인 불산佛山 계열의
산 이름도 다수 나타난다.

　　산악신앙 가운데 여산신 관념도 전파되었다. 중국에서 고대 곤륜산

중국 오대산(산서성)의 불교경관.
가운데 백탑(불사리탑)이 있고 주위에 전각들이 밀집해 있다.

의 서왕모西王母신앙이 동아시아로 전파되었고 신라의 선도산성모신앙
은 그 변용이라는 연구도 있다.[14] 그리고 한국에서 '백산' 계열의 산백두
산, 태백산, 소백산 등을 신성한 산으로 숭배했듯이, 일본에도 하쿠 산[白山]이
라는 산이 이시카와·후쿠이·기후 현에 걸쳐 있어 고대로부터 신이 사는
영산으로 숭배했다. 이 백산신앙의 성립에는 고대 한반도의 산악신앙이
직접적인 영향을 미친 것으로 알려졌다.[15]

산 이름에도 동아시아적 공통점이 보인다. 예컨대 한국에는 '용산' 계
열의 산 이름용산, 용문산, 반룡산, 서룡산, 용두산 등이 바다나 하천 주위의 산지
에 다수 나타난다. 중국에서 나타나는 용산 지명은 용신을 숭상한 곳으로
볼 수 있고, 일본에도 전국적으로 용신앙이 있었으며, 용산용왕산 지명은
기우제를 지내던 성지였다.[16] 몽골의 산악신앙에서 산을 일컫는 어법은
고대 한국의 용어와 유사성이 있다.[17]

동아시아 산악문화는 전파와 교섭 과정에서 각국의 역사·문화 코드에

따라 독특한 모습으로 전개되고 발전했다. 중국의 오대산신앙, 서왕모신앙 등이 한국과 일본에서 특색 있게 변용된 것은 그 예증이라고 하겠다. 한국의 오대산신앙과 일본에서 오대산으로 비정되는 아타고 산[愛宕山]신앙은 중국에 기원을 두고 있지만, 이식되는 과정에서 변용되어 자국적으로 신앙되었던 특색이 있다.[18] 일본의 대표적 산악종교이자 산악수련문화인 슈겐도[修驗道] 역시 중국의 문화적 영향을 받고 일본의 지역적 배경에 맞게 형성된 것이다.

동아시아 산악문화의 연구와 동향

중국의 산 연구전통과 지식체계지리지, 유산기, 백과전서류, 지도류, 풍수서류 등는 한국에도 큰 영향을 미쳤다. 예컨대 조선 후기 유학자의 산지생활사를 다룬『산림경제』나『증보산림경제』, 그리고『임원경제지』 등에는 중국의 문헌들이 다수 인용되어 편집되고 있다. 중국의 명산기 또는 유산문학이 이익의『성호사설』에 인용되고 있는 것으로 보아 조선 중·후기의 지식인들에게 널리 읽히고 영향을 미친 것으로 추정된다.

그럼에도 한국의 국토지형을 산줄기와 물줄기의 상관적인 구조로 파악하고, 산경체계를 산보식으로 서술하고 산줄기를 지도에 표현한 방식 등은, 동아시아의 산 연구전통과 지식체계에 비추어보아서도 우리의 독창적이고 체계화된 성과로 꼽을 수 있다.

그밖에 산악문화를 연구하는 동아시아의 주요 산악연구소의 현황과 연구경향을 보면, 중국은 태산학원을 중심으로 '태산문화연구소'를 갖추고 인문학적 연구가 진행 중이며 명산학의 정립에 대한 논의로 발전하고 있다.[19] 일본의 신슈[信州] 대학에서는 2002년에 '산악과학종합연구소'를 설립하여 일본의 산악문화와 산악환경을 자연과학적 접근방법 위주

표46 동아시아 산악문화요소의 기원지와 수용지 양상

산악문화요소＼국가		중국	한국	일본	베트남
오악		◎	○	×	○
삼산			◎	○	×
오대산(신앙)		◎	○	○	×
삼신산		◎	○	○	×
산해경(세계관)		◎	○		
태산	태산지명	◎	○	×	○
	태산석감당	◎	×	○	○
백산(지명·신앙)			◎	○	
용산(지명)		◎	○	○	

◎ 기원지 ○ 수용지 × 미수용지

로 연구하고 있다. 한국에서는 2007년부터 '지리산권문화연구단'이 구성되어 동아시아의 지평에서 명산문화를 연구하고 지리산의 인문학을 구축하는 중이다.

2011년도에 이르러 동아시아 각국의 산악문화 연구 체제와 역량은, 동아시아라는 공간 범주에서 기획되고 연구자들 간의 공동협력 네트워크가 본격화되었다. 동아시아 산악문화 연구자들이 함께 모여 '동아시아 산악문화연구회'를 결성한 것이다.

그리하여 동아시아의 4개국 6개 연구원한국의 경상대 경남문화연구원·순천대 지리산권문화연구원, 중국의 태산학원·운남대학, 일본의 신슈 대학, 베트남의 국가사회과학원이 합동으로 '동아시아 산악문화연구회'를 구성하여 창립대회와 학술심포지엄'동아시아 산악문화 연구의 새로운 지평'을 열었다. 동아시아 산악문화연구회는 해마다 국가별로 순회하면서 국제학술대회를 할 예정이며, 2012년 5월에는 중국의 태산학원에서 '동아시아의 명산과 세계유산'이라는 주제로 국제학술심포지엄을 개최했다. 이어 2013년 5월에는 일본 신슈 대학에서 동아시아의 산촌문화에 대해 발표·토론하여 보고서를 만들었고,

2014년에는 베트남에서 학술대회를 한다.

창립기념 학술대회 자리에서 각국의 대표 연구자들은, "인간과 산의 관계를 문화적인 측면에서 재검토하여 다음 시대를 만들어가야 한다"[20]며 산악문화 연구의 시대적 요청을 전망했다. 또한 "산악문화의 측면에서 동아시아 문화를 연구하는 데에 대하여 동아시아 학술계가 중시하고 적극적인 반응을 보일 필요가 있다"[21]고 산악문화의 연구의의와 학술적 중요성을 주장했다.

태산과 태산문화의 중요성

태산[1,545미터]은 중국의 다른 높은 산들에 비하면 상대적으로 그리 높은 산이 아니다. 그러나 태산이라는 이름이 갖는 상징적 가치와 역사적 비중으로 치면 중국의 명산에서 첫째가는 산으로 꼽힌다. 궈모뤄[郭沫若, 1892~1978]가 "태산은 중화 문화사의 축소판이다"라고 말한 바 있지만, 중국의 학계에서 태산문화는 중요한 위치에 있는 것으로 취급된다.

역사적으로 태산은 중국과 중국인을 대표하는 산이었고, 화하문화[華夏文化]의 발상지로 간주되었다. 그래서 태산을 국산[國山]이라 했고[22], 신산, 성산, 중화민족의 정신적 산 등으로도 일컬어졌다. 큰 산이란 뜻으로 대산[大山], 큰 산의 우두머리라는 뜻으로 대종[岱宗]이라고도 했다.

태산이 제1의 산으로 인정된 것은 지리적인 이유도 있었다. 태산은 중국 산동성의 가운데에 있으며, 동으로는 황해, 서로는 황하를 끼고, 남으로는 곡부, 북으로는 제남과 연결되어 있다. 태산의 총면적은 약 2,000제곱킬로미터에 이르고, 그중에서 지정된 풍경명승구의 면적은 426제곱킬로미터다. 태산의 최고봉인 옥황정은 해발 1,545미터이며, 산줄기 둘레로 112개의 산봉우리, 102개의 계곡, 72개의 골짜기[洞]가 있다.

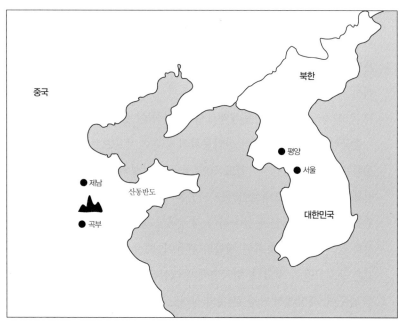

중국 태산의 위치. 산동반도의 평원에 솟아 있어
상대적으로 큰 산이라는 이미지를 준다.

　태산은 화북평원 지대에 있는 화강암의 산체로, 거대하고 웅장하며 돌출한 지형이다. 이는 석산의 강렬한 느낌과 함께 유달리 크고 우뚝한 산이라는 시각적인 효과를 낳는다. 높고 큰 산이나 뛰어난 사람을 이르는 말인 '태산교악'泰山喬嶽은 태산의 이러한 자연을 반영한 표현이기도 하다.

　이러한 자연적·문화적 가치를 인정받아 태산은 1987년 중국에서 가장 먼저 유네스코 세계복합유산에 등재되기도 했다. 오늘날 중국정부에서 태산은 중국이 자랑하는 세계유산으로서, 정책 차원에서 문화산업과 관광자원의 가치로 재평가되고 있다. 태산이 소재한 태안시 당국은 태산을 국제관광의 명소로 만들겠다는 목표를 세우고 태산관광문화산업을 발전시키고 있다.[23]

　태산과 태산문화가 지니는 중국 내 위상을 반영하듯이 이미 청대부터 깊이 있는 연구저술이 나와 있으며, 그 양과 질은 괄목할 만한 수준에 이른다. 20세기에 태산문화 연구는 중국의 명산연구 또는 지역문화 연구에서 가장 뛰어난 성과를 거두어 이제 역사, 문학, 예술, 미학, 고고학, 종교, 민속 등을 종합한 학문체계로서 '태산학'이 성립되기에 이르렀다.[24]

중국의 태산은 동아시아 산악문화의 중요한 부문으로서 이른바 '태산문화'를 일으킨 진원지이기도 하다. 중국 산서성의 오대산신앙이 한국과 일본에 전파되어 오대산이라는 지명을 낳고 각국에 오대산신앙을 형성했듯이, 중국의 태산은 동아시아 각국에서 장소동일성을 갖는 산 이름, 시화 등의 작품, 기호화된 생활의 관용어, 태산석감당 등의 민속신앙과 같은 문화요소를 낳았다. 한국인에게 태산은 관용적인 일상용어에서 알 수 있듯이, 세상에서 가장 큰 것의 상징으로 기억되고 천하제일의 명산으로 인식되었다. 특히 조선시대의 유교문화와 결부되어 곳곳에 나타나는 태산문화를 한국적으로 수용한 양상은 매우 흥미롭고 독특한 문화역사지리 현상이기도 하다.

한국에도 태산문화라고 규정할 수 있는 문화요소가 있음에도, 아직 한국의 학계에서는 문학 분야에서만 태산의 시문에 대해서 언급하는 실정이고,[25] 중국의 태산문화에 대해 본격적으로 소개한 학술논문은 없다시피하다.[26] 이 글은 중국의 태산담론에 대한 개관이자 한국의 태산문화 일면을 처음으로 소개했다는 학술적 의의를 가진다고 하겠다.

이 글에서는 한국의 태산문화를 파악하기 위한 문헌자료로 구비전승, 지명, (고)지도를 활용했다. 구비전승 자료는 한국학중앙연구원의 장서각 디지털 아카이브에 채록되어 있는 태산의 용례를 민요에서 60여 건, 설화에서 290여 건을 집계·분석했다. 태산 지명자료는 고려대학교 민족문화연구원에서 구축한 조선시대 전자문화지도 시스템의 지명검색을 통해 10여 건의 태산 지명을 확보했다. 태산 관련 지도 자료는 서울대 규장각 한국학연구원의 고지도 검색 시스템을 활용하여 조선 후기의 지도에서 다수의 태산 재현을 확인할 수 있었다.

이제 동아시아 산악문화의 중요한 사례로서 태산문화에 대해서, 중국의 역사 전개와 한국에 미친 영향력, 그리고 태산문화의 수용 양상을 살펴보자.

중국 황제가 봉선한 오악의 으뜸, 태산

태산은 자연지형의 산 이상으로 중국의 역사와 문화, 정치에 매우 중요한 의미를 담고 있다. 중국의 태산문화는 정치와 종교가 가장 중요한 역할을 했다.[27] 중국의 역사에서 태산이라는 공간은 그 지정학적인 위치와 모습으로 말미암아 왕조 권력과 밀접하게 결합되었으며 정치 담론을 이끄는 주요 대상이 되기도 했다.

태산이라는 장소가 갖는 정치 담론은 예로부터 태산을 '천자의 산'이라고 일컬었던 데서 단적으로 드러난다. 중국의 황제들은 역사적으로 태산에서 지내던 봉선封禪을 통해 하늘로부터 천명을 받고 천제로서 상징적인 지위를 확보하고자 했다. 유교를 통치의 지배이념으로 활용하고자 했던 정치권력 집단은, 태산의 장소 이미지와 상징성을 공자와 연관하여 이데올로기 효과를 배가시키고자 했다. 공자의 유교는 태산의 권위와 상징성과 결합함으로써 더 강력한 정치사상 담론으로 발전했다.

태산에 대한 숭배는 역사적으로 선진先秦과 한·당의 발전시기를 거쳐 북송 시대에 가장 흥성했다. 송 진종眞宗 때인 1008년에는 정치적 필요에 의해서 대규모의 봉선을 거행한 바 있었다. 북송 대에 태산에서 이루어진 황제의 제의는 태산이 국토에서 제1산으로서의 지위를 갖는 것을 의미한다. 중국으로부터 정치적으로 영향을 받고 있던 한국의 지배층 역시 중국 태산의 제의와 봉선을 중요한 의례로 여겼던 것 같다. 실제 『신당서』
新唐書에 신라·백제·탐라의 수장이 태산 봉선에 참가했다는 기록이 있으
며, 신라의 김인문金仁問, 629~694은 665년 당나라에 들어가 이듬해 당나라
고종高宗을 따라 태산에 가서 봉선을 했다고 한다.[28]

권력집단이 행하는 의례는 의례 주체의 정치적 정당성을 공고하게 해
주는 효과적인 수단이다. 의례의 과정은 집단 기억을 창출시키며, 그것이
가시적인 경관에서 장소 이미지와 결부될 때 강력한 상징성을 더한다. 태
산의 의례 장소로서 산 아래에 있는 거대한 대묘岱廟 건축물군이나 산꼭
대기의 봉선대封禪臺에서 발아래로 조망되는 스펙터클한 경관에서 잘 나
타나듯이, 권위적인 인공건축물과 조형물, 압도적인 자연경관을 배경으
로 부여받은 강력한 장소의 상징 이미지는, 의례 주체들로 하여금 태산과
제왕을 연계하고 동일시identification하는 집단 기억을 강화시킨다.

태산 봉선이 산을 공간적 매개로 하여 하늘의 상징성에 권위를 인정받
는 의례라면, 오악으로서 태산은 산악의 공간 편제를 통해 영토의 수호와
왕조의 안위를 보장받고자 하는 이념의 산물이었다. 중국의 왕조는 국토
영역에서 화산, 숭산, 형산, 항산, 태산을 오악으로 지정하여 편제한 바 있
다. 그중에서 태산은 오악독존五嶽獨尊 또는 오악의 우두머리五嶽之長라 하
여 오악 중의 으뜸으로 여겼다.

오악 관념은 주나라 때 싹트기 시작했으며, 진·한대에 오행설이 성행
하면서 영토를 오행의 공간질서체계로 재구성하려던 것이었다. 정치적
으로는 영토의 구획과 방위, 문화적으로는 산악 숭배 또는 진호鎭護 의식
이 배경이 되었다. 태산이 오악 중에 으뜸으로 여겨진 까닭은 제왕들의
태산 봉선 의식, 하늘과 소통하는 신산의 의미, 오행에서 동방의 목木이
가지는 상징성, 태산 산체의 시각적인 위용과 지리적 위치 등이 복합적으
로 작용한 결과였다.[29]

태산 정상부에 군집한 유교·불교·도교의 종교 건축 경관.
태산이 지닌 최고 명산으로서의 장소적 상징성은 각종 종교 시설이 다투어 입지한 이유가 되었다.

중국의 산악체계 편성은 시대에 따라 조금씩 달랐다. 하 상대에서는 사악만 있었으며, 산 이름은 동악 태산만 나타난다. 한 무제 때에 비로소 오악 제도가 성립되었는데, 그때는 현재 오악의 하나인 남악 형산과는 달리 안휘성의 천주산이 남악이었다. 『한서』「교사지」에 따르면, 선제 원년기원전61에 태산을 동악으로, 화산을 서악으로, 항산을 북악으로, 숭산을 중악으로 지정했음을 알 수 있다.

이후 수 문제가 남북조를 통일하고 나서 589년에 형산을 남악으로 삼은 이후 현재까지 이어져 내려왔다. 북악도 명대 이전에는 하북성 곡양현 북서쪽 70킬로미터에 있는 대무산이었지만, 명대에 와서 산서성 혼원현 남동 10킬로미터 지점의 현악2052미터으로 바뀌었다.

역대 황제들은 오악에 대해 봉호封號를 하사했는데, 당 현종은 오악을 왕에 봉했고, 송 진종은 황제에 봉했으며, 명 태조는 신으로 봉하기까지

대묘 건물군 뒤에 배경을 이룬
태산의 거대한 위용은
제왕과 동일시되는
상징적 경관 이미지를 빚는다.
태산 정상의 봉선대 비석은
태산의 가장 높은 곳에 위치해 있어
천자(天子)의 자리임을 암시한다.

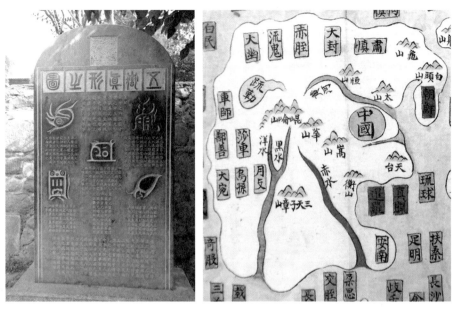

「오악진형도」 조형물. 중국의 오악에 대한 상징적인 모식도다.
오악 관념은 조선에도 이어져, 조선 후기의 『여지도』 「천하도」에는
중국의 오악이 뚜렷하게 표현되었다.

했다. 특히 도교가 흥성하면서 오악은 신선이 사는 곳으로서 도교의 신화
전설과 결합되기도 했다.[30]

중국의 오악 관념은 한국에 영향을 주었고 수도를 중심으로 지리적 특
성에 맞추어 수용·배치되었다. 신라에서는 왕도인 경주를 중심으로 동
토함산·남 지리산·서 계룡산·북 태백산·중 부악^{팔공산}을 오악으로 지정
하여 중사^{中祀}의 제의를 갖추었고, 조선에서는 한양을 중심으로 북 백두
산·동 금강산·서 묘향산·남 지리산·중 삼각산^{북한산}을 오악으로 지정하
여 제사를 지내기도 했다. 이렇게 도읍을 중심으로 산악을 편제하고 명산
에 지내는 국가의 제사와 의례를 통해서 정치권력이 의도하는 상징적 의
미는 더욱 강화되었다.

오악에 대한 지식인과 민간계층의 관심은 「오악도」라는 그림으로도

표현되었다. 중국에서 「오악도」의 기원은 한대에 도교의 부적으로 그려진 「오악진형도」五嶽眞形圖로 거슬러 올라간다. 이것은 산악숭배사상과 결부되어 재앙을 피하고 복을 받는 데 효험이 있다고 믿어졌다.[31] 조선시대 지식인 사회에도 「오악도」와 같은 중국 산수지도와 판화그림이 보급되기도 했다. 조선 후기에 편찬된 지도집에는 중국 지도가 포함되어 있는 것이 많고, 그중에서도 「오악도」가 강조되어 표현되곤 했다.

태산 줄기의 맥은 장백산에서: 산과 정치

1709년 11월 24일, 청나라 강희황제와 신하들이 행궁行宮인 창춘원暢春園에서 국정을 의논하고 있었다. 강희황제는 신하들에게 태산 산줄기의 맥은 어디에서부터 오는지를 물었다. 신하들은 "섬서성과 하남성에서 오는 것으로 알고 있습니다"라고 알고 있었던 상식대로 답했다. 그러자 강희황제는 의외의 대답을 하는 것이었다. "그렇지 않다. 산동성의 여러 산들은 장백산長白山에서 맥이 온다. 태산의 맥도 장백산에서 온다." 이윽고 강희황제는 '태산 산줄기의 맥은 장백산에서부터 온다'[泰山山脈自長白山來]는 글을 지어서 나라에 간행·배포했다.[32]

강희황제가 선언한 '태산 맥의 장백산 조종설'은 신문화지리학에서 말하는 일종의 상징물 전쟁이며, 문화정치적으로 중요한 시사점을 던져준다. 역사적으로 태산은 한족의 정신적 중심이자 정치적 상징이었다. 그런데 이민족인 만주족이 청나라를 세우고 중원을 장악하면서, 태산이 가진 한족의 이데올로기적인 상징성은 마땅히 만주족의 정통성에 연결되어 계승·수용될 필요가 있었던 것이다.

청의 순치황제가 명나라가 망한 이후에 중단되었던 태산의 제전祭典을 다시 재개할 것을 선포한 것이나, 강희황제가 세 번이나 태산으로 행차하여 태산신에게 직접 제사를 한 것은, 중원을 통치하는 천제로서의 상징적 이미지를 확보하려는 것이었다. 이것은 태산이 갖는 역사적 정통성과 문화적 상징성을 정치적으로 장악하겠다는 청나라 조정의 의도를 분명히 보여준다. 그런데 사실 만주족에게는 태산보다 중요했던 장백산과 장백산신앙이 있었다.

장백산은 만주족들에게 민족의 발상지로서 신성한 지위를 지니고 있었다. 『만주실록』에 따르면, "만주족은 원래 장백산의 동북쪽 포고리산佈庫哩山 아래에서 기원했다"고 한다. 청나라가 중국 전역에서 정치 헤게모니를 쟁취하여 중원을 무대로 정치력을 확장하면서 장백산에 대한 숭배와 제의의 격은 더욱 높아졌다. 강희제가 "장백산의 계통은 본조 조종의 발상지"라고 한 데서도 그 인식의 단면을 볼 수 있다.

그렇지만 이제 중원으로 정치력을 확장한 청나라 왕조에게 태산의 존재와 상징성은 그들의 장백산만큼이나 중요한 것으로서 대두되었다. 그 관계는 자칫하면 장백산과 태산의 상징물 경합이라는 문화전쟁을 불러일으킬 수도 있는 민감한 사안이었다. 장백산신앙과 태산신앙은 문화적 이질성과 역사적 단절성이라는 이념 문제도 갖고 있었다.

이 문제를 매끄럽게 해결하는 정치적 해법은 무엇이었을까? 그것이 바로 강희제가 선포한, "태산의 맥이 장백산에서 온다"는 절묘한 담론이었다. 두 산을 종주宗主 관계로 계통적으로 연결시킴으로써 청나라 조정은 왕권의 상징적 정통성과 정당성을 동시에 확보할 수 있었던 것이다. 산이 갖는 상징성이 정치 이데올로기로 활용된 흥미로운 사례라고 하겠다.

비슷한 시기인 조선 후기에도, 태산의 장백산 조종설과 비교될 수 있는 한반도 용맥산줄기의 백두산 조종설이 실학자들을 중심으로 대두된 적이 있다. 주 내용은 한반도 용맥을 기존의 중국 중심인 곤륜산이 아니라 한반도 중심의 백두산으로 설정하는 것이 골자이다. 이 논의가 태산의 장백산 조종설에 영향을 받았는지는 사실 여부를 확인하기 어렵다.

조선 중기까지 중국적인 지리인식과 풍수지리설의 영향으로 한반도 지세의 근원을 멀리 곤륜산에서 찾았는데, 조선 후기의 실학자들 사이에서는 백두산 조종론이 대두되었던 것이다. 이규경은 "천하의 3대 산줄기[幹龍]가 모두 곤륜산에서 비롯하는데, ……백두산이 일어나 조종이 되어 조선과 일본과 유구가 된다"고 했다. 정약용은 『대동수경』에서 백두산을 두고 "팔도의 모든 산이 다 이 산에서 일어났으니 이 산은 곧 우리나라 산악의 조종이다"라고 했고, '백산대간'白山大幹이라는 용어를 사용했다.

당시 백두산이 국토의 종주로 널리 인식된 것에는 정치적인 배경이 있다. 15세기에 백두산이 조선의 영토로 확보된 이후, 1712년에 청나라가 백두산 남쪽에 정계비를 세우면서 백두산을 경계로 한 영토적 의의가 주목되었기 때문이다.[33] 조선 후기에 와서, 국토산하에 대한 자긍심이 커졌고, 실학자들의 자주적 국토인식으로 말미암아 영토의 종주로서 백두산의 의미가 더욱 강화되었던 것이다.

민간의 태산신앙: 태산성모·태산대왕·태산석감당

태산에 대한 국가의 제사가 날로 융성하면서 민간인들의 태산에 대한 숭배와 제사도 열의를 더해갔다. 중국 각 지방에 동악묘東岳廟가 만들어지고 동악묘회東岳廟會의 형성이 전국적으로 퍼졌다. 아울러 태산의 성모여신인 벽하원군碧霞元君에 대한 신앙도 전국 각지로 확산되어 사람들의 마음속 깊숙이 신앙대상으로 자리 잡았다. 그 과정에서 태산신앙은 사회 기층의 민간에 깊이 파고들었고 민간인들에게도 태산은 천하제일산, 명산의 으뜸이라는 관념이 확고하게 되었다.

이러한 태산신앙의 민속화와 민간화는 태산과 도교·불교가 결합하고,

중국 태산의 성모신앙인 벽하사의 벽하원군상.
지금도 태산을 찾는 수많은 중국인들에게는 신앙의 대상이다.

태산신앙과 석감당신앙이 결합하게 된 주요한 배경이었다. 태산의 이미지와 상징성은 종교문화적인 신격의 '태산부군'泰山府君으로 도교화되기도 했고, 이어서 '태산대왕'으로 불교화되어 중국 및 한국의 민속신앙에도 영향을 미쳤다. 그리고 태산신앙은 영석신앙과도 결합하여 태산석감당의 형태로 동(남)아시아 전역에 광범위하게 확산되었다.

태산대왕은 불교적 세계의 명부에 있는 시왕 중 일곱 번째 왕이다. 명부시왕은 죽은 자를 심판하는 10명의 왕으로 진광대왕, 초강대왕, 송제대왕, 오관대왕, 염라대왕, 변성대왕, 태산대왕, 평등대왕, 도시대왕, 전륜대왕을 일컫는다. 그 가운데 태산대왕은 죽은 자가 일곱 번째 맞이하는 7일 간의 일을 관장하는 명부의 관리이며, 인간의 선악을 기록하여 죄인이 태어날 곳을 정하는 임무를 맡고 있다.

태산대왕은 본래 인간의 수명을 관장하는 도교의 신이었던 태산부군에서 유래했는데, 불교가 세력을 확장하면서 신중의 하나로 흡수되어 시왕 중 일곱 번째 왕이 되었던 것이다. 한국전통사찰의 명부전 시왕도에서도 보이는 제7태산대왕은 거해지옥鋸解地獄을 관장하는 모습으로 그려져 있다.

태산과 관련된 대표적인 민간의 민속신앙물로 태산석감당泰山石敢當이라는 돌이 있다. 태산석감당은 중국의 민간인들에게 널리 퍼져 대중화되었을 뿐만 아니라 지역적으로 유구(현 오키나와), 일본, 베트남 등 동남아시아까지 확산된 흥미로운 태산문화의 민속적 요소다. 이것은 영석신앙과 명산신앙의 결합 양상을 보여주는 문화적 사례이기도 하다.

중국에는 오래전부터 자연신앙에서 비롯된 돌 숭배와 이것이 문화적으로 진화한 형태인 석감당 풍속이 있었다. 석감당의 신앙적 효용은 신령한 돌의 힘으로 모든 귀신과 흉사를 진압하려는 것이다. 그런데 태산의 정치적, 문화적 상징성이 커지고 민간에서 태산신앙의 영향력이 높아지면서, 태산과 석감당이라는 두 신앙은 민간 차원에서 자연스럽게 결합했다. 그리하여 더 강력한 힘을 가진 태산석감당이라는 조합된 민간신앙물 형태가 만들어진 것이다. 민간인들은 돌 표면에 '태산석감당'이라고 글씨를 새겨 집의 필요한 곳에 두는데, 태산석의 높고 큰 위력을 빌려서 닥쳐오는 어려움을 막고 다스려 평안한 마음을 얻고자 함이었다.

『시왕도』 가운데 「제7태산대왕」(1744년).
태산은 의인화되고 신격화되어 신앙의 대상으로 나타나기도 했다.

태산 관광지의 노점에 진열된 태산석감당.
집을 지켜준다고 믿는 민간신앙물로 인기가 있다.

　　중국학자들이 석감당의 역사를 고찰한 연구서에 따르면, 서한 때 사유
史游, ?~?가 지은 『급취편』急就篇이라는 옛 문헌에 '석감당'의 표현이 등장
하는 것으로 보아, 석감당의 시원은 한대漢代까지 거슬러 올라간다고 한
다. 당대에는 돌에 '석감당'이라는 글자를 새겨 집터의 지킴이인 진택鎭
宅의 기물로 사용했다. 복건성 포전현의 관아에서 출토된 당 대력 5년770
의 진석鎭石의 제명에 "석감당은 뭇 귀신들을 진압하고 재앙을 누른다"는
말이 나타난다. 명·청대에는 주택이나 촌락 주변에 '석감당' 또는 '태산
석감당'을 설치하는 민속이 이미 여기저기서 널리 나타났고, 유구 등 중
국 밖에도 파급되었다.

　　영석 숭배에서 기원한 석감당 풍속이 태산숭배신앙과 결합해 태산석
감당신앙으로 발전된 배경은 무엇일까. '태산석감당'이라는 다섯 글자의

석각이 출현한 가장 이른 시기는, 대만에서 소장하고 있는 1146년의 비석 탁편拓片으로 알려져 있으며, 이에 근거할 때 금대와 송대에 걸쳐있음을 알 수 있다. 태산석감당신앙의 형성은, 송대에 전개되었던 태산신앙의 흥성 및 전파와도 밀접하게 관련되어 있다. 특히 태산석감당이 공간적으로 널리 확산된 배경에는 풍수설의 사회 유행과도 밀접한 관련이 있다. 풍수와 결부됨으로써 널리 대중적으로 활용되는 계기를 맞이했던 것이다. 태산석감당은 이제 집터를 진압하는 기물로 활용되었다. 풍수에서 석감당을 써서 벽사辟邪하는 예는 흔하게 나타났다.

태산석감당의 민속은 복건과 산동을 중심지로 하여 주변지역으로 확산되어 전국 각지와 해외로까지 파급되었다. 지리적으로 보면, 복건을 중심으로 하여 남방의 광동, 절강 등지로 확산되었고, 산동을 중심으로 하여 북방으로 북경, 산서, 하북, 강소와 동북 3성의 지역으로 퍼져나갔다. 서장西藏을 제외하고 중국 전역에 파급된 것이다. 처음에는 주로 한족이 거주하는 지역에 전파되었다. 하지만 차츰 소수민속의 취락지구에 파급되었고 그들의 고유한 민속과 결합하여 복합적인 형태의 신앙이 되었다.

한국에서는 태산석감당신앙이 수용된 흔적을 찾기는 어렵다. 태산석감당이 한국에 전파되지 못했던 이유는 아마도 마을마다 기존에 장승류나 돌탑, 선돌 등과 같은 태산석감당과 유사한 기능의 민속신앙물이 널리 존재했기 때문으로 보인다.

한국에도 태산과 태산문화가 있다

티끌 모아 태산: 태산의 장소 이미지와 기호

사람은 이미지와 기호를 통해서 세상을 이해하고 소통하며 의미를 재생산한다. 우리나라 사람들이 지녔던 의식 속에 태산은 어떤 이미지와 기호로 존재하고 있을까? 태산은 실상 한국의 태백산보다 조금 더 낮은, 그리 높지 않은 산인데도 우리말에서는 절대적으로 크고 높은 산으로서 집단 이미지가 형성되었다.

우리가 지금도 흔히 쓰는 '갈수록 태산'이라거나 '걱정이 태산' '할 일이 태산' '티끌 모아 태산'이라는 말이 있다. 또한 "태산이 높다 하되 하늘 아래 뫼이로다"라는 양사언의 시조도 곧잘 읊조린다. 이렇듯 태산은 우리의 일상생활에서 '크다, 많다, 높다'는 뜻으로 비유되곤 한다. 태산은 지형으로서의 산을 넘어 크고 많다는 관용어로 기호화된 것이다. 기호론으로 설명하자면, 태산이라는 기표^{signifiant}가 생활용어에서 크다는 비유적 의미를 지닌 기의^{signifie}가 된 것이라 하겠다.

중국어에서도 태산이 지닌 문화적 지위와 가치에 상응하여 태산은 높고 큰 것의 대명사로 쓰이곤 한다. 중국에서 태산이 관용어로 쓰이는 대표적인 말은 '태산처럼 책임이 무겁다'[責任重如泰山], '태산처럼 평온하다'[穩如泰山] 등이 있다. 그밖에도 『갈관자』에 유래된 고사성어로서 "잎사

귀 하나로 눈을 가려 태산을 보지 못한다"[一葉障目 不見泰山]는 말은, 사물의 진면목을 보지 못하는 우매함을 경계한 말로 쓰인다. 그리고 사마천이『사기』에서 인생사의 소중함을 경책한 말로 "사람은 한번 죽지만 어떤 죽음은 태산처럼 무겁고 어떤 죽음은 새털처럼 가볍다"[人固有一死 或重于泰山 或輕于鴻毛] 등이 있다.

한국인의 실제적인 언어 사용과 관습을 잘 보여주는 민요와 설화에 표현된 태산의 용례를 살펴보고 기호적 의미를 해석해보았다. 한국학중앙연구원의 장서각 디지털 아카이브에 태산의 용례는 민요에서 60여 건, 설화에서 290여 건이 채록되어 있다. 이를 집계·분석하여 의미를 유형화해보면 몇 가지로 분류할 수 있다.

첫째, 태산은 비유와 형용의 뜻으로 '크다, 영원하다, 많다, 굳건하다, 믿음직스럽다' 등의 복합적인 의미의 기호로 쓰였으며, 이들 형용은 일반화하여 비유적으로 뜻을 형성한 문장의 성어로 굳어지기도 했다. 그 사례를 살펴보자.

• **형용하거나 비유하는 표현**

"태산같이 모아보세"「가래소리」

"태산같이 바라더니"「가창유희요」

"태산같이 믿었더니"「달구소리」「백발가」「제문 읽는 소리」

"세월이 영원한 줄 태산같이 알았더니"「창부타령」

"태산 같은 짐을 지고"「가창유희요」「아라리」「육자배기」

"태산 같은 임을 지고 이 고개를 어이 넘을거나"「어소리」

"태산같이 병이 들어(병을 실어)"「논매기」「상여소리」

"태산노적"「단허리소리」

"태산같이(보다) 높은" 「덜이덜롱소리」 「맹인덕담」 「부모님소리」 「사친가」

"부모은공 생각하니 태산이 부족하다" 「오륜가」

"금은보화 쌓인 것이 태산같이 낭자해도" 「상여소리」

"돈이 태산같이 집태미 같애" 「거짓말하고 대감댁 사위 된 촌놈」 - 설화

"우역사역사 태산일세" 「우역사역사소리」

"죽은 놈이 태산이라" 「한양가」

"성주신령님만 태산같이 믿고 사는 일문권속들 아니든가요" 「성주축원」
  - 설화

"거 참 신세가 참 태산 겉으다" 「가짜 박문수의 삼촌 노릇을 한 백정」 - 설화

"풍파는 태산중하니 바람 불어 못 오던 양" 「그네뛰기 노래」

"태산처럼 매어야 할 김이 쌓였구나" 「김매는 노래」

"밤이면 서로 참 정을 태산겉이 속삭이고, 인정을 두고 지냈는데"
「김장수와 일본 기생 청산유수」 - 설화

"들어보소 대궐같이 좋은 집에 태산 같은 부모 두고" 「우미인가」

• 비유적으로 뜻을 형성한 성어

"태산을 넘으면 평지를 본다" - 고진감래의 뜻

"태산이 평지된다" - 자연이나 사회의 변화가 심함. 세상의 모든 것이 덧없이 변함

"태산泰山 명동鳴動에 서일필鼠一匹" - 결과가 보잘것없음

"가자니 태산이요, 돌아서자니 숭산이라" - 앞으로 나아가지도 뒤로 물러설
  수도 없는 난처한 지경에 빠짐을 의미

"은혜가 태산만큼 무겁다" - 크다는 뜻

"군령이 태산같이 무겁고 엄하다" - 크고 엄중하다는 뜻

"태산북두" 泰山北斗 - 세상 사람들로부터 존경받는 사람을 이르는 말

"안여태산"安如泰山 – 태산같이 안정되어 있음

둘째, 구체적이고 실제적인 장소로서의 태산이나, 일반명사로서 큰 산이라는 뜻의 공간적·장소적 의미로 활용되었다. 실제 장소로서의 태산은 경우에 따라 풍수론의 우백호"태산이 백호 되고"―지신 밟는 소리 등로도 쓰였고, 명산 중 오악의 하나인 동악"동에는 태산이오"으로도 불렸다.

"태산에 올라 태목을 내어서"「성주풀이」

"어어 넘차 태산이요"「어이가리넘차소리」

"태산 넘을 턱 가이"「거짓말이야기」 – 설화

"준령 태산을 올라를 간다"「어허이소리」

"여섯 육자를 들고나봐 육간태산 큰 태산"「일자나 한자 들고 보니」

"태산이 백호 되고 사수가 청룡수라"「지신 밟는 소리」

"태산을 보고 맹세하던 그 낭군은"「창부타령」

"평길이 온단디 내 태산 언제 넘고 좋다"「청춘가」

"태산이 무너져서"「칭칭이소리」

"어헤야 태산 백호 만날 꺼네"「행상소리」

"내중에 태산겉이 무져노이께네"「가난한 며느리의 축원」 – 설화

"높은 태산 평지 되고"「갑풀이」

"그 태산을 인자 뛰 올라간다"「거짓말 잘 하는 사위」 – 설화

"저 준령峻嶺 태산 마루에, 중간에, 한 중간에 떡 ― 올라가디마는"
「과부 며느리의 처세술」 – 설화

"그 인자 참 태산을 밟는디 한 간디 가보닌게 참 좋아서"「국지사 박상의」 –
설화

"태산에 올라가서 워허 덜구야 중항을 바래보니 워허 덜구야 낙양은

천하 중에 명승지지 되어 있네”「덜구소리」

“아이고 그러마 이 태산 중에 집도 없고 이러니”「도선이 이야기」 – 설화

“건곤이 개벽 후에 명기 산천이 생겼구나. 주미산이 제일이라 동악
　태산 남악태산 서악태산 북악형산”「명당 고사경」

“이 동생이 말이야 축지를 해가 싹 오는데, 아이고 이거 올라도 태산,
　올라도 태산, 만날 태산이라”「명풍수 신기와 도선」

“막내사위 글좀 보겠다 하군 두 사위 여기 앉혀놓구선 쟁인이 운자韻
　字를 내는 기야. ‘태산지고하야泰山之高何也 오.’ 태산이 높은 것은 무
　슨 이치오 이렇게 뜻 말한 거야, 쟁인이. 태산지고하야오. 그래니까
　큰 사위가 있다가, ‘석다지고石多之故 올시다.’”「문장사위」

“걸음 걸어 지옥태산 넘어간다”「베틀가」

“팔도명산 태산영임은 이 터전”「산령경」

“서산에도 걸린 것 태산에도 걸린 것 요산에도 걸린 것 예산에도 걸
　린 것”「성주경」

“어느 산이 명산인가 동에는 태산이오”「성주풀이」

“에헤로 지신아 태산에 올라 태몽 내고”「지신밟기」

“진시황의 만리성은 별객을 삼아두고 천하는 적다마는 공부자에 대
　관이요 태산에 올라서서 산중을 생각하니 삼조선 치국 시에 임금님
　이 뉘시던고”「회다지노래」

　셋째, 주로 무속에서 보이는 경향으로서, 태산대왕으로 태산을 신격화
한 용례도 보인다. 무가에서 태산이 염불의 대상으로도 전이되었음을 알
수 있다. 그리고 태산은 지리와 부합하는 동격의 용어로 쓰이기도 했다.
또한 태산은 명산 지신의 신령함을 입어 잉태를 기원하는 대상으로도 표
현되었다.

"태산대왕제팔전에"「회심곡」

"짐추염나태선대왕"金緻閻羅泰山大王「귀양풀이」- 설화

"제칠은 태산대왕 태산대왕 츳집네다"「귀양풀이」- 설화

"태산염불을 맺으라 해였는데"「제면굿 노래」- 삼척시 원덕읍 무가

"황천삼경 도덕천존 태산지리 음양천존"「신명 축원거리」- 경북 예천읍 부
   군성황당

"에헤로 지신아, 태산에 올라 태몽내고"「지신밟기」

전통적으로 한국인들의 의식에서 태산은, 큰 산의 상징 이미지로서 크
고 많고 영원함의 복합적인 대명사로 인식되고 기호화되어 있음을 알 수
있다. 실제 중국의 태산은 우리나라의 지리산보다도 훨씬 낮은 산인데도
한국 사람들의 의식에는 크기로 비교할 수 없는 절대적인 산의 이미지로
굳어져 자리 잡았던 것이다.

천자의 산에서 군자의 산으로

중국에서 태산은 공자로 인해 정치적이고 종교적인 산에서 인간과 교
감하는 산으로 인간화되었다. 공자는 천자가 권력을 정당화하는 권위적
태산에서 군자가 덕성을 도야하는 인지仁智의 산으로 가는 길을 열었다.
'천자의 산'에서 '군자의 산'으로 의미가 전환된 태산은 이제 우러러보며
닮고자 하는 덕성의 상징이 되었다.[34] 조선시대의 유학자들에게 중국의
태산은 크다는 상징을 넘어 공자처럼 본받고 싶은 군자의 상징으로 전화
된 것이다.

조선시대의 유학자들에게 중국 태산의 문화적 수용 방식은 공자나 유
교가 동반되어 들어오거나 매개되어 이루어졌다. 조선시대에 유교 이데

올로기가 사회문화 전반을 지배하면서 공자의 고향인 곡부曲里와 태산, 공자의 탄생담이 깃든 니구산尼丘山과 태산이 연관되어, 태산과 공자의 이미지는 모방경관으로 재현되기도 했다. 태산의 상징성은 공자의 권위와 연관되고 서로 결합함으로써 유교문화의 이데올로기가 더욱 강화될 수 있었다.

민간에서도 태산은 공자와 관련지어 거주지 경관의 구성이나 이야기로 재현되곤 했다. 민간에 전승되는 민요인 「성주풀이」에서 태산과 공자는 다음과 같이 연관된다.

어느 산이 명산인가
동에는 태산이오
남에는 화산이오
서에는 금산이오
북에는 형산이오
중앙에 곤륜산은
산악지 조종이요 사해지 근원이라……
통(동)태산에 청학성은 공자님에 도량이오
천하지중 낙양 땅은 중원에도 명승진데
천문을 열어놓고 지리를 살펴보니……

장소의 상징물로 기호화된 기억은 과거의 역사를 현재화한다. 조선시대에 태산이라는 공간은 시문과 그림, 지도의 형식으로 재현되었다. 또한 실제주거공간의 산에 태산이라는 지명을 부여하고, 공자와 관련시켜 유교적 장소 이미지를 구축하는 모습으로도 나타났다. 태산은 조선시대 유학자들에게 지명, 그림, 경관 등을 통해 공자와 연관된 장소의 기억과 장

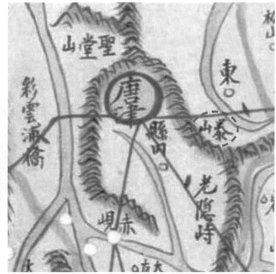

『비변사인방안지도』의 영암(왼쪽)과 『동여도』의 당진(오른쪽)에 표기된 태산.

소 이미지로 재현되었던 것이다. 이제 구체적으로 어떤 양상으로 드러났
는지 순서대로 살피고 그 의미를 해석해보기로 하자.

　한국에서 태산泰山이라는 지명을 가진 곳은 10여 곳이 있다. 노태산노나
라의 태산이라는 뜻이나 태산太山 등의 명칭을 포함하면 이보다 숫자는 훨씬
더 많다.

　태산泰山에 한정하여 보면 평안도 2곳 외에는 주로 전라도와 충청도
에 나타난다. 평북 피현군 당후리, 평남 신양군, 전남 영암군 도포면 봉호
리·시종면 봉소리·시종면 태간리, 전북 정읍군 태인면 태창리, 남원시
송동면 양평리 태산마을, 김제군 백산면 조종리, 충남 서천군 서천면 태
월리, 음성군 원남면 보롱리 큰산밑 등지다. 그밖에도 『비변사인방안지
도』의 영암 도엽과 『동여도』의 당진 도엽, 그리고 『해동지도』 태인 도엽에
도 태산이라는 지명이 표기되어 있다.

　일반적으로 지명의 기능은 단순히 대상을 일컫는 목적을 넘어 특정한

표 47 한국의 태산(泰山) 지명 소재지 현황

소재지	문헌 출처
평안북도 피현군 당후리	조선향토대백과
평안남도 신양군	조선향토대백과
전라남도 영암군 봉호리, 봉소리, 태간리	지명총람
전라북도 정읍군 태창리	지명총람
전라북도 남원군 태산마을	지명총람
전라북도 김제군 조종리	지명총람
충청남도 서천군 태월리	지명총람
충청북도 음성군 보통리	지명총람
전라도 태인	『해동지도』
충청도 당진	『동여도』
전라도 영암	『비변사인방안지도』
전라북도 남원군	일제시대 지도

사회적 주체의 아이덴티티와 이데올로기, 그리고 권력관계를 재현하려
는 목적을 위한 것이기도 하다. 조선 후기에 성리학적 유교 이데올로기를
지닌 사족 집단과 같은 특정한 사회적 주체들이 만드는 장소정체성의 구
성에 지명이 매개가 되는 사례는 한국에서 상당수가 발견된다.[35]

이렇듯 지명은 장소 이미지와 장소정체성의 형성에 큰 영향을 미치며,
사회집단의 정체성과 이데올로기를 재현하여 공동체적 영역성을 구성하
는 상징 수단이자 요소가 된다. 지명이 갖는 사회 속성은 이데올로기적
기호인 셈이다. 조선시대 유교지식인들은 태산, 궐리, 니구산 등의 지명
을 장소 이미지와 결부시켜 그들의 사회적 정체성을 더욱 굳게 하고, 그
들이 거주하는 마을은 유교의 본향으로 거듭나게 되었다.

태산 그림의 공식적인 재현 양상을 드러내는 자료로서, 조선 후기의
『광여도』『팔도지도』『해동지도』「천하도」 등 다수가 있다. 이들 지도에는
중국의 태산이 그려져 있어 태산을 중요시한 조선시대의 지리적 인식이
반영되어 있다. 조선시대 사람들이 지녔던 태산의 장소 이미지는 태산의
장소정체성을 사회집단이 동의하고 공유한 것이다.

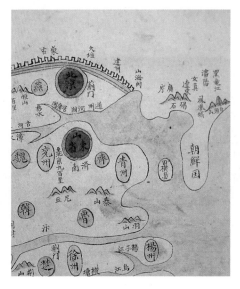

『해동지도』(18세기)
13성도의 태산 표현.
조선시대의 중국지도에 대표적인
자연경관요소로 표현될 만큼
태산은 조선에서도 중요한 산으로
인식되었다.

태산을 비롯한 중국 산수에 대한 조선시대 문인들의 관심은 회화와 지
도에서도 드러난다. 조선 후기에 중국산수판화가 널리 유통됐는데 그중
에서 태산東嶽을 포함한 「오악도」가 있었다. 「오악도」는 17세기의 문인들
이 선경을 찬탄한 시에도 언급된 것으로 보아, 「오악진형도」가 이미 조선
의 지식인 사회에 보급되었음을 짐작할 수 있다. 17~18세기 문인들 사이
에서는 실제로 체험하는 산수 유람과 그림을 보면서 유람을 대신하는 와
유臥遊 문화가 유행했다. 중국의 산수판화집이 유입되면서 중국의 명산
승경에 대한 관심이 고조되었던 문화현상은 「오악도」가 널리 유통되고
자주 제작되는 배경이 되었다.[36]

공자가 그리워 조선 땅에 태산을 가져오다

문화경관을 창출하는 지리적 사회집단 혹은 문화집단이 문화경관을
통해 문화정체성을 어떻게 강화했는지는 문화지리학의 주요한 연구주제

다. 조선시대에 공자와 연계하여 태산의 문화경관을 형성한 사례도 같은 맥락에서 이해될 수 있다.

예컨대 산동성 곡부현의 궐리는 공자의 마을로 조선시대 유교지식인들에게는 중요한 상징적 의미를 가지고 있었다. 그 결과 우리나라에도 궐리라는 명칭의 지명과 사당들이 만들어졌다. 궐리사^{闕里祠}라는 이름으로 한국에 있는 공자의 사당도 논산, 오산, 진주에 현존한다.

그 가운데 노성 궐리사_{충청남도 논산시 노성면 교촌리 294}는 1716년에 권상하가 충청도의 니산^{尼山}에 건립한 것이다. 오산 궐리사_{경기도 오산시 궐 1동 147}는, 공자의 후손이 우리나라에 건너와 처음 정착한 곳이라 하여 정조 16년¹⁷⁹² 10월 정조가 궐리사를 짓도록 명했으며, 이듬해 현판 글씨를 직접 내리기도 했다. 그리고 진주시 봉곡리에도 궐리사가 있다.

공자의 탄생지인 니구산 또는 (소)니산의 지명도 모방되어 우리나라의 논산, 단성 등지에 나타난다. 『해동지도』 『1872년 지방지도』 『대동여지도』 『청구도』 등의 지도에 표기되었다. 관련 지명계열을 구체적으로 보면 니구산_{경남 사천군 정동면 수청리}, 단성, 충청도 논산시 노성면 교촌리, 니구산봉산_{경남 사천}, 소니산_{평안도 문덕군, 안주} 등이 있다. 조선 중·후기에 유학의 이념을 가진 사대부들이 취락을 형성하면서 공자의 터전을 기리고 자신들의 이념과 동일시하려는 의도에서 붙였던 산 이름이다.

조선시대에 유학을 이념으로 삼는 사회집단은 태산이라는 지명을 거주하는 마을의 산 이름에 부여하고, 그 산의 정상에 공자 사당을 짓기도 했다. 경북 고령군 쌍림면 산주리와 경남 합천군 율곡면 노양리·합가리에 걸쳐 있는 노태산^{魯泰山, 498미터}은 공자의 노^魯 나라와 태산^{泰山}을 조합하여 붙인 이름이다. 그 노태산이라는 지명이 언제, 누구에 의해 생겼는지는 확실치 않으나 유교지식인 집단에 의해 생겼다는 사실만은 분명하다.

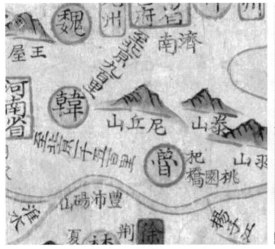
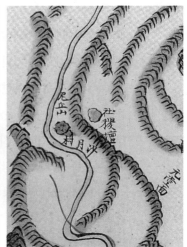

『광여도』(조선 후기) 중국도 태산현의 니구산과 태산(왼쪽).
『해동지도』(18세기)에 나타난 단성의 니구산(오른쪽).
중국의 산 이름이 한국에 공간적으로 토착화된 모습이다.

　　고령과 합천 경계의 노태산은 조선 후기의 지도인 『지승』地乘에도 표기
되어 있는 것으로 보아 당시에 이미 노태산이라는 지명이 존재했음을 알
수 있다. 노태산이라는 이름을 붙인 사회집단은 누구였을까? 노태산의
동남사면 기슭인 고령군 쌍림면 합가리의 개실마을이 1651년에 김종
직의 5세손이 은거하면서 세거지를 이룬 곳이라는 점이 참고가 될 수
있겠다.

　　태산의 경관 재현에 대한 또 다른 흥미로운 사례로서, 충남 천안시 성
인동마을 앞에도 노태산 및 소노태산이 있다. 소노태산이라는 명칭은 중
국의 태산에 비교되는 한국의 태산이란 의미로 '소'라는 접두어를 덧붙
인 것으로 보인다. 『한국지명유래집』「충청편」에 따르면, "노태산은 충청
남도 천안시 서북구의 성성동과 두정동 경계에 위치한 산이다.고도 141미터
천안산업단지 동쪽 산이며, 곡교천과 안성천의 분수령이 된다. 그전에는
노태산 서쪽에 작은 노태산도 있었다"고 한다.

단성 사월촌(현 산청군 단성면 남사마을)의 니구산.
유학자의 마을이 입지하면서 공자를 경모(敬慕)하여 붙여진 지명이다.

천안시 노태산 서북쪽의 산 아래에는 성인동聖人洞이라는 유가 집단의
마을이 있었다고 한다. 노태산의 정상부에 사당을 짓고 공자를 모시고,
마을 이름도 공자를 흠모하는 뜻으로 성인동이라고 일컬으며 모여 살았
다는데, 성인동 마을은 현재 개발 사업으로 인해 다른 곳으로 이주되었
다. 노태산에 있던 공자 사당도 지금은 자취가 없어졌다.[37]

개인적인 주거공간에서의 태산 재현 사례도 있다. 조선 중기 영남지역
의 큰 유학자였던 장현광이 자기의 거주지에 소노(태산)라는 명칭을
붙이기도 했다. 유학자로서의 정체성을 견지한 장현광은, 은거지인 입암
촌경북 포항시 죽장면 입암리의 자연경관물 하나하나를 28수 별자리와 동일시
하여 장소만들기를 했는데, 그중에서 가장 높은 봉우리를 '소노(봉)'이라
고 하여 공자가 오른 태산을 빗대어 이름했다. 장현광은 이렇게 호칭한
이유를 다음과 같이 말하고 있다.

조선 후기 지도 『지승』의 합천 도엽에 표현된 합천군의 노태산.
노나라 태산이라는 뜻이다

대麓의 서북쪽에는 가장 높은 한 뫼가 있는데…… 공자께서 동산에
오르고 태산에 오른 유람을 본받는다면…… 이 뫼를 어찌 '소노'小魯라
고 이름하지 않을 수 있겠는가.

• 『여헌선생문집』 권9, 「기」, 〈입암기〉

이렇듯 조선시대의 유교지식인들은 삶의 터전에 태산이라는 지명을
붙이고, 태산과 공자의 이미지를 연계하여 장소경관으로 재현하면서 그
들이 소망하는 유교적 삶을 실현하고자 노력했던 것이다. 이러한 역사적
사례는, 중국의 태산이 한국의 조선시대에서 장소동일성을 갖춘 지명과
상징적 경관으로 재현·구축되면서 구체적으로 전개된 동아시아 태산문
화의 또 다른 모습이라고 하겠다.

산과 산악문화의 가치와 비전은 문명사적 패러다임의 전환을 맞고 있다. 동아시아의 산악문화는 21세기의 미래지향적인 새로운 공간적 패러다임이자 연구영역이 될 것으로 보인다. 기존의 평지들판문명을 가능케 했던 농업혁명과, 도시문명을 담보했던 산업혁명은, 바야흐로 지속가능한 인류문명의 오래된 대안으로서 산지문명을 지향하는 생태혁명으로 나아가고 있다. 산지문명의 동아시아적 가능성과 비전은 사람과 산의 관계를 문화적인 측면에서 재검토하는 것에서 출발할 수 있을 것이다.

산을 보는 새로운 시선, 유네스코 세계유산

세계유산이라는 창

유네스코의 세계유산 등재는 1975년부터 시작되었다. 189개국의 세계유산협약 가입국 중에서 161개국이 1,007점2014년 6월 현재을 보유하고 있다. 이것은 세계의 자연과 인류의 유산에 대한 가치의 재평가·재창출 과정으로, 지구촌에 새로운 문화사적 조류와 인식의 지평을 열고 있다.

세계인들은 이제 세계유산이라는 창을 통해 자국과 지역의 문화유산·자연유산의 가치를 세계적 보편성의 잣대로 보게 되었다. 등재된 유네스코 세계유산은 국제적인 시스템과 네트워크로 평가하고 관리받는다는 점에서도 기존의 일국적 체재와는 크게 차이가 있다.

유네스코의 세계유산 시스템은 국가·지역 브랜드 가치의 향상, 지역 주민의 자긍심 고취, 관광산업의 진흥과 지역경제 활성화, 해당 유산에 대한 세계적 수준에서 보존관리되는 등 여러 가지 긍정적인 파급효과를 낳았다. 「유네스코 보고서」2003에 따르면 7천만 명에 달하는 관광객들이 세계자연유산지역을 방문했고, 그중 4800만 명이 산악지역을 찾은 것으로 집계되었다. 그러나 부정적인 측면도 있다. 세계유산제도의 정치화, 국가·지자체 간에 유산 등재를 위한 성과주의의 만연과 지나친 경쟁, 등재 후 관광자원 개발로 인한 유산의 물리적 파괴 및 가치 훼손, 과도한 상업화 등의 역기능도 있다.

세계유산에 대한 한국사회의 관심은 근래 매우 커지고 있지만, 세계유산에 대한 제도적 시스템 구축과 학술 연구는 미처 사회적 수요와 요청에 따르지 못하는 실정이다. 일본에서는 이미 '세계유산학'이라는 학문 분야와 전공이 생겨났고[38], 중국에서도 대학 내에 세계유산연구센터를 운영하고 있다.[39] 하지만 한국에서는 이제야 우리나라 세계유산의 자원 가치, 관광개발, 파급효과, 관리개념 등에 대한 연구가 학계에서 시도되고 있는 실정이다.[40] 향후 학계의 세계유산에 대한 연구 대상과 범위가 공간별, 지역별, 유형별, 주제별, 분야별 등 다양한 방면으로 심화될 필요가 있다. 그 노력의 일환으로서 이 글에서는 산의 세계유산을 중심으로 고찰해보기로 하겠다.

무엇을 세계유산에 등재하는가: 큰 흐름과 변화

1972년 유네스코가 세계문화 및 자연유산보호 협약을 제정하고, 1975년 세계유산위원회를 설립하여 유산 등재를 시작했다. 이후 40년을 거치는 동안 등재 형태와 단위, 가치에 대한 인식과 관점, 지역주민의 역할과 비중, 지역적 등재 경향, 내용의 범위와 분야 등에서 변화가 나타났다. 이에 따라 유산의 대상범주와 '탁월한 보편적 가치'OUV의 평가 기준도 달라져가고 있다. 큰 흐름은 다음과 같이 몇 가지로 정리할 수 있다.(표48 참조)

첫째, 유산의 등재 형태와 공간적 단위가 변하고 있다. 등재 형태는 단독유산에서 연속유산으로, 공간적으로는 점 단위개별유산에서 면 단위지구, 경관로 확대되는 경향이 나타난다. 점차 유산 자체뿐 아니라 그 주변 환경과 시설물 모두를 보호의 대상으로 취급하고 있다는 점에서, 더 포괄적이

표48 유네스코 세계유산의 평가 기준 항목(OUV)

구분		기준	사례
문화유산	I	인간의 창의성으로 빚어진 걸작을 대표할 것	호주 오페라 하우스
	II	오랜 세월에 걸쳐 또는 세계의 일정 문화권 내에서 건축이나 기술 발전, 기념물 제작, 도시 계획이나 조경 디자인에 있어 인간 가치의 중요한 교환을 반영	러시아 콜로멘스코이 성당
	III	현존하거나 이미 사라진 문화적 전통이나 문명의 독보적 또는 적어도 특출한 증거일 것	태국 아유타야 유적
	IV	인류 역사에 있어 중요 단계를 예증하는 건물, 건축이나 기술의 총체, 경관 유형의 대표적 사례일 것	종묘
	V	특히 번복할 수 없는 변화의 영향으로 취약해졌을 때 환경이나 인간의 상호 작용이나 문화를 대변하는 전통적 정주지나 육지·바다의 사용을 예증하는 대표 사례	리비아 가다메스 옛도시
	VI	사건이나 실존하는 전통, 사상이나 신조, 보편적 중요성이 탁월한 예술 및 문학작품과 직접 또는 가시적으로 연관될 것	일본 히로시마 원폭돔
자연유산	VII	최상의 자연 현상이나 뛰어난 자연미와 미학적 중요성을 지닌 지역을 포함할 것	케냐 국립공원, 제주 용암동굴·화산섬
	VIII	생명의 기록이나, 지형 발전상의 지질학적 주요 진행 과정, 지형학이나 자연지리학적 측면의 중요 특징을 포함해 지구 역사상 주요단계를 입증하는 대표적 사례	제주 용암동굴·화산섬
	IX	육상, 민물, 해안 및 해양 생태계와 동·식물 군락의 진화 및 발전에 있어 생태학적, 생물학적 주요 진행 과정을 입증하는 대표적 사례일 것	케냐 국립공원
	X	과학이나 보존 관점에서 볼 때 보편적 가치가 탁월하고 현재 멸종 위기에 처한 종을 포함한 생물학적 다양성의 현장 보존을 위해 가장 중요하고 의미가 큰 자연 서식지를 포괄	중국 쓰촨 자이언트팬더 보호구역

자료: 유네스코 한국위원회 홈페이지(http://www.unesco.or.kr/heritage/index.asp)

고 친환경적인 사고로 나아가고 있는 것이다. 최근에는 무형의 가치까지 포함해 입체적 단위로 전개되고 있다.[41]

예컨대 세계유산 가운데 연속유산의 사례로 '조선왕릉'Royal Tombs of the Joseon Dynasty, 2009이나 '한국의 역사마을: 하회와 양동'Historic Villages of Korea: Hahoe and Yangdong, 2010을 들 수 있다. 그리고 면 단위 유산의 사례는 '경주역사유적지구'Gyeongju Historic Areas, 2000가 대표적으로, 이것은 남산지구, 월성지구, 대릉원지구, 황룡사지구, 산성지구 등 5개 권역으로 구분되어 각각 다수의 유산군이 포함되어 있다

둘째, 유산에 대한 인식과 관점의 변화에 따라 유산의 의미가 확대되고, 분야도 다양해지고 있다. 그것은 살아 있는 유산의 중시, 유산의 비물질적 요소의 강조, 유·무형유산의 통합적 시각, 문화다양성의 존중 등으로 요약된다. 최근에는 사람이 살고 있지 않은 유적지보다 현재 사람이 살고 있는 '살아 있는 유산'living heritage의 중요성이 높아지는 경향을 보이고 있다.[42]

기존의 문화유산은 미학과 역사의 단편적 시각에서 지배계급과 남성 위주, 기념물적인 것, 신성한 것 위주였다. 그러나 인류학적인 포괄적 관점과 유산에 내재된 무형적 가치를 중시·보호해야 하는 통합적 관점이 요청되었다.[43] 따라서 대상유산에 기록물 등의 무형적 가치가 뒷받침되면 등재과정에서 강점으로 작용하기도 했다. 예컨대 1997년에 세계문화유산으로 등재된 수원 화성은, 『화성성역의궤』[1801]라는 화성 축조에 관한 경위와 제도, 의식 등을 기록한 자료가 유산 선정 과정에 큰 기여를 했다고 한다.

특히 문화유산의 무형적 가치의 재평가는 대상유산이 있는 장소의 정신적·사상적 가치에 대해 중시한다는 것을 의미한다. 지역주민들이 갖고 있는 신성한 가치, 대상 지역의 고유한 신앙과 상징, 풍수와 같은 독특

한 자연관이 중요한 가치로 평가받게 된 것이다.

예를 들면 그리스의 복합유산인 '아토스 산'Mount Athos, 1988은 신성한 산Holy Mountain으로 불리었으며 다수의 수도원이 존재하는 것으로 유명하다. 일본의 문화유산인 '기이산지의 영지靈地와 참배길'Sacred Sites and Pilgrimage Routes in the Kii Mountain Range, 2004은 영지Sacred Sites라는 수사가 덧붙여져 등재되었다.

또한 일본의 '히라이즈미 – 정토종 사찰, 정원과 고고학적 유적' Hiraizumi – Temples, Gardens and Archaeological Sites Representing the Buddhist Pure Land, 2011에 대해 유네스코는 "불교적 정원 건축의 개념이 고대 자연신앙인 신도에 기초하여 어떻게 발전되었는지를 탁월한 방식으로 보여준다. 불교와 토착 자연숭배 정신의 독특한 융합을 반영한다. 히라이즈미 사찰과 정원은 지구상의 불국정토의 상징적 표명이다"라고 평가했다. 일본 고유의 정신과 상징에 주목한 것이다.

뉴질랜드의 '통가리로 국립공원'Tongariro National Park, 1990/1993은 "산은 마오리 족에게 문화적이고 종교적인 의미를 가지고 있고, 공동체와 환경과의 정신적인 연계를 상징한다"고 평가받았다.

한국이 가진 세계유산의 풍수문화에 대한 주목도 같은 맥락에서 이해할 수 있다. 세계문화유산인 '조선왕릉'The Royal Tombs of the Joseon Dynasty, 2009에 대한 세계유산 개요에서, "조선왕릉의 자연적인 주위 환경은 풍수의 원리에 의해 형성"되었다고 기록되었으며, "풍수원리의 적용과 자연경관의 보존을 통해서 조상 의례의 실천을 위해 주목할 만한 성스러운 장소의 형태가 만들어졌다"고 평가되었다.

이상의 표현들은 해당 유산의 장소성에 대한 주목으로도 이해할 수 있다. 즉 유산이 있는 절대적이고 상대적인 위치, 자연적이고 인문적인 환경에 더하여, 유산 소재지의 장소적 연관성과 특징, 장소적 가치와 정신

등을 대상 유산과 관련지어 총체적으로 이해할 필요가 있다는 것이다. 또한 대상 유산의 정치사회적 관점이 전환되는 경향도 보이고 있다. 기존 왕조사 중심의 유산에서 기층문화권의 유산으로 대상 범위가 전환되고 있다. 대상 유산의 종류와 속성도 근대유산, 산업유산, 군사유산 등 새로운 분야로 확대되고 있다.

셋째, 지역주민의 참여도 중요한 등재조건이 되고 있다. 지역공동체와의 연계성, 즉 세계유산의 보호나 보존에서 지역민의 참여비중은 점점 더 중요해지고 있다.[44] 보존관리에 대한 비중이 커짐으로써 요즈음에는 유산의 가치뿐만 아니라 유산 소재지의 지자체, 지역주민이 연계된 보존체계의 수립이 요구되고 있다. 이에 따라 유산 소재지의 지자체와 지방사회 단체, 주민, 연구진이 공동으로 참여하는 통합관리체제의 구축이 요청되고 있다. 특히 유산이 보전되고 관리되는 데 주민들의 역할이 매우 중요한 요건으로 떠올랐다.

문화유산과 관련된 주요정책의 기획, 입안, 실행 및 평가의 전 과정에 지역민들의 의견이 충분히 반영되고 함께 동참할 수 있는 여건의 형성이 세계유산에 등재될 수 있는 한 요건이 된 것이다. 대상 유산과 유산이 있는 장소의 정신을 지역사회의 주민들과 구성원들이 잘 이해하고 있는지, 책임 있는 관리를 통해 보호할 수 있는지의 문제는 진정성 요건의 일부를 이루는 내용이기도 하다.

넷째, 세계유산 등재 지역의 변화 경향이 보인다. 기존의 선진국, 서구적 타입의 유산가치 기준과 등재 지역의 유럽 편중 경향에서 글로벌한 기준과 균형 있게 등재하는 경향으로 나아갔다. 유산가치의 비서구적, 지역적 중시 경향이 나타나면서, 각국의 고유한 전통과 문화 가치, 생활양식 등도 재평가 되었다. 1994년 세계유산위원회는, 유럽에서 기념물과 건축물, 유적이 상대적으로 우세한 반면 아프리카와 아시아·태평양 지역에서는 그렇지 못하다고 판단했다. 그래서 유럽 중심적인 기준의 문제점을 보완하고 문화다양성을 적절히 반영할 수 있는 '글로벌 전략'Global Strategy을 채택했다. 글로벌 전략은 문화유산, 그리고 사람과 환경에 대한 관계의 정의에서 인류학적인 접근을 요청했다.[45]

다섯째, 유산의 가치기준 및 내용범주의 변화이다. 기존에는 자연과 문화를 별개의 개념으로 다루어왔으나 1990년대부터 통합적인 관점으로 보게 되었다. 그리하여 1992년부터 자연과 사람의 상호작용 측면에 주목한 문화경관cultural landscape 범주를 세계유산목록에 올리게 된 것은 획기적인 사건이다.

2003년에 자연유산과 문화유산의 기준 지침이 통합된 것도 이러한 인식의 반영이다. 문화경관 범주의 설정이 갖는 의미는 자연과 인간이 결합된 유산의 가치를 중시했다는 데 있다. 이러한 변화는 향후 유산의 세계적 가치가 저평가된 지역과, 자연적·문화적 가치가 복잡하게 연관된 문화지역의 세계유산 신청 장려로 이어질 것임이 분명하다.[46]

산이 지닌 세계유산의 새로운 가치, 문화경관유산

문화경관은 1992년 세계유산위원회에서 새로 채택된 세계유산 범주다. 자연과 인간의 상호관계에 주목하고, 그 상호작용으로 형성된 유산의 가치를 중시하는 것이 주 내용이다. 따라서 한국을 비롯한 동아시아의 산악문화의 성격은 문화경관 개념이 가장 적합한 유산의 범주가 될 수 있다.

문화경관유산은 전체 1,007점2014년 6월 현재의 세계유산 중에 70점이 넘으며, 그중에서 산도 다수를 이루고 있다. 그렇지만 한국은 아직 한 점도 문화경관으로 세계유산에 등재된 바가 없다. 그 이유는 아직 세계유산의 문화경관 유형에 대한 인식이 낮고, 문화경관유산 관련의 제도적인 법규가 갖춰지지 못했기 때문인 것으로 보인다.

'세계문화경관유산'World Heritage Cultural Landscapes은 문화경관 중에서 사람과 환경의 상호작용이 탁월한 보편적 가치를 가진 것이다. 문화경관을 세계유산으로 등재하는 의의는 인간과 환경 간 상호작용의 현저한 다양성을 드러내고 지속하기 위한 것이며, 살아 있는 전통문화를 보호하고 사라져가는 자취를 보존하기 위함이다.

세계유산협약의 운영지침Operational guideline에서 정의되는 문화경관의 정의①, 속성②, 의의③를 살펴보면 유네스코에서 규정하고 있는 문화경관의 의미와 내용이 무엇인지를 이해하는 데 도움이 된다.[47]

① 문화경관은 자연과 인간이 결합하여 빚어진 문화유산이다.

② 문화경관은 자연환경에 의해서 주어지는 물리적인 제약과 기회, 그리고 연속적인 사회·경제·문화적 영향 아래에서 장기간에 걸친 인간사회와 정주定住의 진화를 나타낸다. 문화경관이라는 용어는 인간과 자연환경 간의 상호작용이 드러난 다양성을 포함한다. 문화경관은 지속가능한 토지이용의 특별한 기술, 정착한 자연환경에 대한 특징과 한계의 고려, 자연에 대한 독특한 정신적인 관계를 반영한다.

③ 문화경관의 보호는 현대의 지속가능한 토지이용의 기술에 기여할 수 있고, 경관의 자연 가치를 유지 내지는 증진시킬 수 있다. 전통적인 토지이용 방식의 지속은 세계 많은 지역에서 생물종의 다양성을 돕는다. 그러므로 전통적인 문화경관의 보호는, 생물종의 다양성을 유지하는 데 도움이 된다.

문화경관의 대상은 인간이 사회를 이루어 터 잡고 살아 온 문화가 어떻게 역사적으로 진화해왔는지를 주 내용으로 한다. 즉, 인간사회와 정주의 진화가 주어진 자연환경에서 사회·경제·문화적 요소와 매개하여 역사적으로 경과하는 동안 어떻게 가시적 경관으로 드러나는지에 착안하고 있다. 그리고 여기에 연관되는 지속가능한 토지이용의 기술, 주거환경과의 물리적·정신적 관계에 주목한다. 문화경관의 보호는 현대의 지속가능한 토지이용과 같은 사회경제적인 의의가 있는 한편, 유산이 갖는 자연가치의 유지와 생물종 다양성에 도움을 주는 자연생태적인 효과도 있음을 적극적으로 명시하고 있다.

다소 모호해 보이는 문화경관 개념은 문화유산의 세 구성요소인 기념물mounments, 건물군groups of building, 유적sites 개념과 대비할 때 분명해진다. 문화경관의 범주는 면적이고 공간적, 입체적 단위이며, 개별 대상기념물, 건물, 유적 등 자체보다는 자연과 인간의 상호작용과 결합의 양상에 초점을 둔다. 문화유산의 건물군에도 경관 상에서의 위치가 개념에 포함되지만, 문화경관 개념에 비하여 개별적이고 점적인 단위다.

예컨대 문화경관의 관점으로 볼 때는, 기념물·건물·유적 등을 개별적이거나 독자적인 범주로 보지 않고, 자연환경이나 주위 경관과 조화를 이루고 있는, 즉 자연과 인문이 상호작용하여 통합된 시스템과 연계된 네트워크로 보는 것이다.

여기서 문화경관의 범주를 분명히 이해할 필요가 있다. 세계유산은 유형별로 크게 문화유산, 자연유산, 복합유산이라는 상위 범주로 분류된다. 문화경관은 유산의 내용과 성격을 규정하는 하위 범주이다. 문화경관은 주 속성상 문화유산이기에 대부분의 경우는 문화유산으로 분류되어 있지만, 다른 한편으로 "자연과 인간이 결합된 작품"combined works of nature and of man을 표현하기 때문에 몇몇 유산은 자연적 등재기준도 충족하여 예외적으로 복합유산으로 분류된다.

2009년 말 현재 유네스코의 분류에 따르면, 문화경관유산 중에서 문

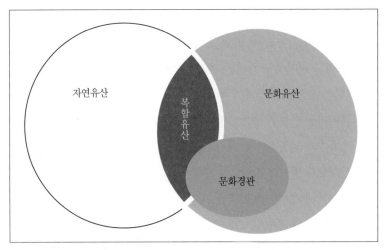

세계유산의 종류와 문화경관의 범주. 문화경관 유형은
대부분 문화유산 범주이지만 부분적으로 자연유산에도 걸쳐 있다.

화기준과 자연기준을 겸하여 가진 복합유산은 5점으로, 울루루 카타추
타 국립공원, 피레네 - 몽 페르뒤, 로페 오칸다의 생태계 및 문화경관, 통
가리로 국립공원Tongariro National Park, 1990/1993, 성 킬다 섬이 있다.(표50 참
조) 따라서 자연과 인간의 상호관계를 대상으로 하는 문화경관의 범주
는 유산의 유형으로 볼 때, 문화유산과 복합유산에 걸쳐 있음을 알 수
있다.

사람과 자연이 함께 만들어가는 문화경관유산

1992년 세계유산위원회에서 채택되어 유네스코 세계문화센터의 운영
지침UNESCO, World Heritage Centre, 2008에 포함된 문화경관의 하위 범주는
다음과 같이 세 가지로 나뉜다. 문화경관의 세 가지 범주를 기존에 등재
된 문화경관 유형의 세계유산 사례와 대비하여 살펴보자.

첫 번째 범주는 '사람에 의해 의도적으로 설계되거나 만들어진 경관'
이다. 심미적인 동기로 조성된 정원, 공원경관 등이 주로 해당되며, 종교
적이거나 기념물적인 건축물도 종종 포함된다. 유럽지역에서 초기에 세
계유산으로 등재되었던 여러 문화경관유산이 이 범주에 속하며, 에스파
냐의 '아란후에즈 문화경관'Aranjuez Cultural Landscape, 2001도 그 사례의 하
나이다.

표49 문화경관유산의 종류[48]

문화경관의 종류		
①	설계된 경관(Designed landscape)	
②	유기적으로 진화하는 경관 (Organically evolving landscape)	-지속(continuous) 경관
		-화석(fossil) 경관
③	결합한 경관(Associative landscape)	

두 번째 범주는 '유기적으로 진화하는 경관'이다. 이것은 처음에 사
회·경제·행정·종교적인 연유로 생겨 자연환경과 관련되고 상응하면서
현재의 모습으로 형성된 것이다. 이들 경관은 그 형태와 구성특색에서 진
화의 과정을 반영한다. 다시 이 범주는 '화석경관'과 '지속경관'의 두 하
위범주로 나뉜다.

'화석유적경관'은 진화과정이 과거의 어떤 시기에 멈추어 물질적인 형
태의 특징으로 남아 있는 것이다. 영국의 '블래나본 산업경관'Blaenavon
Industrial Landscape, 2000이 그 사례이다. 그리고 '지속경관'은 전통적인 삶
의 방식이 현대사회에서도 활발한 역할을 하여 진화과정이 여전히 진
행 중인 것이다. 그것은 장기간에 걸친 진화의 물질적인 증거를 보여준
다. '필리핀의 계단식 벼 경작지, 코르디레라스'Rice Terraces of the Philippine,
Cordilleras, 1995가 이에 해당한다.

세 번째 범주는 '결합한 문화경관'이다. 이 범주는 물질적·문화적 증

거보다는 자연 요소와 종교·예술·문화의 강력한 결합에 의해 정당화된다. 결합한 문화경관 범주는 지역사회와 토착민들의 유산과 그 속에 내재된 무형적 가치를 인식하는 데 특히 중요하다.[49] 예컨대 뉴질랜드의 '통가리로 국립공원'은 "산이 공동체와 환경 사이의 정신적 연계를 상징"하는 것으로 평가받은 사례다.

그러면 문화경관 개념의 도입으로 인해 세계유산 등재기준Selection criteria상에는 그 내용이 어떻게 반영되었을까? 범주상 문화유산의 영역에서 건축, 기술, 기념물, 도시계획에 더하여 경관 디자인landscape design이 포함되었다.(ii) 인류역사의 단계를 보여주는 유산의 유형에도 건물, 건축, 기술에 더하여 경관landscape이 포함되었다.(iv) 그리고 유산의 가치 면에서도, 대상유산이 가진 자연과 문화요소의 상호작용과 통합적 국면에 유의하며(v), 대상유산의 평가에서도 자연과 문화의 조화를 주목하는 관점이 반영되었다.

예컨대 '필리핀의 계단식 벼 경작지, 코르디레라스'는 "사람과 환경 간의 조화로운 상호작용으로 기인된 토지이용의 탁월한 사례로, 미학적으로 대단히 아름다운 경관을 형성했다"고 평가된 바 있다. 중국의 '태산' Mount Taishan, 1987도 "예술적 걸작들이 자연경관과 완전한 조화를 이루고 있다"고 평가했다. 따라서 문화경관유산일 경우, 세계유산 신청서를 작성할 때도, 사람과 자연 간의 상호관계에 대해 특별히 주의하여 등재기준에 대한 설명을 기술할 필요가 있다.[50]

세계 각국의 문화경관유산에는 어떤 것들이 있나

유네스코 세계유산 홈페이지와 보고서에는 2009년까지 66점의 문화경관유산이 따로 분류되어 있으며, 그것을 범주별문화/자연/복합로 보면 5

점이 복합유산이고 나머지는 모두 문화유산이다.

문화경관유산 중에서 오스트레일리아의 '울루루 카타 추타 국립공원'과 뉴질랜드의 '통가리로 국립공원'은 기존의 복합유산에서 1992년 이후에 문화경관으로 다시 등재된 경우이다. 2004년에 세계유산에 등재되었던 독일의 '드레스덴 엘베 계곡'Dresden Eebe Valley은 개발로 인해 역사적 가치가 훼손되었다고 판단되어 세계유산위원회의 결정에 따라 2009년, 문화유산에서 삭제delete되기도 했다.

문화경관유산들의 현황~2009을 등재명칭, 유산의 유형과 등재기준, 국가명, 지정/확장년도 별로 정리하면 표50과 같다.[51] 최근 2011년에도 5점이 문화경관의 명칭으로 세계유산에 등재된 바 있다. 열거하면 '콜롬비아의 커피문화경관'Coffee Cultural Landscape of Colombia, 에스파냐의 '트라문타나 산맥의 문화경관'Cultural Landscape of the Serra de Tramuntana, 프랑

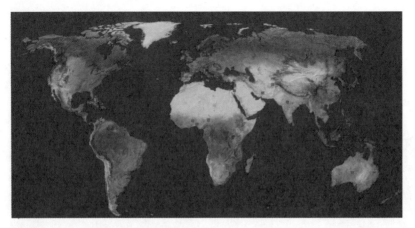

세계유산 목록상의 문화경관 분포(2005)
＊유네스코한국위원회, 앞의 책, 2010, 112쪽.

스의 '코즈와 세벤의 중세 농경목축 문화경관'The Causses and the Cévennes, Mediterranean agro—pastoral Cultural Landscape, 에디오피아의 '콘소 문화경관'Konso Cultural Landscape, 중국에 '항주의 서호 문화경관'West Lake Cultural Landscape of Hangzhou 등이다.

동아시아에는 일본의 '기이산지의 영지와 참배길'2004 '이와미 은광 및 문화경관'2007, '후지 산, 성스러운 장소와 예술적 영감의 원천'2013, 중국의 '오대산'2009, '항주의 서호 문화경관'2011 등 5점만 문화경관유산에 등재되었다.[52] 그 내용을 요약하면, 일본의 '기이산지의 영지와 참배길'은 종교경관과 문화 루트의 순례길로, '이와미 은광 및 문화경관'은 16세기부터 20세기까지 채굴된 은광의 문화경관, 후지 산은 산악신앙의 성스러운 장소이자 심미적 영감의 원천, 중국의 '오대산'은 불교건축경관, '항주의 서호 문화경관'은 서호西湖의 문화역사경관이다.

문화경관유산은 유럽/북아메리카가 가장 많고 다음으로는 아시아/태평양의 순으로 등록되어 있는 실정이다. 특히 유럽 지역 국가가 유산의 과반수 이상을 차지하는 지역적인 불균형을 보인다. 그 이유는 상대적으로 여타

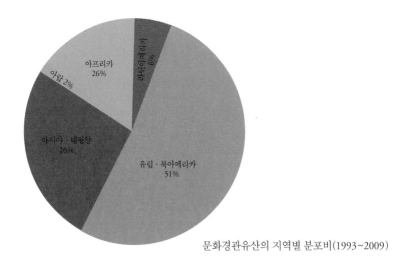

문화경관유산의 지역별 분포비(1993~2009)

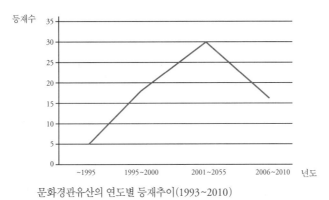

문화경관유산의 연도별 등재추이(1993~2010)

지역에 비하여 유럽의 유산관련 기관 및 단체들이 문화경관유산 범주에 대한 인식이 높고 국가·지역 차원의 법규가 구비되었기 때문이다.[53] 라틴아메리카와 아랍에는 상대적으로 문화경관유산이 적은 편이다. 대상 유산이 국가 간에 걸쳐 있는 월경transboundary 유산도 5개에 이른다.

문화경관유산 등재는 1993년에 등재가 시작된 이래 꾸준히 증가추세에 있다가 2004년을 기점으로 일시적으로 감소되고 있다. 주로 2000년에서 2005년 사이에 등재가 집중적으로 이루어졌다.

표50 문화경관유산 목록(~2009, 알파벳 국가명순)

세계유산 등재 명칭	유산유형 (등재기준)	국가명	지정 /확장 년도	비고
바미안계곡의 문화경관과 고고유적지 (Cultural Landscape and Archaeological Remains of the Bamiyan Valley)	문화(i)(ii) (iii)(iv)(vi)	아프가 니스탄	2003	위험에 처한 유산(2003)
마드리우 클라로 페라피타 계곡 (Madriu-Perafita-Claror Valley)	문화(v)	안도라	2004	
우마우카 협곡 (Quebrada de Humahuaca)	문화(ii) (iv)(v)	아르헨티나	2003	
울루루 카타 추타 국립공원 (Uluru-Kata Tjuta National Park)	복합(v)(vi) (vii)(viii)	오스트레 일리아	1987/ 1994	
할슈타트-닥슈타인/잘츠 카머굿 문화경관 (Hallstatt-Dachstein / Salzkammergut Cultural Landscape)	문화(iii)(iv)	오스트리아	1997/ 1999	
와차우 문화경관 (Wachau Cultural Landscape)	문화(ii)(iv)	오스트리아	2000	
페르퇴 노지들레르시 문화경관 (Fertö Neusiedlersee Cultural Landscape)	문화(v)	오스트리 아/헝가리	2001	월경 유산
고부스탄 암각화 문화경관 (Gobustan Rock Art Cultural Landscape)	문화(iii)	아제르 바이잔	2007	
오대산 (Mount Wutai)	문화(ii)(iii) (iv)(vi)	중국	2009	
스타리 그라드 평야 (Stari Grad Plain)	문화(ii) (iii)(v)	크로아티아	2008	
쿠바 동남부의 최초 커피 재배지 고고학적 경관 (Archaeological Landscape of the First Coffee Plantations in the South-East of Cuba)	문화(iii)(iv)	쿠바	2000	
비날레스 계곡 (Viñales Valley)	문화(iv)	쿠바	1999	
레드니스-발티스 문화경관 (Lednice-Valtice Cultural Landscape)	문화(i) (ii)(iv)	체코	1996	
생테밀리옹 포도 재배 지구 (Jurisdiction of Saint-Emilion)	문화(iii)(iv)	프랑스	1999	
쉴리 쉬르 루아르와 샬론 간 루아르 계곡 (The Loire Valley between Sully-sur-Loire and Chalonnes)	문화(i) (ii)(iv)	프랑스	2000	
피레네-몽 페르뒤 (Pyrénées - Mont Perdu)	복합(iii)(iv) (v)(vii)(viii)	프랑스/ 스페인	1997	월경 유산
로페 오칸다의 생태계 및 문화경관 (Ecosystem and Relict Cultural Landscape of Lopé-Okanda)	복합(iii) (iv)(ix)(x)	가봉	2007	
드레스덴엘베 계곡 (Dresden Elbe Valley)	문화(ii)(iii) (iv)(v)	독일	2004	삭제 유산 (2009)
데소 뵐리츠의 정원 (Garden Kingdom of Dessau-Wörlitz)	문화(ii)(iv)	독일	2000	
중북부 라인 계곡 (Upper Middle Rhine Valley)	문화(ii) (iv)(v)	독일	2002	
무스카우어 공원 (Muskauer Park / Park Muzakowski)	문화(i)(iv)	독일/폴란드	2004	월경 유산
호르토바기 국립공원 (Hortobágy National Park - the Puszta)	문화(iv)(v)	헝가리	1999	

명칭	등재기준	국가	연도	비고
토카지 와인 지역 문화 유산 (Tokaj Wine Region Historic Cultural Landscape)	문화(iii)(v)	헝가리	2002	
싱벨리어 국립공원 (Þingvellir National Par)k	문화(iii)(vi)	아이슬란드	2004	
빔베트카의 바위그늘 유적 (Rock Shelters of Bhimbetka)	문화(iii)(v)	인도	2003	
밤 지역 경관 (Bam and its Cultural Landscape)	문화(ii)(iii) (iv)(v)	이란	2004	위험에 처한 유산(2004)
네제브 지역의 사막 도시와 향로 (Incense Route - Desert Cities in the Negev)	문화(iii)(v)	이스라엘	2005	
알불라·베르니나 문화경관지역의 라에티안 철로 (Rhaetian Railway in the Albula / Bernina Landscapes)	문화(ii)(iv)	이탈리아/ 스위스	2008	월경 유산
피에드몽과 롬바르디의 영산 (Sacri Monti of Piedmont and Lombardy)	문화(ii)(iv)	이탈리아	2003	
포르토베네레, 친케 테레와 섬들 (Portovenere, Cinque Terre, and the Islands (Palmaria, Tino and Tinetto)	문화(ii) (iv)(v)	이탈리아	1997	
발도르시아 (Val d'Orcia)	문화(iv)(vi)	이탈리아	2004	
코스티에라 아말피타라 (Costiera Amalfitana)	문화(ii) (iv)(v)	이탈리아	1997	
시렌토, 발로, 디 디아노 국립공원 (Cilento and Vallo di Diano National Park with the Archeological sites of Paestum and Velia, and the Certosa di Padula)	문화(iii)(iv)	이탈리아	1998	
기이산지의 영지와 참배길 (Sacred Sites and Pilgrimage Routes in the Kii Mountain Range)	문화(ii)(iii) (iv)(vi)	일본	2004	
이와미 은광 및 문화경관 (Iwami Ginzan Silver Mine and its Cultural Landscape)	문화(ii) (iii)(v)	일본	2007	
탐갈리 암면 조각화 (Petroglyphs within the Archaeological Landscape of Tamgaly)	문화(iii)	카자흐스탄	2004	
미지켄다 부족의 카야(聖林) (Sacred Mijikenda Kaya Forests)	문화(iii) (v)(vi)	케냐	2008	
술라마인투 성산 (Sulaiman-Too Sacred Mountain)	문화(iii)(vi)	키르기 즈스탄	2009	
참파삭 문화지역 안의 푸 사원과 고대 주거지 (Vat Phou and Associated Ancient Settlements within the Champasak Cultural Landscape)	문화(iii) (iv)(vi)	라오스	2001	
콰디샤의 성스런 계곡과 삼목숲 (Ouadi Qadisha (the Holy Valley) and the Forest of the Cedars of God (Horsh Arz el-Rab))	문화(iii)(iv)	레바논	1998	
케르나베 고고 문화경관 (Kernave Archaeological Site Cultural Reserve of Kernave)	문화(iii)(iv)	리투아니아	2004	
크로니안 스피트 (Curonian Spit)	문화(v)	리투아니 아/러시아	2000	월경 유산
암보히만가 왕실 언덕 (Royal Hill of Ambohimanga)	문화(iii) (iv)(vi)	마다가 스카르	2001	
르몬 문화경관 (Le Morne Cultural Landscape)	문화(iii)(vi)	모리셔스	2008	

용설란 재배지 경관 및 구 데킬라 공장 유적지 (Agave Landscape and Ancient Industrial Facilities of Tequila)	문화(ii)(iv) (v)(vi)	멕시코	2006	
오르콘 계곡 문화 경관 (Orkhon Valley Cultural Landscape)	문화(ii) (iii)(iv)	몽고	2004	
통가리로 국립공원 (Tongariro National Park)	복합(vi) (vii)(viii)	뉴질랜드	1990/ 1993	
수쿠 문화경관 (Sukur Cultural Landscape)	문화(iii) (v)(vi)	나이제리아	1999	
오순-오소그보 신성숲 (Osun-Osogbo Sacred Grove)	문화(ii) (iii)(vi)	나이제리아	2005	
베가연-베가 제도 (Vegaøyan-The Vega Archipelago)	문화(v)	노르웨이	2004	
쿠크 초기 농경지 (Kuk Early Agricultural Site)	문화(iii)(iv)	파푸아 뉴기니	2008	
필리핀의 계단식 벼 경작지, 코르디레라스 (Rice Terraces of the Philippine, Cordilleras)	문화(iii) (iv)(v)	필리핀	1995	위험에 처한 유산(2001)
칼바리아 제브르지도우카 (Kalwaria Zebrzydowska: the Mannerist Architectural and Park Landscape Complex and Pilgrimage Park)	문화(ii)(iv)	폴란드	1999	
피코 섬의 포도밭 경관 (Landscape of the Pico Island Vineyard Culture)	문화(iii)(v)	포르투갈	2004	
알토 도루 포도주 산지 (Alto Douro Wine Region)	문화(iii) (iv)(v)	포르투갈	2001	
신트라의 문화경관 (Cultural Landscape of Sintra)	문화(ii) (iv)(v)	포르투갈	1995	
마푼구베 문화경관 (Mapungubwe Cultural Landscape)	문화(ii)(iii) (iv)(v)	남아프리 카공화국	2003	
리흐터스펠트 문화 및 식물경관 (Richtersveld Cultural and Botanical landscape)	문화(iv)(v)	남아프리 카공화국	2007	
아란후에즈 문화경관 (Aranjuez Cultural Landscape)	문화(ii)(iv)	스페인	2001	
남부 올랜드 농업 경관 (Agricultural Landscape of Southern Öland)	문화(iv)(v)	스웨덴	2000	
라보 포도원 테라스 (Lavaux, Vineyard Terraces)	문화(iii) (iv)(v)	스위스	2007	
코타마코,바타마리바 지역 (Koutammakou, the Land of the Batammariba)	문화(v)(vi)	토고	2004	
니사의 파르티아 성채 (Parthian Fortresses of Nisa)	문화(ii)(iii)	투르크메 니스탄	2007	
큐-왕립식물원 (Royal Botanic Gardens, Kew)	문화(ii) (iii)(iv)	영국	2003	
블래나본 산업경관 (Blaenavon Industrial Landscape)	문화(iii)(iv)	영국	2000	
성 킬다 섬 (St. Kilda)	복합(iii)(v) (vii)(ix)(x)	영국	2004/ 2005	
콘월 및 데본 지방의 광산 유적지 경관 (Cornwall and West Devon Mining Landscape)	문화(ii) (iii)(iv)	영국	2006	
바누아투 로이 마타 추장 영지 (Chief Roi Mata's Domain)	문화(iii) (v)(vi)	바누아투	2008	
마토보 언덕(Matobo Hills)	문화(iii) (v)(vi)	짐바브웨	2003	

* 음영은 산악유산임

이들 가운데는 인류역사의 단계 유형 기준과 문화적 전통의 증거 기준을 충족시켜 등록된 것이 가장 많은 비중을 차지한다. 다음으로 많은 것이 자연과 인간의 상호작용 기준, 인류가치의 교류 기준 등이다. 상대적으로 인류의 걸작물 기준이 차지하는 비중은 적다.

특히 문화경관유산의 가치는 (v)번 항목에서 규정하는 "환경과 인간과의 상호작용"이 핵심 요소다. 이 점을 감안하여 등재정당성을 요약해보면 많은 경우가 "역사적으로 오래되거나, 자연환경과 조화로운 방식의 토지이용·생활양식·주거경관"으로 집약된다.

예컨대 안도라의 '마드리우 클라로 페라피타 계곡'Madriu-Perafita-Claror Valley, 2004은 "주민들이 피레네의 고산지대에 천년이 넘도록 살면서 산악경관과 조화된 지속가능한 주거환경을 창조"한 점이 평가되었다. 오스트리아/헝가리의 '페르퇴 노지들레르시 문화경관'Fertö Neusiedlersee Cultural Landscape, 2001의 다양성은 "인간이 자연환경과 더불어 진화하고 공생한 과정의 결과"라고 평가되었다.

역시 헝가리의 '호르토바기 국립공원'Hortobàgy National Park-the Puszta, 1999 과 '토카지 와인 지역 문화 유산'Tokaj Wine Region Historic Cultural Landscape, 2002의 문화경관은 "전통적인 토지이용"이 높게 평가되었다. 특히 호르트바기 국립공원은 "2천 년이 넘도록 전통적인 토지이용의 증거를 지니고, 인간과 자연의 조화로운 상호작용을 드러낸다"고 평가되었다.

크로아티아의 '스타리 그라드 평야'Stari Grad Plain, 2008는 "고대의 전통적 정주지"라는 점이 부각되었다. 프랑스/에스파냐의 '피레네-몽 페르뒤'Pyrénées-Mont Perdu, 1997 문화경관은 "자연미와 사회경제적인 구조가 결합하여 유럽에서 드문 산지의 생활양식을 보여주는 탁월한 사례"로 평가받았으며, 독일의 '중북부 라인 계곡'Upper Middle Rhine Valley, 2002의 문화경관은 "2천 년 이상 라인 강 협곡에서 전통 생활양식과 커뮤니케이션

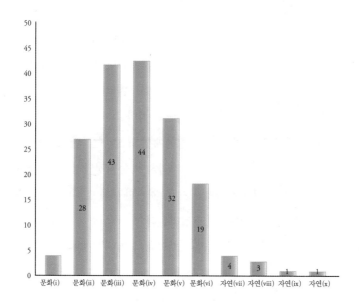

문화경관유산 등재기준별 영역구성 비율(1993~2009)

수단이 진화된 사례"로 세계유산이 되었다.

그리고 문화와 자연 기준을 동시에 충족하여 복합유산으로 등재된 것은 총 5점이다. 자연 등재기준(vii~x)만을 모아봤을 때 자연미 기준(vii)이 가장 많고, 지질·지형 특성의 기준(viii), 생물다양성 서식지 기준x과 생물학적 진화과정의 기준(ix)의 순으로 많았다. 영국의 '성 킬다 섬'은 생물학적 진화과정 기준과 생물다양성 서식지 기준을 충족했다. 오스트레일리아의 '울루루 카타 추타 국립공원'과 뉴질랜드의 '통가리로 국립공원', 프랑스/에스파냐의 '피레네-몽 페르뒤'는 자연미 기준과 지질·지형적 특성의 기준을 충족했다. 그리고 가봉의 '로페-오칸다의 생태계 및 유적 문화경관'[2007]은 생물학적 진화과정의 기준과 생물다양성 서식지 기준을 충족했다.

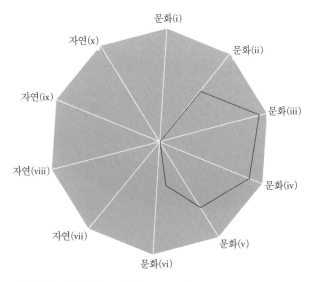

문화(i)

자연(x)

문화(ii)

자연(ix)

문화(iii)

자연(viii)

문화(iv)

자연(vii)

문화(v)

문화(vi)

문화경관유산 등재기준 구성비(1993~2009)

문화경관유산에서 중시되는 관점들

문화경관유산의 유형별 특성[1992~2002]을 보면, 문화경관을 구성하는
요소의 공간적·가시적 유형뿐만 아니라 문화경관에서 중시되는 관점도
알 수 있다. 세부 항목을 보면 미학 가치, 수경관水景觀, 생활방식이나 토
지이용의 지속성, 농업경관의 요소, 지역주민과 집단의 정체성 반영, 국
립공원 포함 여부, 종교성과 신성성의 특질을 지닌 경관, 삶과 생존이 주
제가 되는 경관, 취락이 포함되어 있는지 여부 등이 주로 중요하게 생각
하는 것들이다.

그중에서 몇 가지 두드러진 특징을 보자면, 등재된 문화경관유산 가운
데 취락과 수경관이 포함된 것이 5분의 4 가량으로 가장 많고, 3분의 2
가량이 미학적 가치, 농업경관, 생활방식·토지이용의 지속성, 지역공동
체의 정체성 요소를 포함하고 있다. 상대적으로 산업유산은 드물다. 산이

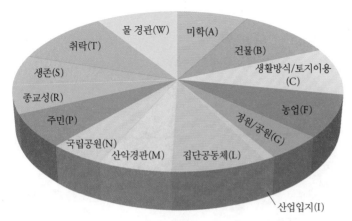

문화경관유산의 유형별 특성(1992~2002)

UNESCO, World Heritage Centre, 2002, World Heritage paper 7. 18의
'세계문화경관유산의 등재기준 및 특성 분석' 자료를 바탕으로 작성.

경관의 주요한 부분이 된 유산도 13점이 있으며, 대부분은 종교성이나
신성성을 중요한 특질로 지닌다. 물[水]이 경관의 주요한 부분을 차지하
는 유산 중에서 관개나 기능적인 물 관리 형태가 주목된 것도 과반수에
이른다.

유네스코 세계유산에 등재된 세계의 명산들

산과 산악경관 세계유산의 현황

세계적으로 탁월한 가치를 지니고 있는 산악은 자연의 환경생태 속성과 인간의 거주 유무에 따라 자연경관이거나 문화경관으로서 유산가치의 가능성이 큰 곳이다. 2005년 현재 유네스코 세계유산센터가 규정하는 산악의 기준에 부합하는 59곳의 산악보호지역이 세계유산목록에 등재되었으며, 그중 아시아는 18곳이 포함되었다.

유네스코 세계유산센터의 '산' 정의 기준에 따르면, "보호지역 안에 최소 1,500미터의 융기지역, 최소 1만 헥타르의 면적 보유, IUCN의 보호구역 기준 1~4에 해당하는 지역"으로 규정하고 있다.

그리고 총 24점2010년 기준의 복합유산 중에 42퍼센트가 산악지역에 있다. 산악유산 가운데서 적어도 25곳은 사람이 살고 있어서, 인간이 유산에 중요한 부분을 차지하고 있으며, 향후 인간과 환경의 상호작용이라는 새로운 기준에 따라 산악유산을 지정할 가능성을 보여준다.[54] 이러한 세계유산센터의 분석은 사람이 거주하는 산악의 문화경관 유산가치의 속성을 잘 반영하고 있다.

특히 세계유산 중에서 산/산맥 이름이 공식명칭이 되어 세계유산에 등재된 사례는 30여 개에 이른다. 이렇게 산 이름을 공식명칭으로 하여 세계유산이 등재된 것은 산 자체가 세계유산적 가치와 장소적 정체성을 담보·대표하고 있기에, 산 세계유산이라는 개념범주에 더 부합된다.[55] 그 현황을 등재 명칭, 유산유형 및 등재기준, 국가명, 지정(확장)년도의 순서로 정리하면 표51과 같다.

산 명칭 세계유산을 지역별로 보면 아시아가 과반수의 비중을 차지하고, 다음으로 유럽, 북아메리카, 아프리카의 순이다. 아랍에 한 곳이 있고, 라틴아메리카에는 하나도 없다. 세계유산 등재 초기에는 적은 수로 유지되다가 1995년부터 2005년에 이르는 기간에 가장 많이 등재되었다. 산 등재는 2006년부터 현재까지 꾸준히 증가해나가는 추세에 있다.

산 명칭 세계유산은 유형별로 문화유산 11점, 자연유산 14점, 복합유산 7점이 있다. 산 명칭 세계유산 보유국은 중국이 10점으로 압도적인 다수를 차지하며, 그밖에 이탈리아와 일본이 3점으로 뒤를 잇고 있다. 동아시아가 13점으로 산 명칭 유산이 상대적으로 다수를 차지하는 것은 산이 가지는 문화적 가치와 역사적 비중이 반영된 것으로 보인다.

등재된 공식명칭을 분석하면, 고유명사인 산 이름만으로 호칭된 것은 태산, 무이산, 황산, 아토스 산, 몬테 산 조르조, 피레네 몽 페르뒤, 에트나 산, 텐샨 등 8점이다. 산의 문화경관이라는 명칭도 1점 '트라문타나 산맥의 문화경관'이 있고, 문화유산과 결부된 명칭은 5점 '무당산의 고대 건축물군' 등이 있다. 국립공원 및 자연보호지역으로 표현된 명칭도 7점 '캐나디언 로키 산맥 국립공원' 등이 있고, 해당유산의 정신적 장소성을 표현한 성산Sacred Mountain 과 영지Sacred Sites의 명칭도 3점 '피에드몽과 롬바르디의 영산' 등이 있다.

향후 산 유산의 등재경향을 보여주는 잠정목록 현황2011년 말 현재을 한·중·일을 대상으로 살펴보자. 중국은 총 52점을 잠정목록으로 신청했는데 그중에서 9점이 산산맥으로, 자연유산이 4점 '금불산풍경구' '중국 알타이 산맥' '신강의 천산산맥' '카라코룸 산맥 파미르고원'이고, 복합유산이 5점 '화산풍경구'

표51 산/산맥 명칭의 세계유산 목록(~2013, 등재년도 순)

세계유산 등재 명칭	유산유형 (등재기준)	국가명	지정/ 확장년도
님바 산의 자연보호지역 (Mount Nimba Strict Nature Reserve)	자연(ix)(x)	기니 코트디브와르	1981/1982
그레이트 스모키 산맥 국립 공원 (Great Smoky Mountains National Park)	자연(vii)(viii) (ix)(x)	미국	1983
캐나디언 로키 산맥 공원(Canadian Rocky Mountains Parks)	자연(vii)(viii)	캐나다	1984
태산(Mount Taishan)	복합(i)(ii)(iii) (iv)(v)(vi)(vii)	중국	1987
아토스 산(Mount Athos)	복합(i)(ii)(iv) (v)(vi)(vii)	그리스	1988
통가리로 국립공원(Tongariro National Park)	복합(vi)(vii)(viii)	뉴질랜드	1990/1993
황산(Mount Huangshan)	복합(ii)(vii)(x)	중국	1990
시라카미산치(白神山地)(Shirakami-Sanchi)	자연(ix)	일본	1993
무당산의 고대 건축물군 (Ancient Building Complex in the Wudang Mountains)	문화(i)(ii)(vi)	중국	1994
여산국가급풍경명승구(Lushan National Park)	문화(ii)(iii)(iv)(vi)	중국	1996
아미산과 낙산 대불(Mount Emei Scenic Area, including Leshan Giant Buddha Scenic Area)	복합(iv)(vi)(x)	중국	1996
피레네-몽 페르뒤(Pyrénées - Mont Perdu)	복합(iii)(iv) (v)(vii)(viii)	프랑스/에스파냐	1997/1999
알타이 황금산(Golden Mountains of Altai)	자연(x)	러시아	1998
무이산(Mount Wuyi)	복합(iii)(vi)(vii)(x)	중국	1999
청성산과 도강언 용수로 시스템 (Mount Qingcheng and the Dujiangyan Irrigation System)	문화(ii)(iv)(vi)	중국	2000
블루마운틴 산악지대(Greater Blue Mountains Area)	자연(ix)(x)	오스트레일리아	2000
알프스 융프라우 및 인근지(Swiss Alps Jungfrau-Aletsch)	자연(vii)(viii)(ix)	스위스	2001/2007
몬테 산 조르조(Monte San Giorgio)	자연(viii)	스위스/이탈리아	2003/2010
피에드몽과 롬바르디의 영산 (Sacri Monti of Piedmont and Lombardy)	문화(ii)(iv)	이탈리아	2003
기이산지의 영지와 참배길(Sacred Sites and Pilgrimage Routes in the Kii Mountain Range)	문화(ii)(iii)(iv)(vi)	일본	2004
산마리노 역사지역 및 티타노산 (San Marino Historic Centre and Mount Titano)	문화(iii)	산마리노	2008
삼청산 국가급풍경명승구 (Mount Sanqingshan National Park)	자연(vii)	중국	2008
술라마인투 성산(Sulaiman-Too Sacred Mountain)	문화(iii)(vi)	키르기즈스탄	2009
오대산(Mount Wutai)	문화(ii)(iii)(iv)(vi)	중국	2009
트라문타나 산맥의 문화경관 (Cultural Landscape of the Serra de Tramuntana)	문화(ii)(iv)(v)	에스파냐	2011
카멜 산의 인류 진화유적 (Sites of Human Evolution at Mount Carmel)	문화(iii)(v)	이스라엘	2012
서고츠 산맥(Western Ghats)	자연(ix)(x)	인도	2012
후지 산, 성스런 장소와 예술적 영감의 원천 (Fujisan, sacred place and source of artistic inspiration)	문화 (iii)(vi)	일본	2013
에트나 산(Mount Etna)	자연 (viii)	이탈리아	2013
신장 톈산(Xinjiang Tianshan)	자연 (vii)(ix)	중국	2013
타지크 국립공원〈파미르의 산〉 (Tajik National Park 〈Mountains of the Pamirs〉	자연 (vii)(viii)	타지키스탄	2013
케냐 산 국립공원과 천연림 (Mount Kenya National Park, Natural Forest)	자연(vii)(ix)	케냐	1997(2013년 확장)

중국 운남성의 대리 고성(古城)에서 보이는 창산.
최근 중국에서 '대리 창산 얼하이 풍경구'라는 명칭으로 세계유산 잠정목록에 등재했다.

'안탕산' '맥적산풍경구' '대리 창산 얼하이 풍경구' '오악'이다.[56] 일본은 총 12점의 잠정목록 중에 1점이 산으로, 2013년에 '후지 산'을 문화경관유산으로 신청하여 세계유산 등재에 성공했다.

한국은 총 13점의 잠정목록 중에 2점이 산으로, 1994년에 자연유산으로 '설악산 천연보호구역'을 신청한 바 있으며, 지리산도 잠정목록 신청을 추진하는 중이다.

산 세계유산의 한 사례로서 중국 '무이산'의 경우를 보자. 무이산은 역사유적·신유학의 발상지가 결합한 문화경관 가치와 자연미·아열대삼림·생물종다양성을 갖춘 자연경관의 탁월성을 겸비하여 1999년에 복합유산으로 등재되었다. 무이산은 중국의 복건성과 강서성의 경계에 자리 잡고 있다.

일본 후지 산의 위용. 2013년에 '후지 산, 성스런 장소와 예술적 영감의 원천'이라는
이름으로 세계문화유산에 등재되었다.

유네스코는 무이산의 세계유산 등재 정당성과 가치를 다음과 같이 평
가했다. "무이산은 특별한 고고학적 유적지를 비롯하여 사원들과 11세기
신유학의 탄생과 관련된 학문센터들을 지니고 있다. 무이산은 동아시아
와 동남아시아에서 수세기 동안 지배적인 역할을 한 신유학의 요람이다.
무이구곡의 하천 경관은 바위 절벽과 어우러져 특별한 경치를 보인다. 무
이산은 세계에서 가장 탁월한 아열대 삼림지 가운데 하나로서, 수많은 원
시종, 고유종, 잔존식물종의 피난처 역할을 한다."

산악문화경관 유형의 세계유산

유네스코 세계유산센터의 자료에 의거하면, 산이거나 경관에 산이 중

무이산 무이구곡 경관. 주자 신유학의 요람지이며,
탁월한 산수경관을 보인다.

요한 부분을 차지하는 문화경관 유형의 유산은 2009년까지 15점으로 집계된다.[57]

이 자료를 분석해보면, 문화경관 유형의 산악경관 세계유산이하 산악문화경관유산은 유럽과 아시아/태평양 국가들만 보유하고 있다. 그중에서 유럽이 과반수 이상을 차지한다. 연도별 등재추이를 보면, 등재 초기부터 2000년도까지는 꾸준히 증가세에 있으나 이후로는 감소되는 추세에 있다.

산악문화경관유산은 종류별로 문화유산 12점, 복합유산 3점이 있다. 등재기준의 항목별로 집계해보면 문화유산의 등재기준으로 인류 역사의 중요단계를 예증하는 유산iv 항목이 가장 많고 다음으로 인간 가치의 중요한 교환을 반영하는 유산ii·문화적 전통이나 문명의 특출한 증거유산iii·환경과 인간의 상호작용유산v 항목이 많다. 문화유산의 걸작품을 표현하는 항목i이 없는 것은 평지나 도시문명 유산과 대비되는 측면이기도 하다. 자연유산의 등재기준으로 적용된 항목은 산악경관의 특징을 드러내는 자연미와 지형·지질 항목만 있다.

산악문화경관유산의 경관특성을 분석하면, 산악미의 자연요소를 반영하는 것으로 미학 가치가 중요하거나, 물이 경관의 주요한 부분을 차지하는 유산'신트라의 문화경관' 등이 많았다. 그리고 산지생활을 드러내는 것으로, 취락이 포함되거나 주민의 인구가 경관에 중요한 부분을 차지하는 유산'필리핀의 계단식 벼 경작지, 코르디레라스' 등, 그리고 생존이 특성이 된 유산'피레네-몽 페르뒤' 등도 비중이 컸다. 산악이 지니는 종교성이나 신성성이 경관의 주요한 특질이 되는 유산'오대산' '울루루 카타 추타 국립공원' '기이산지의 영지와 참배길' 등도 여타에 대비해볼 때 많은 편이다. 유산관리 측면으로 국립공원이나 국립공원을 포함한 유산'통가리로 국립공원' 등도 일정한 비중을 차지했다.

다음으로는 산악문화경관유산에 대해 평가된 유산가치의 키워드를 추

표52 산악문화경관 세계유산 목록(~2009, 등재년도 순)

세계유산 등재 명칭	유산유형 (등재기준)	국가명	지정/ 확장년도	비고
울루루 카타 추타 국립공원 (Uluru-Kata Tjuta National Park)	복합(v)(vi)(vii)(viii)	오스트 레일리아	1987/ 1994	
통가리로 국립공원(Tongariro National Park)	복합(vi)(vii)(viii)	뉴질랜드	1990/ 1993	
필리핀의 계단식 벼 경작지, 코르디레라스 (Rice Terraces of the Philippine Cordilleras)	문화(iii)(iv)(v)	필리핀	1995	위험에 처한 유산(2001)
신트라의 문화경관(Cultural Landscape of Sintra)	문화(ii)(iv)(v)	포르투갈	1995	
피레네-몽 페르뒤(Pyrénées - Mont Perdu)	복합(iii)(iv) (v)(vii)(viii)	프랑스/ 에스파냐	1997	국경을 넘는 유산
할슈타트-닥슈타인/잘츠 카머굿 문화경관 (Hallstatt-Dachstein / Salzkammergut Cultural Landscape)	문화(iii)(iv)	오스트 리아	1997/ 1999	
포르토베네레, 친케 테레와 섬들 (Portovenere, Cinque Terre, and the Islands (Palmaria, Tino and Tinetto)	문화(ii)(iv)(v)	이탈리아	1997	
코스티에라 아말피타라(Costiera Amalfitana)	문화(ii)(iv)(v)	이탈리아	1997	
시렌토, 발로, 디 디아노 국립공원 (Cilento and Vallo di Diano National Park with the Archeological sites of Paestum and Velia, and the Certosa di Padula)	문화(iii)(iv)	이탈리아	1998	
칼바리아 제브르지도우카 (Kalwaria Zebrzydowska: the Mannerist Architectural and Park Landscape Complex and Pilgrimage Park)	문화(ii)(iv)	폴란드	1999	
참파삭 문화지역내 푸 사원과 고대 주거지 (Vat Phou and Associated Ancient Settlements within the Champasak Cultural Landscape)	문화(iii)(iv)(vi)	라오스	2001	
피에드몽과 롬바르디의 영산 (Sacri Monti of Piedmont and Lombardy)	문화(ii)(iv)	이탈리아	2003	
기이산지의 영지와 참배길 (Sacred Sites and Pilgrimage Routes in the Kii Mountain Range)	문화(ii)(iii)(iv)(vi)	일본	2004	
마드리우-페라피타-클라로 계곡 (Madriu-Perafita-Claror Valley)	문화(v)	안도라	2004	
오대산(Mount Wutai)	문화(ii)(iii)(iv)(vi)	중국	2009	

출해보고 보편성과 특수성을 도출해보자. 이 일은 유산가치의 정체성을 분명하게 드러내는 기본적인 작업이 된다. 이미 등재된 산악문화경관의 유산에 '자연 – 인간의 상호작용'이라는 문화경관의 속성을 규정하는 키워드가 어떻게 구체적으로 평가·표현되고 있는지를 몇 가지 요약해보면 다음과 같다.[58]

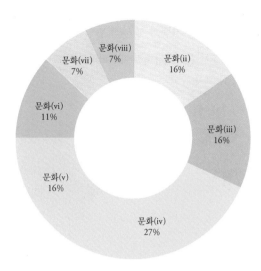

문화(viii)
7%

문화(vii)
7%

문화(ii)
16%

문화(vi)
11%

문화(iii)
16%

문화(v)
16%

문화(iv)
27%

산악문화경관유산의 등재기준 구성비(1992~2009).

"산은 문화 및 종교적 중요성을 가지며, 공동체와 환경 사이의 정신적 연계를 상징"('통가리로 국립공원')

"인간과 환경 간의 조화를 나타내는 아름다운 경관, 인간과 환경 간의 조화로운 상호작용이 빚어낸 뛰어난 토지 이용의 예"('필리핀의 계단식 벼 경작지, 코르디레라스')

"산악 지방에서의 생활 방식을 보여주는 사회·경제 구조와 자연 풍경의 아름다움이 혼합"('피레네-몽 페르뒤')

"아름다운 경치를 가진 경관을 만들기 위한 인간과 자연 간의 조화로운 상호 작용"('포르토베네레, 친케 테레와 섬들')

"척박한 지형과 역사적 발달의 결과로 생긴 훌륭한 문화경관으로서의 가치"('코스티에라 아말피타라')

"산맥을 따라 위치한 신전과 주거지는 역사적 발전을 보여주는 뛰어난 문화경관"('시렌토, 발로, 디 디아노 국립공원')

"자연과 인간이 만든 요소들이 조화를 이루는 아름답고 영적인 문화경관"('칼바리아 제브르지도우카')

"자연과 인간의 관계에 대한 힌두교의 관념을 표현, 자연 경관에 위대한 정신이 통합된 상징적 문화경관"('참파삭 문화경관 내 왓푸 사원과 고대 주거지')

"기념물과 유적은 교류와 발전을 보여주는 문화경관, 유적과 산림경관은 영산의 전통을 증명"('기이산지의 영지와 참배길')

"지역 사람들이 수천 년에 걸쳐 산맥에서 자원을 채취하면서 산악경관과 조화를 이루며 지속가능한 생활 환경을 만들어낸 방식('마드리우 – 페라피타 – 클라로 계곡')

위의 내용에서 보듯이 기존에 산악문화경관유산은, 인간과 자연 간의 정신적인 연계와 조화로운 상호작용으로 빚어진 미학, 산지환경에 적응하면서 형성된 지속가능한 생활방식과 토지이용, 산지에 형성된 문화경관의 역사적 발전과 교류의 증거 등이 주요한 키워드로 평가되었음을 알 수 있다.

그 가운데 '인간과 자연 간의 정신적인 연계'가 주요하게 평가된 사례로 그리스의 '아토스 산'은 신성한 산Holy Mountain, 일본의 '기이산지의 영지와 참배길'은 영지Sacred Sites라는 명칭으로 등재되었다. 뉴질랜드의 '통가리로 국립공원'은 "산이 마오리 족에게 문화적이고 종교적인 의미를 가지고 있고, 공동체와 환경과의 정신적인 연계를 상징한다"고 평가받았다.

이들 산악문화경관유산 중에서 문화적 등재기준을 갖춘 문화유산 사례와 문화·자연적 등재기준을 겸비한 복합유산 사례를 구체적으로 살펴보자.

세계문화유산에 오른 산악문화경관

필리핀의 계단식 벼 경작지, 코르디레라스

필리핀의 계단식 벼 경작지, 코르디레라스는 2천여 년에 걸친 산지농경 생활양식을 탁월하게 반영하고 있는 문화경관유산이다. 지속가능한 농경의 공동 시스템을 나타내는 계단식 논 경관으로 세계유산이 된 사례이다. 1995년에 등재기준 (iii)(iv)(v)을 충족하여 문화유산이 되었으며, 2001년에는 위험에 처한 유산으로 분류되었다. 루손Luzon 섬 북부 코르디레라Cordillera 산맥의 원거리 지역인 이푸가오에 있다.

유네스코는 세계유산으로서의 정당성에 대해 "코르디레라스 계단식 논은 오랜 기간에 걸쳐 진화해 거대한 규모로 현존하는, 벼농사경관의 탁월한 사례이다. 그것은 쌀 생산에서 지속가능한 공동 시스템의 극적인 증거로서 2천 년이나 지속되었다. 천 세대가 넘는 소규모 농민들은 공동체로 함께 일하면서 지속가능하게 이용할 수 있는 계단식 경작 경관을 창출했다. 계단식 논은 사람과 환경 간의 조화로운 상호작용으로 말미암은 토지이용의 탁월한 사례이다. 미학적으로 대단히 아름다운 경관을 형성했지만 오늘날의 사회적이고 경제적인 변화에는 취약하다"고 평가했다.

한편, 최근에 선정된 에스파냐의 농업경관유산인 '트라문타나 산맥의 문화경관'The Cultural Landscape of the Serra de Tramuntana, 2011 역시 "자원이 부족한 환경에서 천여 년 동안 이어져온 농업에 의해 변형된 지형과 관개시설이 돋보인다"고 평가받은 바 있다.

중국의 오대산

중국의 오대산은 종교건축과 결합된 산악의 미학적 문화경관이 세계적 문화유산으로 된 사례이다. 2009년에 등재기준 (ii)(iii)(iv)(vi)을 충족시켜 문화경관유산이 되었다. 산서성에 있는 오대산은 중국 북부에서 가장 높은 산으로서, 지형적으로 절벽의 사면에 다섯 개의 평평한 봉우리를 지닌 놀라운 경관을 갖고 있는 불교의 성산이다. 이 산의 세계유산적 가치는 사원들의 집합, 문화교류를 반영하는 건축물, 산악경관과 건물들의 조화, 삼림경관의 아름다움, 성지순례의 길, 사찰 내의 걸작들로 요약할 수 있다.

오대산의 세계유산 등재 정당성과 가치에 있어 "불교 건축물과 조상彫像·탑을 갖춘 오대산의 종교사원경관은 산이 불교의 성소聖所가 되는 방식으로 깊은 사상의 교류를 반영하고 있다. 오대산의 사찰 조영造營 관념은 중국 전역에 영향을 미쳤다. 오대산은 산이 종교적인 수도처로 진화된 문화전통의 예외적인 증거다. 이 산은 아시아의 광범위한 지역에 걸쳐 성지순례지로 주목받아왔으며, 그 문화적인 전통은 아직까지 살아 있다"고 평가됐다.

오대산의 경관과 건물들과의 앙상블은 산악경관과 건축물·조형물들 간의 어울림으로 빛나며, 이는 불교신자들의 거룩함을 축원하는 천년에

중국 오대산의 문화경관. 거대한 공간적 스케일에 불교건축물들이 빽빽하게 들어섰다.
백탑(사리탑)이 중심이다. 오대산은 한국과 일본 오대산신앙의 기원지가 된다.

걸친 황실의 영향력을 나타낸다. 오대산은 자연경관과 불교문화의 융합,
인간과 자연 간의 조화를 추구하는 중국철학의 사고를 잘 보여준다. 오대
산은 문화적으로 멀리까지 영향을 미쳤다. 그 결과 한국과 일본뿐만 아니
라 중국의 광주, 산서, 호북, 광동 지방과 같은 다른 지역에서도 비슷한 산
을 오대산이라고 이름지었다.

일본의 기이산지의 영지와 참배길

일본 기이산지의 영지와 참배길은 산의 신성성에 대한 종교 결합과 문
화 인식, 성지를 거치는 문화 루트의 순례길이 문화경관유산으로 된 사례
이다. 2004년에 등재기준 (ii)(iii)(iv)(vi)을 충족시켜 문화유산이 되었다.
유산의 공간 범위는 나라와 교토의 남쪽으로 미에, 나라, 와카야마 현에

기이산지 순례길. 절과 절로 이어지는 산길이 끊임없이 계속된다.

걸쳐 있다.

세계유산의 대상은 세 성지인 요시노[吉野] · 오오미네[大峯], 구마노산잔[熊野三山], 다카노 산高野山에서 고대 수도인 나라와 교토로 연결되는 참배의 길이다. 세 성지에는 수많은 사당이 있는데, 그 가운데는 9세기 초반에 건립된 것들도 있다.

기이산지의 문화경관은 먼 옛날 일본의 자연숭배 전통에 뿌리를 둔 신도神道와, 중국과 한반도에서 도입된 불교와의 융합과 교류를 보여준다. 신사와 사원, 산과 숲, 하천과 폭포가 있는 이 지역은 매년 1,500만 명에 달하는 사람들이 의례와 등산을 하기 위해 방문하며, 일본의 살아 있는 문화전통을 지닌 곳이다.

유네스코는 세계유산 등재의 정당성과 가치에 대해 "기이산지의 문화경관을 형성하고 있는 기념물과 유적지는 신도와 불교의 독특한 융합이며, 그것은 동아시아 종교문화의 교류와 발전을 보여준다. 기이산지의 신사와 사찰, 그들의 결합된 의식은 천 년이 넘은 일본 종교문화 발전의 특별한 증거다. 기이산지는 신사와 사원의 독특한 형태를 창조하는 데 배경이 되었으며, 일본 다른 지역의 사원과 신사 건물에 깊은 영향을 주었다. 기이산지의 유적지와 삼림경관은 성산의 전통을 1,200년이 넘도록 지속적이고 특별히 잘 반영했다"고 평가했다.

세계복합유산에 오른 산악문화경관

뉴질랜드의 통가리로 국립공원

뉴질랜드 통가리로 국립공원은 1990년에 등재기준 (vi)(vii)(viii)을 충족시켜 복합유산으로 등재되었다. 1993년에 대상범위가 확장되었고, 같은 해 새로 개정된 문화경관의 유산기준으로 등재된 유산이기도 하다. 산과 주민공동체마오리 족의 정신적·문화적인 연계가 문화경관에 반영되었고, 자연생태의 탁월한 경관조건을 겸비했다. 뉴질랜드 북섬에 위치한다.

통가리로 국립공원은 주요 지각판 경계를 따라 태평양의 북동쪽으로 확장된 2,500킬로미터의 불연속 화산계의 남서쪽 끝에 위치한다. 공원에는 활화산, 휴화산이 있고 다양한 생태계와 몇몇의 웅장한 경관을 지니고 있다.

식물군이 천이하여 생태계의 속성이 바뀌는 것은 특별한 학술적 의미를 가진다. 서식지 범위가 다양하여 열대우림에서부터 툰드라 얼음지대까지 걸쳐 있다. 공원의 가운데에 있는 산은 마오리 족에게 문화적이고 종교적인 의미를 가지고 있고, 공동체와 환경의 정신적 연계를 상징한다.

통가리로 국립공원은 마오리 족의 살아있는 전통, 믿음 그리고 예술 작품과 직접적으로 연계되어 있다. 이 지역은 폴리네시아에서 처음 도착한 마오리 족에 의해 점유되었으며, 그 민족지적인 신화는 공원의 산들과 조상신투푸나을 동일시한다. 1887년에 뉴질랜드 정부에 주어지기 전까지 투와레토아 부족이 점유하고 있었으나, 그해 9월 신성한 땅으로 남긴다는 조건으로 영국 국왕에게 양도되었다.

프랑스/에스파냐의 피레네 · 몽 페르뒤

프랑스/에스파냐의 피레네 - 몽 페르뒤는 유럽 고지대 산지의 농업양식을 반영하는 문화경관의 가치와 석회암 산지의 지질학적인 자연유산 가치를 겸비하여 문화경관유산이 되었다. 1997년에 등재기준 (iii)(iv)(v)(vii)(viii)을 충족시켜 문화경관 유형의 세계유산으로 등재되었으며, 1999년에 대상범위가 확장되었다. 프랑스와 에스파냐의 국경지대인 페르뒤산3353미터 정상 주변에 위치한다.

피레네 - 몽 페르뒤는 널리 퍼져 있었던 유럽 고지대의 농업방식을 반영하는 목축경관을 대표하며, 유럽에서 이미 사라진 목가적인 생활양식이 유일하게 현존하는 곳이다. 따라서 여기서는 마을, 농장, 들, 고지대 목축, 산악도로 등 과거 유럽 사회의 생활상을 볼 수 있다.

이곳은 자연유산과 문화유산적 가치라는 양면으로 평가되었다. 페르뒤 산은 석회암괴의 깊은 협곡, 웅장한 권곡圈谷의 내벽을 포함한 지질학의 전형으로, 목초지·호수·동굴·산지 경사지·숲 등 탁월한 경치를 보인다. 피레네 - 몽 페르뒤 지역은 아름다운 경치와 과거에 뿌리를 둔 사회경제 구조가 결합되어, 현재 유럽에서는 드문 산지 생활방식을 보여준다. 이 지역에는 구석기시대의 거주지가 있으며, 정착생활은 중세부터 이루어졌다. 사람들은 고산지대에서 생활하기가 어려운데도 이곳에 정착하면서 자연에 의미를 부여했다.

세계의 눈으로 본 지리산의 아름다움과 가치

'신성한 어머니' 지리산

동아시아에서 한국은 다채롭고도 독특한 산악문화를 보유하고 산지유산을 가진 나라다. 한국의 세계유산 잠정목록 중에 산성이 2개나 있는 것도 한국의 산악환경을 반영한 산지형 문화유적의 탁월성을 보여주는 현상이다. 그렇다면 한국 최고의 명산 가운데 하나인 지리산은 세계유산으로서 과연 어떤 가치를 지니고 있을까? 세계유산의 기준과 관점으로 지리산을 평가해보자.

지리산은 한국의 명산 중에서도 많은 사람들이 오랫동안 생활문화터전으로 살아온 대표적인 산이라고 할 수 있다. 따라서 지리산의 문화경관에는 자연과 인간의 정신적·물질적 연계와 상호작용이 다양하게 반영되어 있다. 이러한 점으로 인해 세계유산 목록 중에서도 문화경관의 세계유산 범주에 적합하다고 판단된다. 문화경관은 1992년에 세계유산위원회에서 새로 채택된 세계유산 범주의 목록으로서, 자연과 인간의 상호작용으로 형성된 유산의 가치를 중시하는 것을 주 내용으로 한다.

지리산은 수많은 사람들이 살았던 오랜 생활문화의 터전으로서 많은 역사유적과 종교경관, 생활경관이 남아 있다. 지리산의 문화경관은 신령한 장소인 산과 사람의 생활터전이 통합된 새로운 지평의 산악문화경관

표53 지리산 문화경관의 세계유산적 정체성

정체성	신성한 어머니 산	
	성스러운 산(靈山)	모성·모태의 산
구성 요소	겨레의 영산 삼신산(방장산) 산악신앙(성모천왕 등), 산신각 산지 종교경관의 복합 클러스터 선비의 유산로와 성찰의 길	생태적 흙산(土山) 생물의 서식지, 은자의 거주지 생활문화터전과 취락 청학동 유토피아 멸종위기종·고유종·희귀종 서식지 한국전쟁과 빨치산 유적
	영산, 신산	사람의 산, 인문의 산, 역사의 산
의미	산의 신령한 장소성과 사람의 삶·문화가 융합된 산	

을 보여준다.

지리산은 예로부터 '신성한 어머니산'으로 여겨 신성시되었고 또한 많은 사람들이 거주했다. 지리산에는 삼국시대의 산성과 가야 고분을 비롯한 각종 역사유적이 남아 있고, 국가적으로 행해진 산신제의는 현재 '남악제'로 이어지고 있다. 불교 사찰에는 수많은 문화재가 있으며, 지금까지도 불교신앙이 살아 있는 문화전통을 유지하고 있다. 이러한 역사·종교·문화경관이 생활경관과 함께 어우러져 지리산 문화경관이라는 거대한 모자이크를 만들어냈다.

이처럼 지리산 문화경관은 사람들이 지리산의 자연·사회·역사·경제·문화 등과 상호관계를 맺으면서 형성된 것으로, '다양성diversity, 복합성complexity, 결합성combination, 조화성harmony'이 집약된 가시적인 산지문화복합체다.

지리산 문화경관의 상징 이미지를 한마디로 표현하면, '신성한 어머니 지리산'이다. 지리산은 성스러움과 모성의 이미지를 함께 갖고 있다. 성스러움은 영산靈山과 신산神山의 속성이며, 어머니는 만물을 키우는 모태로서 사람의 산이다. 다시 말해 산의 영성과 사람의 삶·문화가 융합된 산을 의미한다.

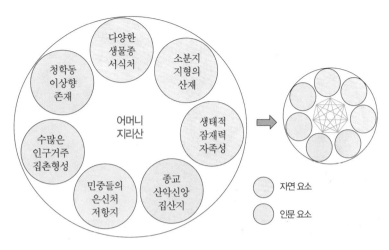

어머니 지리산을 이루는 자연·인문 요소의 구성과 상호 연계

신성한 어머니는 지리산의 상징이자 아이콘이다. 어머니라는 정체성은 기후·지형 등의 자연환경뿐만 아니라 문화·역사 등 인문환경의 조건이 겸비되었기에 가능했다.

신성한 산이라는 의미는 영산과 신산의 이미지를 담고 있다. '민족의 영산'이라는 일반적 수식어가 따라다녔고, 조선 초기부터는 삼신산 가운데 하나인 방장산으로 일컬어져왔다. 또한 다양한 위계와 형태를 가진 산신신앙의 메카이기도 하다. 오래전부터 민간에서는 지리산에 천왕성모天王聖母의 신이 있다고 여겼으며, 최고봉인 천왕봉의 성모사聖母祠, 천왕사에는 성모상이 있었다.

형상으로도 산의 모양이 토산土山이고 골짜기가 깊어 어머니처럼 포용하는 후덕한 모습을 하고 있다. 그래서 은자들과 만물을 품어 안고 키우는 산으로 인식되었다. 생태적으로도 온 생명을 살리고 아우르는 산이기에, 지리산은 높은 식생밀도[植皮密度]와 1,522종의 식물과 4,794종의 동물, 기타 661종 등 총 6,977종2013년 말 기준의 생물자원이 서식하는 다양하

산청 천왕사의 성모 석상. 천왕봉에 있었던 석상과는 조금 다른 모습이며,
민간에서 숭배된 여러 성모상 중의 하나로 판단된다.

고 풍부한 생태환경을 가지고 있다.

자연 조건으로도 사람들이 취락을 이루며 문화를 형성하기에 이상적인 지형, 지질, 기후 등을 갖추고 있다. 지리산 속에는 크고 작은 여러 산간분지들이 분포해 있으며, 그 속에서 집촌을 이루면서 벼농사라는 생산방식으로 지속가능한 생활을 유지할 수 있는 조건을 갖추었다.

또한 사람의 산, 인문의 산, 역사의 산으로서의 의미와 정체성을 지닌다. 한국의 명산 가운데 지리산만큼 오랫동안 생활문화터전이 된 산이 없다. 뿐만 아니라 세계유산에 등재된 어떤 산도 지리산만큼 자연, 생태, 역사, 문화, 취락, 종교, 사람의 삶이 집적되고 결합되어 있는 산은 찾아보기 힘들다. 그래서 지리산은 자연적 가치와 문화적 가치가 역사적 과정에서 복합적으로 연관된 문화경관을 이루고 있다.

세계유산으로서 지리산 문화경관의 콘셉트는 '자연(산)— 문화(사람)—역사 복합체'로서, 산의 인문화[인간화·문화화·신앙화·미학화]이다. 지리산 문화경관의 가치구성은 '산과 사람의 유기적 결합 및 상호관계'를 반영하는 3가지 관계와 10가지 요소의 복합적 네트워크로 이루어진다.

세계유산으로서 지리산의 가치

지리산 문화경관의 세계유산적 가치를 구성하는 세 가지 범주는, 정신적·미학적 경관, 문화생태적 생활경관, 사회역사적 경관이다. 이 범주들은 모두 자연과 사람의 상호관계를 반영하는 것으로 상호 관련을 맺고 있으며, 지리산 문화경관의 정체성을 표현하는 각 측면이기도 하다. 각각의 범주를 구성하는 지리산의 문화경관 요소들은 사회역사 과정에서 자연환경과 정신적 가치와 합일되어 있으며, 장소의 혼[spirits], 토지이용, 문화생태적인 산지생활사의 전통지식을 구체화하여 담고 있다.

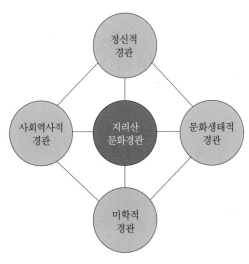

지리산 문화경관 구성요소의 상관관계와 네트워킹.

지리산 문화경관의 구성관계와 구성요소

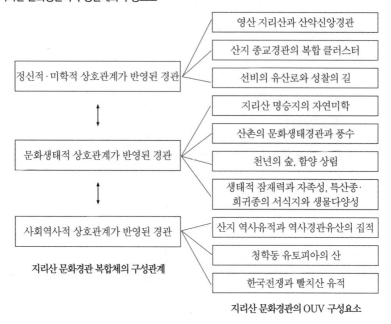

정신적·미학적 상호관계가 반영된 경관
- 영산 지리산과 산악신앙경관
- 산지 종교경관의 복합 클러스터
- 선비의 유산로와 성찰의 길

문화생태적 상호관계가 반영된 경관
- 지리산 명승지의 자연미학
- 산촌의 문화생태경관과 풍수
- 천년의 숲, 함양 상림
- 생태적 잠재력과 자족성, 특산종·희귀종의 서식지와 생물다양성

사회역사적 상호관계가 반영된 경관
- 산지 역사유적과 역사경관유산의 집적
- 청학동 유토피아의 산
- 한국전쟁과 빨치산 유적

지리산 문화경관 복합체의 구성관계

지리산 문화경관의 OUV 구성요소

세계유산으로 등재되기 위해서는 10가지 항목의 탁월한 보편 가치 Outstanding Universal Value(표48 참조) 중에 하나 이상을 충족해야 한다. 지리산의 문화경관에서 나타나는 사람과 자연 간의 탁월한 상호작용으로서의 보편적 가치요소를 살펴보자.

신성한 아름다움과 인문정신의 결합

영산 지리산과 산악신앙경관

지리산은 자연경관에 정신이 결합된 문화경관을 보여주는 탁월한 사례이다. 지리산이 영산으로서의 정체성을 갖추면서 형성된 산악신앙 문화경관은, 산과 사람의 정신적·문화생태적 관계를 탁월하게 증명하는 보편 가치가 될 수 있다.

지리산에는 성소^{신사, 산신당 등}, 산악신앙, 종교^{유, 불, 선, 무교 등}가 총 집결되어 있다. 대표적 자연신앙인 지리산의 산악신앙은 동아시아 및 한국 산신신앙의 전형이라 할 수 있다. 여기에는 국가·지방·민간 등 다양한 계층과 위계의 산신신앙이 존재한다. 특히 고대 산신신앙의 원형이라 할 수 있는 여산신^{성모, 노고}이 나타나는 현장이다. 민간에서는 오래전부터 천왕성모의 산신이 머무는 곳으로 여겨왔다.

지리산은 일찍이 신라시대 남악에 지정되어 국가적인 의례가 있었고, 그 의례는 현재까지 지속되고 있다. 현존하는 남악제는 통일신라에서 시작되어 고려, 조선을 거쳐 대한제국까지 천 년을 넘게 이어진 국행제로서 국가적인 산악신앙 제의이다. 또한 지리산은 한국의 대표적인 삼신산^{방장산}의 하나로서, 방장산이라는 명칭은 조선 초부터 등장해 600여 년의 전통을 가진다.⁵⁹⁾ 지리산의 남악 또는 방장산이라는 별칭은 중국의 오악사상과 삼신산 사상이 한국으로 전파되었음을 증명한다.

지리산의 산악신앙 경관은 문화 교류와 융합 측면에서도 중요한 가치를 갖는다. 산악신앙은 종교^{유, 불, 도, 무속} 또는 마을민속과 결합되어 있으며, 특히 불교와의 융합은 사찰 안의 산신각에 반영되었다. 남악제 등의 산신제에서 나타나는 유교적 제의 방식이라든지, 민간 산신제에서 무속과 마을신앙의 결합 등은 중국과 일본의 산악신앙과의 차이점이기도 하다. 지리산지에는 주민들이 주체가 되어 토착화된 민간산신당과 국가제의인 남악제가 살아 있는 전통으로 현존한다. 다만 현존하는 산악신앙 경관이 역사적 완전성이라는 측면에서 부족하다는 점은 약점이 된다. 그리고 지리산 남악제가 1908년부터 1969년 사이에는 실행되지 못했다는 점과, 지리산신사^{남악사}의 이전과 신축^{1969년도}에 따른 복원의 진정성 문제도 한계로 지적될 수 있다.

옛 남악사터(전남 구례군 광의면 온당리).
제단을 두고 표식을 했다. 제대로 된 안내판도 설치되어 있지 않다.
격에 맞는 관리가 필요하다.

지리산 실상사 입구의 석장승.
민속신앙물인 장승과 불교의 사찰이 섞여있는 경관 모습이다.

산지 종교경관들이 다양하게 모인 복합 클러스터

지리산권역은 서원[儒], 사찰[佛], 마을신앙, 도교 및 신선유적[仙道], 무속신앙의 밀집처다. 이러한 지리산지의 종교경관은 현재 진행형 문화로서 진정성을 유지하고 있으며 산악에서 유·불·선이 문화생태적으로 어떻게 적응하고 조화했는지를 보여준다. 문화요소 간의 교섭과 교류의 측면에서 보아도 산악신앙과 불교, 선도, 샤머니즘 간의 상호융합이 제의, 사상성, 민속 등에 반영되어 있다.

지리산은 8세기부터 9세기에 걸쳐 교종 및 선종사찰이 건립된 한국 최초의 전형적인 산지사찰경관이다. 칠불사 등의 사찰 연기 설화에서는 가야 불교가 해양을 통해 전파된 증거도 찾아볼 수 있다. 특히 지리산에 입지한 초기 사찰군은 교종의 화엄사상과 선종의 동아시아적 교류를 보여주며 이는 사찰의 건축과 배치에도 반영되었다. 지리산 사찰고건축의

화엄사 각황전(국보). 통일신라 때의 양식을 지닌
지리산의 대표적인 사찰건축물이다.

역사성과, 화엄사 각황전의 중층지붕과 다포계의 전형성 등 건축적 우수
성도 나타난다. 다양한 종파가 뒤섞인 수백여 개의 사찰군은 지리산 종교
경관이 가진 특징 가운데 하나이다.

지리산의 종교건축경관에서는 산과 사찰의 심미적 결합양상도 돋보인
다. 지리산 소재 사찰경관의 뛰어난 자연조화미와 장소에 구현된 정신성
은, 중국과 일본을 대비해 보더라도 동아시아의 자연관을 탁월하게 대표
하고 있다.

조선시대 선비의 유산로와 성찰의 길

길의 문화유산[遺産路, heritage route] 또는 문화 루트는 문화경관의 독특

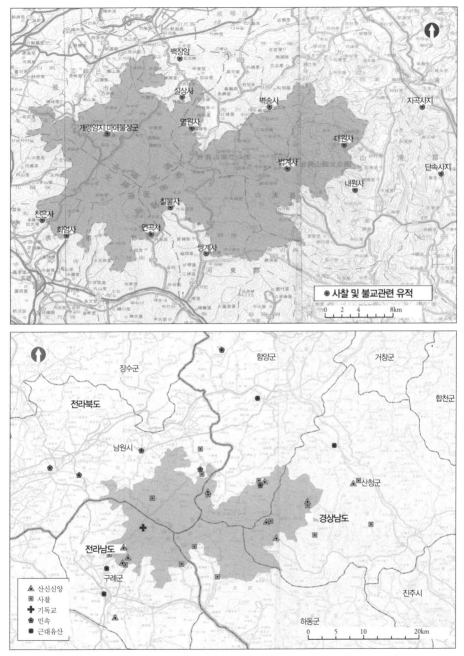

위 | 지리산 주요 사찰 및 불교 관련 유적지도(지리산권문화연구단, 2011).
아래 | 지리산의 종교문화경관 분포도. 여러 종교·신앙 유산이 다양하게 분포하는 모습
(지리산권문화연구단, 2011).

조선시대 선비들의 유산로에서 정점이 되었던 천왕봉.
지리산 신앙, 미학, 문학, 사상의 정점이다.

지리산 천왕봉의 금빛 일출 광경.

하고 다이내믹한 형태다.[60] 문화 루트가 키워드가 되어 세계유산으로 된 사례는 1998년에 등재된 프랑스의 '콤포스텔라의 산티아고 길'Routes of Santiago de Compostela in France과, 2004년에 등재된 일본 '기이산지의 영지와 참배길'Sacred Sites and Pilgrimage Routes in the Kii Mountain Range이 있다.

지리산의 유산로는 산과 유학사상, 산과 유교문화가 정신적으로 연계된 문화 루트로서 의의가 있다. 조선시대 유학자들의 성찰의 길이라는 성격은 기존에 세계유산으로 등재된 문화 루트와는 차별되는 점이다. 지리산을 내면 성찰의 대상으로 관계를 설정하여 풍부한 의미체계와 내용으로 형성되었다.

조선시대 유학자들의 지리산 유산문화의 사상적·문학적 전개는 동아시아 명산문화의 기록유산에 비추어서도 탁월하다. 조선시대의 선비로서 지리산을 유람하고 유산시遊山詩를 남긴 사람은 1천 명이 넘을 것으로

이호신, 「지리산 대원사」.

추정되며, 그들이 남긴 시문도 수천 편에 이른다. 현존하는 100여 편이 넘는 지리산 유산기 자료는 조선 초부터 500여 년에 걸쳐 있다는 점에서 세계적인 산악 트레킹 문화 기록유산이라는 가치를 가진다. 특히 무형적 가치가 뒷받침되는 유산이 세계유산 선정에서 강점이 있는 추세를 반영하면 지리산 유산로의 가치는 배가된다.

지리산 명승지의 자연미학

한국에서 산과 사람의 정신적 관계는 심미적 형태로 결합되어 있다. 이 것은 자연과 인간의 심미적 문화전통을 반영한다.

현재 지리산에서 국가지정문화재로 지정된 명승 중에 '지리산 화엄사 일원'명승 제64호, 2009은 역사문화경관으로, '지리산 한신계곡 일원'명승 제72호, 2010은 자연경관지형지질경관으로 분류되어 지정되었다. 그리고 '지리

지리산과 어우러진 화엄사.
한국 전통 문화경관의 자연미학은 동아시아 가운데에서도 탁월하다.

산 대원사 일원'은 경상남도 기념물제114호 문화경관으로 분류·지정된 명 승지이다. 이를 포함하여 자연미가 뛰어날 뿐만 아니라 미학적으로 중요 한 의미를 지니는 지리산의 주요 인문, 자연경관 명승지는 탁월한 보편 가치의 대상이 된다.

지리산의 아름다움은 역사적 과정에서 수많은 사상가와 문인들에게 영감과 찬탄의 대상이 되었으며, 그것은 지리산의 문화요소와 자연의 어 울림 및 그 상호작용으로 빚어진 자연미학이기도 하다. 지리산의 자연미 는 지리산의 문화경관을 이루는 미학적 토대이자 구성요소이며, 영산으 로서 지리산의 정체성을 유지·보전하는 필요충분조건이다.

지리산의 자연미는 문화경관의 범주에서 문화요소와의 접합을 통해 구현되므로 서로 분리될 수 없는 성질의 것이다. 예컨대 지리산의 명승과 경치는 고찰과 어우러져야 탁월하게 드러나는 것으로, 형상과 배경의 조 화와 통합을 반영하는 게슈탈트Gestalt 미학인 것이다.

지리산 명승의 자연미학은 동아시아 산수미학의 보편성을 지닌 동시 에 한국을 대표할 만큼 아름답다. 세계유산 등재 기준(vii)의 "뛰어난 자 연미와 미학적 중요성"에 지리산의 자연미를 적용시키려면 동아시아 산 수미학의 관점과 지평을 제시하여 설득해야 한다. 조선시대 지리산의 유 산기에서도 드러나지만, 동아시아에서 산수는 객관적 자연(대상)물이 아 니라 천인합일의 상대이자 정신적 가치를 비추는 심미적 거울이다.

지리산이 지닌 미학적 중요성은 산의 인간적인 속성으로도 평가될 수 있다. 비너스를 포함한 그리스 인체 조상의 미학은 가장 인간적인 것이 가장 아름답다는 사실을 반영한다. 어머니의 품처럼 사람의 영혼과 삶의 안식처가 되어주는, 가장 인간적인 형상과 이미지의 산이 가장 아름다운 산일 수 있다.

지리산 산촌의 생활경관과 다랭이논(경남 함양군 송전리 송전마을).
수백 년된 마을과 지속가능한 삶이 전개된 민중들의 생활사 경관은 지리산의 가장 소중한 유산이다.

지리산을 닮은 사람, 그 공생과 공진화의 여정

산촌마을의 문화생태경관

지리산지의 생활문화경관은 지리산과 주민의 상호작용을 대변하는 대표적인 사례다. 지리산지의 취락은 생활문화터전으로서 역사성을 갖추고 있을 뿐 아니라 지리적으로도 넓게 분포해 있다. 지리산권역에는 10여 개에 달하는 읍취락이 있으며, 산지 곳곳에 벼농사를 위주로 하는 집촌集村이 발달했다. 집촌이 형성되고 발달되는 과정은 지리산지의 자연환경과 조선시대의 사회역사 조건이 반영된 것이다. 이러한 측면 덕분에 중위도 대륙 동안東岸에 위치한 지리산지 마을 주민은 우수하고 특색 있

함양 상림. 산 앞에서 띠 모양의 숲을 이루고 있다.
인공림으로서는 역사적으로 가장 유서 깊은 숲이다.

는 산지적응과 산림경제를 보이게 되었다. 계단식 논과 같은 농경지의 확
보와 관개·수리기술은 조선시대 농경의 중요한 단계를 표현하는 문화경
관의 탁월한 사례다. 또한 산나물과 약초 등 산지 섭생식물의 채집도 지
리산의 산지적응을 잘 반영한다.

지리산 산촌취락의 문화생태적 고유성이자 지리산지의 독특한 환경적
응과 조화방식은 풍수문화의 발달과도 긴밀한 관계를 갖는다. 지리산은
한국풍수의 시원지로서, 한국풍수의 시조로 일컬어지는 도선이 풍수를
전수받은 곳이다. 2010년 조사한 바에 따르면 지리산권역의 5개 시군 자
연 마을에 500개가 넘는 다양한 풍수 형국이 존재하고 있는 것으로 집계
됐다. 이와 같은 산촌의 풍수경관은 문화생태경관의 한국적 특성이다. 이
것은 산지환경에의 적응과 자연과 인문의 결합을 반영하고 있고, 한국의
독특한 자연-인간관계 코드를 표현하고 있다.

지리산지 마을의 풍수문화는 자연환경에 대한 주민들의 문화적 적응
전략으로서, 마을의 지속가능한 환경 시스템을 유지하기 위한 전통적인

문화생태학적 방식이자 지식체계라고 할 수 있다. 비록 현재 근대화로 인한 마을 경관의 변모 때문에 보전의 진정성이나 완전성 문제를 지적할 수는 있다. 하지만 지리산지의 풍수경관은 자연과 문화가 유기적으로 조화·결합된 문화생태경관으로서 세계유산적 경관가치를 지닌다.

천 년의 숲, 함양 상림

삼림으로 세계유산에 등재된 사례는 89곳^{2005년 기준}으로, 그 가운데 22곳이 열대 생물군계에 있다.[61] 2005년에 등재된 나이지리아의 '오순 - 오소그보 신성숲'Osun-Osogbo Sacred Grove과 2008년에 등재된 케냐의 '미지켄다 부족의 카야 신성숲'Sacred Mijikenda Kaya Forests은 성스러운 숲으로 세계유산이 되었다. 함양의 상림은 기존의 삼림 세계유산과는 차별된 가치를 가지고 있다.

상림은 1,100여 년이 넘는 역사성을 지닌 한국 및 동아시아 취락 숲경관의 전형적이고 대표적인 사례다. 옛 이름은 대관림^{大館林}으로, 함양 고을의 수해를 막기 위해 9세기 후반에 최치원이 조성한 인위적인 방재림이다. 심미적으로도 주거지와 숲이 조화로운 앙상블을 이루며 고을숲 경관의 아름다움을 보여준다. 상림의 경관은 역사적 과정에서 다양한 문화요소와 기능의 교류와 결합을 반영하고 있으며, 풍수비보숲으로도 기능했다. 지리산권의 여러 마을숲 분포에 직·간접적인 영향을 준 원형적인 취락숲이다. 그런데 문제는 상림이 지리산지에 속하지 않기 때문에 지리산지와 연계성이 약하다는 점이다. 따라서 지리산지와는 별도로 연속(확장)유산으로 추가하여 포함되어야 할 대상이다.

풍부하고 다양한 생태환경의 산

지리산은 생태적 잠재력과 정주의 자족 조건에서 탁월한 자연환경을 지닌 산이다. 다수의 봉우리, 골짜기, 산간분지로 구성된 큰 규모의 산체山體를 지니고 있을 뿐만 아니라 전 사면에 일정 두께의 토양 피복이 형성돼 있으며, 벼농사에 충분한 강우량을 가지고 있다. 생물적으로도 다양하고 풍부한 생태환경을 갖추고 있다.

지리산국립공원에는 6,977종의 생물자원이 분포하며, 2007년에 'IUCN 카테고리 II' 지역으로 인증된 생물지원의 보존가치가 높은 곳이다. 지리산에는 멸종위기동식물 35종이 서식하고 있고, 지리산에만 자생하는 특산종 식물 16종이 있다.

지리산 생태계 보존지역인 노고단, 반야봉, 피아골, 심원계곡 일대의 원시림과 생태복원지역인 제석봉 일대의 구상나무 군락지는, 한국 특산종과 희귀종의 서식지이자 반달곰의 서식지로서 가치를 지닌다. 그리고 지리산지의 전통적인 토지이용 형태는 생물이 다양하게 형성되고 유지되는 데에도 기여했을 것으로 판단한다.[62] 유네스코 세계유산센터의 운영지침에는 "전통적인 토지이용 형태의 지속적인 존재는 세계의 많은 지역에서 생물다양성에 기여했다. 전통적인 문화경관의 보전은 생물다양성을 유지하는 데에 도움을 준다"고 공식적으로 명시하고 있다.

사람의 산·역사의 산

수많은 산지 역사유적과 역사경관

지리산은 청동기 유물, 가야시대 고분, 산성유적 등 문화재의 보고이다. 국내에서도 지리산 권역은 가장 많은 문화유산을 보유하고 있다. 전국 총 605개의 지정문화재 중에 90개[15퍼센트]가 지리산에 있으며, 이것은 경주의 62개보다도 훨씬 많은 숫자다.

그중에서도 지리산의 국보유산인 화엄사 각황전, 각황전 앞 석등, 사사

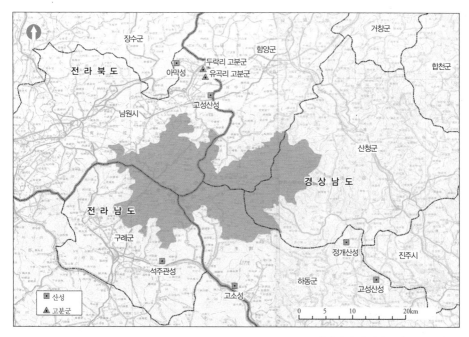

지리산의 산성과 고분군 분포지도.
운봉고원의 고분군은 가야 소국의 성립 사실을 암시하는
고고학적 증거가 된다(지리산권문화연구단, 2011).

자삼층석탑, 영산회괘불탱, 연곡사 부도(2개) 등이 대표적이다. 특히 석
탑은 중국에서 목조건축 양식을 이어받아 천년의 세월을 이어나가면서
다양한 형태와 지리 분포를 통해 한국적 석탑문화로 발전되었다는 가치
가 있다. 지리산지의 주변 권역에는 유교경관(서원, 향교, 사우, 누정 등)이
밀집되어 있으며 덕천서원의 제향과 같이 현재도 지역 유림이 진행하는
유교적 의례의 진정성 조건을 갖추고 있다.

청학동 유토피아의 산

지리산 청학동은 한국 이상향의 전형이다. 또한 동아시아 산 유토피아
의 전형이자 한국 이상향의 원형성을 가진다. 지리산 청학동 유토피아는

지리산의 산성유적의 하나인 하동 고소성(사적 제151호)과
종교유적 화엄사 사사자삼층석탑(국보 제35호).

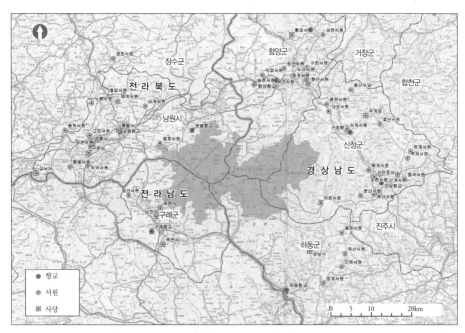

지리산권역 향교, 서원, 사당 분포지도. 주로 지리산 외곽에 분포하고 있다
(지리산권문화연구단, 2011).

최소 700년의 문화전통을 지닌 동아시아 유토피아의 역사성과 진정성을
갖추고 있으며, 관련된 많은 고문헌과 고지도 자료가 현존한다.

역사적으로 청학동 이상향은 지리산지 주민들의 생활사와 삶이 구현
된 현장이며, 그것은 오늘날 묵계리 청학동이라는 이상향의 살아 있는 전
통과 직접 관련되어 있다. 지리산 청학동은 유학자들과 지역주민들에 의
해 유토피아로 선망되었던 설화공간이자 상징공간이었고, 민간계층이
마을을 이루고 거주하면서 풍수도참의 텍스트로 재현한 생활공간이었
다. 그리고 오늘날에는 정부·지자체·주민·관광자본에 의해 재구성된
대중문화의 관광공간이 되었다.

청학동 이상향 불일폭포의 선경.
불일폭포 부근은 조선시대 지식인들과 지역주민들에 의해
유토피아로 선망되었고, 설화공간으로 재현되었다.

하동군 청암면 묵계리 청학동 관광지.
매스미디어, 관광·상업자본, 국가·지방자치단체의 주도 아래,
청학동이라는 역사적인 장소 이미지를 차용하여 근래에 사회적으로 재구성되었다.
동아시아 산지형 유토피아의 한국적 전형으로서,
오랜 역사성과 살아있는 문화전통이 뒷받침되었다.

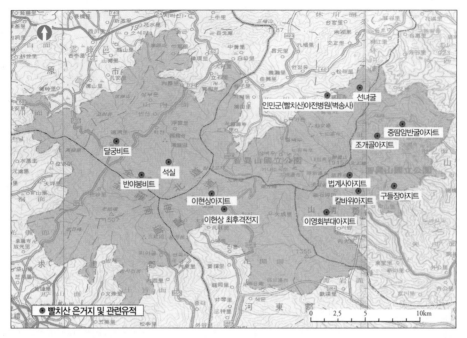

빨치산 은거지 및 관련유적 분포도
(지리산권문화연구단, 2011).

한국전쟁과 빨치산유적들

지리산의 빨치산유적은, 20세기 중반 제국주의 열강의 대립으로 빚어진 한국전쟁과 그 과정에서 전개된 민중들의 저항의 현장이자, 냉전의 상흔이 남아 있는 전쟁경관이라는 역사적 의미를 갖고 있다. 이와 관련해 비교해 볼 만한 유산으로는, 중국의 세계문화유산인 여산 국립공원의 공산당마오쩌뚱 유적지가 있다. 한국전쟁과 지리산 빨치산 활동을 내용으로 한 소설 등 관련 문학작품도 다수 있다.

지리산을 세계유산으로

자연환경과 어우러진 지리산지의 역사문화

지리산과 지리산문화는 지금껏 한국이라는 공간 범주와 민족유산이라는 인식의 지평에서 평가·이해되었다. 하지만 이제 세계유산의 보편 가치라는 잣대와 차원으로 새로운 조명이 요청되는 시점에 와 있다.

우리나라는 '삼천리금수강산'이라는 자부심이 무색하게도 아직까지 산이라는 공식명칭으로 세계유산에 등재된 것은 없는 실정이다. 2007년에 등재된 '제주 화산섬과 용암동굴'의 공간 범주에는 한라산이 주요 범위에 포함되어 있지만, 등재된 명칭에서 나타나듯이 한라산 자체가 유산가치의 키워드가 되지 못했다. 반면 중국은 태산, 황산, 무이산 등 총 45점의 세계유산 가운데 9점이 산 이름으로 등재되어 20퍼센트 비율에 이른다.

한국은 2014년 현재 11점이 세계유산으로 등재된 바 있다. 유형별로 살펴보면, '석굴암과 불국사' '종묘' '해인사장경판전'을 시작으로 주로 기념물, 건조물과 사적 등 문화유산 중심이었으나, 근간에는 '제주 화산섬, 용암동굴'2007과 같이 자연유산도 등재되는 성과를 거두었다. 그리고 '조선왕릉'2009, '한국의 역사마을: 하회와 양동'2010과 같이, 최근에는 유산의 형태가 개별유산에서 연속유산으로 다양화되었다. 유산의 범위도 초기에는 단일유산의 점 단위에서 '경주역사유적지구'2000의 사례처럼 면공간 단위로 확대되었다. 아직 복합유산은 가지고 있지 않으며, 문화경관 유형도 수록되지 않았다.

향후의 유산 등재경향을 말해주는 잠정목록 등재현황을 보면, 유형에 있어 자연유산이 상대적으로 늘어났고, 문화유산에서는 역사유적 형이 많으며, 대상유산의 형태가 다양화되고 범위도 확장되었다. 한국이 보유한 문화유산 잠정목록에는 강진 도요지, 공주부여 역사유적지구, 중부내륙산성군, 남한산성, 익산 역사유적지구, 염전, 낙안읍성, 외암마을이 있다. 자연유산 잠정목록으로는 설악산 천연보호구역, 남해안 일대 공룡화석지, 대곡천 암각화군, 서남해안 갯벌, 우포습지 등이 올라 있다.

요즘 들어 세계유산에 대한 국민적인 관심도가 높아졌고, 지자체에서도 앞다투어 지역의 세계유산 콘텐츠를 개발하려 노력하고 있지만, 상대적으로 유네스코 세계유산의 등재기준과 심사는 해가 갈수록 점점 엄격해지고 까다로워지고 있다. 그럼에도 한국에서 세계유산을 체계적이고 전문적으로 연구하는 시스템의 구축은 미비하기만 하다.

지리산과 지리산문화가 지니고 있는 세계유산적 가치OUV는, 인간과 환경 간 상호작용의 다양성·복합성·결합성·조화성을 탁월하게 드러내는 사례로 요약·평가될 수 있다. 종교경관의 측면에서 볼 때, 지리산만큼 다양한 신앙과 종교경관이 집합적으로 보이는 산은 드물다. 역사적 과정에서 불교, 도교, 유교, 무속 등의 제 신앙형태가 서로 복합되고 결합되어 있으며, 여러 종교경관이 자연환경과 미학적으로 어우러져 있다.

지리산의 문화경관은 산지환경에 문화생태적으로 적용한 탁월한 사례다. 유네스코 세계유산 운영지침에서 정의된 문화경관의 개념에 비추어볼 때, 현존하는 지리산의 촌락경관은 대체로 18세기 이후 산지 취락의 형성·발달과정을 드러내며, 지리산지의 자연환경에 적용하면서 발달한

산지에 적응한 농업 형태인 지리산의 다랭이논. 다랭이논은 지리산지 주민들의 지속가능한
토지이용 방식을 잘 드러내는 대표적인 문화경관요소이다.

벼농사 위주의 농업경관은 지속가능한 토지이용의 전통적 기술이 집약
되어 있다고 평가된다. 지리산의 문화유산과 건축경관은 자연과의 미학
적 조화를 기조로 입지되고 배치되었으며, 그 속에는 지리산과의 정신적
인 연대관계가 깊이 반영되어 있다.

　지리산 문화경관의 유산 가치는 기본적으로 문화유산 범주의 몇 가지
기준에 해당될 뿐만 아니라, 세계유산의 자연미 기준[vii]인 "최상의 자연
현상이나 뛰어난 자연미와 미학적 중요성을 지닌 지역을 포함할 것"도
충족할 수 있는 것으로 판단된다. 지리산이 가진 자연미는 역사적으로 수
많은 문인과 유학자에게 영감과 찬탄의 대상이 되었으며, 사상·문학·예
술 등을 통해 사람들과의 상호영향 과정에서 공진화되었다. 지리산의 자
연미는 지리산 문화경관의 아름다움을 미학적으로 중요한 위치에 정립
하는 토대가 되었다.

세계유산으로서 지리산 문화경관의 가치는 다시 분야별로, 정신적·미학적, 생활사 또는 문화생태적·사회역사적 가치 등으로 대별할 수 있다. 정신적 가치는 산악신앙과 종교건축경관의 형태로 드러나는 산과 사람의 정신적 네트워크의 측면이다. 또한 조선시대 유학자들이 전개한 성찰의 유산문화로 대변되며, 구체적으로는 선비의 유산로와 유산기 문학이다. 아울러 미학적 가치는 자연과 조화를 이루는 지리산의 명승지와 문화경관 등을 들 수 있다. 생활사 또는 문화생태적 가치는 지리산의 문화경관이 갖는 자연과 인간의 조화와 통합성이며, 그 대표 요소로는 산촌과 풍수를 들 수 있다. 지리산지에 오랫동안 적응하면서 삶을 영위해온 주민들의 산림경제와 농업기술은 조선시대의 산지생활에 관해 축적된 전통지식과 지혜의 보고이다. 사회역사적 가치는 지리산지의 집적된 고대유적과 관방유적, 세계사의 이념이 충돌한 한국전쟁과 빨치산 경관, 한국의 대표적 이상향인 청학동 유토피아 경관가치 등을 들 수 있다.

이러한 가치 요소에 준거한 지리산 문화경관의 세계유산적 의의는 다음과 같이 몇 가지로 서술될 수 있다. 지리산은 기존에 등재된 유네스코 산 세계유산의 내용범주에 더하여, 산의 신성한 장소성과 사람의 생활문화터전이 통합된 새로운 지평의 산 개념을 제시한다. 기존의 산 세계유산은 산과의 정신적 연계[聖山], 역사문화경관, 종교경관, 인문경관, 자연경관 등의 가치가 개별적이거나 부분적인 요소로 유네스코에 의해 평가·등재된 경향이 있었다.

그런데 지리산은 유네스코 산 문화경관의 내용범주에서, 다양하고 복합적인 문화경관으로 반영된 자연과 사람文化의 연계와 통합이라는 새로운 전형을 제시한다는 점에서 세계적 가치를 지닌다. 이것은 산과 사람文化의 서양적 이분법의 극복이라는 명산의 동아시아적 관점을 새롭게 제시한다는 의의가 있다.

지리산의 문화경관은 온대지역 동아시아 산지의 문화생태적 적응과 조화라는 탁월한 전형을 제시한다. 지리산지의 벼농사 농경기술과 시스템, 집촌의 형성과 유지는 인간이 중위도 산지지역에 적응하려 노력한 대표적인 사례가 된다. 생활문화터전으로서의 지리산의 문화경관취락경관, 농업경관, 풍수경관 등과 함양의 상림숲은 자연과 사람의 상호관계, 유기적 조화관계를 통시적으로 구현한 것으로서 인류에게 보편 가치가 있다.

지리산과 주민공동체는 정신적으로 연계되어 산악신앙의 문화적 시스템을 형성했다. 지리산의 산악문화와 산신신앙의 문화생태적 본질은 산지환경에 적응하려 한 것이며, 그것은 인간화·문화화의 방식으로 나타난다. 이는 산악신앙과 제의, 산신당의 마을 경관화, 산신신앙과 불교경관의 결합 등의 문화적 형태로 나타났다. 이러한 산과 문화의 통합 시스템 구축은 기능적으로 산지생활에 적응했을 뿐만 아니라 삶의 터전으로서 지리산지를 보전하고 관리하는 데 이바지할 수 있었다.

지리산 청학동은 산에 입지한 동아시아 이상향의 전형성을 제시한다. 한국의 이상향에서 나타나는 지형특징은 깊은 산의 골[洞]이 지배적으로, 이러한 사실은 서양의 유토피아가 에덴 동산의 평원이나 모어의 유토피아처럼 평지인 것과 분명한 지형적 차이를 나타낸다. 중국 이상향에서 보이는 지형 패턴도 무릉도원을 대표로 하는 동천복지라는 점에서 한국과 같지만, 들이나 언덕 관념도 드러나고 있어 구별된다.

조선시대 선비들의 지리산 유산은 기존의 서구적 등산문화에 대비되는 인문학적 산악문화의 가치와 의의를 가진다. 지리산은 조선시대 유학자들에게 도덕적 성찰의 산이었기에, 유학자들의 산에 대한 의미부여와 태도는 산의 인문적 의미에 대한 새로운 관점과 견해를 제시한다. 지리산의 유산과 유산문학의 결실로 꽃피운 조선시대 유학자들의 명산문화는 중국 산악문화가 전파되고 교류되는 내용을 반영하고 있다.

지리산의 자연미와 명승지의 아름다움은 경관 요소와 자연이 어울리고 상호작용으로 빚어진 자연미학이다. 지리산의 경관미학은 동아시아적 산수미학의 보편성과 한국적 대표성을 지니고 있다. 산악경관에 대한 서구미학 가치의 기준과 범주를 넘어 인문적이고 정신적인 요소의 연계를 통한 새로운 미학 개념이 요구된다.

세계유산의 눈으로 보는 지리산

지리산이 인류에게 어떤 가치를 지니고 있는지에 관해 평가하는 작업은, 세계유산 등재기준 중에서 어떤 항목에 합당한지에 대한 설명으로 요약·제시할 수 있다.[63] 세계유산으로서 지리산의 가치는 문화유산의 등재기준 가운데 (iii), (v), (vi) 항목이 중점적으로 해당된다. 차례대로 살펴보자.

'문화적 전통의 증거(iii)' 기준에 비춘다면, 신산神山으로서의 지리산에 대한 사람들의 정신적 인식과 태도, 역사성이 깊고 형태적으로 다양한 산악신앙의 문화경관은 산과 인간관계의 보편적 탁월성의 증거가 될 수 있다. 지리산의 자연환경과 지리 조건을 배경으로 형성되고 진화된 역사경관과 종교경관은 지리산의 문화적 전통을 대변하는 특출한 증거가 된다. 지리산의 운봉지역은 고원지대로서 천연요새의 지형과 비옥한 토지를 바탕으로 가야소국이 형성되고 발달했다. 5~6세기에 축조된 80여 기의 고분 및 아막산성과 팔량산성이 현존하고 있다.

종교경관으로서의 지리산은 산악신앙의 원형성과 복합성을 나타낸다. 지리산에는 산신신앙의 고대 원형으로서 여산신이 나타난다. 유·불·선, 무교, 민간신앙, 풍수도참 등이 지리산에 집결하여 상호 교섭했다. 지리산에는 6세기부터 9세기에 걸쳐서 중국에서 불교가 유입되면서 한국적

운봉 두락리(전북 남원시 아영면) 고분군의 일부.
사람들 뒤로 둥근 고분이 있고 고분 위로는 소나무가 밀식해 있다.

인 특색을 가진 많은 사찰이 건립되어 산신신앙과 함께 숭배되었다. 그리
고 지리산 산청에 있는 덕천서원은 산악문화의 영향을 받아 예의와 절의
를 숭상하는 독특한 유교 기풍을 이룬 남명사상의 근거지이자 남명학파
의 무대였다. 아울러 기독교의 초기 한국선교사를 알 수 있는 종교사적도
있어서 한 마디로 세계적인 종교다양성의 보고이다.

'인간과 환경과의 상호작용(v)' 면에서 보자면, 지리산의 생활경관은
온대 중위도권 산지에서의 독특한 벼농사 문명으로 자연과 조화된 산지
이용과 거주 방식을 보여주는 탁월한 사례이다. 그러나 사회경제적 압력
과 급속한 현대화로 인해 훼손될 위험에 처해 있기에 보존에 노력해야
한다. 지리산의 산촌경관은 수세기 동안 지리산의 자연환경에 적응하고

조화하면서 형성된 씨족공동체의 지속가능한 생활방식과 토지이용을 잘 반영한다. 지리산지에 발달한 계단식 논과 벼농사 경관에는 산지환경에 적응하고 토지를 이용하는 전통 기술이 집약되어 있다.

지리산권 마을에 보편적으로 나타나는 풍수문화는 산지에서 문화생태적으로 적응하고 자연과 인문이 조화롭게 결합함을 보여주는 동아시아적 자연 – 인간관계의 독특한 코드가 된다. 지리산지에 역사적으로 형성된 삶의 터전과 생활사의 문화경관은, 산지환경에의 문화생태적 적응을 반영하는 산지문화의 탁월하고 보편적인 증거가 될 수 있다.

'사건 혹은 전통, 예술 및 문학작품과 연관된 것(vi)'의 기준으로 보자면, 지리산은 인류무형문화유산걸작인 판소리, 조선시대 유학을 대표하는 남명사상, 한국의 대표적인 산신신앙 제의인 남악제, 조선시대 유교지식인의 유산문학, 청학동 이상향이 탄생된 곳이다. 동편제 판소리는 지리산에 거주하는 사람들의 삶과 문화를 배경으로 탄생했으며, 지금까지도 이곳 사람들이 널리 애창하고 있다. 또한 유학의 절의를 숭상하는 남명사상과 남명학파가 지리산권에서 발달했으며, 덕천서원에는 오랫동안 유교적 제의와 강학이 진행되었다.

지리산 남악제는 통일신라에서 시작되어 천년을 이어온 국가적인 산악신앙의 의례예술이다. 지리산 유람문학은 조선시대 500여 년 간 유교지식인의 사상적·수양적 성찰을 목적으로 한 유산문화를 형성했다. 100여 편의 유람록, 수천 편의 유람시는 지리산 관련 기록문화유산으로서 훌륭한 가치를 지닌다. 지리산의 청학동 이상향은 한국의 이상향을 대표하며 동아시아 산지형 유토피아의 전형적인 사례이다.

그밖에 지리산의 자연유산 가치를 나타내는 것으로 등재기준 (vii), (x) 항목이 해당될 수 있다.

'자연미(vii)' 기준으로 평가하자면, 지리산의 문화경관은 자연환경과의 어울림과 상호작용을 통해 탁월한 자연미학과 풍수미학을 성취했다. 지리산의 아름다움은 역사적 과정에서 수많은 사상가와 문인에게 영감과 찬탄의 대상이 되었으며, 사상·문학·예술 등의 결과물을 통해 지리산의 자연미학으로 정립되는 토대가 되었다.

'생물다양성의 현장 보존을 위한 자연서식지(x)' 면에서 보자면, 지리산에는 약 6,300종의 동식물이 서식하는 생물다양성의 보고이며, 서식지 규모가 남한에서는 가장 큰 483제곱킬로미터이다. 지리산은 토산土山으로 고산·계곡·습지 등이 분포하여 다종다양한 생물종이 서식할 수 있는 자연환경을 갖추었다. 지리산에는 지리산 국립공원특별보호구 17개 구역 166.30제곱킬로미터 및 생태·경관보전지역 20.20제곱킬로미터 등 합계 186.50제곱킬로미터가 관계법령에 의하여 보호되고 있다. 이러한 자연적 가치를 인정받아 지리산은 2007년에 'IUCN 카테고리 II' 지역으로 인증되었다. 이상과 같은 지리산의 자연유산적 가치를 구성하는 지리산의 생태적 잠재력과 자연미학, 생물다양성 등의 측면에 대한 정당성은 국제적인 수준의 학술적 논문이 뒷받침될 필요가 있다.

화엄사 각황전 앞 석등, 사사자삼층석탑, 연곡사의 동부도·북부도 등은 동아시아 석탑문화를 꽃피운 한국적 전개와 발전양상을 상징하는 '창의적 걸작(i)'이 될 수 있다. '인류의 가치 및 문화의 교류(ii)' 측면으로는 지리산지 종교신앙과 제의의 융합 측면을 들 수 있다.

그밖에 '인류역사의 단계를 예시하는 건축, 기술, 경관유형(iv)'에 해당하는 것으로는 함양 상림경관의 인공방재림 성격과, 18세기 이후 온대지역 산지농업경관을 대표하는 벼경작과 산지 관개·수리 기술의 탁월한 사례를 들 수 있다. 그리고 진정성 측면으로서는 지리산 문화유산의 역사성과 현재까지 주민들에 의해서 자체적으로 계승·진행되는 살아 있는 문화전통이라는 측면이 부각될 수 있다.

어머니의 품처럼 넉넉한 지리산의 모습. 수많은 생명을 품고 있다.

지리산, 이제 인류의 유산으로

지리산은 오랫동안 수많은 사람들이 지리산을 생활문화의 터전으로 살아온 한국의 대표적이고 전형적인 명산으로서, 자연과 문화의 상호작용으로 빚어진 문화경관의 형성을 탁월하게 반영하고 있다. 따라서 지리산을 세계유산에 등재하기 위한 전략으로는 문화경관이라는 통합 범주의 틀이 적합하다.

지리산의 문화경관은 동아시아 산악문화의 문화생태적 적응과 조화라는 전형을 제시하는 것으로, 인간과 환경 간 상호작용의 다양성, 복합성, 결합성, 조화성을 탁월하게 드러내는 세계유산적 가치OUV의 사례로 평가될 수 있다. 이에 걸맞은 지리산 문화경관의 개념적이고 상징적 이미지는 '신성한 어머니 지리산'으로 표상할 수 있다.

지리산은 수많은 사람들의 오랜 생활문화의 터전으로서 많은 역사유적과 종교경관, 생활경관이 남아 있다. 지리산의 문화경관은 산의 신령한 장소성과 사람의 생활문화터전이 통합된 새로운 지평의 산악문화경관의 개념을 제시한다.

지리산은 예부터 '신성한 어머니산'으로 여겨져 많은 사람들이 거주했고 신성시되었다. 삼국시대의 산성과 가야 고분을 비롯한 각종 역사유적이 남아 있고, 국가적인 산신제의가 행해진 곳으로 현재까지 '남악제'로 이어지고 있다. 불교 사찰에는 수많은 문화재가 있고, 현재까지 불교신앙이 성행하여 지리산의 살아 있는 문화전통을 유지한다.

그리고 다양한 풍수경관이나 다랑이계단식 논 등의 생활경관이 역사, 종교문화 등과 어울려 지리산 문화경관의 모자이크를 이루고 있다. 지리산의 영산 관념과 문화적 관계의 태도로서 나타나는 산악신앙, 풍수사상과 자연미학, 농경기술 등의 생활사는 산지환경에 대한 문화생태적인 적응과 문화경관의 형성을 통한 인간화·문화화·미학화의 과정이며 중위도 온대지역 대륙 동안東岸에 나타나는 산악문화 성취의 탁월한 증거다.

동아시아에서 산은 자연과 생태의 보루이며, 산악문화는 지속가능한 삶의 양식이다. 온대 동아시아 지역 산지에 역사적인 생활문화터전의 총합체로서 탁월한 보편적 가치를 증거하는 지리산의 문화경관은 유네스코 세계유산의 새로운 모델을 제시하는 한 유형이 될 수 있을 것이다. '신성한 어머니 산, 지리산'이라는 표상은 한국의 산과 산지문화를 대표하고 집약하는 상징적인 전형이자 세계인의 유산 가치로서, 산은 영혼의 고향이자 생명의 근원이라는 이미지로 지구촌의 인류에게 소중히 간직될 수 있을 것이다.

나의 산 공부 여정

책을 맺으며

이 책은 지난 20여 년간 산을 공부해온 내 삶의 궤적이자 분신이다. 본문의 글과 사진에는 그동안 산에 대한 마음의 끈을 놓지 않고 공부한 자취가 오롯이 담겨 있을 뿐만 아니라, 현장을 답사하면서 느낀 감동과 기쁨도 그대로 반영되어 있다. 나의 산 공부 여정은 이 책의 내용을 구성하는 줄거리로서 지은이의 생생한 이야기가 되겠기에 책의 후기로 싣는다.

하나, 산을 공부하는 인연을 맺다

나는 산 공부 인연이 깊은 사람임은 분명한 것 같다. 학자로서 첫 연구라 할 수 있는 석사학위 논문의 주제가 산이었는데 20여 년이 흘러 지천명의 나이가 넘은 지금에도 산을 공부하고 있으니 말이다.

대학원에서 전공은 풍수였지만 왠지 모르게 산에 끌렸다. 그래서 석사논문을 준비하면서, 당시 지도교수였던 최창조 선생님께 산에 대해 써보겠노라고 말씀드리자, 선생님은 언제나 그러셨듯이 하는 대로 지켜보셨다. 나는 산기운에 씐 듯 마음이 오롯하게 산에 집중되었고 신명나게 글을 썼다. 한남정맥을 답사한답시고 묵고 있던 기숙사에서 관악산에 올라

무작정 산줄기를 타고 수원의 광교산까지 내려갔던 적도 있다. 마음 가는 대로 답사하고 글을 써내려가다보니, 한민족의 산에 대한 핵심 관념을 '천산天山·용산龍山·조산造山'이라는 세 가지로 압축할 수 있음을 알았다. 그때 우리 민족이 우리 땅의 산을 어떻게 인간화했는지에 관해 정리했다.

그러고 보니 내가 전공하는 풍수도 '산의 전통지리학'이다. 예전에는 풍수 하는 사람을 산가山家라고 했고, 그래서 풍수서를 산서山書라고도 하지 않던가. 풍수는 동아시아 사람들의 산에 대한 전통적 지식체계이자 통찰이다. 산이 핵심 키워드이다. 풍수는 산에서 생기가 생겨서 산줄기의 맥을 타고 명당으로 이어진다고 한다. 풍수이론은 전통적으로 용론龍論이 가장 중요한데, 풍수의 '용'이 바로 산이다.

이 책을 탈고하면서 비로소 산과 풍수를 공부하는 나의 정체성을 확인할 수 있었다. 나는 산 연구자이면서 풍수도 전공하니 유가도 불가도 아닌 영락없는 산가인 것이다.

산을 공부하겠노라고 의도하거나 의식하지는 않았지만 마음은 산에 닿아 있었던 것 같다. 박사논문에서는 앞서 정리한 조산 관념을 더욱 이론적으로 심화시켰고, 역사적 배경을 탐구했을 뿐만 아니라 영남지방의 조산에 대해 현지조사까지 할 수 있었다. 조산은 한국의 핵심적인 산 요소이자, 한국인들의 산에 대한 사상이 가장 전형적으로 투영되어 있는 문화경관이다. 조산은 민간인들의 전통적인 산 관념을 전형적으로 드러내는 것이어서 더 중요하다.

산을 공부할 수 있는 기회는 또 내게 왔다. 이번에는 지방의 산을 대표하는 진산鎭山이라는 주제였다. 2001년부터 3년간 조선시대 읍치경관의 조사연구를 수행하면서, 경상도의 60여 개 고을에 있는 진산을 모두 고찰하고 답사할 수 있었다. 진산은 지방 고을이 지정한 것으로 조선시대

지방도시의 산 문화가 집약되어 있는 키워드다. 진산은 지방의 고을에서 가장 중요한 랜드마크이기도 했고 경관 요소이기도 했다. 조선시대에는 중국과 달리 진산이 지방마다 있었고 자그마한 관아 뒷동산도 많았다. 진산에 대한 개념, 기능, 분포와 읍치의 공간구성에 미치는 영향 등에 대해서 살피면서, 진산이 지방 고을에서 중요한 경관 요소라는 점을 확인할 수 있었다. 이러한 현지조사에 기초한 진산 연구는 학계에서 처음으로 시도된 것이었다.

2005년, 2006년 2년간은 월간 『산』에 백두대간의 산 문화사를 연재하면서 지리산에서 설악산에 이르는 주요 명산의 문화를 답사하고 살필 수 있었다. 당시는 한창 백두대간 붐이 일 때였다. 평소에 백두대간을 늘 마음자리에 두고 있었던지라 기쁘게 참여했다. 백두대간 탐사하는 르포 팀에서 나는 산을 둘러보면서 생활문화를 고찰하는 역할을 담당했다. 그전까지 주로 문헌으로만 보았던 백두대간의 산지생활사와 역사문화의 현장을 직접 살필 수 있는 좋은 계기가 되었다. 한국의 산문화는 참 다양한 콘텐츠가 살아 있다는 사실도 새삼 확인할 수 있었다.

2006년에는 그동안의 산 공부와는 또 다른 전기를 마련할 수 있는 기회가 왔다. 우리의 산하를 잠시 떠나 외국의 산을 보고 비교하면서 견문을 넓힐 수 있게 된 것이다. 뉴질랜드 오클랜드 대학교의 방문연구원으로 있으면서 뉴질랜드의 여러 산들을 답사했다. 최고봉인 마운틴 쿡3754미터의 위용도 보고, 세계유산인 통가리로 국립공원의 산들도 보았다. 내가 사는 지역의 트램핑tramping 클럽에 가입하여 주말만 되면 산행에 참가했다. 이때의 경험은 한국의 산을 객관적으로 보면서도 세계적인 가치에서 평가할 수 있는 바탕이 되었다고 생각한다. 아울러 세계의 명산에 대해서도 애정과 관심을 갖는 계기가 되었다.

귀국 후에는 무슨 인연인지 아예 지리산권문화연구단에 소속되어 산의 인문학을 집중적으로 연구하게 되었다. 오로지 산 연구에 전념했던 지난 7년간의 과정과 경험은 나의 산 공부의 지평을 확장시키고 전문성을 가지는 토대가 되었다. 수시로 지리산을 드나들었다. 골짝 골짝에 들어선 산촌마을도 다녔고 그곳에서 한평생 살아왔던 주민들도 만났다. 지리산뿐만 아니라 동아시아 명산들에 대한 답사도 많이 했다. 중국·일본·베트남 학자가 참여하는 '동아시아 산악문화연구회'의 결성은 나의 산 연구를 한 차원 더 상승시켰다. 근래에는 지리산을 유네스코 세계유산과 생물권보전지역으로 등재하기 위한 연구를 담당하면서 세계의 명산까지 공부하고 있다. 최근 2014년 5월에는 지리산과 한라산 연구자들이 모인 학술대회도 개최했는데, 거기서 두 산의 명산문화를 비교하는 글을 발표했다. 국내적으로도 지리산을 포함한 다른 명산으로 연구의 외연과 네트워크가 확산되고 있다.

곰곰이 생각해본다. 나는 왜 산에 끌렸을까? 평생 이렇게 산을 공부하는 까닭은 무슨 인연에서일까? 시인 박두진은 "왜 이렇게 자꾸 나는 산만 찾아 나서는 겔까? 내 영원한 어머니"「설악부」중에서라고 산으로 향하는 당신의 심상을 읊었지만, 저 너머에 둘러쳐져 있는 산에 기대고 싶은 마음 때문일까? 시인의 말대로 산은 원초적 생명성이 깃든 고향 같은 곳이어서 그럴까? 하늘에 이르는 내 영혼의 탯줄이어서 그랬을까? 말없이 품어주는 산에서 느끼는 편안함 때문일까? 산에 끌려서 산을 연구하게 되었고, 산의 지리학인 풍수도 전공하게 되었다. 알다가도 모를 산과의 인연이다.

둘, 옛사람들이 공부하던 자취를 살피다

산을 연구하던 초기엔 주로 산에 대해 개괄적인 이해를 하고자 했다.

곧이어 선조들이 산에 대해서 어떤 글들을 남겼고, 산과 산의 문화에 대한 전통적 지식은 무엇이었는지에 대해 관심이 갔다. 옛 사람들은 산을 어떻게 보았는지 알고 싶었다. 한국의 자연환경이나 역사문화에서 산은 무척 큰 비중을 차지하는데, 전통적으로 산에 대한 연구는 어떻게 이루어졌고, 산에 대한 지식정보는 어떻게 구성되었는지가 궁금했다.

본격적으로 옛 문헌들을 살펴보니 산에 대한 기록은 종류도 많을 뿐만 아니라 형식이나 내용도 다양했다. 우선 문헌의 형식과 내용으로 산 관련 문헌을 분류하는 작업부터 해보니, 대체적으로 지리지류, 백과전서류, 유산기류, 산족보류, 지도류, 풍수서류로 나누어 정리할 수 있었다.

특히 산줄기의 족보라고 할 수 있는 조선 후기의 저술 『산경표』를 '산보'山譜라고 새로 이름을 붙이고, 그 독특한 형식과 체재에 대해 탐구했다. 마침 '동아시아 산악문화 학술심포지엄'을 개최하여, 한국의 산 연구 전통과 지식체계에 대한 발표를 한 후, 중국·일본의 산악문화 연구자들과 함께 토론하는 기회가 있었다. 그 자리에서 중국이나 일본에도 한국의 『산경표』와 같은 형식의 책이 있는지를 물어보았는데 뜻밖에 없다는 대답이 돌아왔다. 중국학자는, 산줄기에 대한 관심은 중국도 마찬가지라서 지방에는 일부 산줄기의 연결 관계를 지리지 등에 적고 있지만, 한국의 『산경표』와 같이 전국적인 산줄기체계를 족보형식으로 서술한 것은 없다고 했다. 그래서 『산경표』가 이웃 일본이나 중국에도 없는 세계적인 독특한 저술임을 확인할 수 있었다.

옛 문헌 중에는 산에 대한 체계적이고 종합적인 기록물인 산지山誌도 있었다. 중국의 영향을 받아서 조선시대에 이미 『무이지』 『청량지』 『주왕산지』와 같은 산지 편찬의 전통이 있었고, 조선 후기에 지리산과 지리산 문화를 기록한 김선신의 『두류전지』는 아직 학계에 소개된 바는 없지만 학술 가치가 큰 문헌이다. 그래서 한국의 산지에 대한 개관을 하면서, 『두류전지』를 중심으로 한 지리산의 산지에 대해서 집중적으로 연구하였다.

홍만선, 유중림, 이중환, 서유구 등 조선 후기 실학자들이 산림처사로 생활하기 위한 거주지 선택이나 이상적인 장소 정보에 관해 남긴 여러 문헌들도 흥미로웠다. 그들이 저술한 책에는 매우 구체적으로 산림에서 살아가는 방법이 의식주 위주로 정리되어 있다. 특히 조선 후기의 지식인들이 산림에서 주거지를 정하기 위해 어떤 논의를 했으며, 이상적인 산지의 거주환경과 거주지는 어디라고 했는지에 가장 관심을 두었다. 조선 후기의 산림거주를 하는 데 풍수가 매우 중요한 지식정보가 되었다는 사실도 알 수 있었다. 특히 서유구의『임원경제지』에는 당시 사회적으로 알려진 이상적 주거지에 대한 지명까지 구체적으로 수록하고 있어 놀라웠다.

인문의 시대였던 조선시대에는 '산의 인문학'이라고 부를 만한 학술적인 전통지식체계도 축적되어 있었음을 확인할 수 있었다. 산에 대한 지리정보, 여행기, 지도, 풍수, 거주환경지식 등 다양한 형식과 내용이 오랜 역사적 과정에서 다채롭게 구성되어 있었던 것이다. 이러한 산에 대한 전통적 기록유산은 본격적으로 연구되어 역사문화자원으로 활용할 충분한 가치가 있다.

산에 대한 관심은 자연스레 물[水]에 대한 관심으로도 이어졌다. 산이 있으면 물이 있고, 물이 있으면 산이 있는 땅이 우리 땅이지 않는가? 산은 물과 긴밀한 관계에 있기에 산수라고 했듯이, 전통적인 수경관에 대한 상징과 지식은 어떻게 구성되었는지도 궁금했다.

2009년 여름 마침 일본의 간사이[關西] 대학교에서 한국의 물신앙에 관해 발표해줄 수 있느냐는 청탁이 왔다. 그쪽에서 준비하는 국제학술 심포지엄은 문화 간의 상호교섭에 중점을 두고 있었다. 좋은 기회다 싶어서 전통적인 물과 수경관에 관해 관심을 기울이면서, 특히 한국의 고유한 문화요소가 중국의 영향을 받아 어떻게 한국적으로 적용되고 변용되었는지 중점적으로 살펴보았다.

역사적으로 다양한 사상흐름에 따라 물에 대한 상징·지식체계도 참
다채로웠다. 조선시대에는 물에 대한 인문학적인 성찰이 깊었고 풍요로
웠는데, 한국적 자연풍토와 사회문화 코드에 맞추어 중국의 것을 수용하
고 운용하면서 나름대로의 특색을 이룬 것도 확인할 수 있었다.

셋, 동아시아의 산악문화에 눈뜨다

산에 대한 그동안의 연구 과정을 돌아보면, 처음에는 한국의 산에 대한
관념과 사상에서 시작하여, 산에 대한 전통지식과 명산문화의 탐구로 이
어졌고, 자연스레 동아시아 및 세계의 지평으로 나아갔다. 한국의 명산문
화를 연구하다보니 그것에 중국 명산문화의 영향이 있었음을 알게 되었
고, 동아시아의 범주에서 특색을 서로 비교하여 한국적 정체성을 알 수
있었다.

동아시아 문화사에서 명산문화는 큰 비중과 의미를 차지하고 있다. 한
국의 명산문화는 동아시아의 보편성 속에 자리매김되지만, 중국·일본·
베트남 등과 비교해볼 때 나름의 특수성도 지닌다. 중국의 산악문화가 한
국과 일본에 준 영향은 지리적 세계관, 종교적 산악신앙에서 산 이름의
호칭, 지식체계의 형성에까지 광범위하고 다양하게 걸쳐 있다.

중국의 산악문화가 인접한 나라로 전파되면서 각국의 문화·사회·역
사적 코드에 따라 어떻게 투영되고 변용되었으며, 그 과정에서 각국의 산
악문화 수용 방식과 그 특색은 어떻게 나타나는지에 관한 연구는 동아
시아 산악문화의 실체를 비교문화적으로 규명하는 기초적 접근방법이
자 이해방식이 된다. 중국의 산악문화는 일방적으로 전파되기보다는 역
사적 교류과정에서 각국의 문화주체와 문화 코드에 따라 선택적으로 수

용·변용되는 것이 일반적인 경향이었다. 중국의 태산문화는 한국에도 영향을 주어 한국적 특색의 태산문화를 이루었다.

중국의 태산과 태산문화를 연구하면서 한국에도 여러 개의 태산이 있었고, 태산문화라고 부를 만한 전통이 있다는 사실도 무척 흥미로웠다. 예컨대, 우리가 쓰는 관용어 중에 '태산'이라는 말이 자주 쓰인다'티끌 모아 태산' '할 일이 태산'……. 태산에 관한 지리정보는 조선시대의 옛 지도에도 많이 나타났다. 태산이라는 산 이름이 우리나라에 혹시 있을까 싶어 지명 검색을 해보니 놀랍게도 10개나 찾을 수 있었다. 조선시대의 유학자들이 살았던 어떤 마을에는 뒷동산에 태산이라는 이름을 붙이고 공자의 사당을 정상에 짓기도 했다. 2012년에 중국 산동성 태안에 있는 태산학원대학에서 국제학술대회를 개최했는데, 이런 내용으로 한국의 태산문화에 대해 발표하니 중국학자들이 큰 관심을 보였다.

동아시아 산악문화의 지평으로 관심이 확대된 계기는 2011년에 동아시아 산악문화 연구자들이 함께 모여 '동아시아 산악문화연구회'를 결성하고서였다. 한중일뿐만 아니라 베트남까지 참여하여 서로 간에 산악문화의 보편성과 특색을 비교할 수 있었던 것이다.

한중일 산악문화에 대한 관심은 현지답사로도 이어졌다. 2009년에는 일본의 고대 도읍지를 답사했다. 아스카부터 나라, 교토까지 공간적·지리적 입지가 어떠한지, 산과는 어떤 관계에 있는지 훑어볼 작정이었다.

후지와라쿄를 답사하던 중에 삼산이 있다는 사실이 매우 흥미를 끌었다. 비슷한 시기인 삼국시대의 신라 도읍지 경주에도 삼산을 배정하여 큰 제사를 지냈다는 기록이 있고, 백제의 부여에도 삼산이 있었다는 것은 잘 알려진 사실이다. 중국에는 오악은 있지만 삼산이 있었다는 이야기는 들어보질 못했다. 북경의 자금성 뒤에 있는 인공적으로 조성한 산언덕[景山]도, 평지 지형 도읍지의 독특한 산 관념으로 여겨졌다.

동아시아의 명산문화의 하나로 이상향도 있다. 한국의 이상향은 청학동지리산을 대표로 하고, 중국은 말하나마나 무릉도원이다. 이런 동아시아의 이상향은 공간적으로 산에 있음을 알 수 있다. 서양에서 섬이나 평지에 유토피아를 만드는 전통과는 지리적인 성격이 다른 점이다. 청학동이라는 이상향의 이름은 중국과 일본에는 없는 독특한 것이기도 했다.

넷, 세계의 눈으로 우리 산을 보다

지금까지는 한국의 명산을 우리의 눈과 가치로만 평가했지만 이제는 세계의 시선에서 볼 필요가 있다. 명산문화 자체가 문화교섭의 결과로 이루어진 국제적인 성격이 있기도 하거니와, 오늘날처럼 세계가 하나인 지구촌 사회에서 각 나라의 산은 자국에 한정되지 않는 세계적 지평의 산이 되었기 때문이다. 산과 산악문화에 대한 연구의 틀과 패러다임이 시대적 조류에 맞추어 변화할 시점이 된 것이다. 따라서 한국의 명산과 명산문화는 이제 세계적인 눈과 가치로 논의되고 평가될 필요가 있다. 여기서 유네스코 세계유산이라는 창은 유용한 잣대가 된다.

2011년도에 문화재청에서 발주한 '지리산 세계유산 등재 연구용역'에 참여했다. 근래 들어 세계유산에 대한 관심이 높아진 터라 지리산도 세계유산으로 등재하자는 분위기가 일던 무렵이었다. 문화재청에서 지리산권문화연구단에 요구하는 과업은 지리산이 지닌 세계유산적인 가치를 밝혀달라는 것이었다.

문제는 유네스코에서 세계유산이 되는 지침이 되는 10가지의 탁월한 세계적 가치^{OUV}를 적용해볼 때, 지리산에는 수많은 국가 유산은 있지만 막상 세계에 내세울 만한 건축군이나, 유적 등의 결정적인 요소가 없는 것이었다.

그래서 찾은 해법이 문화경관이라는 틀로 지리산을 보는 것이었다. 지리산의 경관은 자연과 역사문화가 하나로 어우러지고 통합되어 있다. 그래서 건축, 유적 등 각 부분의 다양한 요소들이 서로 연계되고 네트워크를 이루면서 지리산이라는 자연환경과 상호작용하면서 이루어진 전체적 구성체인 것이다. 한국을 비롯한 동아시아의 산악문화는 전체적 연관 속에서 접근해야 한다는 결론이 나왔다. 구슬은 꿰어야 보배라고 한 옛말 그대로다.

다섯, 산 공부와 답사의 즐거움

산을 연구한 인연 덕분에 그동안 산골짝 마을의 조산부터, 지방 고을의 진산, 국내의 백두대간의 명산, 동아시아와 태평양의 여러 명산을 두루 답사할 수 있었다. 동북아 산의 할아비라는 곤륜산맥도 보았고, 천산산맥도 타고 넘었다. "태산이 높다 하되 하늘 아래 뫼"라는 태산도 몇 번이나 올랐다.

중국의 실크로드에 답사를 가서 곤륜산맥을 가까이 본 감동은 지금도 생생하다. 중국과 한국 산맥의 조종이라고 일컬어지는 곤륜산이 아니던가? 이글거리는 타클라마칸 사막 저 너머에 있는 하늘의 지붕은 흰 만년설을 머리에 이고 있었다. 곤륜산맥의 한 봉우리로 세계의 창이라는 뜻말을 가진 공격이산[公格尔山]에 이르러서는 산 호수 아래에 돌탑을 만들고 향을 사뢰었다.

우리의 자연마을에 있는 조산도 참 많이 보았다. 인정 많은 시골 사람의 얼굴을 보는 듯 정이 갔다. 조산리, 조산마을이라는 지명도 알고 보니 흔했다. 조산은 지역마다 명칭, 형태, 기능이 다양했다. 숲도 산이고 돌무더기도 산이었다. 어떤 곳은 고목 한 그루, 선돌 하나도 조산이라고 했다.

장승이나 솟대도 조산이 되었으니, 조산 아닌 것이 없었다. 마을을 위해 자그마한 산을 지은 주민들의 심성이 너무도 소중하고 정겨웠다.

지방의 진산 답사도 흥미로웠다. 아직도 그렇지만, 당시 지방 고을의 진산은 거의 존재감이 없던 때였다. 진산은 지역에서 제일 크고 높은 산일 줄 알고 찾아가니 그렇지 않았다. 어떤 지방은 뒷동산처럼 자그마한 동산을 고을의 진산으로 삼았다는 사실도 알면서, 이런 것이 한국적인 거로구나 하는 생각이 들었다.

한반도의 등줄기인 백두대간을 답사하면서 아직도 남아 있는 산지의 민속과 신앙, 그리고 생활사도 여럿 보았다. 군데군데 개발로 잘려나가고 훼손된 모습에 내 몸이 다친 듯 아파하기도 했다. 지리산에서 시작하여 설악산에서 끝을 맺었는데, 강원도 고성에서 금강산을 바라보며 나중에 꼭 북녘의 백두산까지 답사하리라 소망하였다.

지리산의 세계유산적 가치를 탐구하면서, 세계유산으로 지정된 아시아 태평양의 주요 명산들도 직접 답사했다. 중국의 여산, 무릉원, 태산, 오대산, 무이산, 숭산 등을 직접 눈으로 보고, 일본의 후지 산을 둘러보고 기이산지도 걸어 보았다. 무릉원에서는 꿈속인 양 천상의 산을 보았고, 숭산에 가서는 왜 이 산이 중악中岳으로 숭배되는지 알았다. 낙양에서 보니 북쪽으로는 황하가 남쪽으로는 숭산이 떡 버티고 있었다. 태산의 석각石刻은 중국의 정신문화를 온통 새겨놓은 놀라운 현장이었다. 중국의 오대산은 우리의 강원도 오대산과 전연 달랐지만, 천년의 세월을 넘어 머나먼 타국에서 자장율사를 만난 듯 문수보살을 현몽하는 듯 반가웠다. 일본의 산 세계문화유산인 기이산지의 순례길도 답사했다. 일본 사람이면 평생에 한 번은 순례를 소망한다는 성지를 따라서 나도 나무지팡이를 짚고 산길을 걸었다. 후지 산을 한 바퀴 돌아보고는 왜 일본 사람들이 그토록 후지 산을 신앙하고 염원하며 예술적 영감의 원천으로 여기는지 알 수 있었다. 뉴질랜드의 세계자연유산인 통가리로 마운틴도 직접 가서 본 산이다. 뉴질랜드 산의 태곳적 순수함은 나의 정신을 눈처럼 맑게 해주었다. 내가 수많은 산을 보면서 마음에 담았던 감동과 기쁨은 이 책에 고스란히 녹아들어가 있다. 책에 실린 사진은 현지를 답사하면서 찍었던 것들 중에 독자들에게 보여주고 싶은 사진만을 고른 것이다.

여섯, 우리 산의 가치가 널리 알려지기를 바라며

산에 대한 평소의 학술적 관심과 연구 성과가 쌓일 때마다, 논문으로 발표하면서 중간중간 연구를 점검하고 정리하는 기회를 가질 수 있었다. 이 책은 그동안 발표한 글을 바탕으로 쉽게 풀어쓰고 새로이 보완한 것이다. 출판된 순서대로 나열하면 아래와 같다.

「풍수의 입장에서 본 한민족의 산 관념」, 서울대학교 지리학과 대학원 석사학위논문, 1992.

「풍수로 보는 우리민족의 산」, 『풍수, 그 삶의 지리 생명의 지리』, 푸른나무, 1993.

「영남지방의 비보조산에 관한 연구」, 『역사민속학』 12, 2001.

「우리에게 산은 무엇인가」, 『산촌』, 국립민속박물관, 2003.

「경상도 읍치 경관의 진산에 관한 고찰」, 『문화역사지리』 15(3), 2003.

「영남지방 비보의 양식별 형태와 기능」, 『한국의 풍수와 비보』, 민속원, 2004.

「한국의 명산문화와 조선시대 유학지식인의 전개」, 『남명학연구』 26, 2008.

「조선시대의 명산과 명산문화」, 『문화역사지리』 21(1), 2009.

「한국 이상향의 성격과 공간적 특징 — 청학동을 사례로」, 『대한지리학회지』 44(6), 2009.

「장소 정체성의 사회적 재구성: 지리산 청학동에 대한 역사지리적 고찰」, 『문화역사지리』 22(1), 2010.

「한국의 수경관에 대한 전통적 상징 및 지식체계」, 『역사민속학』 32, 2010.

「산지山誌의 개념과 지리산의 산지」, 『문화역사지리』 23(2), 2011.

「마을풍수의 문화생태」, 『한국지역지리학회지』 17(3), 2011.

「한국의 산 연구전통에 대한 유형별 고찰」, 『역사민속학』 36, 2011.

「중국의 태산과 한국의 태산문화」, 『태산 그 문화를 만나다』, 민속원, 2011.

「지리산 문화경관의 세계유산적 가치와 구성」, 『한국지역지리학회지』 18(1), 2012.

「세계유산의 문화경관 유형에 관한 고찰—산山 유산을 중심으로」, 『문화역사지리』 24(1), 2012.

「조선 후기의 주거관과 이상적 거주환경 논의」, 『국토연구』 73, 2012.

「지속가능성의 관점에서 해석한 풍수와 비보」, 『전통생태와 풍수지리』, 2012.

「지리산 문화경관의 세계유산적 가치와 구성」, 『지리산의 장소와 경관』, 국학자료원, 2013.

우리가 앞으로도 산에 대해 연구할 주제와 내용은 너무나 많다. 산지 주민생활사도 그렇고, 해외의 명산과 명산문화도 한국과 비교하여 밝혀야 할 것이다. 산의 인문학과 전통지식에 대한 일반적인 논의와 더불어,

지역현장에 직접 들어가서 산촌주민들의 살아 있는 문화전통을 드러내는 작업도 긴요하다. 언젠가 백두대간 권역에서 살고 있는 사람들이 어떠한 산의 문화와 민속을 일구었고 산지 생활사를 영위하고 있는지를 탐구해보고 싶다.

우리에게는 산의 인문학을 전문적으로 연구하는 시스템이 필요하다. 산의 인문학이 학계에서 새로 정립해야 할 분야라는 사실은 놀랄 만한 일이 아니다. 지금까지 산 연구는 구미의 자연과학적 산지 연구방법에 기초했기에 주로 자연생태 분야에 치중되어 있었다. 그러다보니 막상 인문학적으로 정립된 산에 대한 연구 성과는 찾아보기 힘들다. 오래고 다양한 동아시아와 한국의 산악문화 전통에 비하자면 산에 대한 인문학적 연구는 아직 본격적으로 조명되지 못한 채 묻혀 있는 것이다.

우리는 더 체계적으로 우리 산을 연구해야 한다. 지리산권역의 문화를 연구하는 '지리산학'도, 백두산에서 지리산까지 걸친 남북의 산줄기 문화를 연구하는 '백두대간학'도 필요하다. 우리나라에도 세계의 연구자들과 함께 산의 자연적·인문적 가치를 토론하고 연구하는 본격적인 산 연구소가 필요하다. 우리 모두가 우리 산의 가치를 함께 공유하고 누리며 산과 더불어 어질게 살아가는 그날을 소망해본다.

주註

제1부 한국의 산, 한국인의 산

1) 『고려사』 권6, 「세가」, 정종 7년; 문종 13년.
2) 『태조실록』, 2년 2월 9일; 3년 8월 12일.
3) 정치영, 「조선시대 지리지에 수록된 진산의 특성」, 『문화역사지리』 제23권 제1호(2011), 81쪽, 84쪽의 자료를 참고함.
4) 『진교면지』(진교면지편찬위원회, 2002), 358쪽.
5) Yoon Hong-Key, "The value of folklore in the study of Man's attitude towards environment," 10th NZ Geography Conference(1979), 162쪽.

제2부 산의 인간화, 천산·용산·조산

1) 류동식, 『한국 무교의 역사와 구조』(연세대학교출판부, 1975), 37쪽.
2) 박시인, 『알타이 인문연구』(서울대학교 출판부, 1981), 3~24쪽, 106쪽.
3) 엘리아데 저, 이은봉 역, 『종교형태론』(도서출판 까치, 1985), 126~128쪽.
4) 엘리아데 저, 이윤기 역, 『샤머니즘』(도서출판 까치, 1992), 248쪽.
5) 이찬, 「한국의 고세계지도」, 『한국학보』 제2권 제1호(1976), 48~58쪽.
6) 『아방강역고』 권2, 「지리부」, 〈산〉.
7) 김득황, 『백두산과 북방강계』(사사연, 1987), 15쪽.
8) 최남선, 『단군고기전석』; 이은봉 편, 『단군신화 연구』(온누리, 1986), 26쪽.
9) 이영택, 『한국의 지명』(태평양, 1986), 45~53쪽.
10) 조지훈, 「누석단·신수·당집 신앙연구」, 『문리논집』 7(고려대학교 문리대학, 1963), 50쪽.
11) 『주역전의대전』, 「건괘」, 〈정전〉.
12) 『삼국유사』 권1, 「기이2」, 〈제4대 탈해왕〉.
13) 최광식, 「한국 고대의 제의 연구」, 고려대학교 사학과 박사학위논문(1984),

283쪽.

14) 최창조, 「지기는 어디서 오는가?」, 『월간조선』 3월호(1991), 524쪽.

15) 이능화 저, 이종은 역주 『조선도교사』(보성문화사, 1986), 33~44쪽.

16) 『지봉유설』 권2, 「지리부」, 〈산〉; 『택리지』, 「복거총론」, 〈산수〉; 『오주연문장
    전산고』, 「한라산변증설」 등에 관련 내용이 있다.

17) 김영진, 「한국 자연신앙의 연구」, 충남대학교 국어국문학과 박사학위논문
    (1985), 19쪽.

18) 『고려사절요』 권9, 인종 9년 8월.

19) 박노준, 「오대산신앙의 기원연구」, 『영동문화』 제2호(1986), 57~58쪽.

20) 『삼국유사』 권3, 「탑상4」, 〈대산오만진신〉.

21) 『감룡경』, 「인세편」.

22) 최창조, 『한국의 풍수사상』(민음사, 1984), 110~101쪽.

23) 『인자수지』, 「총론오성」.

24) 배종호, 「풍수지리 약설(略說)」, 『인문과학』 제22호(1969), 147~148쪽.

25) 이병도, 『고려시대의 연구』(아세아문화사, 1980), 254쪽.

26) 최창조, 『좋은 땅이란 어디를 말함인가』(서해문집, 1990), 52쪽.

27) 『사고전서』, 「자부」, 〈장서〉, 주.

28) 『청낭경』.

29) 『지리정종』 권2, 「장서」, 〈주〉.

30) 『이아』, 「석천소」.

31) 『논형』, 「물세편」.

32) 『청구도』, 「범례」.

33) 『주역』, 「설괘전」.

34) 최창조, 앞의 책(1984), 56쪽, 78쪽.

35) 같은 책, 79~89쪽.

36) 같은 책, 179쪽.

37) 변진의, 「용형의 상징적 표현에 관한 연구」, 한양대학교 응용미술학과 박사
    학위논문(1989), 197쪽.

38) 『본초강목』, 「인부」, 〈용〉.

39) 『오주연문장전산고』, 「만물편」, 〈충어류〉, 어.

40) 『설문해자』.

41) 『관자』.

42) 이혜화, 「용사상의 한국문학적 수용 양상」, 고려대학교 국어국문학과 박사

학위논문(2011), 59쪽.

43) 변진의, 앞의 글(1989), 169쪽.

44) 김영진, 앞의 글(1985), 30쪽.

45) 같은 글, 73쪽.

46) 『고려사』 권2, 「세가2」, 태조 26년.

47) 이혜화, 앞의 글(2011), 81쪽.

48) 유재영, 「미륵산의 명칭에 대한 고찰」, 『마한 백제문화』 창간호(1975), 45쪽.

49) 시부야 시즈아키, 「오키나와의 풍수견분기에 나타난 비보·식수의 사상」, 『민속학연구』 제17호(2005), 93쪽.

50) 이 책의 217쪽 「산에 대한 전통 지식은 어떻게 구성되었을까」 참조.

51) 『금낭경』, 「귀혈편」.

52) 김덕현, 「유교적 촌락 경관의 이해」, 『한국의 전통지리사상』(민음사, 1991), 208~209쪽.

53) 최창조, 「한국의 전통적 자연과 인간관」, 『계간경향』 봄호(1986), 31쪽.

54) 『고려사』, 권77, 「지31」, 〈백관2〉, 제사도감각색.

55) 서영대, 「한국 고대 신 관념의 사회적 의미」, 서울대학교 국사학과 박사학위논문(1991), 267쪽.

56) 김태곤, 「한국 신앙 연구」, 『국어국문학』 29집(국어국문학회, 1965), 77쪽.

57) 이필영, 「한국 솟대신앙의 연구」, 연세대학교 사학과 박사학위논문(1989)의 50쪽, 56쪽, 68쪽, 107~109쪽, 121쪽에 관련 사례들이 있다.

58) 같은 글, 34쪽, 43쪽, 44쪽, 51쪽, 56쪽에 관련 사례들이 있다.

59) 같은 글, 12쪽.

60) 김두하, 『장승과 벅수』(대원사, 1991), 44쪽.

61) 이필영, 앞의 글(1989), 106쪽.

62) 같은 글, 97쪽에서 재인용.

63) 같은 글, 97쪽.

64) 『탁옥부』 권1, 「음양가」.

65) C. Leonard Woolley, *The Sumerians* (New York: W.W. Norton and Company, 1965), 142쪽; 김상일, 「피라미드의 유래와 고산숭배사상」, 『인류문명의 기원과 '한'』(가나출판사, 1987), 348쪽에서 재인용.

66) Daniel J. Boorstin, *The Discoverers*; 이성범 옮김, 『발견자들』(범양사, 1987), 131~138쪽.

67) 최창조, 「한국 풍수사상의 역사와 지리학」, 『정신문화연구』 42(1991), 149쪽.

68) 이정호, 『정역(正易)과 일부(一夫)』(아세아문화사, 1987), 176~177쪽.

69) 최창조, 앞의 글(1991), 149쪽.

70) 최창조, 앞의 책(1990), 26쪽.

71) M. Rader B. Jessop, *Art & Human Values*, 1976; 김광명 역, 『예술과 인간 가치』(이론과 실천, 1987), 219~220쪽.

72) 이혜화, 앞의 글, 80~82쪽.

73) 엘리아데 저, 이동하 역, 『성과 속』(학민사, 1989), 39쪽.

74) 김용옥, 「기철학(氣哲學)이란 무엇인가」, 『중국학논총』 제2집(1985), 143쪽.

75) 강석오, 『성서의 풍토와 역사』(종로서적, 1990), 25쪽.

76) 김용옥, 『백두산 신곡―기철학의 구조』(통나무, 1990), 114쪽.

77) 김범부, 『풍류정신』(정음사, 1986), 88쪽.

78) 최창조, 앞의 책(1990), 25쪽.

79) 천산과 용산은 『신증동국여지승람』, 「산천」조를 기초로, 가산은 『장승』(열화당, 1988), 174~181쪽에 나와 있는 목록을 기초로 집계한 것이다.

80) W. 리처드 콤스톡 저, 윤원철 역, 『종교학』(전망사, 1980), 165쪽.

제3부 사람과 산이 어우러져 살아가다

1) 김덕현·이한방·최원석, 「경상도 읍치경관 연구서설」, 『문화역사지리』 제16권 제1호(2004), 20쪽.

2) 읍지도는 고을을 어떻게 표현하고 있느냐에 따라 읍치도(邑治圖)와 읍도(邑圖)로 분류할 수 있다. 읍치도는 읍을 주관적으로 과장하여 그림의 중심에 위치시키는 것이 보통이며 이원적 축척을 쓴다. 읍도는 읍의 전체적인 지도로서 읍치는 읍에서의 객관적인 위치나 읍성 정도만을 표시한다. 읍지도는 대체로 북쪽을 위로 두고 정치되나, 읍의 입지적 특성(특히 남쪽을 배산한 경우)에 따라 남쪽을 위에 두고 방위를 표시한 경우도 있다.

3) 최원석, 「경상도 읍치 경관의 진산에 관한 고찰」, 『문화역사지리』 제15권 제3호(2003); 최종석, 「조선시기 진산의 특징과 그 의미―읍치공간 구조의 전환의 관점에서」, 『조선시대사학보』 제45호(2008); 권선정, 「조선시대 읍치의 진산과 주산: 대전·충남 지역을 중심으로」, 『문화역사지리』 제22권 제2호(2010); 정치영, 「조선시대 지리지에 수록된 진산의 특성」, 『문화역사지리』 제23권 제1호(2011).

4) 최종석, 앞의 글(2008), 38쪽.

5) 『辭源』(商務印書館, 1979).

6) 『증보문헌비고』 권13, 「역대국계1」, 〈기자조선국〉.

7) 이상은 감수, 『한한대자전』(민중서관, 1995).

8) 『삼국유사』 권1, 「기이1」, 〈고조선〉.

9) 『삼국유사』 권1, 「기이1」, 〈제4대 탈해왕〉.

10) 『삼국사기』 권32, 「잡지1」, 〈제사〉.

11) 『고려사』 권6, 「세가6」, 〈정종2년〉.

12) 『정조실록』, 21년 6월 1일.

13) 『고려사』 권85, 「지39」, 〈형법2〉, 금령.

14) 최종석, 앞의 글(2008), 38쪽.

15) 『성종실록』, 12년 1월 22일; 『중종실록』, 23년 5월 16일.

16) 『태종실록』, 12년 1월 8일.

17) 최창조, 앞의 책(1984), 273쪽.

18) 같은 책, 58쪽.

19) 『세종실록』, 12년 7월 7일.

20) 『태조실록』, 7년 5월 16일.

21) 『태종실록』, 6년 5월 27일.

22) 『세종실록』, 20년 4월 15일.

23) 『세종실록』, 27년 11월 27일.

24) 『경상도읍지』, 「김해부」, 〈학교〉.

25) 村山智順 저, 최길성 역, 『조선의 풍수』(민음사, 1990), 615~617쪽.

26) 『경상도읍지』, 「김해부」, 〈산천〉.

27) 『1872년 지방지도』, 「개령현」.

28) 최영준, 『국토와 민족생활사』(한길사, 1997), 345쪽.

29) 정치영, 앞의 글(2011), 81쪽, 84쪽의 자료를 참고하여 작성.

30) 같은 글, 2011, 84쪽.

31) 村山智順 저, 최길성 역, 앞의 책(1990), 635쪽.

32) 『경상도읍지』, 「예천군」, 〈고적〉.

33) 村山智順 저, 최길성 역, 앞의 책(1990), 622~623쪽; 『경상도읍지』, 「함안」, 〈임수〉에는 "오동림·죽림·유림은 한강 정구가 심었다. 예전에는 있었으나 지금은 없다"고 적었다.

34) 송지향, 『영주영풍향토지』(여강출판사, 1987), 763쪽.

35) 『동경잡기』과 『경주선생안』 등에 관련 내용이 나온다.

36) 『신증동국여지승람』권26, 「대구도호부」, 〈산천〉.

37) 배도식, 『한국 민속의 원형』(집문당, 1995), 233~235쪽.

38) 『경상도읍지』, 「영천군」, 〈산천〉.

39) Yoon, Hong‑Key, *Geomantic Relationships Between Culture and Nature in Korea, Asian Folklore and Social Life Monographs, No.88*, The Orient Cultural Service, Taipei, 1976, 3쪽.

40) 『신증동국여지승람』권25, 「예안현」, 〈산천〉.

41) 이필영, 『마을신앙의 사회사』(웅진출판, 1994), 303쪽.

42) 김영돈, 「제주·대정·정의 주현성 석상」, 『문화인류학』제5호(1972), 41쪽.

43) 『신증동국여지승람』권3, 「한성부」, 〈산천〉.

44) 『신증동국여지승람』권25, 「예안현」, 〈산천〉.

45) 村山智順, 『朝鮮の風水』(朝鮮總督府 圖書刊行會, 1931), 284쪽.

46) 이남식, 「조산지(造山誌)」, 『두산 김택규박사 화갑기념 문화인류학논총』(1989), 174쪽.

47) 『신증동국여지승람』권3, 「한성부」, 〈산천〉.

48) Degroot, J. J. M. *The Religious System of China III*(Taipei: Ch'eng—Wen, 1964), 941쪽.

49) 최덕원, 「우실(村垣)의 신앙고」, 『한국 민속학』제22권(1989), 109~122쪽.

50) 손진태, 「소도고」, 『조선민족문화의 연구』(을유문화사, 1948), 193~194쪽.

51) 최원석, 「경기북부의 풍수신앙」, 『경기민속지』2(경기도박물관, 1999).

52) 『동경잡기간오』.

53) 송화섭, 「조선 후기 마을미륵의 형성배경과 그 성격」, 『한국사상사학』제6권(1994), 244쪽.

54) 김봉우, 『경남의 고갯길 서낭당』(집문당, 1998), 23쪽, 139쪽.

55) 숲은 돌탑과 함께 영남지방의 많은 취락에서 나타나는 조산의 대표적인 형태다.

56) 『신증동국여지승람』권25, 「예안현」, 〈산천〉.

57) 『영가지』권2, 「산천」에 따르면, "풍산에는 두 개의 조산이 있었다. 모두 현 남쪽 2리쯤에 있는데, 허원(虛遠)함을 진호한다"고 했다.

58) 『영가지』권2, 「산천」에 따르면, "일직에는 다섯 개의 조산이 있었다. 모두 현 서쪽 동구의 2리쯤에 있는데, 동구의 공허함을 진호한다"고 했다.

59) 『영가지』권2, 「산천」.

60) 『함안고인돌』(아라가야 향토사연구회, 1997), 56쪽.

61) 『경상도읍지』, 「의성현」, 〈고적〉.

62) 『영가지』 권2, 「산천」.

63) 송지향, 『영주영풍향토지』(여강출판사, 1987), 762~763쪽.

64) 『경상도읍지』, 「예천군」, 〈고적〉.

65) 『금낭경』, 「형세편」.

66) 제보(1999. 2. 11): 김상두 씨, 이기배 씨.

67) 『경북마을지』 중(경상북도, 1991), 42쪽.

68) 『설심부』, 「논형혈」.

69) 『오산지』, 「동송정」.

70) 『마을지명유래지』(청도문화원, 1996), 167쪽; 『경북마을지』 중, 앞의 책
(1991), 757쪽.

71) 『청오경』.

72) 『경북지명유래총람』(경상북도, 1984), 991쪽.

73) 『경북마을지』 상, 앞의 책(1991), 172쪽.

74) 『함안고인돌』, 앞의 책(1997), 56쪽.

75) 윤홍기, 『땅의 마음』(사이언스북스, 2011), 125쪽.

76) 최원석·구진성 편저, 『지리산권 풍수자료집』(이회, 2010).

77) 류제헌, 『한국의 근대화와 역사지리학—호남평야』(한국정신문화연구원,
1994), 38~40쪽.

78) 같은 책, 38~40쪽.

79) 윤홍기, 앞의 책(2011), 142~143쪽.

80) 『적량면지』(적량면지편찬위원회, 2002), 659쪽.

81) 최원석, 「지리산권역 취락에 미친 도선풍수의 양상」, 『남도문화연구』 제20
집(2011), 417쪽.

제4부 산의 인문학

1) 정치영, 앞의 글(2011), 80쪽.

2) 같은 글, 81쪽.

3) 같은 글, 81~82쪽.

4) 박희병, 「한국산수기 연구」, 『고전문학연구』 제8집(1993), 214쪽.

5) 금강산 유산기는 240여 편, 지리산 유산기는 90여 편, 그밖의 유산기는 270
여 편에 달한다.

6) 박영민, 「유산기의 시공간적 추이」, 『민족문화연구』 제40호(2004), 82쪽.

7) 홍만선, 『산림경제』, 「산림경제서」.

8) 이 책에는 화산(華山), 여산(驪山), 종남산(終南山), 지주(砥柱), 숭산(嵩山), 수양산(首陽山), 왕옥산(王屋山), 이궐(伊闕), 묘산(崏山), 금산(金山), 초산(焦山), 왕교동(王喬洞), 운룡산(雲龍山), 경사 서산(京師西山)[上], 경사 서산(京師西山)[下], 우수산(牛首山), 관음암(觀音巖), 영곡(靈谷), 보석산(寶石山), 선권동(善權洞), 장공동(張公洞), 남악동관 이산(南岳銅棺二山), 석룡와(石龍渦), 오군제산(吳郡諸山), 북고산(北固山), 초은산(招隱山), 경산(經山: 침산부[沈山附]), 도장산(道場山) 등의 항목이 편집되어 있다.

9) 『성호사설』 권5, 「만물문」, 〈호매〉.

10) 여러 다른 이름의 판본 ―『산리고』(규장각 도서번호 3886), 『여지편람』 중의 「산경표」, 『기봉방역지』(규장각 도서번호 11426) 등과 이칭(산수경)이 있다.

11) 『성호사설』 권1, 「천지문」.

12) 판본에 따라 차이가 난다. 『산리고』(규장각 도서번호 3886), 『산경표』(규장각 도서번호 5910)는 조선광문회본과 동일하게 1대간, 1정간, 13정맥 체계로 표기했고, 『여지편람』의 「산경표」는 낙남정맥을 낙남정간으로 표기했으며, 『기봉방역지』(규장각 도서번호 11426)는 장백정간과 장백정맥을 혼용하고 있다.

13) 양보경, 「조선시대의 '백두대간' 개념의 형성」, 『진단학보』 제83호(1997), 105쪽.

14) 경상대학교 도서관에 소장되어 있다.

15) 김종혁, 「산경표의 문화지리학적 해석」, 『문화역사지리』 제14권 제3호(2002), 88~92쪽.

16) 원경렬, 「대동여지도의 연구」, 건국대학교 지리학과 박사학위논문(1987), 32쪽.

17) 이우형, 『대동여지도의 독도』(광우당, 1991), 30쪽.

18) 이형윤·성동환, 「풍수서 지리인자수지 산도의 지형표현연구」, 『한국지역지리학회지』 제16권 제1호(2010), 1~15쪽.

19) 편자 미상의 한국학중앙연구원 장서각 소장본이다. 풍수이론을 도면과 함께 설명했다.

20) 한국가사문학관(http://tour.damyang.go.kr/gasa).

21) 왕실도서관 장서각 디지털 아카이브(http://yoksa.aks.ac.kr).

22) 최원석, 「조선 후기 지식인의 풍수에 대한 인식과 실천에 관한 일 고찰—옥
   소 권섭의 묘산지를 중심으로」, 『민속학연구』제18호(2006), 96~100쪽.

23) 汪子卿 撰, 周郢 校證, 『泰山誌校證』(黃山書社), 1쪽.

24) 전병철, 「『청량지』를 통해 본 퇴계 이황과 청량산」, 『남명학연구』제26호
   (2008), 309~330쪽.

25) 청량산의 산지에 관한 주요 연구 성과로서, 전병철(2008)은 『청량지』의 체
   제와 내용을 고찰하고 퇴계 이황과 청량산의 관계를 검토했으며, 2008년에
   는 청량산에 관련된 산지를 집성하여 교감·해제한 『청량산 산지』라는 자료
   집을 편찬했다.

26) 국립중앙도서관과 고려대학교 도서관에 소장본이 있는데, 둘 다 필사본으
   로 2권 1책으로 구성되어 있다. 고려대학교 도서관 소장본에만 「두류신도」
   (頭流身圖)가 추가되어 있다.

27) 소촌도의 중심은 소촌역(召村驛)이며, 관할범위는 진주를 중심으로 곤양, 남
   해, 진해, 사천, 고성, 거제 등지이다. 상령·평거·부다·지남·배둔·송도·구허·
   관률·문화·영창·동계·양포·완사·오양·덕신 등 15개 역이 이에 속한다.

28) 신로사, 「김선신의 생애와 그의 저작에 관한 일고」, 『동방한문학』제36호
   (2008), 129~152쪽.

29) 『청량지』, 「청량지서」.

30) 김종직의 「유두류록」에는 "청이당(淸伊堂)에 이르러 보니 지붕이 판자로 만
   들어졌다. 우리 네 사람은 각각 청이당 앞의 계석(溪石)을 차지하고 앉아서
   잠깐 쉬었다"는 관련 표현이 나온다.

31) 고려대학교 도서관 본과 경희대학교 도서관 본이 있다. 이 글은 고려대학교
   본을 저본으로 했다.

32) 『산림경제』, 「서」.

33) 염정섭, 「18세기 초중반 『산림경제』와 『증보산림경제』의 편찬 의의」, 『규장
   각』제25호(2002), 180쪽.

34) 『산림경제』권1, 「복거」.

35) 최영준, 앞의 책(1997), 91쪽.

36) 『택리지』, 「충청도」.

37) 『임원경제지』권6, 「상택지」, 「점기」.

38) 『택리지』, 「지리」.

39) 『택리지』, 「지리」.

40) 『택리지』, 「지리」.

41) 『택리지』, 「충청도」.

42) 『여유당전서』 1, 「시문집 권14」, 〈문집〉, 발, 발택리지.

43) 박의준, 「한국 전통취락입지의 지리학적 고찰」, 『호남문화연구』, 제29권 (2001), 296쪽.

44) 『택리지』, 「지리」.

45) 한명호, 「도시공간의 쾌적 음환경 창조를 위한 사운드스케이프 디자인 연구」, 『대한건축학회논문집: 계획계』 제19권 제12호(2003), 252쪽.

46) 전영권, 「택리지의 현대지형학적 해석과 실용화 방안」, 『한국지역지리학회지』, 제8권 제2호(2002), 266쪽.

47) 『임원경제지』 권6, 「상택지」, 〈점기〉.

48) 『증보산림경제』, 「서」.

49) 「해제」, 『고농서국역총서4 증보산림경제』 I~III, (경기도: 농촌진흥청, 2003), 6~7쪽.

50) 『증보산림경제』 권16, 「남사고십승보신지」.

51) 『증보산림경제』, 「복거」편에서 터잡기와 관련된 세부 목차는 〈논지세〉(論地勢), 〈논평지양기〉(論平地陽基), 〈논산곡양기〉(論山谷陽基), 〈상지〉(相址), 〈지의〉(址宜), 〈양험〉(壤驗), 〈수응〉(水應), 〈논풍사방〉(論風射方), 〈양거잡법보유〉(陽居雜法補遺) 등으로 편제되어 있다.

52) 심경호, 「임원경제지의 문명사적 가치」, 『쌀삶문명 연구』 제2호(2009), 6쪽.

53) 『임원경제지』에서는 『팔역가거지』로 표현되어 있지만, 이 책은 일반적으로 『택리지』로 알려져 있다.

54) 『임원경제지』, 「예언」.

55) 『임원경제지』, 「상택지인」.

56) 『임원경제지』, 「상택지인」.

57) 『연경재전집』, 「외집 권64」, 〈잡기류〉에 실려 있다.

58) 『금화경독기』는 서유구가 저술한 백과전서식의 책으로 전체 8권이다. 2010년에 일본 도쿄도립중앙도서관에서 7권 7책이 발견되었다. 8권에 「상택지」와 관련된 해당내용이 실려 있을 것으로 추정되나 빠져 있다.

59) 『임원경제지』 권6, 「상택지」, 〈팔역명기〉.

60) 『임원경제지』 권6, 「상택지」, 〈점기〉. 이하 본문의 『임원경제지』를 인용한 부분은 모두 서유구 저, 안대회 편역, 『산수 간에 집을 짓고』(돌베개, 2005)의 번역문에 따른 것이다.

61) 약수신앙으로 우물이 신앙화된 사례는 광명사정(廣明寺井), 군애정(君艾井),

양릉정(陽陵井), 개성대정(開城大井) 등이 있다.

62) 『삼국유사』 권1, 「기이1」, 〈고조선〉.

63) 『삼국유사』 권2, 「기이2」, 〈만파식적〉.

64) 전영숙, 「한국과 중국의 창세 및 건국신화 속에 깃든 물 숭배 관념」, 『한중인문과학연구』 제24호(2008), 265~266쪽.

65) 『삼국사기』 권32, 「잡지1」, 〈제사〉.

66) 일본 아스카 시대의 후지와라쿄(藤原京, 694~710) 도읍지에도 왕경의 뒤와 좌우로 삼산의 배정이 나타난다.

67) 永留久惠, 「東アジアの龍神信仰について」, 『동북아시아문화학회 국제학술대회 발표자료집』(2001), 138쪽.

68) 천인석, 「삼국시대에서의 음양오행설의 전개」, 『유교사상연구』 제45호(1992), 107~128쪽.

69) 吉野裕子, 『陰陽五行と日本の民俗』(人文書院, 1983), 137~142쪽.

70) 善生永助, 『朝鮮の聚落』, 後篇(朝鮮總督府, 1935), 46쪽, 994쪽.

71) 『중용』, 30장.

72) 『논어』, 9장.

73) 『논어』, 21장.

74) 『맹자』, 「이루장」.

75) 이상필, 『남명학파의 형성과 전개』(와우출판사, 2005), 24쪽.

76) 경상대학교 남명학연구소 편역, 『남명집』(이론과 실천, 1995), 109쪽.

77) 『남명집』 권1, 15장.

78) 양보경, 「정약용의 지리인식」, 『정신문화연구』 통권 제67호(1997), 114~116쪽.

79) 같은 글, 114~116쪽.

제5부 명산문화와 산속의 이상향

1) 명산과 명산문화에 관한 학술적이고 학제적 연구의 필요에 의해, 2008년 10월에 동아시아에서는 처음으로 한·중·일의 학자들이 모여, "동아시아의 명산과 명산문화"라는 주제로 연구 성과를 내놓았다.

2) 김지영, 「명산문화 연구의 가능성 모색」, 『남명학연구』 제26호(2008), 337~348쪽.

3) 태산, 황산, 무당산, 여산, 아미산, 무이산, 오대산, 천산(등재 순)이다. 2014

년 1월 기준.

4) 김덕현, 「유교의 자연관과 퇴계의 산림계거」, 『문화역사지리』 제11호 (1999), 34쪽을 참고한 것이다.

5) 같은 글, 34쪽.

6) William Norton, *Cultural Geography 2nd ed* (New York: Oxford university press, 2006), 2쪽.

7) 김덕현, 「조선시대 경상도 읍치의 경관구성과 상징성」, 『경남문화연구』 제28호(2007), 41~87쪽; 이기봉, 『조선의 도시─권위와 상징의 공간』(새문사, 2008).

8) 『동국산수록』, 「복거총론」, 〈산수〉.

9) 『삼국사기』 권32, 「잡지1」, 〈제사〉.

10) 『고려사』 권6, 「세가6」, 〈정종2년〉.

11) 김철웅, 「조선초기 사전의 체계화 과정」, 『문화사학』 제20호(2003), 189쪽.

12) 『태조실록』, 2년 1월 21일.

13) 『고려사』 권56~58, 「지10」~「지12」의 지리조에는 따로 명산 항목을 두지는 않았지만 각 행정구역의 군현 별로 주요 산들을 표기했기에 명산으로 분류하여 표34에서 도별로 새로 정리했다.

14) 풍수서에서 주산은 현무에 해당한다. 혈과의 관계에서 보아, 주산은 혈장(穴場)이 있는 명당 뒤에 위치한 산이다.

15) 김덕현, 앞의 글(2007), 41~87쪽.

16) 김덕현, 앞의 글(1999), 35쪽.

17) 이동환, 「한국미학사상의 탐구 II」, 『민족문화연구』 제32호(1999), 32쪽.

18) 우응순, 「청량산 유산문학에 나타난 공간인식과 그 변모 양상」, 『어문연구』 제34권 제3호(2006), 428쪽.

19) 강정화, 「지리산 유산기에 나타난 조선조 지식인의 산수인식」, 『남명학연구』 26, 2008, 255쪽, 296쪽.

20) 이상필, 『남명학파의 형성과 전개』(와우출판사, 2005), 24쪽.

21) 『남명집』 권2, 「유두류록」.

22) 『퇴계선생문집』 권3, 「시」, 〈독서여유산〉.

23) 『남명집』 권2, 「유두류록」.

24) 한국사상사연구회 편저, 『조선유학의 자연철학』(예문서원, 1998), 36쪽.

25) 최석기, 『남명과 지리산』(경인문화사, 2006), 28쪽.

26) 정치영, 「유산기로 본 조선시대 사대부의 청량산 여행」, 『문화역사지리』 제

11권 제1호(2005), 67쪽.

27) 「산수기서」는 성해응의 『연경재전집』 권50·51의 「산수기」 상·하에 각각 있다. 『연경재전집』 권52는 『동국명산기』와 비교하여 체제는 같지만 명산 항목이 축소되었다.

28) 『연경재전집』 권51, 「산수기(하)」, 〈산수기서〉.

29) 『연경재전집』 권51, 「산수기(하)」, 〈산수기서〉. 성해응은 이 글에서 충청·평안·강원도 지역의 산은 설명하지 않았다.

30) 성백효 역주, 『시경집전』 하(전통문화연구회, 1998), 150~151쪽.

31) 『여암전서』 권10, 「산수고1」.

32) 양보경, 「조선시대의 '백두대간' 개념의 형성」, 『진단학보』 제83호(1997), 105쪽.

33) 『남명집』 권2, 「유두류록」.

34) 양보경, 앞의 글(1997), 97~98쪽.

35) 『여유당전서』 6집, 「지리집」 권3, 〈강역고〉, 백산보.

36) 『성호사설』 권1, 「천지문」, 〈백두정간〉.

37) 『중용』, 30장.

38) 『중용』, 13장.

39) 이동환, 「한국미학사상의 탐구 II」, 『민족문화연구』 제32호(1999), 4~10쪽.

40) 『고운선생문집』 권1, 「기」, 〈선안주원벽기〉.

41) 『고운선생문집』 권3, 「비」, 〈대숭복사비명〉.

42) 『고운선생문집』 권2, 「비」, 〈무염화상비명〉.

43) 『고운선생문집』 권3, 「비」, 〈지증화상비명〉.

44) 『기언』 권35, 「원집」, 〈외편〉, 동사, 지승.

45) 『기측체의』, 「신기통」 권1, 〈체통〉, 사일신기.

46) 에드워드 렐프 저, 김덕현 외 역, 『장소와 장소상실』(논형, 2005), 32쪽.

47) 『시경』, 「국풍위」, 〈석서〉.

48) 정치영, 「조선시대 유토피아의 양상과 그 지리적 특성」, 『문화역사지리』 제17권 제1호(2005), 67쪽.

49) 『오주연문장전산고』, 「천지편」, 〈지리류〉, 동부, 청학동변증설.

50) Porter, P.W. and Lukermann, F.E., "The Geography of Utopia", *Geographies of the Mind*(Oxford University Press, 1976), 201쪽.

51) 신정엽, 「유토피아 지리학 ─ 그 가능성의 탐색」, 『지리교육논총』 제30호(1993), 95쪽에 따르면, "서양의 유토피아 유형을 기독교의 전통하에 분류

하면, 그 하나는 자연주의, 자급자족, 농업중심, 회귀적 성격의 에덴식 유토
피아이다. 또 하나는 기하학적이고 계획적이며 재건적이고 창조적인 뉴예
루살렘(New Jerusalem)식 유토피아다."라고 했다.

52) Porter & Lukermann, 앞의 글(1976), 199쪽.

53) 최영준, 앞의 책(1997), 102~105쪽.

54) 장원철·최원석, 「구곡동천의 세계유산적 가치와 의의」, 「백두대간 속리산
권 구곡문화지구 세계유산 등재추진에 대한 평가와 방향 제시」, 속리산권
구곡문화지구 세계유산 등재추진 세미나 발표자료집(2012), 48~49쪽.

55) 三浦國雄, 「洞天福地小論」, 『中國人のトポス』(平凡社, 1988).

56) 장원철·최원석, 앞의 글(2012), 49쪽.

57) 沙銘壽, 『洞天福地—道敎宮觀勝景』(四川人民出版社, 1994).

58) 장원철·최원석, 앞의 글(2012), 49쪽.

59) 『오주연문장전산고』, 「천지편」, 〈지리류〉, 동부, 청학동변증설.

60) 이화동은 『청구야담』의 「홍사문동악유별계」, 산도동은 『청구야담』의 「방도
원권생심진」, 태평동은 조여적의 『청학집』, 오복동은 『한국민족설화의 연
구』(손진태, 을유문화사, 1954, 55~56쪽), 불곡은 『피장처』, 회룡굴은 『청구
야담』의 「오안사영호봉설생」에 나온다.

61) 율도국은 허균의 『홍길동전』, 무인공도는 『허생전』, 단구는 『청구야담』의
「식단구유랑표해」, 의도는 『이조한문단편집』 상(이우성·임형택 편역, 일조
각, 1983, 337~339쪽)에 나온다.

62) 『예기』, 「예운」.

63) 황원구, 「한국에서의 유토피아의 한 시도—판미동 고사의 연구」, 『동방학
지』 제32호(1982), 59~96쪽.

64) 『여유당전서』 1집, 권4.

65) 『오주연문장전산고』, 「천지편」, 〈지리류〉, 동부, 우복동진가변증설.

66) 『오주연문장전산고』, 「천지편」, 〈지리류〉, 동부, 용화동변증설.

67) 『오주연문장전산고』, 「천지편」, 〈지리류〉, 동부, 우복동변증설.

68) 『오주연문장전산고』, 「천지편」, 〈지리류〉, 동부, 우복동진가변증설.

69) 『다산시문집』 5권, 「시」, 〈우복동가〉.

70) 장원철·최원석, 앞의 글(2012), 52쪽.

71) Porter & Lukermann, 앞의 책(1976), 199쪽.

72) 장원철·최원석, 앞의 글(2012), 52쪽.

73) 陳正炎·林其錟 저, 이성규 역, 『중국의 유토피아 사상』(지식산업사, 1990),

22~25쪽.

74) 이들은 각각 『산해경』 속의 이상향이다. 옥야·도광야는 「대황서경」에, 평구
   는 「해동북경」에, 차구는 「해동동경」에 등장한다.

75) 이중환의 『택리지』에는 가거지의 여섯 가지 지리 요건(수구·야세·산형·
   토색·수리·조산조수)을 제시한바, 풍수의 이상적 지형 형국에 관한 이론이
   대폭 반영되어 있다.

76) 최창조, 앞의 책(1990), 418쪽.

77) 안동준, 「지리산의 민간도교 사상」, 『경남문화연구』 제28호(2007),
   138~139쪽에 따르면, 삼국시대 이후로 지리산은 남방선파의 본향으로서
   동방의 선맥이 전개되던 곳이라는 설도 있다.

78) 김일손의 「두류기행록」에는 최치원이 청학동에서 영생불사한다는 구전을
   기록하고 있다.

79) 『점필재집』, 「점필재문집」 권2, 〈유두류록〉.

80) 『세조실록』, 2년 11월 20일.

81) 『오주연문장전산고』, 「천지편」, 〈지리류〉, 동부, 우복동변증설.

82) 『대동지지』, 「한성부」.

83) 청학동에 유민들이 대거 이주하며 장소정체성이 변화해가는 정황은 다음
   장 「청학동은 한 곳이 아니었다」에서 자세히 다룬다.

84) 『수당유고』 권4, 「유두류록」.

85) 『오주연문장전산고』, 「천지편」, 〈지리류〉, 동부, 우복동변증설.

86) 『한국지명총람』(한글학회, 1966~1986); 『조선향토대백과』(조선과학백과
   사전출판사(북한)·한국평화문제연구소 공편, 2003); 「구한말지도」(1894~
   1906, 남영우 편, 『구한말한반도지형도』, 성지문화사영인본, 1996); 『해동지
   도』(18세기 중반); 『동여도』(19세기 중반) 참조.

87) 김순배, 「한국 지명의 문화정치적 변천에 관한 연구」, 한국교원대 지리학과
   박사학위논문(2009), 226~230쪽.

88) 『동문선』, 「속동문선」 권21, 〈록〉, 속두류록.

89) 『점필재집』 권2, 「유두류록」.

90) 『기언』 권28, 「원집 하편」, 〈산천〉, 지리산청학동기.

91) 『오주연문장전산고』, 「천지편」, 〈지리류〉, 동부, 청학동변증설.

92) 『한국구비문학대계』 1 - 1(한국정신문화연구원, 1980), 791쪽.

93) 『조선조문헌설화집요』(집문당, 1991), 345쪽.

94) 『고봉선생문집』 권1, 「시」.

95) 『파한집』.

96) 『동문선』 권8, 「칠언고시」, 〈청학동〉.

97) 『승정원일기』, 영조 5년 윤7월 16일.

98) 『승정원일기』, 정조 9년 2월 29일.

99) 『연재집』 권21, 「두류산기」.

100) 제보(2009.5.5): 정명일의 8대 후손 정윤균 씨(하동군 대성리 의신마을 1370 번지).

101) 『화개면지』(화개면지편찬위원회, 2002), 347쪽.

102) 『연재집』 권21, 「두류산기」.

103) 제보(2009.5.31): 박봉한 씨(등촌리 중기마을 442번지).

104) 『대동지지』, 「하동」, 〈산수〉.

105) 제보(2009.5.5): 유한상 씨(하동군 악양면 매계리 588번지).

106) 『연재집』 권21, 「두류산기」.

107) 『오주연문장전산고』, 「천지편」, 〈지리류〉, 동부, 청학동변증설.

108) 『오주연문장전산고』, 「천지편」, 〈지리류〉, 동부, 청학동변증설.

109) 「하산지리산청학동비결」, 『정감록집성』(아세아문화사, 1973).

110) 「겸암선생일기」 「옥계일지」, 같은 책.

111) 「겸암선생일기」 「류겸재일기」, 같은 책.

112) 「무학선사청학동결」, 같은 책.

113) 『오주연문장전산고』, 「천지편」, 〈지리류〉, 동부, 청학동변증설.

114) 「겸암선생일기」(위의 책)에 따르면, "仙鶴中谷(柳), 鶴背吹簫(姜), 仙鶴下田(鄭), 鶴下玉女(徐), 牛臥鶴林(盧), 走獐顧母(金), 黃龍負舟(河), 鷹下逐雉(張), 仙人舞袖(李), 玉燈掛壁(千), 五仙圍碁(朴)"이라고 했다.

115) 『비결전집』(규문각, 1966).

116) 오세창, 「풍기읍의 정감록촌 형성과 이식산업에 관한 연구」, 『지리학과 지리교육』 제9호(1979), 172쪽.

117) 앞의 책, 『비결전집』.

118) 『후창집』 권17, 「두류산유록」.

119) 「지리산보」, 『개벽』 제34권(1923년 4월 1일).

120) 고원규, 「문화의 관광 상품화를 통해 본 전통의 재구성—청학동의 사례연구」, 영남대 문화인류학과 박사학위논문(2006), 198~202쪽.

121) 같은 글, 2쪽.

1) 何明,「동아시아의 산악문화연구 패러다임을 위한 구상」,『2011년 동아시아 산악문화연구회 결성기념 국제학술대회 논문집』(화인, 2012), 7쪽.
2) 笹本正治,「일본 산악문화 연구 총론」, 같은 책, 41쪽.
3) 서경호,「산해경·오장산경에 나타난 산의 개념」,『동아문화』제26호(1988), 82쪽, 96쪽.
4) 『오장산경』에는 「남산경」「서산경」「북산경」「동산경」「중산경」의 다섯 편목으로 구성되었다.
5) 『삼국사기』권32,「잡지1」,〈제사〉.
6) 2012년 5월에 중국 태산학원에서 개최된 제2차 동아시아 산악문화연구회에 발표자로 참여한 베트남의 응우엔 꾸억 뚜언(阮國俊, 베트남 사회과학연구소 종교연구원 원장)의 제보.
7) 신라의 경주에는 내림(奈林)·혈례(穴禮)·골화(骨火)가 있었고(『삼국사기』권32,「잡지1」,〈제사〉), 백제의 부여에는 일산(日山)·오산(吳山)·부산(浮山)이 있었다(『삼국유사』권1「기이2」〈남부여전 백제〉). 부여의 일산은 현 금성산, 오산은 오석산(염창리), 부산은 부산(백마강 맞은편)으로 비정된 바 있다(이도학,「사비시대 백제의 사방계산과 호국사찰의 성립」,『백제연구』제20호, 1989, 124쪽).
8) 허남춘,「한일 고대신화의 산악숭배와 삼산신앙」,『일본근대학연구』제23호(2009), 113쪽, 119쪽.
9) 베트남 사회과학연구소 종교연구원장 응우엔 꾸억 뚜언의 제보.
10) 笹本正治, 앞의 글(2012), 61쪽.
11) 『고려사』(1451) 지리지, 남원부에 의하면, 지리산을 방장산이라고도 한다고 적고 있다. 그렇다면 지리산을 방장산이라고 인식한 것은 여말선초일 가능성이 크다. 최석기,「조선시대 사인들의 지리산·천왕봉 인식」,『남도문화연구』제21호(2011), 82쪽에 따르면, 지리산이 방장산이라는 인식은 조선 전기 이석형, 김종직 등의 문집에서부터 나타나기 시작했다고 한다.
12) 김성환,「삼신산 판타지와 동아시아 고대의 문화교류」,『중국학보』제56집(2007), 456쪽. 일본의 삼신산에 관한 인식은 일찍이 조선후기 실학자인 성호 이익의 글에도 표현되었다. "왜인(倭人)은, '삼산은 우리나라에 있는데, 열전(熱田)·웅야(熊野)·부사(富士) 이 세 산이 해당된다'고 했다(『성호사설』제20권,「경사문」,〈서시〉).

13) 송화섭, 「동아시아 해양신앙과 제주도의 영등할망, 선문대할망」, 『탐라문화』 제37호(2010), 183~222쪽.

14) 김태식, 「고대 동아시아 서왕모신앙 속의 신라 선도산성모」, 『문화사학』 제27호(2007), 381~417쪽.

15) 김현욱, 「하쿠산 신앙(白山信仰)과 노(能)의 발생」, 『일본문화학보』 제49호(2011), 249쪽.

16) 永留久惠, 「東アジアの龍神信仰について」, 『2001년 동북아시아문화학회 국제학술대회 발표자료집』(2001), 138쪽.

17) 김기선, 「고구려 '온달'과 몽골 산악신앙의 완곡어 'Ondor'와의 작명관 비교 연구」, 『동아시아고대학』 제24집(2011), 442~473쪽.

18) 박노준, 「한중일 오대산신앙의 전개과정」, 『영동문화』 제6호(1995), 146~147쪽.

19) 김지영, 「명산문화 연구의 가능성 모색—중국의 명산문화 연구 현황 분석을 중심으로」, 『남명학연구』 제26집(2008), 331쪽.

20) 笹本正治, 앞의 글(2012), 65쪽.

21) 何明, 앞의 글(2012), 3쪽.

22) 1930년대부터 중화민족의 자존을 위한 상징물로서 국산(國山) 태산에 대한 논의가 제기되었다.

23) 王雷亭·魏雲剛·李海燕, 「태산 관광문화산업의 발전에 대한 초보적인 연구」, 『2011년 동아시아 산악문화연구회 결성기념 국제학술대회 논문집』, (화인, 2012), 238쪽.

24) 周郢, 『泰山與中華文化』, (山東友誼出版社, 2010), 379~389쪽.

25) 심우영, 「태산 시에 나타난 인문경관 연구」, 『중국문학연구』 제33집(한국중문학회, 2006); 『태산, 시의 숲을 거닐다』(차이나하우스, 2010) 등이 대표적인 연구 성과이다.

26) 2011년에 발간된, 『태산, 그 문화를 만나다』(민속원)는 한국에서는 처음으로 태산문화를 종합적으로 소개하고 연구한 책이다.

27) 陳偉軍, 「중국문화 속에서의 태산문화」, 『경남학』 제31호(2010), 243쪽.

28) 『삼국사기』 권44, 「열전4」, 〈김인문〉.

29) 진위군, 「중국문화 속에서의 태산문화」, 『경남학』 제31호(2010), 243~275쪽.

30) 정은주, 「조선 후기 중국산수판화의 성행과 오악도」, 『고문화』 제71집(2008), 55쪽.

31) 전인초, 「오악의 신화전설」, 『인문과학』 제88집(2008), 1~28쪽.

32) 周郢, 앞의 책(2010), 76~85쪽.

33) 양보경, 앞의 글(1997), 105쪽.

34) 김덕현, 「천자의 산에서 군자의 산으로」, 『태산, 그 문화를 만나다』(민속원, 2011), 81~89쪽.

35) 김순배, 「한국 지명의 문화정치적 변천에 관한 연구」, 한국교원대학교 박사학위논문(2009), 5쪽.

36) 정은주, 앞의 글(2008), 49~80쪽.

37) 천안문화원 홈페이지(http://cheonan.cult21.or.kr, 2012.3.19).

38) 일본의 쓰쿠바(筑波)대학 대학원에는 세계유산전공과 세계문화유산 전공과정이 개설되어 있다.(http://www.heritage.tsukuba.ac.jp)

39) 중국 북경대학에 UNESCO亞太地區世界遺産培訓與硏究中心이 있다.

40) 근래에 지리학 국내학술지에 게재된 세계유산 관련 연구물을 연도별로 보면 임근욱(2008), 고선영(2009), 임근욱·진현식(2009), 이혜은(2011), 최원석(2012) 등이 있다.

41) 허권, 「세계유산보호와 개발, 지속가능발전의 국제적 동향」, 『역사와 실학』 제32집 하(2007), 935쪽.

42) 이혜은, 「지리학자의 관점에서 본 세계유산」, 『한국사진지리학회지』 제21권 제3호(2011), 72쪽.

43) 허권, 앞의 글(2007), 935쪽.

44) 이혜은, 앞의 글(2011), 72쪽.

45) UNESCO, 앞의 책(2009), 22~25쪽.

46) 유네스코한국위원회, 앞의 책(2010), 39쪽, 42쪽, 115쪽.

47) UNESCO, World Heritage Centre, *Operational Guidelines for the Implementation of the World Heritage Convention*(2008), 14쪽, 85~86쪽.

48) 같은 책, 118쪽.

49) 유네스코한국위원회, 앞의 책(2010), 앞의 책, 115쪽.

50) UNESCO, World Heritage Centre, 2008, Operational Guidelines for the Implementation of the World Heritage Convention. WHC.08/01, January (2008), 103쪽.

51) 유네스코 세계유산센터 홈페이지의 문화경관 분류(http://whc.unesco.org/en/activities/477/)와, World Heritage paper 26(2009), Appendix 3. Cultural landscapes inscribed on the World Heritage List, 122~123쪽을 참조하여 작성한 것이다. 두 자료는 문화경관유산을 목록화하는 데 몇 군데 차이가 나고

누락된 경우도 나타나 주의를 요한다.

52) 2011년에 중국 '항주의 서호 문화경관'(West Lake Cultural Landscape of Hangzhou)이 문화유산 기준 (ii)(iii)(vi)를 충족시키면서 문화경관 유형의 세계유산이 되었다.

53) 유네스코한국위원회, 앞의 책(2010), 39쪽, 112쪽.

54) 같은 책(2010), 140쪽.

55) 산의 개념은 통일된 것이 없고 지역마다 다르다. 따라서 여기서는 산 명칭이 포함된 것만을 포함한다.

56) ICOMOS—KOREA, 「한국 세계유산 잠정목록의 신규 발굴 연구보고서」 (2011), 16~26쪽에 근거했다.

57) *World Heritage paper 7*(2002), 11~20쪽과 *World Heritage paper 26*(2009), Appendix 3. Cultural landscapes inscribed on the World Heritage List, 122~123쪽을 근거로 작성.

58) 유네스코 세계유산센터(http://whc.unesco.org)

59) 최석기, 앞의 글(2011), 25쪽에 따르면, 지리산이 방장산이라는 인식은 조선 전기 이석형, 김종직 등의 문집에서부터 나타나기 시작한다고 한다.

60) UNESCO, World Heritage Centre, 2008, *Operational Guidelines for the Implementation of the World Heritage Convention*(WHC.08/01, January 2008), 91쪽.

61) 유네스코한국위원회, 『세계유산 새천년을 향한 도전』(UNESCO World Heritage Centre, World Heritage—Challenges for the Millennium, 2007) (2010), 120쪽.

62) UNESCO, World Heritage Centre, *World Heritage paper 26*(2009), 19쪽.

63) 등재 정당성에 관한 설명의 내용 중에 (iii), (v), (v), (x) 항목은, 김봉곤 순천대 HK연구교수와 공동으로 작성한 것임.

용어사전

가산假山 ⇒ 조산(造山)

『감룡경』撼龍經 중국 당나라의 양균송(楊筠松)이 저술한 풍수서다. 산의 모양새
를 아홉 가지로 분류하고 풍수적 길흉 관계를 논술했다. 조선시대에 지리분야
과거 과목의 하나로 채택되었다.

객산客山 풍수의 주산(主山)에 상대되며, 주산과 마주하는 산이다. 안산(案山)과
조산(朝山)을 통칭하여 객산이라고 한다.

곤륜산崑崙山 중국의 북서쪽 끝에 있으며, 예부터 천하의 산은 모두 곤륜산에
서 비롯된다고 믿어졌다. 황하의 발원지이기도 한 성산(聖山)이다. 서왕모(西王
母)가 살고 있다는 신화가 있다. 곤륜산을 기점으로 세 개의 큰 산줄기(양자강
아래의 남쪽산줄기, 양자강과 황하 사이의 가운데산줄기, 황하 위쪽의 북쪽산
줄기)가 있는데, 백두산은 북쪽산줄기에서 연결되는 것으로 조선시대의 지식
인들은 인식했다. 한편으로 정약용은 『아방강역고』에서, 백두산을 동북쪽 산의
조종산이자 동방의 곤륜산으로 자주적으로 인식했다.

과산過山 풍수에서 꺼리는 7가지 산의 하나다. 산의 맥이 터에 머물지 못하고
지나가버리는 산을 일컫는다. 산줄기가 쭉 뻗어나간 모양을 한다.

금산禁山 산림을 보호하기 위해 일정 지역의 산에 목재 등의 자원 채취를 금하
던 조선시대의 제도다. 관방금산(關防禁山)·연해금산(沿海禁山)·태봉금산(胎
封禁山), 그리고 한양의 사산금산(四山禁山) 등이 있다. 관방금산 및 연해금산
은 경제림의 보호를 목적으로 한 것이고, 태봉금산 및 사산금산은 풍수적인 동
기로 실행되었다. 한양 도성 아래 10리 범위를 금산의 범위로 지정한 조선 후
기의 「사산금표도」(1765)도 있다.

니구산尼丘山 중국 산동성 곡부현에 있으며, 공자의 탄생지로 알려진 산이다. 한
국에서도 니구산 또는 (소)니산이라는 지명이 있으며, 조선 중·후기에 유학의
이념을 가진 사대부들이 취락을 형성하면서 공자의 터전을 기리고 자신들의
이념과 동일시(identification)하려는 의도에서 붙였던 산 이름이다.

단산斷山 풍수에서 꺼리는 7가지 산의 하나다. 산의 맥이 터에 이어지지 못하고

끊어진 산을 일컫는다. 산줄기가 터에 이르기 전에 자연적 요인(하천 등)이나 인위적 요인(도로 등)으로 끊긴 모양을 한다.

답산기踏山記 ⇒ 명산록

당산堂山　마을을 지켜주는 마을공동체의 신앙소이자 신앙대상을 일컫는 말이다. 마을 뒷산에 있지만, 마을 입구에 있는 경우도 있다. 돌탑(조산)이나 나무가 일반적이며, 곳에 따라 입석(선돌), 장승 등의 형태도 나타난다. 당산할아버지·당산할머니 등으로 인격화하여 일컫기도 하고, 당산나무가 신체(神體)로 있는 경우도 흔하다. 당산에 대한 제의는 당산제라고 부른다. 마을굿에서는 당산신령이라고도 한다. 마을 입구에 있는 당산은 수구막이(수구맥이)라고도 하며, 풍수 비보의 기능을 겸하는 경우도 많다.

독산獨山　풍수에서 꺼리는 7가지 산의 하나다. 산의 맥이 조산에서 비롯하여 주산으로 이어짐이 없이 외따로 우뚝한 산을 일컫는다.

『동국명산기』東國名山記　성해응(1760~1839)이 한국의 명산과 빼어난 경치에 관한 정보를 종합 서술한 책이다. 전국을 경도(서울)·기로(경기)·해서(황해도)·관서(평안도)·호중(충청도)·호남(전라도)·영남(경상도)·관동(강원도)·관북(함경도) 등 아홉 개 권역으로 구분하고, 각 지역 명산과 명승의 위치·형세·형승·고사·명인 등에 대해 설명했다.

『동국산수록』東國山水錄 ⇒ 택리지

동산童山　풍수에서 꺼리는 7가지 산의 하나이다. 산에 초목이 없이 헐벗은 산을 일컫는다.

『두류전지』頭流全志　19세기 초반에 김선신이 편찬했으며, 상·하 2권으로 구성되었다. 지리산의 자연과 인문경관, 주요 유산기와 시문까지 종합적으로 서술된 산지이다.

명산名山　이름난 산을 일컫는 인문적인 개념의 용어이다. 명산이란 말에는 명산을 지정한 사람들의 가치관과 세계관이 담겨 있기 때문에 시대에 따라 명산은 달랐다. 이중환은 『택리지』에서 '나라의 큰 명산'이라고 하여 12개의 산을 지정하기도 했다.

명산문화名山文化　명산과 문화주체집단이 맺은 상호관계의 산물이다. 명산문화라는 말 속에는 명산과 관련된 자연지리적 산악 지형, 산지 생태는 물론이고 인간의 역사, 사회, 경제, 생활양식, 경관, 예술, 문학, 종교, 철학사상 등의 개념이 모두 포함되어 있다. 산악숭배 관념에 기초한 신앙적 명산문화, 조선시대 유학자들에 의해 전개된 인문적 명산문화 등이 있다.

『명산론』明山論　채성우(蔡成禹)의 저술로 알려진 풍수 이론서다. 산에 대한 논의로는 12명산(十二明山)·진룡(眞龍)·36룡순회(三十六龍順會) 등이 있다. 조선시대에 지리분야 과거 과목 중의 하나로 채택되었다.

명산록 名山錄 유산록, 답산기 등으로도 일컬어진다. 민간인들이 이해하기 쉽도록 가사체로 풀이되고 그림으로 그려진 풍수 명당 정보이다. 조선 후기에 널리 서민들에게 필사되었다. 『옥룡자유산록』은 호남의 풍수 명산 길지에 대한 위치와 풍수정보를 기록한 대표적인 문헌이다.

『묘산지』墓山誌 권섭(1671~1759)이 편찬한 것으로 문중의 산소에 대해 편제한 기록 문헌이다. 이 책에는 문중의 산소에 대한 산천 형세가 자세하게 기록되었고 그림으로 표현되었으며, 각각의 풍수적 입지 조건이 평가되었다.

배산임수 背山臨水 산을 등지고 시내를 마주한 한국 전통취락의 전형적인 입지 조건을 단적으로 드러내는 말이다. 산을 등짐으로써 겨울의 한랭한 북서풍을 막고 복사열로 인한 온열효과를 얻을 수 있을 뿐만 아니라 배수에 좋으며, 시내를 마주함으로써 취수와 용수가 쉬워지는 이점이 있다.

백두대간 白頭大幹 『산경표』에는 한반도의 산줄기체계를 1대간, 1정간, 13정맥으로 구분하여 서술했는데, 그중 백두대간은 백두산에서 지리산까지 뻗은 한반도의 등줄기로서 가장 중요하다.

백산 白山 붉뫼라고도 한다. 최남선은, '백'자는 신명(神明)을 의미하는 고어 '붉'의 사음자(寫音字)로서 고신도(古神道)시대에 신앙의 대상이 되던 산악이라고 하였다. 태백산, 장백산, 함백산, 대박산 등과 백산, 박산, 백운산, 백마산, 백록산, 비로산, 소백산 등이 있다. 일본에도 하쿠 산(白山)이라는 산이 있어 고대로부터 영산(靈山)으로 숭배받았으며, 하쿠 산신앙의 성립에는 고대 한반도의 산악신앙이 영향을 미친 것으로 알려졌다.

백호 白虎 ⇒ 사신사

불산 佛山 산악신앙과 불교가 결합한 것으로, 부처와 산이 일체화된 관념이다. 『신증동국여지승람』에는 불암산, 불견산, 불족산, 불타산, 불대산, 불정산, 불명산, 불모산, 불용산, 문수산, 보리산, 미타산, 나한산, 가섭산, 화엄산, 천불산, 도솔산, 조계산, 관음산, 반야산, 미륵산, 두타산 등 수많은 불산이 있다.

사람의 산 서양의 자연 또는 생태적인 산 개념과 상대적으로 '사람의 산'은 동아시아적인 산의 정체성을 잘 표현하고 있는 개념이다. 오랫동안 산지에 거주하면서 산의 문화가 형성·전개됨으로써 산은 사람을 닮고 사람은 산을 닮은 공진화의 상호관계가 형성되었다.

「사산금표도」四山禁標圖, 1765 ⇒ 금산

사신사 四神砂 명당 주위 사방의 산인 청룡·백호·주작·현무를 사신사라고 한다. 원래 고대 중국인의 천문사상에서 비롯된 별자리였지만 나중에 명당 주위의 산으로 풍수적인 해석과 의미가 확대됐다.

산경山經 산의 날줄로서, 산줄기의 종적인 계열 또는 경로를 말한다. 산경과 상대적인 산의 씨줄로서 산위(山緯)가 있다. 『산경표』는 산경을 족보식으로 서술한 조선 후기의 독창적 저술이다. 한편으로, 수경(水經)도 있는데, 정약용이 저술한 『대동수경』이 대표적이다.

『산경표』山經表 조선 후기의 저술로 신경준이 저술했다고 알려져 있으나 확실치 않다. 백두산을 머리로 하여, 한반도의 산줄기체계를 큰 줄기 하나[白頭大幹]와 14개의 갈래진 줄기로 나누었다. 강을 끼고 있는 것은 정맥(正脈), 산줄기 위주로 형성되어 있는 것은 정간(正幹)으로 분류하여 1대간, 1정간, 13정맥으로 체계화하였다. 『산경표』의 체제와 구성을 보완하여 『조선산수도경』이라는 책도 간행된 바 있다.

산도山圖 명당지의 산 지형경관을 풍수론의 관점과 원리로 해석하여 표현한 특수지도다. 족보에서 선영도, 분산도, 묘산도, 묘소도, 묘도 등으로 불리고, 비결서의 경우에는 명당도, 용혈도, 명산도, 산수도 등으로 일컬어진다. 조선왕조는 왕릉의 조성, 배치, 형태 등에 관련된 주요한 사실을 '산릉도'에 남겼다. '산도'는 풍수적인 산지경관에 대한 인식과 표현 방식을 알 수 있는 그림 자료다.

산론山論 조선왕릉지를 선택하는 과정에서 상지관들이 후보지의 풍수적 조건을 논평하여 왕에게 보고한 기록이다. 『산릉도감의궤』에 수록되었다. 산론에는 대상지를 검토한 날짜, 참여 인물, 풍수적 평가 및 특징 등이 상세히 기록되어 있어, 산릉 연구의 기초 자료가 된다.

산룡山龍 산이 용처럼 구불거리는 형상으로 생겼고, 그러한 산은 기맥이 흐르고 있는 살아 있는 산이라고 인식하여 산룡이라고 불렀다. 풍수적 인식에서 생겨난 용어이다.

산릉山陵 산에 있는 왕릉을 일반적으로 지칭하는 용어다. 산에 있는 묘소는 산소라고 했다.

『산림경제』山林經濟 조선 후기의 실학자 홍만선이 산지생활사와 관련된 내용을 편집한 백과전서식의 책이다. 터잡기[卜居]·섭생(攝生)·논일[治農]·밭일[治圃]·나무심기[種樹]·꽃가꾸기[養花]·양잠(養蠶)·가축치기[牧養]·찬거리[治膳]·구급(救急)·구황(救荒)·전염병 예방[辟瘟]·병충해 예방[辟蟲法]·약[治藥]·선택(選擇)·기타(雜方) 등 산림에서 의식주의 자급자족적인 생활을 영위하는데 필요한 내용을 망라한 정보를 수록하고 있다. 이 책의 가치는 당시에 전해졌던 여러 문헌 자료들을 섭렵하여 처음으로 산지생활사에 관한 지식체계를 종합하여 편찬했다는 의의가 있다. 이 책은 이후 유중림의 『증보산림경제』 (1768)와 서유구의 『임원경제지』(19세기 초)의 저술로 이어졌다.

산맥山脈 전통적으로 사용해 왔던 '산맥'(山脈)이라는 용어의 뜻은 근대 지형학적으로 쓰이는 산맥(mountain range)이라는 번역어와는 다르다. 전통적인 산맥 개념은 산줄기라는 분수계 개념과 산의 기맥이라는 풍수적인 인식체계가 복합된 표현이다. 상대적으로 지형학적인 산맥 개념은 지질구조적인 성인(成因)으로 이해하며 지반운동 또는 지질구조와 관련하여 직선상으로 길게 형성된 산지를 일컫는다.

산보山譜 산줄기의 날줄 계열을 족보의 편제 방식으로 체계화한 것으로 『산경표』가 대표적이다. 산보식 산줄기 서술방식은 동아시아의 산 문헌기록 및 연구 전통과 비교해 보아도 독창적이고 체계적인 성과로 꼽을 수 있다.

산소山所 한국인들이 죽어서 산으로 돌아가는 생명 회귀의 공간을 일컫는 일반명사다. 주로 산에 묘를 썼기에 산소라고 불렸다. 묘소에 가는 것을 산에 간다고도 했다. 산소를 뫼라고도 했는데, 뫼는 산의 순우리말이기도 하다. 조선왕조에서는 왕릉도 산릉山陵이라고 불렸고, 왕실의 장례도 인산因山이라고 하였다. 산은 하늘에 이르는 통로로서 신성한 장소이자, 조상의 영혼이 머무는 곳으로 인식되었다.

산수山水 산천, 산하 등과 통용되어 사용된다. 동아시아에서 산과 수는 상관적이고 상보적인 개념으로 인식된다. 산과 수는 음양관계이기도 하고, 남편과 아내로 비유되기도 한다. 동아시아의 지형은 산이 있으면 물이 있고, 물이 있으면 산이 있다. 이러한 산과 수의 긴밀한 지형적 상호관계는 산수라는 일반명사로 굳어진 이유가 되었다. 산수는 자연, 풍경, 경관 등으로 해석되어 쓰인 광의적인 개념의 용어이기도 하다. 반면 서양에서는 산과 수가 동아시아처럼 부수적(附隨的)이지 않으며, 그래서 산수라는 통칭된 용어도 없다.

『산수고』山水考 18세기 후반 신경준이 편찬했다. 전국의 산을 계통 분류에 기초하여 산줄기의 연계 관계를 경위, 즉 날줄과 씨줄의 서술방식으로 정리하고 군현별로 기록했다. 신경준의 『산수고』는 1908년에 『증보문헌비고』 「여지고」 〈산천〉편에서 도별 서술형식으로 체계화되어 증보되었다.

산악문화 산악과 관계하여 사회문화집단이 맺은 상호관계의 총합체다. 산악문화라는 개념 속에는 산악 지형, 산지 생태 등의 자연 요소는 물론이고 산악과 관련된 인간의 역사, 사회, 경제, 생활양식, 경관, 예술, 문학, 종교, 철학사상 등의 인문 요소가 모두 포함되어 있다.

산악숭배 ⇒ 산악제의

산악제의 산에 대한 제의는 국가의 고대부터 있었다. 『삼국사기』에는 "삼산(三山), 오악(五嶽) 이하 명산대천을 나누어서 대, 중, 소사(小祀)로 한다"는 구절이 등장한다. 신라는 왕도인 경주를 중심으로 주요 산에 대해 국가적인 제의를 벌였으며, 그중 삼산은 왕도인 경주에 인접한 세 산이다. 오악은 경주 외곽의 토함산, 지리산, 계룡산, 태백산, 팔공산으로 지정되었다. 이러한 관념은 신라뿐만 아니라 백제나 고구려도 마찬가지였다. 이후 고려는 사악(四嶽)에, 조선은 오악(五嶽)에 제사하고 전국의 명산들을 호국신으로 봉하기도 했다.

산 이상향 동아시아의 전통적 이상향의 공간적 성격을 표현한 말이다. 동아시아의 이상향은 서양에 비해 공간지향성이 강하며, 산에서 순자연적(順自然的)인 삶을 지향한다. 한국의 이상향은 자연귀속의 지향성이 강하며, 지형적 특징은 심산(深山)의 골[洞]이 지배적이다. 한국인의 이상향인 청학동, 우복동, 용화동, 이화동, 산도동, 태평동, 오복동, 회산동, 식장산 등은 모두 산에 있었다.

산의 인문학 한국에서 전통적으로 산과 인간의 밀접한 상호관계로 인하여 형성된 인문학적인 지식체계를 통틀어 일컫는 말이다. 조선시대는 지리지류, 유산기류, 백과전서류, 산보류, 지도류, 풍수록류 등의 형식으로 산과 산악문화에 관한 풍부한 인문학적 연구물과 지식정보 문헌이 있었다. 이것은 조선 후기에 산지의 편찬으로 계승되고 집성될 수 있는 토대가 되기도 했다.

산의 전통지식 ⇒ 산의 인문학

산줄기 ⇒ 산경, 산맥

산지山誌 산에 대한 자연적·인문적 지리정보와 역사문화에 대한 체계적인 서술 및 의론(議論)의 기록이다. 산지는 산과 관련된 역사·지리·문학·유적·종교 등의 내용을 체계적으로 수록하고 있는 점에 특수성이 있다. 한국의 산지는 중국의 영향을 받았지만 특색 있는 구성을 하고 있으며, 조선 후기부터 체계적이고 본격적인 산지가 편찬되었다. 산지는 산천지(山川誌) 또는 산수지(山水誌)와 동의어로 사용될 수 있지만, 일반적으로 산지라는 용어가 일반적으로 사용되었다.

산천순역山川順逆 산천이 터를 에워싸고 있는지 아니면 등지고 있는지를 따져서 길흉을 판단하는 풍수논리이다. 나말여초 도선의 산천순역설은 고려시대의 풍수담론으로서 사회적으로 큰 영향을 미쳤다. 고려 태조 26년(943)의 「훈요십조」 중에, "모든 절은 다 도선이 산수의 순역(順逆)을 보고 개창한 것이다"라고 한 표현은 당시에 성행하였던 산천순역 담론의 지배적인 정황을 잘 반영하고 있다.

『산해경』山海經 중국 고대의 산 세계관을 드러내고 있는 저술로서, 바다를 경계로 해서 나누어지는 각 지역의 산에 대한 기록이다. 중국 고대의 산악문화와 산과 관련된 신화·상징의 원형이 집약되어 있다. 이 책은 고대 중국인들의 산을 중심으로 한 공간적 인식과 지리지식체계를 잘 보여준다.『산해경』에 투영된 지리적 인식은 한국에도 큰 영향을 주었으며, 조선 후기에 널리 퍼졌던 「천하도」天下圖)는『산해경』의 세계관이 반영된 것이다.

산형山形 이중환의『택리지』에서, 이상적인 취락 입지에서 요구되는 여섯 가지 지리적 조건 중의 하나이다.『택리지』에 따르면, "산 모양은 주산(主山)이 수려하고 단정하며, 청명하고 아담한 것이 제일 좋다. ……가장 꺼리는 것은 산의 내맥이 약하고 둔하면서 생생한 기색이 없거나, 산 모양이 부서지고 비뚤어져서 길한 기운이 적은 것이다. 땅에 생생한 빛과 길한 기운이 없으면 인재가 나지 않는다. 이러므로 산 모양을 살피지 않을 수 없다"고 했다.

삼산三山 신라와 백제 등 고대의 왕도 주위에 지정되어 있었던 세 개의 산을 일컫는다.『삼국사기』에 "삼산(三山), 오악(五嶽) 이하 명산대천을 나누어서 대, 중, 소사(小祀)로 한다"고 했으며, 신라의 삼산은 내림(奈林)·혈례(穴禮)·골화(骨火)였다. 백제의 부여에는 일산(日山)·오산(吳山)·부산(浮山)이라는 삼산이 있었다. 오악과 대비되는 삼산(신앙)은 중국에서는 두드러지지 않지만, 한·일간에는 문화적 유사성이 보인다. 한국의 삼산신앙은 일본에도 영향을 주어 나라의 후지와라쿄 도읍을 중심으로 삼산(日山·烏山·浮山)이 지정되었다.

삼신산三神山 동아시아의 대표적인 신산(神山)이다. 민속적으로 삼신할머니의 산이기도 하고, 도교적인 이상향의 세 산이기도 하다. 중국 문헌에서 가리키는 도교적인 삼신산은 발해만에 있다고 하는 봉래산(蓬萊山)·방장산(方丈山)·영주산(瀛洲山)의 세 산을 가리킨다. 한국에서는 한라산(또는 백두산·변산)·금강산·지리산을 각 영주·봉래·방장의 삼신산으로 여겼으며, 지리산의 삼신산(방장산)이라는 명칭은 조선 초부터 나타나고 있다. 일본에도 이세[伊勢]의 아쓰타[熱田], 기이[紀伊]의 구마노[熊野], 그리고 후지[富士]를 삼신산으로 여겼다.

석산石山 풍수에서 꺼리는 7가지 산의 하나다. 터를 이루는 산에 식생이 형성되지 못한 돌투성이 산을 일컫는다.

선산先山 선조들의 무덤이 있는 곳, 또는 그 산을 가리킨다. 선영(先塋)·선묘(先墓)·선롱(先壟)이라고도 부르며, 종중의 선산은 종산(宗山)·족산(族山)이라고도 한다.

속리산 우복동牛腹洞 지리산 청학동과 함께 대표적인 산 이상향의 하나이다. 상주·청주·보은 접경지에 있다고 믿었다. 조선 후기에 민간인들에게서 속리산

우복동은 생활공간의 이상적인 낙토로 여겨져 많은 사람들을 우복동으로 불러
들이고 이주하게 한 이유가 되었다.

신산神山 신이 거주하고 깃들어 있다고 여겨 이름붙인 산이다. 신산에 머무는
신이 산신이다. 신산 관념은 선조들의 생활공간에서 드러나는 산에 대한 신앙
적 관계를 잘 드러내준다.

십이산十二山 12명산이라고도 한다. 신경준이 『산수고』에서 분류한 12산은 삼
각산, 백두산, 원산, 낭림산, 두류산, 분수령, 금강산, 오대산, 태백산, 속리산, 육
십치, 지리산이다.

어머니산母山 엄뫼라고도 한다. 한국 사람이 산에 대해 지닌 대표적인 심상 이
미지이다. 어머니로 상징화되고 인격화된 산이다. 산은 어머니처럼 모든 생명
을 품고, 사람들이 살 수 있는 삶의 터전을 마련해주는 존재로 인식되었다. 동
아시아에서는 산을 어머니로 생각해왔는데, 특히 한국에서는 곳곳마다 어머니
산 이름이 많다. 『신증동국여지승람』에는 '아미산, 모악산, 대모산, 모후산, 자
모산, 모자산' 등 어미산 계열의 여러 산 이름이 나타나는데, 산에 대한 모성적
인식의 단면을 잘 알 수 있다.

오대산신앙 중국 산서성의 오대산 문수신앙에서 비롯된 동아시아의 불교적인
산악신앙이다. 오대산신앙은 주변에 전파되어 한국에도 오대산이 있고, 일본
에도 오대산으로 불리는 산이 있다.

오성五星 금성[太白星]·목성[歲星]·수성[辰星]·화성[熒惑星]·토성[鎭星]을 일
컫는다. 하늘에서는 상(象)을 이루고 땅에서는 형(形)을 이루는데, 풍수서에서
산의 모양이 굴곡하면서 흐르는 것은 수성(水星)이고, 둥근 것은 금성(金星)이
고, 네모난 것은 토성(土星)이고, 날카로운 것은 화성(火星)이며, 곧게 솟은 것
은 목성(木星)이라고 한다.

오악五嶽 중국에서 도읍의 산악진호 관념 및 오행사상의 영향으로 배정된 다섯
산이다. 태산(동), 화산(서), 형산(남), 항산(북), 숭산(중)이다. 오악의 정치지
리적 관념은 한국에도 영향을 주어 신라와 조선에서는 오악을 지정하고 제의
했다. 신라의 오악은 토함산(동), 계룡산(서), 지리산(남), 태백산(북), 팔공산
(중)이다. 조선의 고종 때 정해진 오악은 금강산(동), 묘향산(서), 지리산(남),
백두산(북), 삼각산(중)이다. 베트남에도 중국의 오악 관념과 오악신앙이 도교
의 전래와 함께 전파되기도 했다.

용龍 풍수에서 생기를 품고 있는 산을 일컫는 용어이다.

요산요수樂山樂水 ⇒ 인지지락

용산龍山 용 사상과 산 개념이 결합하여 생겨난 용어이다. 한국에는 다수의 '용

산' 계열의 산 이름(용산, 용문산, 반룡산, 서룡산, 용두산 등)이 바다나 하천 주위의 산지에 나타난다. 중국에서 나타나는 용산 지명은 용신을 숭상한 곳으로 볼 수 있고, 일본에도 전국적으로 용신앙이 있었으며, 용산(용왕산) 지명은 기우제를 지내던 성지였다.

우주산Cosmic Mountain   세계산이라고도 하며, 엘리아데(Mircea Eliade, 1907~86)가 쓴 용어다. 상징적으로 우주의 중심이나 세계의 배꼽에 있다고 여긴 산을 일컫는다. 수미산, 수메르 산 등이 대표적인 우주산 가운데 하나이다.

유산기遊山記   산수기, 유람기, 유람록이라고도 한다. 기행문 형식의 유산기류는 중국에선 당나라 때 정형을 갖추었으며, 한국에서는 고려 중엽부터 유산기가 나타나고 조선 전기 이후로 활발한 창작이 이루어졌다. 유산기는 근래에 발굴된 것만 하여도 600여 편이 넘는다. 유산기는 문학적인 가치 외에도 산에 대한 역사·문화·지리·종교·민속·촌락·생태·생활사 등 다양한 정보를 담고 있어, 문화콘텐츠와 스토리텔링의 자료로 활용될 수 있는 기록 유산이다.

유산록 ⇒ 명산록

『의룡경』擬龍經   중국 당나라 때 양균송이 저술한 것으로, 산의 어떤 형세를 갖추는 것이 혈(명당)을 맺을 수 있는 조건이 되는지를 주로 논의했다. 조선시대에 지리분야 과거 과목의 하나로 채택되었다.

인지지락仁智之樂   산수를 통해 어젊과 지혜로움을 터득하고 누리는 즐거움으로서, 조선시대 유학자들의 산수에 대한 심미적 인식과 태도이다.『논어』「옹야」편에, "지혜로운 사람은 물을 좋아하고, 어진 사람은 산을 좋아한다(智者樂水, 仁者樂山)"는 공자의 말에서 유래되었다. 인지지락은 조선시대 유학자들이 즐겼던 산수 유람의 동기와 목적이 되었다.

『임원경제지』林園經濟志   조선 후기의 실학자 서유구가 시골에서 자족적으로 생활하는 방법을 탐색한 저술이다. 이 책의 「상택지」 편에는,『산림경제』·『증보산림경제』의 복거론과『택리지』의 복거론·팔도론을 채록했을 뿐만 아니라 기타 문헌을 대폭 참고하고 자신의 논의를 개진했다.

조산造山   가산(假山)이라고도 한다. 지역에 따라 탑·보허산(補虛山)·조산수(造山藪)·거오기 등으로 쓰였다. 순우리말로 지은뫼 또는 즈므라 했고, 형상을 본떠 알미, 알메, 알봉이라고도 불렀다. 전국적으로 분포하고 있다. 도가적 자연관에 따른 정원의 조경 또는 풍수의 경관보완(비보) 목적으로 조성되었다. 왕실 정원의 조경 목적으로 조성한 가산은 4세기 말부터 기록이 나온다. 조선시대에는 상류 주택의 정원에도 가산이 조성되기도 했다. 풍수적 비보의 목적으로 조성한 조산은 돌탑, 숲 등의 형태를 포함한다. 고려시대에 다수 조성했으며, 조선시대에 한양 도성에도 청계천 수구 부분에 조성한 바 있다. 조선 중·후기에는 전국에 마을이 형성되면서 다수의 풍수 조산이 만들어졌다. 산에 대한 한국인들의 전통 관념과 정체성을 전형적으로 드러내는 인공 산이다.

조산리造山里 마을의 경관 요소로서 조산이 있었던 곳이 지명이 된 경우이다. 조산동이라고도 한다. 전국에 여러 조산리, 조산동 등의 지명을 가지고 있다.

조산수造山藪 조산숲이라고도 한다. 숲은 돌탑과 함께 가장 보편적인 조산의 형태다. 『신증동국여지승람』 권25 「예안현」〈산천조〉에는 '조산수'라는 명칭도 나온다.

조산祖山 풍수에서 주산(主山)이 비롯되는 할아비 산을 가리키는 말이다.

조산朝山 풍수에서 주산(主山)과 마주하는 산으로 안산(案山) 너머에 있으며, 안산과 함께 객산(客山)이라고 한다. 이중환은 『택리지』에서, "조산에 돌로 된 추악한 봉우리가 있거나, 비뚤어진 외로운 봉우리가 있거나, 무너지고 떨어지는 듯한 형상이 있든지, 엿보고 넘겨보는 모양이 있거나, 이상한 돌과 괴이한 바위가 산 위에나 산 밑에 보이든지, 긴 골짜기로 되어 기가 충돌하는 형세의 지맥이 전후좌우에 보이는 것이 있으면 살 수 없는 곳이다"라고 했다.

『주왕산지』周王山誌 1833년에 서원모가 편찬한 산지이다. 경북 청송에 있는 주왕산의 역사와 문화를 총 3편으로 편집한 것이다. 『두류전지』와 함께 한국의 대표적인 산지의 하나로 평가된다.

주산主山 입지하고 있는 터전이나 건조물의 배경이 되는 주요한 산이라는 일반적인 명칭이다. 풍수서에서 주산은 본산, 혹은 본주(本主)의 산이라고도 했으며, 명당 주위의 네 산(四神砂: 청룡·백호·주작·현무)에서 현무에 해당한다. 주산은 혈장(穴場)이 있는 명당 뒤에 위치한 산이다.

주작朱雀 ⇒ 사신사

『증보산림경제』 1766년에 유중림이 홍만선의 『산림경제』를 증보하여 엮은 책이다. 이 책은 저자가 산림처사로 살 생각으로 산지생활에 필요한 지식을 총정리하여 수록한 것이다. 『산림경제』와 이 책을 비교해볼 때 책의 분량은 『산림경제』의 두 배가 넘고, 주제도 5가지가 더 추가되었다.

지리산 청학동 지리산 불일폭포 부근에 있다는 한국의 전통적인 이상향이다. 중국의 무릉도원처럼, 한국의 청학동은 전통시대 이상향의 원형이자 전형이었다. 역사 속에서 청학동의 위치와 장소성은 변천되었다. 고려 후기 전후부터 경남 하동의 불일폭포와 불일암 부근을 중심으로 비정된 청학동은, 조선시대를 거치면서 유학자들에게 선경(仙境)이자 이상향의 상징적인 장소였다. 조선 중·후기에는 원 청학동 인근의 의신, 덕평, 세석, 묵계 등지에 민간인이 취락을 이루어 청학동의 이상을 기대하고 또 실현하고자 했다. 현대에 와서 청학동은 관 주도로 하동군 청암면 묵계리에 재구성되었고, 청학동의 장소 이미지를 활용한 장소 마케팅의 관광지로 개발되었다.

진산鎭山 국도 및 지방의 취락을 진호하는 주요한 산(主山) 또는 명산으로서, 지덕으로 한 지방을 진정시키는 명산대악(名山大嶽)을 지칭한다. 『주례』에 "주(州)의 명산으로 특별히 큰 것을 그 지방의 '진'(鎭)이라고 한다"거나, "한 지방의 주산을 '진'이라고 일컫는다"고 정의했다. 조선시대에는 대부분의 지방 고을에 진산을 배정하여 관리한 한국적 특색을 보인다. 진산은 취락의 안위를 보장해주는 산악이라는 상징과 신앙성이 부여된 개념으로서 그 사상적 기원은 고대적인 산신신앙 혹은 산악숭배에 그 뿌리를 두며, 산 관념의 계통에서 볼 때 '신산'(神山) 관념에 속하는 것이다.

천산天山 고대에 보편적으로 나타나는 하늘 위주의 산 관념이다. 중국의 곤륜산은 대표적인 천산이다. 한국에는 백산 계열의 산들이 천산에 해당한다. 일본은 첨산(添山) 또는 뇌산(雷山)이 있다. 바빌론(Babylon)의 아랄루(Aralu), 핀란드의 히밍비에르히(Himinbjorg)도 천산이라는 뜻의 산이름이다. 수미산은 세계의 중심에 있으며, 그 산 위에는 북극성이 빛나고 있다고 여겼다.

청룡靑龍 ⇒ 사신사

측산側山 풍수에서 꺼리는 7가지 산의 하나다. 터를 중심으로 산이 단정한 형태로 있지 않고 산사태가 날 듯 기울어져 있는 산을 일컫는다.

태산泰山 중국의 산동성에 있는 산이다. 동으로는 황해, 서로는 황하를 끼고, 남으로는 곡부, 북으로는 제남과 연결되어 있다. 총면적은 약 2000제곱킬로미터에 이른다. 최고봉인 옥황정(玉皇頂)은 해발 1545미터이며, 112개의 산봉우리, 102개의 계곡, 72개의 골짜기가 있다. 역사적으로 태산은 중국을 대표하는 산이었고, 화하문화(華夏文化)의 발상지로 간주되었다. 그래서 국산(國山)이라 했고, 신산(神山), 성산(聖山), 중화민족의 정신적 산 등으로도 일컬어졌다. 이러한 자연적·문화적 가치를 인정받아 태산은 중국에서 가장 먼저 1987년에 유네스코 세계복합유산에 등재되었다. 한국에서도 중국 태산문화의 영향을 받아 태산이라는 이름의 산이 10여 곳 있다.

태산문화 태산문화는 중국문화의 축소판으로 중요한 위치에 있다. 고대의 중국 황제는 봉선제로써 태산의 상징성을 이용해 정치적인 정당성을 확보하고 중원의 헤게모니를 장악하고자 했다. 민간에서도 태산은 동악묘 등의 형태로 신앙의 대상이 되었으며, '태산석감당'이라는 민속신앙물은 국내외에 널리 파급되었다. 중국의 태산과 태산담론은 한국의 태산문화를 형성시킨 요인이 되었다.

한국에서 태산문화는 조선시대 이후 민간 계층에서 가장 뚜렷하게 드러났다. 태산은 크고 높은 것을 상징하는 대명사로서 일상생활의 용어에 깊숙이 자리 잡았고, 유교 이데올로기적인 사회의 영향 아래에서 태산은 공자와 관련되어 장소경관으로 재현되기도 했다.

『택리지』擇里志 실학자 이중환이 1751년에 저술하였다. 동국산수록, 해동팔역지 등 다양한 명칭과 판본이 있다. 취락입지에서 필요한 산수의 조건을 논의한 것으로, 조선후기 산지山誌의 대표적인 저술 성과로 꼽을 수 있다. 「팔도총론」과 「복거총론」 〈산수〉편에는 전국의 주요 명산에 대한 논의가 상세하다. 나라의 큰 명산國中大名山, 국토의 등줄기 명산[嶺脊名山], 지방 명산 등으로 명산을 분류하여 각 특징을 서술하기도 하였다. 이 책은 18세기의 한국적 취락입지 모델을 밝힌 이론서로도 유명하다. 한국의 지형과 지역에서, 살기에 적합한 마을(가거지)을 선택하는 기준으로 지리·인심·생리·산수의 4대 조건을 꼽아 독창적인 마을입지론을 전개하였다.

핍산逼山 풍수에서 꺼리는 7가지 산의 하나다. 산이 품고 있는 터가 지나치게 좁은 산을 일컫는다.

해산海山 바다에 떠 있는 섬을 가리킨 용어이다. 산의 관점에서 지형을 보는 전통적 시선이 잘 반영되었다. 이중환은 『택리지』에서 해산편을 따로 두고 서술했다.

현무玄武 ⇒ 사신사

화산火山 풍수에서 화기가 있는 산을 일컫는 말이다. 화산이 비치면 마을에서는 흔히 못을 파서 비보하거나 숲으로 화산을 가리는 가림막을 만들기도 했다.

참고자료

참고자료1 『신증동국여지승람』의 백산계 산(본문 67쪽)

한성부 백악산.

개성부 천마산.

경기 양근군 양백산, 수원도호부 홍천산, 안성군 백운산, 진위현 천덕산, 김포현 백석산·천등산, 양성현 천덕산·백운산, 양주목 천보산, 파주목 백운산, 영평현 백운산, 장단도호부 백악산, 풍덕군 백마산.

충청도 충주목 천등산, 청풍군 백야산, 단양군 소백산, 연풍군 박달산, 영춘현 소백산·백아곡산, 제천군 박달산, 영동현 박달산, 황간현 백화산, 정산현 대박곡산, 태안군 백화산, 홍산현 천보산, 청양현 백월산, 대흥현 백월산, 보령현 백월산.

경상도 기장현 백운산, 안동대도호부 태백산·천등산, 영천군 백병산, 풍기군 소백산, 봉화현 태백산, 군위현 박달산, 용궁현 천덕산, 인동현 천생성산, 상주목 천봉산·백화산, 선산도호부 백마산, 함양군 백암산·백운산, 안음현 백운산, 창원도호부 백월산.

전라도 진산군 천비산, 옥구현 박지산, 장성현 백암산, 무안현 함박산, 장흥도호부 천관산, 무주현 백운산, 장수현 백화산, 광양현 백계산, 흥양현 천등산, 동복현 백야산, 화순현 천운산, 곡성현 천덕산.

황해도 황주목 천주산·천진산, 서흥도호부 백서산·천덕산, 재령군 백활산, 곡산군 백운산, 신천군 천봉산, 신계현 천개산, 연안도호부 천배산, 백천군 천등산, 강음현 천신산.

강원도 삼척도호부 태백산, 평해군 백암산, 간성군 천후산, 울진현 백암산, 흡곡현 박산, 원주목 백운산·백덕산, 회양도호부 천보산·천마산, 철원도호부 백암산, 금성현 백역산.

함경도 함흥부 대백역산·소백역산·백운산, 영흥부 태백산, 정평도호부 백운산·풍류산, 문천군 천불산, 단천군 천봉산, 갑산도호부 천봉산·백덕산·백두

산, 경성도호부 조백산·백산·백록산, 길성현 장백산, 명천현 백록산, 회령도호
부 백두산, 종성도호부 소백산, 경흥도호부 백악산.

평안도 영유현 천보산, 의주목 백마산·천마산, 철산군 백양산, 삭주도호부 천마
산, 운산군 백벽산, 희천군 백산, 성천도호부 백령산, 개천군 백우산, 맹산현 박
달산, 은산현 천성산.

참고자료2 『화엄경』 「십지품」(본문 76쪽)

법정, 『화엄경』(동쪽나라, 2006), 255~257쪽 재인용.

'설산'은 온갖 약초가 거기에 있어 아무리 캐내도 다하지 않듯이, 보살이 머무
는 환희지(歡喜地: 기쁨에 넘치는 보살의 자리)도 그와 같아서 모든 세간의 경전
과 글과 게송과 주문과 기술이 모두 그 가운데 있어 아무리 말해도 다할 수 없다.

'향산'은 온갖 향이 그 가운데 쌓여 있어 가져와도 다하지 않듯이, 보살이 머무
는 이구지(離垢地: 때를 벗은 보살의 자리)도 그와 같아서 모든 보살의 계행과 위
의가 거기에 있어 아무리 말해도 다할 수 없다.

'비다리산'은 순전한 보배로 이루어졌으므로 온갖 보배가 거기에 있어 취해도
다할 수 없듯이, 보살이 머무는 발광지(發光地: 광명으로 밝은 보살의 자리)도 그
와 같아서 모든 세간의 선정·해탈·삼매가 거기에 있어 아무리 말해도 다할 수
없다.

'신선산'은 순전한 보배로 이루어졌고 오신통을 얻은 신선들이 거기에 있어 다
함이 없듯이, 보살이 머무는 염혜지(焰慧地: 광명으로 빛나는 보살의 자리)도 그
와 같아서 온갖 도의 뛰어난 지혜가 거기에 있어 아무리 말해도 다할 수 없다.

'유건다산'은 순전한 보배로 이루어졌고 야차신들이 거기 있어 다함이 없듯이,
보살이 머무는 난승지(難勝地: 이기기 어려운 보살의 자리)도 그와 같아서 모든
것에 자재하고 뜻대로 되는 신통이 거기에 있어 아무리 말해도 다할 수 없다.

'마이산'은 순전한 보배로 이루어졌는데 온갖 과일이 거기에 있어 따내도 다하
지 않듯이, 보살이 머무는 현전지(現前地: 진리가 현전하는 보살의 자리)도 그와
같아서 연기(緣起)의 이치에 들어가 성문과(聲聞果)를 증득하는 일이 거기에 있
어 아무리 말해도 다할 수 없다.

'이민다라산'은 순전한 보배로 이루어졌고 기운 센 용신들이 거기에 있어 다함
이 없듯이, 보살이 머무는 원행지(遠行地: 멀리 가는 보살의 자리)도 그와 같아서
방편 지혜로 연각(緣覺)의 과를 증득하는 일이 거기에 있어 아무리 말해도 다할

수 없다.

'작갈라산'은 순전한 보배로 이루어졌고 여러 자재한 무리들이 거기에 있어 다함이 없듯이, 보살이 머무는 부동지(不動地: 움직이지 않는 보살의 자리)도 그와 같아서 모든 보살의 자재행의 차별세계가 거기에 있어 아무리 말해도 다할 수 없다.

'계도말지산'은 순전한 보배로 이루어졌고 큰 위덕이 있는 아수라왕이 거기에 있어 다함이 없듯이, 보살이 머무는 선혜지(善慧地: 바른 지혜가 있는 보살의 자리)도 그와 같아서 모든 세간의 나고 죽는 지혜의 행이 거기에 있어 아무리 말해도 다할 수 없다.

'수미산'은 순전한 보배로 이루어졌고 큰 위덕이 있는 하늘들이 거기에 있어 다함이 없듯이, 보살이 머무는 법운지(法雲地: 법의 구름 같은 보살의 자리)도 그와 같아 여래의 힘과 두려움 없음과 함께하지 않는 모든 부처님의 일이 거기에 있어 아무리 묻고 대답하고 말해도 다할 수 없다.

참고자료3 『신증동국여지승람』의 용산계 산(본문 95쪽)

개성부　용수산.

경기도　양근군 용문산, 양주현 주룡산, 파주목 용산·용발산, 포천현 해룡산, 적성현 용두산, 장단도호부 용호산·구룡산.

충청도　충주목 천룡산, 제천현 용두산, 청주목 용자산, 문의현 구룡산, 회인현 구룡산, 공주목 계룡산, 전의현 용자산, 진잠현 계룡산, 연산현 계룡산, 연기현 용수산, 남포현 구룡산, 결성현 청룡산.

경상도　울산군 무리룡산, 영천군 사룡산, 청하현 용산, 영해도호부 용두산, 예천군 용문산, 봉화현 용재산, 예안현 용두산, 용궁현 용비산, 의흥현 용두산, 진주목 와룡산, 사천현 구룡산·와룡산, 의령현 구룡산, 창원도호부 청룡산·반룡산, 함안군 용화산, 거제현 계룡산, 칠원현 청룡산, 밀양도호부 용두산.

전라도　익산군 용화산, 용안현 용두산, 함열현 용산, 나주목 덕룡산, 장성현 용두산, 남평현 덕룡산, 장흥도호부 용두산, 남원도호부 교룡산, 순창군 서룡산, 용담현 용강산, 창평현 반룡산, 임실현 용구산·용요산, 순천도호부 해룡산.

황해도　황주목 용복산, 우봉현 수룡산, 문화현 용산, 해주목 용수산, 연안도호부 용박산, 옹진현 개룡산, 송화현 용문산.

강원도　흡곡현 황룡산, 춘천도호부 용화산·대룡산, 인제현 복룡산, 홍천현 필룡산, 낭천현 용화산, 평강현 청룡산.

함경도 고원군 구룡산, 덕원도호부 반룡산, 문천군 반룡산.

평안도 평양부 구룡산·용악산, 중화군 용산, 순안현 청룡산, 강서현 구룡산, 가
산군 청룡산, 용천군 용골산·용안산, 구성도호부 청룡산, 박천도호부 와룡산,
성천도호부 구룡산, 순천군 용주산, 상원군 반룡산·용란산, 삼등현 구룡산, 양
덕현 청룡산, 강동현 구룡산.

참고자료4 『와유록』에 수록된 유산기의 제목과 필자(본문 225쪽)

백두산 「백두산」(白頭山, 어세겸), 「백두산기문」(白頭山記聞, 유간암).

금강산 「유금강산록」(遊金剛山錄), 「유금강록」(遊金剛錄, 성동주), 「풍악기소견」
(楓岳記所見, 이율곡), 「유금강산기」(遊金剛山記, 이월사), 「유금강산기」(遊金
剛山記, 이백주), 「유금강내외제산기」(遊金剛內外諸山記, 동회), 「등금강산간일
출」(登金剛山看日出, 점필재), 「발경숙유금강산록」(跋磬叔遊金剛山錄, 점필재),
「유금강산록」(遊金剛山錄, 이원), 「금강록」(金剛錄, 정수몽), 「풍악」(楓嶽, 이율
곡), 「풍악록」(楓岳錄, 이경석), 「풍악행일백오십일운」(楓岳行一百五十一韻, 이
경석), 「서홍치재유풍악록후」(書洪耻齋遊楓岳錄後, 이율곡), 「풍악이문」(楓岳異
聞, 유간재), 「제권첨지계풍악록」(題權僉智啓楓岳錄, 청음), 「유금강일록」(遊金
剛日錄, 이잠와), 「동회옹풍악유기발」(東淮翁楓岳遊記跋, 동주), 「풍악」(楓岳, 미
수), 「금강록」(金剛錄, 백곡).

묘향산 「송준상인유묘향산서」(送峻上人遊妙香山序, 서사가), 「송도상인유묘향산
서」(送都上人遊妙香山序, 서사가), 「유묘향산록」(遊妙香山錄, 조호익), 「송이참
봉이공간입향산」(送李參奉以公幹入香山, 최간이).

칠보산 「유칠보산기」(遊七寶山記, 임금호), 「유칠보산」(遊七寶山, 이동악).

두타산 「두타산기」(頭陀山記, 허미수), 「두타산」(頭陀山, 홍치재).

천마산 「유천마산」(遊天磨山, 이규보), 「유천마산록」(遊天磨山錄, 박은), 「천마산」
(天磨山, 사재), 「유천마산」(遊天磨山, 우계), 「유천마산시」(遊天磨山詩, 성담년).

속리산 「유속리산기행증욱상인」(游俗離山記行贈旭上人, 채수), 「속리산」(俗離山,
정우복).

가야산 「유가야산부」(遊伽倻山賦, 이율곡), 「유가야산록」(遊伽倻山錄, 정한강).

청량산 「유청량산록」(遊淸凉山錄, 주무릉), 「발주경유청량산록」(跋周景遊淸凉山
錄, 이퇴계).

지리산 「유두류록」(遊頭流錄, 조남명), 「석계징유지리산서」(釋戒澄遊智異山序,
김종직), 「속두류록」(續頭流錄, 김일손), 「유지리산록」(遊智異山錄, 이륙), 「지리

산일과」(智異山日課), 「유천왕봉기」(遊天王峰記, 남추강), 「유천왕봉」(遊天王峰, 남추강), 「재등천왕봉」(再登天王峰, 점필재), 「유두류」(遊頭流, 유뇌계), 「유두류록」(遊頭流錄, 점필재), 「유두류산칠언율백운」(遊頭流山七言律百韻, 유간암), 「간암두류록준」(艮菴頭流錄浚, 재호), 「유두류산록」(遊頭流山錄, 현곡), 「유두류록」(遊流頭錄, 유간암), 「서유자옥유두류록후」(書兪子玉遊頭流錄後, 임갈천).

한라산 「유한라산기」(遊漢拏山記, 청음), 「사불산유산기」(四佛山遊山記, 僧진정), 「유한라산기」(遊漢拏山記, 김치).

기타 「유청학산기」(遊青鶴山記, 이율곡), 「한계산」(寒溪山, 구사맹), 「백운산」(白雲山, 양봉래), 「서강희윤송도유산록후」(書姜希尹松都遊山錄後, 김모재), 「유천산기」(遊千山記, 최간이), 「유각산사기」(遊角山寺記, 최간이), 「유의무려산기」(遊醫巫閭山記, 최간이), 「유삼각산기」(遊三角山記(최간이), 「유구월산기」(遊九月山記, 조수익), 「달마산기」(達摩山記, 석무외), 「천관산기」(天冠山記, 僧정명), 「서석규봉기」(瑞石圭峰記, 권극화), 「금골산록」(金骨山錄, 이주), 「단양산수가유자기」(丹陽山水可遊者記, 임제광), 「단양산수가유자기」(丹陽山水可遊者記, 이퇴계), 「유소백산록」(遊小白山錄, 이퇴계), 「유월출기행증영우대선」(遊月出記行贈靈祐大禪, 고제봉), 「송림상인유지이산서」(送琳上人遊智異山序, 성현), 「감악」(紺岳, 추강), 「한계산」(寒溪山), 「인제지」(麟蹄志), 「한계산」(寒溪山, 송재), 「과청평산」(過青平山, 송재), 「용문산기」(龍門山記, 유모재), 「유천축산록」(遊天竺山錄), 「무산기」(巫山記), 「성천지」(成川志), 「유향풍산록」(遊香楓山錄, 조지산), 「동국명산동천주해기서」(東國名山洞天註解記序, 진실거사), 「고향산기문」(古香山記聞, 간재), 「등덕유산향적봉기」(登德裕山香積峰記, 임갈천).

참고자료5 『두류전지』의 유적 목록(본문 267쪽)

●「사원누정략」

사祠 완계향사(浣溪鄉祠), 두릉향사(杜陵鄉祠), 대각향현사(大覺鄉賢祠), 지리산신사(智異山神祠), 남악사(南岳祠).

당堂 허백당(虛白堂), 수우당(守愚堂), 재간당(在澗堂).

정亭 취성정(醉醒亭), 세심정(洗心亭), 반구정(伴鷗亭), 운금정(雲錦亭), 칠송정(七松亭), 만류정(萬柳亭), 홍림정(紅林亭), 문암정(門岩亭), 칠수정(七樹亭), 삼수정(三樹亭), 빙옥정(氷玉亭), 오룡정(五龍亭), 계영정(桂影亭), 송객정(送客亭), 수월정(水越亭), 시유정(始有亭), 용두정(龍頭亭), 화산정(花山亭), 풍암정(楓岩亭), 백사정(白沙亭), 용허정(湧虛亭), 운고정(雲皐亭), 운학정(雲鶴亭), 와

남원 광한루. 지리산에 접하고 있는 고을인 남원의 대표적인 누각이다.

룡정(臥龍亭), 환아정(換鵝亭).

루樓 계영루(桂影樓), 해산루(海山樓), 서해루(誓海樓), 봉서루(鳳栖樓), 촉석루
(矗石樓), 광한루(廣寒樓), 학사루(學士樓), 제운루(齊雲樓), 망악루(望嶽樓), 이
락루(二樂樓), 쌍청루(雙淸樓), 신안루(新安樓), 강루(江樓).

대坮 공옥대(拱玉坮), 축수대(築愁坮), 이은대(吏隱坮), 행화대(杏花坮).

재齋 산천재(山川齋), 제계서재(蹄溪書齋), 양진재(養眞齋).

관館 도사관(道士館).

● 「범천총표」(梵天總表)

향적사(香積寺), 법계사(法界寺), 대원암(大源菴), 칠불암(七佛庵), 불일암(佛日
庵), 쌍계사(雙溪寺), 국사암(國師庵), 신흥사(新興寺), 내원암(內院庵), 두당암(杜
堂庵), 회강사(會講寺), 보조암(普照庵), 은암(隱庵), 통일암(通日庵), 금사암(金紗
庵), 청사암(靑紗庵), 중암(中庵), 진락당암(眞樂堂庵), 보현암(普賢庵), 사혜암(沙
惠庵), 동암(東庵), 능인암(能仁庵), 상수곡암(上水谷庵), 하수곡암(下水谷庵), 은
정대(隱靜坮), 대승암(大勝庵), 우대승암(右大勝庵), 상대승암(上大勝菴), 서암(西

612

진주 촉석루. 진주의 행정구역은 조선시대에 지리산을 포함하고 있었다.
지리산권역 진주의 대표적인 누각이다.

庵), 서대(西坮), 동암(東庵), 원적암(圓寂庵), 원통암(圓通庵), 의신사(義神寺), 원
서암(圓栖庵), 적주암(寂住庵), 은암(銀庵), 청량대(淸凉坮), 동암(東庵), 북암(北
庵), 보명암(普明庵), 영운암(靈雲庵), 보명북암(普明北庵), 서대(西坮), 철굴암(鐵
屈庵), 상철굴암(上鐵屈庵), 중철굴암(中鐵屈庵), 하철굴암(下鐵屈庵), 은선암(隱仙
庵), 송노암(松老庵), 지거사(智居寺), 화암사(華岩寺), 오대사(五坮寺), 덕산사(德
山寺), 화장암(華莊庵), 한림사(翰林寺), 안양사(安養寺), 묵계사(嘿契寺), 청암사
(靑岩寺), 반야사(般若寺), 영신암(靈神庵), 천불암(千佛庵), 단속사(斷俗寺), 백운
암(白雲庵), 기림사(岐林寺), 남대(南坮), 상류암(上流庵), 고무위암(古無爲庵), 순
경대(順鏡坮), 상류암(上流庵), 백암사(白岩寺), 삼장사(三莊寺), 흑룡사(黑龍寺),
박화주암(朴化主庵), 남상원사(南上元寺), 임강사(臨江寺), 장안사(長安寺), 지장
사(地藏寺), 홍련암(紅蓮庵), 백련암(白蓮庵), 선단암(先沮庵), 신단암(新沮庵), 고
단암(古沮庵), 미륵암(彌勒庵), 서일암(西日庵), 다솔사(多率寺), 견불사(見佛寺),
무주암(無住庵), 금대(金坮), 군자사(君子寺), 엄천사(嚴川寺), 벽송암(碧松庵), 마
적사(馬迹寺), 안국사(安國寺), 등구사(登龜寺), 영원암(靈源庵), 문수사(文殊寺),
법화암(法華庵), 성도암(成道庵), 왕산사(王山寺), 옥계사(玉溪寺), 대적사(大寂

환아정의 옛 모습. 경남 산청의 객사 서쪽에 있었으며,
지리산권역에서 대표적인 누정의 하나이다. 1950년에 소실되었다.

寺), 대곡사(大谷寺), 서봉암(栖鳳庵), 영악사(靈岳寺), 연월사(延月寺), 문달사(文
達寺), 실상사(實相寺), 수준사(水殼寺), 금당사(金堂寺), 원수사(源水寺), 장계사
(長溪寺), 백장사(百丈寺), 용학암(龍鶴庵), 감로사(甘露寺), 황령암(黃嶺庵), 묘봉
사(妙峰寺), 심원암(深院庵), 파근사(波根寺), 석수암(石秀庵), 강청암(江清庵), 송
림사(松林寺), 연관사(烟觀寺), 개량사(開良寺), 용계암(龍溪庵), 화엄사(華嚴寺).

●「고적차」(古蹟箚)
비전(碑殿), 혈암(血岩), 실상사 옛터[實相寺舊址], 옛 함양 읍성[古咸陽邑城], 의
탄소(義呑所), 개품부곡(皆品部曲), 고산성(古山城), 독녀성(獨女城), 단계폐현(丹
溪癈縣), 완계(浣溪), 효자교(孝子橋), 효자담(孝子潭), 죽소(粥所), 강성군 비각(江
城郡碑閣), 시중백(侍中栢), 암석이서(巖石異書), 덕천량(德川梁), 원동고첩(院洞古
堞), 혈주촌(血住村), 삼장원동(三壯元洞), 용굴(龍窟), 우닉곡(禹匿谷), 도읍촌(道
邑村), 나동(螺洞), 구성(龜城), 계명성(鷄鳴城), 몽천(夢泉), 마동석비(馬洞石碑),
아지암(阿只岩), 정개산성(鼎盖山城), 제석산성(帝釋山城), 정당매(政堂梅), 삽암
(鍤岩), 취적대(取適坮), 덕은곡(德隱谷), 도탄(陶灘), 쌍계석문(雙溪石門), 치원비
(致遠碑), 팔영루(八咏樓), 둔동강정유지(遯洞江亭遺址), 황령(黃嶺), 정령(鄭嶺),

위 | 단속사지(경남 산청군 단성면 운리). 통일신라 때 창건되었으며
지리산 동편의 대표적인 사찰 명승지이다.
아래 | 지리산 실상사(전북 남원시 산내면 입석리). 통일신라 때 창건되었으며,
구산선문 중의 실상산문 선종시찰로 유명하다.

오암(猺岩), 광제암문(廣濟岩門), 대감사비명(大鑑師碑銘), 신행비명(神行碑銘), 지정기거장(至正起居狀), 압각수(鴨脚樹), 정두기석알(精杜記石謁), 진감선사비(眞鑑禪師碑), 유장군석각(劉將軍石刻), 유곡부곡(楡谷部曲), 유인궤성(劉仁軌城), 석주진(石柱鎭), 조대석각(釣坮石刻), 산동용연석각(山東龍淵石刻), 승혜월비(僧慧月碑), 천왕봉(天王峰), 명월암방천(明月岩防川), 영신사(靈神寺), 신흥사동(新興寺洞).

참고자료6 『지리산지』에 수록된 유산기와 시문 제목(본문 272쪽)

「유두류록」(遊頭流錄), 「산중인사」(山中人辭), 「속두류록」(續頭流錄), 「유두류산록」(遊頭流山錄), 「서남명유두류산록후」(書南冥遊頭流山錄後), 「두류산일록」(頭流山日錄), 「와유록서」(臥遊錄序), 「등학사루망두류산」(登學士樓望頭流山), 「유용유담」(遊龍遊潭), 「금대사」(金臺寺), 「악양」(岳陽), 「등구사」(登龜寺), 「군자사 5수」(君子寺 五首), 「성모사」(聖母寺), 「녹정백운태수행헌」(錄呈伯雲太守行軒), 「중간용유담우우유회」(重刊龍遊潭遇雨有懷), 「군자사」(君子寺), 「등천왕봉」(登天王峯), 「덕산복거」(德山卜居), 「제덕산계정」(題德山溪亭), 「청학동폭포」(靑鶴洞瀑布), 「단속사정당매」(斷俗寺政堂梅), 「독서신응사」(讀書神凝寺), 「화개동차일두선생운」(花開洞次一蠹先生韻), 「등학사루」(登學士樓), 「차정족조노경씨증운」(次鄭族祖魯卿氏贈韻), 「유등구사」(遊登龜寺), 「구곡우음」(龜谷偶吟), 「유두류산」(遊頭流山), 「우후망두류산이수」(雨後望頭流山二首), 「송이가겸증유두류산」(送李可謙增遊頭流山), 「증림사수득춘」(贈林士秀得春), 「망두류이수」(望頭流二首), 「증연빙재노형필」(呈淵氷齋盧亨弼), 「방장백운」(方丈白雲), 「방장산일월대」(方丈山日月臺), 「두류산」(頭流山), 「등천왕봉작」(登天王峯作), 「제두류산능파각」(題頭流山淩波閣), 「청학동폭포」(靑鶴洞瀑布), 「방장산」(方丈山), 「숙벽송사」(宿碧松寺), 「등방장산천왕봉」(登方丈山天王峰), 「게용유담」(憩龍遊潭), 「방장산사수」(方丈山四首).

참고문헌

옛 문헌

권이진, 『동경잡기간오』(東京雜記刊誤)

기대승, 『고봉선생문집』(高峯先生文集)

김관의, 『편년통록』(編年通錄)

김규태, 「유불일폭기」(遊佛日瀑記)

김부식, 『삼국사기』(三國史記)

김선신, 『두류전지』(頭流全志)

김일손, 「속두류록」(續頭流錄)

김정호, 『대동여지도』(大東輿地圖), 『대동여지전도』(大東輿地全圖), 『청구도』(靑邱圖), 『대동지지』(大東地志), 『수선전도』(首善全圖), 『동여도』(東輿圖)

김종직, 『점필재집』(佔畢齋集), 「유두류록」(遊頭流錄), 「두류기행록」(頭流紀行錄)

김택술, 「두류산유록」(頭流山遊錄)

김홍기, 『청량지』(淸凉志)

민주면, 『동경잡기』(東京雜記)

서원모, 『주왕산지』(周王山志)

서영보, 『풍악기』(楓嶽記)

서유구, 『임원경제지』(林園經濟志)

설암, 『묘향산지』(妙香山志)

성여신, 『진양지』(晋陽誌)

성해응, 『동국명산기』(東國名山記), 『연경재전집』(硏經齋全集)

송병선, 「두류산기」(頭流山記)

신경준, 『여암전서』(旅菴全書), 『산수고』(山水考), 『산경표』(山經表)

오두인, 「두류산기」(頭流山記)

유몽인, 『어우집』(於于集)

유중림, 『증보산림경제』(增補山林經濟)

윤위, 『보길도지』(甫吉島識)

원영의, 『조선산수도경』(朝鮮山水圖經)

이규경, 『오주연문장전산고』(五洲衍文長箋散稿)

이만여, 『오가산지』(吾家山誌)

이세택, 『청량지』(淸凉志)

이수광, 『지봉유설』(芝峯類說)

이이순, 『(증보)청량지』(增補 淸凉誌)

이익, 『성호사설』(星湖僿說)

이인로, 『파한집』(破閑集)

이중환, 『택리지』(擇里志), 『동국산수록』(東國山水錄)

이황, 『퇴계집』(退溪集)

이희준, 『계서야담』(溪西野談)

일연, 『삼국유사』(三國遺事)

장현광, 『여헌선생문집』(旅軒先生文集)

정약용, 『아방강역고』(我邦疆域考), 『대동수경』(大東水經), 『여유당전서』(與猶堂全
    書), 『다산시문집』(茶山詩文集)

조식, 『남명집』(南冥集)

조여적, 『청학집』(靑鶴集)

최한기, 『기측체의』(氣測體義)

추붕, 『묘향산지』(妙香山誌)

태율, 『향산지』(香山志)

하익범, 『사농와집』(士農窩集)

허목, 『기언』(記言), 「지리산청학동기」(智異山靑鶴洞記)

허준, 『동의보감』(東醫寶鑑)

홍만선, 『산림경제』(山林經濟)

황덕길, 『금강산지』(金剛山志)

황현, 『유방장산기』(遊方丈山記)

『경국대전』(經國大典)

『경상도읍지』(慶尙道邑誌)

『경상도지리지』(慶尙道地理誌)

『경주선생안』(慶州先生案)

『고려사』(高麗史),

618

『고려사절요』(高麗史節要)

『국사옥룡자답산가』(國師玉龍子踏山歌)

『광여도』(廣輿圖)

『기봉방역지』(箕封方域誌)

『동문선』(東文選)

『도선답산가』(道詵踏山歌)

『동국문헌비고』(東國文獻備考)

『동국여지도』(東國輿地圖)

「동국지도」(東國地圖)

『명산록』(名山錄)

『명산기영』(名山記詠)

『북한산지지(초략)』(北漢山地誌[抄略])

『비결전집』(秘訣全集)

『비변사인방안지도』(備邊司印方眼地圖)

『산리고』(山里攷)

『세종실록』(世宗實錄)「지리지」(地理誌),

『신증동국여지승람』(新增東國輿地勝覽)

『승정원일기』(承政院日記)

『여지편람』(輿地便覽)

『여지도서』(輿地圖書)

『영가지』(永嘉誌)

『영남읍지』(嶺南邑誌)

『오산지』(鰲山誌)

『옥룡자유산록』(玉龍子遊山錄)

『용성지』(龍城誌)

『운선생문집』(雲先生文集)

『월중도』(越中圖)

「조선방역지도」(朝鮮方域地圖)

「조선산도」(朝鮮山圖)

『조선왕조실록』(朝鮮王朝實錄);『태조실록』(太祖實錄),『세종실록』(世宗實錄),『정
　　조실록』(正祖實錄),『성종실록』(成宗實錄),『태종실록』(太宗實錄),『중종실록』
　　(中宗實錄),『연산군일기』(燕山君日記)

『조선후기지방지도』(朝鮮後期地方地圖, 1872년 지방지도)

『좌해지도』(左海地圖)

『증보문헌비고』(增補文獻備考)

「지릉도」(智陵圖)

『지리산지』(智異山誌)

『지승』(地乘)

『진양지』(晋陽誌)

「천하도」(天下圖)

『팔도지도』(八道地圖)

『하동부읍지』(河東府邑誌)

『해동지도』(海東地圖)

「혼일강리역대국도지도」(混一疆理歷代國都之圖)

郭璞,『금낭경』(錦囊經)

都穆,『유명산기』(遊名山記)

司馬承禎,『천지궁부도』(天地宮府圖)

徐善繼·徐善述,『인자수지』(人子須知)

楊筠松,『감룡경』(撼龍經),『의룡경』(疑龍經)

應劭,『태산기』(泰山記)

李時珍,『본초강목』(本草綱目)

何鏜,『고금유명산기』(古今遊名山記)

許愼,『설문해자』(說文解字)

『관자』(管子)

『논어』(論語)

『맹자』(孟子)

『명산론』(名山論)

『무이지』(武夷誌)

『삼국지』(三國志)

『사원』(辭源)

『설심부』(雪心賦)

『성경통지』(盛京通志)

『시경』(詩經)

『양택십서』(陽宅十書)

『일본서기』(日本書記)

『좌전』(左傳)

『주역』(周易)

『주례』(周禮)「고공기」(考工記)

『중용』(中庸)

『청오경』(靑烏經)

『탁옥부』(琢玉賦)

『태산지』(泰山誌)

『한서』(漢書)

『황제내경』(黃帝內經)

『황제택경』(黃帝宅經)

『회남자』(淮南子)

연구 논문

강정화,「지리산 遊山記에 나타난 조선조 지식인의 산수인식」,『남명학연구』26, 2008.

고선영,「제주 세계자연유산 등재와 생태관광」,『한국지역지리학회지』15(2), 2009.

고원규,「문화의 관광 상품화를 통해 본 전통의 재구성—청학동의 사례연구」, 영남대 문화인류학과 박사학위논문, 2006.

곽신환,「주역의 자연과 인간에 관한 연구」, 성균관대 동양철학과 박사학위논문, 1986.

권선정,「조선시대 읍치의 진산과 주산: 대전·충남 지역을 중심으로」,『문화역사지리』22(2), 2010.

김기선,「고구려 '온달'과 몽골 산악신앙의 완곡어 'Ondor'와의 작명관 비교 연구」,『동아시아고대학』24, 2011.

김덕현,「장소감의 유형화와 장소 재현」,『사회과학연구』15(2), 1997.

김덕현,「유교의 자연관과 퇴계의 山林溪居」,『문화역사지리』11, 1999.

김덕현·이한방·최원석,「경상도 읍치경관 연구서설」,『문화역사지리』16(1), 2004.

김덕현,「조선시대 경상도 읍치의 경관구성과 상징성」,『경남문화연구』28, 2007.

김덕현,「'택리지'의 자연관과 산수론」,『한문화연구』3, 2010.

김병주·이상해,「풍수로 본 한국 전통마을의 생태적 환경친화성」,『건축역사연구』15(2), 2006.

김성환, 「삼신산(三神山) 판타지와 동아시아 고대의 문화교류」, 『중국학보』56, 2007.

김순배, 「한국 지명의 문화정치적 변천에 관한 연구」, 한국교원대 지리학과 박사학위논문, 2009.

김아네스, 「지리산 산신제의 역사와 지리산 남악제」, 『남도문화연구』20, 2011.

김영돈, 「제주·대정·정의 주현성 석상」, 『문화인류학』5, 1972.

김영진, 「한국 자연신앙의 연구」, 충남대 국어국문학과 박사학위논문, 1985.

김용국, 「백두산 考」, 『백산학보』8, 1970.

김용옥, 「기철학(氣哲學)이란 무엇인가」, 『중국학논총』2, 1985.

김종혁, 「산경표의 문화지리학적 해석」, 『문화역사지리학』14(30), 2002.

김지영, 「명산문화 연구의 가능성 모색—중국의 명산문화 연구 현황 분석을 중심으로」, 『남명학연구』26, 2008.

김철웅, 「조선초기 祀典의 체계화 과정」, 『文化史學』20, 2003.

김충래·이광영, 「환경친화적 도시 마을계획 세부지표 개발에 관한 연구—봉화 해저마을과 아산 외암마을 분석을 중심으로」, 『대한건축학회 학술발표논문집』, 2004.

김태곤, 「한국 신앙 연구」, 『국어국문학』29, 1965.

김태식, 「고대 동아시아 서왕모신앙 속의 신라 선도산성모」, 『문화사학』27, 2007.

김현욱, 「하쿠산신앙(白山信仰)과 노(能)의 발생」, 『일본문화학보』49, 2011.

박노준, 「한중일 오대산신앙의 전개과정」, 『영동문화』6, 1995.

박영민, 「유산기의 시공간적 추이」, 『민족문화연구』40, 2004.

박용국, 「조선 초·중기 명산문화로서 지리산의 정체성」, 『남명학연구』26, 2008.

박삼옥·정은진·송경언, 「한국 장수도 변화의 공간적 특성」, 『한국지역지리학회지』11(2), 2005.

박의준, 「한국 전통취락입지의 지리학적 고찰」, 『호남문화연구』29, 2001.

박희병, 「한국산수기 연구」, 『고전문학연구』8, 1993.

배종호, 「풍수지리 약설(略說)」, 『인문과학』22, 1969.

변진의, 「용형의 상징적 표현에 관한 연구」, 한양대 응용미술학과 박사학위논문, 1989.

서경호, 「山海經·五藏山經에 나타난 山의 개념」, 『東亞文』26, 1988.

서영대, 「한국 고대 신 관념의 사회적 의미」, 서울대 국사학과 박사학위논문, 1991.

서정호,「지리산의 세계자연유산 등재 대상과 범위」,『지리산 세계유산 잠정목록 작성을 위한 국제학술대회 논문집』, 2011.

손정목,「풍수지리설이 도읍형성에 미친 영향」, 단국대 석사학위논문, 1974.

손진태,「소도고」,『조선민족문화의 연구』, 을유문화사, 1948.

송화섭,「조선 후기 마을미륵의 형성배경과 그 성격」,『한국사상사학』6, 1994.

송화섭,「동아시아 해양신앙과 제주도의 영등할망, 선문대할망」,『탐라문화』, 37, 2010.

신로사,「김선신의 생애와 그의 저작에 관한 一考」,『동방한문학』36, 2008.

신정엽,「유토피아의 지리학―그 가능성의 탐색」,『지리교육논집』30, 1993.

심경호,「임원경제지의 문명사적 가치」,『쌀삶문명 연구』2, 2009.

심우영,「태산 시에 나타난 인문경관 연구」,『중국문학연구』33, 2006.

안동준,「지리산의 민간도교 사상」,『경남문화연구』28, 2007.

양보경,「조선시대의 '백두대간' 개념의 형성」,『진단학보』83, 1997.

양보경,「조선시대 읍지의 체재와 특징」,『강남대학교 인문과학논집』4, 1997.

양보경,「정약용의 지리인식」,『정신문화연구』20(2), 1997.

염정섭,「18세기 초중반 『山林經濟』와 『增補山林經濟』의 편찬 의의」,『규장각』25, 2002.

예경희·김재한,「鄭鑑錄과 擇里志의 可居地鄭 比較 研究」,『淸大學術論集』10, 2007.

오세창,「풍기읍의 정감록촌 형성과 利殖産業에 관한 연구」,『지리학과 지리교육』, 1979.

오장근,「지리산 국립공원 생물자원의 가치」,『지리산 세계유산 등재 용역 2차 학술 세미나 논문집』, 2011.

우응순,「淸凉山 遊山文學에 나타난 공간인식과 그 변모 양상」,『어문연구』34(3), 2006.

유채영,「미륵산의 명칭에 대한 고찰」,『마한 백제문화』창간호, 1975.

원경렬,「대동여지도의 연구」, 건국대 지리학과 박사학위논문, 1987.

이남식,「造山誌」,『두산김택규박사화갑기념 문화인류학총』, 1989.

이도학,「사비시대 백제의 사방계산과 호국사찰의 성립」,『백제연구』제29호, 1989.

이동환,「曹南冥의 精神構圖」,『남명학연구』1, 1991.

이동환,「한국미학사상의 탐구 II」,『민족문화연구』32, 1999.

이상필,「寒岡의 학문성향과 문학」,『남명학연구』창간호.

이종은·윤석산·정민·정재서·박영호·김응환,「한국문학에 나타난 유토피아 의식 연구」,『한국학논집』28(1), 1996.

이필영, 「한국 솟대신앙의 연구」, 연세대 사학과 박사학위논문, 1989.

이학동, 「전통마을의 분석과 풍수지리 이론을 통해서 본 거주환경 조성원리의 탐색」,『거주환경』제1권 제1호, 2003.

이형윤·성동환, 「풍수서 지리인자수지(地理人子須知) 산도의 지형표현연구」,『한국지역지리학회지』16(1), 2010.

이혜은, 「지리학자의 관점에서 본 세계유산」,『한국사진지리학회지』21(3), 2011.

이혜화, 「용사상의 한국문학적 수용 양상」, 고려대 국어국문학과 박사학위논문, 2011.

이찬, 「한국의 고세계지도」,『한국학보』2(1), 1976.

임근욱, 「관광자원으로서 세계유산에 대한 화산 경관 특성」,『한국사진지리학회지』, 18(2), 2008.

임근욱·진현식, 「카르스트 지형 세계유산에 대한 자연관광 경관 특성」,『한국사진지리학』, 19(1), 2009.

장원철·최원석, 「구곡동천의 세계유산적 가치와 의의」, '백두대간 속리산권 구곡문화지구 세계유산등재 추진세미나' 자료집, 2012.

전병철, 「『청량지』를 통해 본 퇴계 이황과 청량산」,『남명학연구』26, 2008.

전영권, 「택리지의 현대지형학적 해석과 실용화 방안」,『한국지역지리학회지』8(2), 2002.

전영숙, 「한국과 중국의 창세 및 건국신화 속에 깃든 물 숭배 관념」,『한중인문과학연구』24, 2008.

전인초, 「오악의 신화전설」,『인문과학』88, 2008.

전종한, 「역사지리학 연구의 고전적 전통과 새로운 路程」,『지방사와 지방문화』5(2), 2002.

정범석, 「青鶴洞마을의 形成背景과 住居環境에 관한 硏究」, 조선대 산업대학원 석사학위논문, 1995.

정은주, 「조선 후기 중국산수판화의 성행과 오악도」,『고문화』71, 2008.

정치영, 「金剛山遊山記를 통해 본 조선시대 사대부들의 여행관행」,『문화역사지리』15(3), 2003.

정치영, 「조선시대 유토피아의 양상과 그 지리적 특성」,『문화역사지리』17(1), 2005.

정치영, 「조선시대 사대부들의 지리산 여행 연구」,『대한지리학회지』44(3), 2009.

정치영, 「조선시대 지리지에 수록된 진산의 특성」, 『문화역사지리』 23(1), 2011.

조지훈, 「누석단, 신수, 당집 신앙 연구」, 『문리논집』 7, 고려대학교 문학부, 1963.

조창록, 「일본 대판(大阪) 중지도도서관본(中之島圖書館本) 『임원경제지(林園經濟志)』의 인(引)과 예언(例言)」, 『한국실학연구』 10, 2005.

조창록, 「풍석(楓石), 서유구(徐有榘)의 『금화경독기』(金華耕讀記)」, 『한국실학연구』 19, 2010.

진종헌, 「지리산 읽기: 유토피아적 도피처에서 근대적 국립공원으로의 변형」, 『대한지리학회지』 40(2), 2005.

천인석, 「삼국시대에서의 음양오행설의 전개」, 『유교사상연구』 45, 1992.

최기수, 「朝鮮時代 전통마을에 나타난 捿息觀에 관한 연구」, 『한국전통조경학회지』 19(3), 2001.

최덕원, 「우실(村垣)의 信仰考」, 『한국 민속학』 22, 1989.

최병두, 「유토피아 공간의 변증법」, 『문예미학』 7(1), 2000.

최석기, 「조선시대 士人들의 智異山·天王峯 인식」, 『남도문화연구』 21, 2011.

최석기, 「조선 중기 사대부들의 지리산유람과 그 성향」, 『한국한문학연구』 26, 2000.

최석기, 「지리산유람록을 통해 본 인문학의 길 찾기」, 『지리산과 인문학, 지리산권문화연구단 연구총서』 1, 2010.

최원석, 「경상도 邑治 景觀의 鎭山에 관한 고찰」, 『문화역사지리』 15(3), 2003.

최원석, 「마을풍수의 문화생태」, 『한국지역지리학회지』 17(3), 2011.

최원석, 「山誌의 개념과 지리산의 山誌」, 『문화역사지리』 23(2), 2011.

최원석, 「세계유산의 문화경관 유형에 관한 고찰 — 산(山) 유산을 중심으로」, 『문화역사지리』 24(1), 2012.

최원석, 「영남지방의 神補造山에 관한 연구」, 『역사민속학』 12, 2001.

최원석, 「장소 정체성의 사회적 재구성: 지리산 청학동에 대한 역사지리적 고찰」, 『문화역사지리』 22(1), 2010.

최원석, 「조선시대의 명산과 명산문화」, 『문화역사지리』 21(1), 2009.

최원석, 「조선 왕릉에 대한 역사지리적 고찰」, 『능묘를 통해 본 동아시아 諸國의 위상』, '간사이(關西)대·고려대 공동주관 국제학술포럼' 발표자료집, 2010.

최원석, 「조선 후기 영남지방 사족촌의 풍수담론」, 『한국지역지리학회지』 16(3), 2010.

최원석, 「조선 후기 지식인의 풍수에 대한 인식과 실천에 관한 일 고찰 — 옥소 권섭의 묘산지를 중심으로」, 『민속학연구』 18, 2006.

최원석, 「조선 후기의 주거관과 이상적 거주환경 논의」, 『국토연구』 73, 2012.

최원석, 「지리산권역의 취락에 미친 도선 풍수의 양상」, 『남도문화연구』 20, 2011.

최원석, 「지리산권의 도선과 풍수담론」, 『남도문화연구』 18, 2010.

최원석, 「지리산 문화경관의 세계유산적 가치와 구성」, 『한국지역지리학회지』 18(1), 2012.

최원석, 「최한기의 기학적 지리학과 지리연구방법론」, 『한국지역지리학회지』 15(1), 2009.

최원석, 「택리지에 관한 풍수적 해석」, 『한문화연구』 제3집, 2010.

최원석, 「풍수의 입장에서 본 한민족의 산 관념」, 서울대 석사학위논문, 1992.

최원석, 「한국의 명산문화와 조선시대 유학지식인의 전개」, 『남명학연구』 26, 2008.

최원석, 「한국의 산 연구전통에 대한 유형별 고찰」, 『역사민속학』 36, 2011.

최원석, 「한국의 水景觀에 대한 전통적 상징 및 지식체계」, 『역사민속학』 32, 2010.

최원석, 「한국 이상향의 성격과 공간적 특징─청학동을 사례로」, 『대한지리학회지』 44(6), 2009.

최종석, 「조선시기 진산의 특징과 그 의미 ─ 읍치공간 구조의 전환의 관점에서」, 『조선시대사학보』 45, 2008.

최창조, 「한국의 전통적 자연과 인간관」, 『계간 경향』 봄호, 1986.

최창조, 「한국 풍수사상의 역사와 지리학」, 『정신문화연구』 42, 1991.

최희만, 「GIS를 이용한 전통취락의 지형적 주거입지 적합성 분석」, 『지리학연구』 24, 2005.

한명호, 「도시공간의 쾌적 음환경 창조를 위한 사운드스케이프 디자인 연구」, 『대한건축학회논문집: 계획계』 19(12), 2003.

허권, 「세계유산보호와 개발, 지속가능발전의 국제적 동향」, 『역사와 실학』 32, 2007.

허남춘, 「한일 고대신화의 산악숭배와 삼산신앙」, 『일본근대학연구』 23, 2009.

시부야 시즈아키, 「오키나와의 풍수견분기에 나타난 비보·식수의 사상」, 『민속학연구』 17, 2005.

永留久惠, 「東アジアの龍神信仰について」, 『동북아시아문화학회 국제학술대회 발표자료집』, 2009.

堀込憲二, 「風水思想と淸代台湾の城市─官撰地方志を中心史料とした檢討」, 『儒佛道

三教思想論攷』, 山喜房佛書林, 平成3年.

笹本正治, 「일본 산악문화 연구 총론」, 『2011년 동아시아 산악문화연구회 결성기
　　념 국제학술대회 논문집』, 화인, 2012.

周郢, 「泰山文化研究的回顾与前瞻」, 『동아시아의 명산과 명산문화』, '경상대학교
　　경남문화연구원 국제학술대회' 학술발표논문집, 2008.

周郢, 「중화민국 시기의 泰山國山 논의」, 『경남학』 31, 2010.

陳偉軍, 「중국문화 속에서의 태산문화」, 『경남학』 31, 2010.

何明, 「동아시아의 산악문화연구 패러다임을 위한 구상」, 『2011년 동아시아 산악
　　문화연구회 결성기념 국제학술대회 논문집』, 화인, 2012.

王雷亭 · 魏雲剛 · 李海燕, 「태산 관광문화산업의 발전에 대한 초보적인 연구」,
　　『2011년 동아시아 산악문화연구회 결성기념 국제학술대회 논문집』, 화인, 2012.

Porter, P.W. and Lukermann, F.E., "The Geography of Utopia," Geographies of
　　the Mind, Oxford University Press, 1976.

Yoon Hong–Key, "The value of folklore in the study of Man's attitude towards
　　environment," 10th NZ Geography Conference, 1979.

단행본

강길부, 『향토와 지명』, 정음사, 1985.

강석오, 『성서의 풍토와 역사』, 종로서적, 1990.

강정화 외 편저, 『지리산 유산기 선집』, 경상대학교 경남문화연구원 지리산권문
　　화연구단 자료총서 02, 브레인, 2008.

건설교통부 국토지리정보원, 『한국의 山誌』, 2007.

경기도 · 농촌진흥청, 『증보산림경제』 I~III, 고농서국역총서(古農書國譯叢書) 4,
　　2003.

경기도박물관, 『경기민속지』 2, 1999.

경상대학교 남명학 연구소 편역, 『남명집, 이론과 실천』 1995.

경상북도, 『경북마을지(중)』, 1991.

경상북도, 『경북지명유래총람』, 1984.

국립민속박물관, 『산촌』, 2003.

국토해양부 국토지리정보원, 『한국지명유래집—충청편』, 2010.

김두하, 『장승과 벅수』, 빛깔있는 책들, 대원사, 1991.

김득황,『백두산과 북방강계(北方疆界)』, 사사연, 1987.

김범부,『풍류정신』, 정음사, 1986.

김봉우,『경남의 고갯길 서낭당』, 집문당, 1998.

김용옥,『백두산신곡·기철학의 구조』, 통나무출판사, 1990.

김태곤,『한국의 무속신화』, 집문당, 1985.

류동식,『한국 무교의 역사와 구조』, 연세대학교, 1975.

류제헌,『한국의 근대화와 역사지리학―호남평야』, 한국정신문화연구원, 1994.

박시인,『알타이 인문연구』, 서울대학교 출판부, 1981.

배도식,『한국 민속의 원형』, 집문당, 1995.

법정스님,『화엄경』, 동쪽나라, 2006

서유구 저·안대회 편역,『산수 간에 집을 짓고』, 돌베개, 2005.

성백효 역주,『시경집전(下)』(詩經集傳), 전통문화연구회, 1998.

송지향,『영주영풍향토지』, 여강출판사, 1987.

심우영,『태산, 시의 숲을 거닐다』, 차이나하우스, 2010.

아라가야 향토사 연구회,『함안고인돌』, 1997.

오상학,『조선시대 세계지도와 세계인식』, 창비, 2011.

윤홍기,『땅의 마음』, 사이언스북스, 2011.

이병도,『고려시대의 연구』, 아세아문화사, 1980.

이기봉,『조선의 도시, 권위와 상징의 공간』, 새문사, 2008.

이능화 저, 이종은 역주,『조선도교사』, 보성문화사, 1986.

이도원,『전통마을 경관 요소들의 생태적 의미』, 서울대학교 출판부, 2005.

이도원 편,『한국의 전통생태학』. 사이언스북스, 2004.

이도원 외,『한국의 전통생태학 2』, 사이언스북스, 2008.

이상필,『남명학파의 형성과 전개』, 와우출판사, 2005.

이상은 감수,『한한대자전』, 민중서관, 1995.

이영택,『한국의 지명』, 태평양, 1986.

이우형,『대동여지도의 독도』, 광우당, 1991.

이은봉 편,『단군신화 연구』, 온누리, 1986.

이정호,『正易과 一夫』, 아세아문화사, 1987.

이종철,『장승』, 열화당, 1988.

이중환 저, 이익성 역,『택리지』, 을유문화사, 1993.

이필영,『마을신앙의 사회사』, 웅진출판, 1994.

이혜순,『조선 중기 유산기 문학』, 집문당, 1997.

이호신,『지리산 진경』, 다빈치, 2012.

적량면지편찬위원회,『적량면지』, 2002.

전경수,『백살의 문화인류학』, 민속원, 2008.

전병철 외 편저,『청량지 산지』(淸凉志 山誌), 이회, 2008.

정치영,『지리산지 농업과 촌락 연구』민족문화연구총서, 고려대학교민족문화연구원 , 2006.

제주도·한라산생태문화연구소,『한라산 총서』, 2006.

진교면지편찬위원회,『진교면지』, 2002.

청도문화원,『마을지명유래지』, 1996.

충청남도,『계룡산지』, 1994.

최석기,『남명과 지리산』, 경인문화사, 2006.

최석기 외 12인,『태산, 그 문화를 만나다』, 민속원, 2011.

최영준,『국토와 민족생활사』, 한길사, 1997.

최원석,『한국의 풍수와 비보』, 민속원, 2004.

최원석·구진성 편저,『지리산권 풍수자료집』, 이회, 2010.

최창조,『한국의 풍수사상』, 민음사, 1984.

최창조,『좋은 땅이란 어디를 말함인가』, 서해문집, 1990.

최창조,『청오경·금남경』, 민음사, 1993.

하동문화원,『하동군지명지』, 1999,

한국문화역사지리학회 편,『한국의 전통지리사상』, 민음사, 1991.

한국사상사연구회 편저,『조선유학의 자연철학』, 예문서원, 1998.

한국산서회,『산서』(山書) 제20호, 2009.

한국정신문화연구원,『한국구비문학대계』1~3, 1982.

한상모 외 공저,『동의학 개론』, 여강출판사, 1991.

화개면지편찬위원회,『화개면지』, 화개면, 2002.

村山智順,『朝鮮の風水』, 朝鮮總督府, 1931.

善生永助,『朝鮮の聚落』後篇, 朝鮮總督府, 1935.

朝鮮總督府 林業試驗場,『朝鮮の林藪』, 1938.

吉野裕子,『陰陽五行と日本の民俗』, 人文書院, 1983.

三浦國雄,『中國人のトポス』, 平凡社, 1988.

子卿 撰, 周郢 校證,『泰山誌校證』, 黃山書社.

叶濤,『泰山石敢當』, 浙江人民出版社, 杭州, 2007.

李傳旺,『獨具特色的世界遺産—泰山』, 山東畵報出版社, 濟南, 2006.

周郢,『泰山與中華文化』, 山東友誼出版社, 濟南, 2010.

沙銘壽,『洞天福地—道敎宮觀勝景』, 四川人民出版社, 1994.

陳正炎·林其錟 저, 이성규 역,『중국의 유토피아 사상』, 지식산업사, 1990.

『辭源』, 商務印書館, 1979.

C. Leonard Woolley 저, 김상일 역,『인류문명의 기원과 한』, 가나출판사, 1987.

Daniel J. Boorstin 저, 이성범 역,『발견자들』, 범양사, 1987.

Jeffrey K. Olick 저, 최호근·민유기·윤영휘 역,『국가와 기억』, 민주화운동기념사
업회, 2006.

M. Rader B. Jessop 저, 김광명 역,『예술과 인간 가치』, 이론과실천, 1987.

Marcel Granet 저, 유병태 역,『중국사유』, 한길사, 2010.

Mircea Elide 저, 이은봉 역,『종교형태론』, 까치, 1985.

Mircea Elide 저, 이동하 역,『성과 속』, 학민사, 1989.

Mircea Elide 저, 이윤기 역,『샤마니즘』, 까치, 1992.

Relph 저, 김덕현 외 역,『장소와 장소상실』, 논형, 2005.

UNESCO World Heritage Centre, *World Heritage—Challenges for the Millennium*,
Paris, 2007(유네스코한국위원회,『세계유산—새천년을 향한 도전』, 서울, 2010).

W. Richard Comstock 저, 윤원철 역,『종교학』, 전망사, 1980.

Degroot, J.J.M. *The Religious System of China III*, Taipei, 1964.

Yoon, Hong-Key, *Geomantic Relationships Between Culture and Nature in Korea*,
Asian Folklore and Social Life Monographs, No. 88, The Orient Cultural Service,
Taipei, 1976.

William Norton, *Cultural Geography 2nd ed*, Oxford university press New York,
2006.

보고서

지리산권문화연구단,『지리산 세계유산 등재 연구용역 종합보고서』, 2011.

경상대학교, 「백두대간 속리산권 구곡문화지구 세계유산 등재를 위한 타당성 조
사 및 기본 구상 연구」중간보고서.

ICOMOS—KOREA, 한국 세계유산 잠정목록의 신규발굴 연구보고서, 2011.

UNESCO, World Heritage Centre, World Heritage paper 7, 2002.

UNESCO, World Heritage Centre, World Heritage paper 6, 2003.

UNESCO, World Heritage Centre, 2008, Operational Guidelines for the Implementation of the World Heritage Convention. WHC.08/01, January 2008.

UNESCO, World Heritage Centre, World Heritage paper 26. 2009.

웹페이지

고려대학교 민족문화연구원 조선시대 전자문화지도 시스템
 (http://www.atlaskorea.org/historymap)

국토포털 WEB GIS(http://www.land.go.kr)

남원전통문화체험관(http://www.chunhyang.or.kr)

디지털고령문화대전(http://goryeong.grandculture.net)

디지털남원문화대전(http://namwon.grandculture.net)

서울대 규장각 한국학연구원(http://e-kyujanggak.snu.ac.kr)

왕실도서관 장서각 디지털 아카이브(http://yoksa.aks.ac.kr)

유네스코 세계유산센터(http://whc.unesco.org)

유네스코 한국위원회(http://www.unesco.or.kr/heritage)

이코모스 한국위원회(http://www.icomos-korea.or.kr)

천안문화원(http://cheonan.cult21.or.kr)

한국가사문학관(http://tour.damyang.go.kr/gasa)

한국고전번역원(http://www.itkc.or.kr)

찾아보기